高等应用数学（下册）

（第三版）

主　编　陈华峰　袁　佳　魏思媛

副主编　章向明　范正权　朱志富

邹　杰　李元红

西南交通大学出版社

·成　都·

内容简介

《高等应用数学》是认真分析、总结、吸收部分高等职业本、专科高校高等数学课程教学改革经验，本着“必需、够用、发展”的原则，以教育部高等职业教育教学课程的基本要求与课程改革精神及人才培养目标为依据编写而成。在取材上力求注重基础与完整，结合生活、专业课学习及运用；在讲述上深入浅出，从而达到既为学生专业功能服务，又加强了基本思维素质的训练的目的。

本书是此系列教材的下册，基础部分主要包括不定积分、定积分及其应用、微分方程、无穷级数等内容；提升部分包括二重积分等，拓展部分包括线性代数、概率论初步等。

本书特色主要体现在：① 采用模块化设计，保留并丰富了各章节知识点；② 根据高职学生学习特点，对概念的理解上着重还原本身；③ 每章要求学生总结知识框图、课后复习、思维训练实践，有利于学生对本章进行系统的学习和复习，并与自身生活、工作相结合，进行思维实践。

本书内容全面，语言简洁，例题和练习量大，细分了难易程度，可作为高等职业院校本、专科各专业数学类课程的通用教材，也可作为准备专升本的学生复习之用，也可供其他人员参考。

图书在版编目（CIP）数据

高等应用数学. 下册 / 陈华峰，袁佳，魏思媛主编. —3 版. —成都：西南交通大学出版社，2023.1

ISBN 978-7-5643-9170-6

Ⅰ. ①高… Ⅱ. ①陈… ②袁… ③魏… Ⅲ. ①应用数学－高等职业教育－教材 Ⅳ. ①O29

中国国家版本馆 CIP 数据核字（2023）第 009704 号

Gaodeng Yingyong Shuxue (Xia Ce) (Di-san Ban)

高等应用数学（下册）（第三版）

陈华峰　袁　佳　魏思媛　主编

责任编辑　赵永铭

封面设计　原谋书装

印张　20　　字数　499千

成品尺寸　185 mm × 260 mm

版本　2015年7月第1版　2017年8月第2版　2023年1月第3版

印次　2023年1月第8次

印刷　四川煤田地质制图印务有限责任公司

出版发行　西南交通大学出版社

网址　http://www.xnjdcbs.com

地址　四川省成都市金牛区二环路北一段111号 西南交通大学创新大厦21楼

邮政编码　610031

发行部电话　028-87600564　028-87600533

书号：ISBN 978-7-5643-9170-6

定价：49.80元

课件咨询电话：028-87600533

第三版前言

不管是出于什么原因，当你打开了这本教材，并阅读这段文字，说明你与高等数学是有缘的. 如果你认真阅读并实践，必将收获颇丰. 为了庆祝这个缘分，下面就开始我们的高等数学之旅吧！

本书面向的对象是高等职业教育本、专科各专业及要专升本的同学们. 如果你正在准备学校期末考试，如果你正在准备普通专升本入学考试，如果你想重新温习高等数学，如果你想了解一下高等数学知识，那这本书就特别适合. 如果不是，请合上本书吧，以免浪费你宝贵的时间.

本书分为上、下两册，基础部分主要包括极限与连续、导数与微分、微分中值定理与导数的应用、不定积分、定积分及其应用、微分方程、无穷级数等内容；提升部分包括空间解析几何与向量代数、多元函数微分学、二重积分等内容，拓展部分包括离散数学实步、矩阵代数、概率论初步等内容.

曾几何时，当你问学过高数的学长、学姐们高数是什么？他们会告诉你，高数是一棵很高的"树"，那上面"挂"了很多人.

曾几何时，你坐在教室里上数学课，老师讲得昏天黑地，唾沫与粉尘齐飞，你却无动于衷，思绪早已飞到银河系的边缘，课后一头雾水，数学到底是啥玩意儿呀？

首先，让我们重新认识一下数学. 来看下面这个例子：

你有 7 个好朋友，有一天，你请他们 7 人到你家里聚餐，其中，a 会讲英语，b 会讲英语和汉语，c 会讲英语、意大利语和俄语，d 会讲日语和汉语，e 会讲德语和意大利语，f 会讲法语、日语和俄语，g 会讲法语和德语.

那么问题来了：你怎么安排座位，才能使得每个人都能和他身边的人交谈，免得大家尴尬呢？

我们思考的过程是这样的：

既然要使得每个人都能和他身边的人交谈，那么就要每个人与身边左、右两人分别同时会同一种语言. 我们把 7 个人看成 7 个点，画成一个圈，把具有会讲相同语言的人连上一条线，就得到如下这个图.

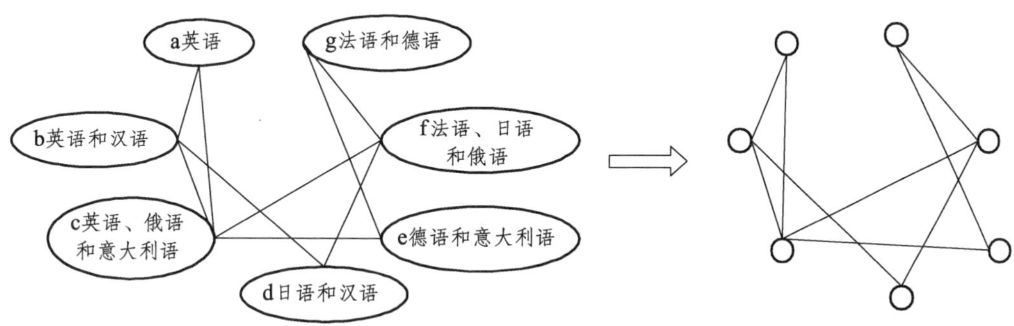

问题就变成：在图中任意一个点出发，每个点都串行一次，并回到原点的回路，按这样来安排座位，就可达到目的，使得每个人都能与身边的人交谈.

这是把实际问题数学化.

你能找到这样的回路吗？

你看，你是不是很容易就找到了这样的线路？如下图中加粗线路.

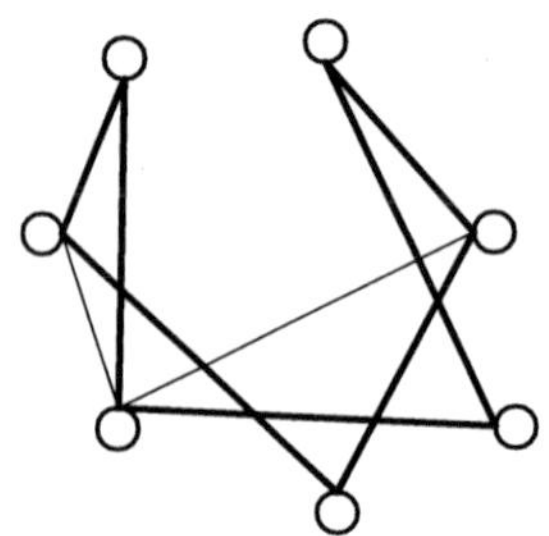

是不是比刚才的问题简单多了？

通常，数学家们把这种问题抽象化，不再管具体的问题，只针对这样的图探究如何去找这样的回路. 数学家们经过研究发现，只要任意两点的边数相加，大于等于点的数目，就一定会存在这样经过每个点一次的回路. 于是，抽象出来，把这种点线形成的关系称为图，每个点关联的边称作这个点的度，并加以纯数学的证明，作为一个定理. 这个问题最初是由哈密尔顿研究的，所以就以他的名字命名.

教材中是如下描述的，高度抽象化，早就剥离了具体问题.

设 $G=\langle V, E\rangle$ 为一图（无向的或有向的），G 中经过每个顶点一次且仅一次的通路称作哈密尔顿通路；G 中经过每个顶点一次且仅一次的回路称作哈密尔顿回路；若 G 中存在哈密尔顿回路，则称 G 为哈密尔顿图.

推论：设 G 为 $n(n\geqslant 3)$阶无向简单图，若对于 G 中任意两个不相邻的顶点 u,v，均有

$$d(u)+d(v)\geqslant n$$

则 G 为哈密尔顿图.

然后，数学家为了更一般的形式，就利用符号、逻辑、证明、归纳那一套方法，得出很多结论. 那么，以后遇到类似的问题就直接利用定理判断了，就不用过多地思考，提高了解决问题的效率. 比如，你是一个快递员，今天的包裹要送到标小旗的地点，为了少走路，每个地方只去一次，你觉得应该怎么走呢？按刚才的方法，是不是很快就能判断？通过这个问题的过程，我们可以重新发现数学的作用了吧.

整个过程就是这样：解决现实问题，由抽象到一般，再应用到实际. 这就是数学.

你看，数学就是数学家们为了解决现实问题而发明出来的. 它首先研究的是现实，其次建立解决方案，再把这个解决方法进行一般化的符号抽象，然后研究其性质，最后把这个抽象的方法应用到实践中.

所以数学在本质上，就是一种思维方法、分析工具，是人类认识世界的一种手段、一种模式. 其思维方法，我们天天都在用，所以不要把它想得多么神秘.

而高等数学，也是把解决实际问题的方法抽象而来，进而用符号、图形、公式、定理等来表达其规则. 现在你心里对数学亲近了不少吧？因为它能给你带来不一样的思考方法和思维工具.

由此，你也可以总结出：学习的本质，就是学习这种能成功解决问题的思维方式、思考方法及实用工具. 高等数学是高度抽象化的符号、图形及一套演绎方式，它的实际应用更广泛.

当然，对绝大部分不研究、不使用教学的人来说，数学对他们的生活、工作、学习，表面上影响不大. 但学习高等数学的过程，可以训练我们分析问题、归纳问题、解决问题的思维方法，培养良好的思维能力，对加强我们的系统性、创新性、发散性、坚韧性的思维训练有非常大的帮助.

本书最大的与众不同之处在于：真正从关心读者成长与发展出发，充分展现思考问题的过程和解决问题的初衷，让大家了解面对问题，数学家们是怎么想的，然后，这种思考方法是怎么运用到实际生活、工作、学习当中的. 为此，编者专门在每章节后附一页，让你自己总结使用案例，不管是具体知识，还是思维方法；不管是学习、工作，还是生活实践，都可以.

当然，我们还要学习具体的知识点. 那么怎么才能快速通关呢？

一是确定目标.

学习本课程，根据自身条件和目的不同，确定要达到怎么样的学习目标. 比如期末考试过关，专升本考上重点本科，重新复习，掌握高等数学的基础，等等.

二是核算成本.

在学习本课程上，你愿意付出的最大成本是多少？能够接受最大的失败是什么？显性成本包括资金、精力等，隐性成本包括时间、人际关系、思想观念等等.

三是要收集信息.

在学习本课程上，掌握了哪些信息和资源？比如教材、课件、练习题、可咨询的老师、要不要报培训班、上不上网课，等等. 哪些有利，哪些不利？信息准确度如何？真实性如何？时效性如何？信息来源的保密性如何？大家都知道还是少数人知道？

四是要借鉴参考.

能不能找到学长、学姐，看他们是如何学习、复习的？现在其他同学是如何学习、复习的？效果如何？哪些方法可以直接拿来用，哪些可以改进创新用？能不能找到专业人士进行专业咨询？比如，值得信赖的老师、同学、长辈，等等. 如果有，如何得到别人真正且正确的参考意见？付费咨询，还是人情免费咨询，还是资源交换获得支持？

五是概念的理解.

高等数学的概念，都来源于实际生活. 在学习过程中，一定要注重概念理解，把抽象的概念尽量形象化，和自己头脑里的已有的有形意识结合起来，纳入自己的知识架构中. 这样才能更好地去认识数学知识、数学思维及数学方法. 如果还有时间，可以阅读相关知识点的一些数学历史方面的书籍，了解当年数学家们是怎么想到这个方法的，这些方法的创立过程经历了怎么样的复杂历史.

六是充分利用考纲.

把期末考试或专升本的考纲每一条都列出来，形成一张表，左边是考纲要求，右边列出相应的知识点、公式、定理、证明、常考题型等，来考察自己掌握的情况. 大量练习必不可少，你要相信，世界上 80%的能力，通过训练都是可以达到的.

一个知识点，一个公式，掌握的标准有三条：一是快，指做这个考点的题型以最快的速度做完. 二是准，凡是做完的题目，都要 100%得满分. 如果不能，也不要慌，先看解析. 如果还有问题，可以问同学、老师，或者上网查资料. 也可以加入 QQ 群：308212576，在群里提问. 反复研究，反复做，一直到能得满分为止. 三是举一反三，学会知识迁移.

说一千，道一万，只要下决心学习，厘清本源，细看书，理解概念与思维，合理建立直观印象，从书到题勤练习，从题到书多运用，快思考，常讨论，就能学好高等数学.

学习高等数学，就像谈恋爱，要多花时间陪伴，同甘共苦，就能修成正果.

祝大家都能修成正果!

最后，特别感谢西南交通大学出版社的大力支持，使得本书第三版得以顺利出版. 本次做了较大的修订，使本书更符合新时代高等职业教育的特征.

由于作者水平有限，加之完成时间仓促，书中难免有不妥或疏漏之处，恳请广大读者批评指正.

陈华峰

2022 年 6 月

第二版前言

高等应用数学是一门高职高专院校各专业公共基础必修课程，它对培养学生的思维能力有着重要的作用. 本书第二版是根据教育部制定的《各专业教学标准和人才培养目标及规格》对高等应用数学课程教学基本要求，考虑到高职高专学生的特点和各专业需要，在第一版的基础上修订而成. 本次修订充分吸取了教师和学生对第一版教材的建议，在保留第一版特色的同时对部分内容进行了增删，使之更能适应高职高专的教学实际和学生学习的特征.

编　者

2017 年 6 月

第一版前言

时代在发展，社会在进步，人们对人才的要求越来越高. 对于高职学生来讲，只掌握专业知识已不能适应社会和企业的要求，还必须具备较强的适应能力、应变能力、学习能力、创新能力等，这样才能在日益激烈的竞争中有所成就，才能为祖国做出应有的贡献. 而这些能力的基础就是既要有丰富的专业基础知识，又要有良好的思维品质. 高等应用数学的学习就最能体现这两方面.

高等应用数学是高职高专院校各专业一门公共基础必修课程，它对于培养学生的思维能力有着重要的作用. 通过高等应用数学的学习，学生不但可以掌握处理数学问题的描述工具和方法，为后续课程的学习创造条件，而且可以提高抽象思维和逻辑推理能力，提高观察事物现象、分析问题本质、解决问题的能力，养成良好的意志力以及逻辑性、新颖性等思维习惯，并为以后的学习、工作和生活打下坚实的基础.

因此，本教材在具体编写过程中，力求既介绍高等应用数学基础知识的核心内容，做到简明扼要、通俗易懂，又注重理论联系实际，融入启发式思维训练，着重培养学生良好的思维品质，加强学生系统性、创新性、发散性、坚韧性的思维训练. 本教材是编者在结合多年高等应用数学教学经验的基础上，根据高职高专学生的学习规律与特点，参考国内众多教材的优点并借鉴国外相关教材的特点编写而成的. 本书的主要特点如下：

（1）内容选择科学.

本教材的整个体系保持了高等应用数学具有代表性的核心内容，坚持少而精、释义清楚、学以致用的原则，内容安排上由浅入深，符合认知规律，理论严谨、叙述明确简练、逻辑性强，知识点脉络清晰. 第 1～5 章为各专业的基础必修模块，第 6～10 章为各专业的选修模块，可根据实际情况选修其中的一章或几章.

（2）结构安排先进.

教材大部分例题都融入启发式思维训练，重点突出解题思路，注重培养学生的数学思维能力和分析问题、解决问题的能力. 每一节练习题都分为基础、提高、拓展三个阶段，符合高职学生对数学学习的认知过程，而且将基础理论与相关实际问题相结合，变抽象思维为形象思维，提高学生的思考能力，培养学生优秀的思维品质.

（3）系统组织实用.

每章都列出了知识框图,以便学生及时掌握知识点和知识结构. 并配以大量习题和思考题，每章结束均配有自测题，可供学生检测自己学习的情况.

本书内容和结构体现了我校近年来教学改革的成果. 全书分为上、下两册，共 10 章. 其中第 1、2 章由袁佳编写，第 3、7、10 章由瞿先平（重庆理工大学研究生）编写，第 4、5、6 章由万轩编写，第 8、9 章由陈华峰编写; 每章节的应用题例部分由范正权和朱志富编写; 全书由陈华峰统稿.

最后,特别感谢李连启教授为审阅本书所付出的辛勤劳动. 感谢西南交通大学出版社的大力支持，使本书得以顺利出版.

由于编者水平有限，加之完成时间仓促，书中难免有不妥或错误之处，恳请广大读者批评指正.

编　者

2015 年 1 月

目　录

基础模块

提升模块

拓展模块

基础模块

9 不定积分

正如加法有其逆运算减法，乘法有其逆运算除法，微分法同样有它的逆运算——积分法. 在前面已经介绍已知函数求导数或微分的问题，那么与之相反的问题是：已知导函数求其函数，即求一个未知函数，使其导函数恰好是某一已知函数. 这种由导数或微分求原来函数的逆运算就叫作求原函数，也就是求不定积分. 本章将介绍不定积分的概念及其计算方法.

【学习能力目标】

（1）理解原函数的概念.

（2）掌握不定积分的概念及性质.

（3）熟练掌握不定积分的基本公式及运算法则.

（4）灵活运用直接积分法求不定积分.

（5）熟练掌握不定积分的换元积分法.

（6）熟练掌握不定积分的分部积分法.

9.1 不定积分的概念和性质

9.1.1 原函数

在解决实际问题时，我们会经常会遇到已知一个函数的导数，要求这个函数的问题. 例如，在经济学中，边际成本函数是总成本函数的导数，现在已知边际成本函数 $y=f(x)$，反过来求总成本函数 $F(x)$. 这就涉及到了微分学中求导数或求微分的相反问题，即已知函数的导数或微分，反过来求原来这个函数.

定义 9.1.1 如果在区间 D 内，可导函数 $F(x)$ 的导函数为 $f(x)$，即对任意 $x\in D$，均有

$$F'(x)=f(x) \text{ 或 } \mathrm{d}F(x)=f(x)\mathrm{d}x,$$

则称函数 $F(x)$ 为 $f(x)$ 在区间 D 上的**原函数**（简称为 $f(x)$ 的**原函数**）.

比如，由 $(\ln x)'=\dfrac{1}{x}$ 可知，$\ln x$ 是 $\dfrac{1}{x}$ 的一个原函数. 又如，由 $(x^3)'=3x^2$ 可知，x^3 是 $3x^2$ 的一个原函数.

定理 9.1.1（原函数存在定理） 如果函数 $f(x)$ 在区间 D 上连续，那么函数 $f(x)$ 在该区间上的原函数一定存在，即在区间 D 上存在可导函数 $F(x)$，使对任意 $x\in D$，都有 $F'(x)=f(x)$.

简单言之：连续函数一定有原函数. 例如，一切初等函数在其定义区间上都连续，从而都有原函数.

思考：（1）如果函数存在一个原函数，那这个函数的原函数是否唯一？

（2）如果不唯一，那这些原函数之间有什么联系？

由 $(x^2)'=2x$、$(x^2+2)'=2x$、$(x^2+C)'=2x$ 可知，x^2,x^2+2,x^2+C 都是 $2x$ 的原函数（C 为任意实数）. 可以看出，如果函数有一个原函数，那么它函数就有无数多个原函数，并且，这些原函数之间只相差一个常数.

定理 9.1.2（原函数族定理） 如果函数 $f(x)$ 有一个原函数，那么它就有无限多个原函数，而且这些原函数之间仅相差一个常数.

一般地，若 $F(x)$ 是 $f(x)$ 的原函数，那么 $f(x)$ 的所有原函数（称为**原函数族**）就是 $F(x)+C$（其中 C 为任意常数）.

若 $F(x)$ 和 $G(x)$ 都是 $f(x)$ 的原函数，则 $F(x)-G(x)=C_0$（其中 C_0 为某个常数），这表明 $f(x)$ 的任意两个原函数只差一个常数.

9.1.2 不定积分的概念

定义 9.1.2 如果 $F(x)$ 是 $f(x)$ 的一个原函数，那么 $f(x)$ 的所有原函数 $F(x)+C$ 称为 $f(x)$ 的不定积分，记为 $\int f(x)\mathrm{d}x$，即

$$\int f(x)\mathrm{d}x=F(x)+C$$

其中，$\int$ 称为**积分号**，$f(x)$ 称为**被积函数**，$f(x)\mathrm{d}x$ 称为**被积表达式**，x 称为**积分变量**，任意常数 C 称为**积分常数**.

由不定积分的定义可知，求函数 $f(x)$ 的不定积分，只需求出 $f(x)$ 的一个原函数 $F(x)$ 再加上积分常数 C 即可.

例如：

$$\int \sin x\mathrm{d}x=-\cos x+C;\qquad \int 3x^2\mathrm{d}x=x^3+C.$$

例 9.1.1 计算下列不定积分

（1）$\int x^3\mathrm{d}x$；（2）$\int \cos 3x\mathrm{d}x$；（3）$\int \frac{1}{x}\mathrm{d}x$；（4）$\int x^{\alpha}\mathrm{d}x(\alpha\neq -1)$；（5）$\int a^x\mathrm{d}x(a\neq 1,a>0)$.

解：（1）因为对任意 $x\in(-\infty,+\infty)$ 有 $\left(\frac{1}{4}x^4\right)'=x^3$，则 $\frac{1}{4}x^4$ 是 x^3 的一个原函数，故

$$\int x^3\mathrm{d}x=\frac{1}{4}x^4+C.$$

（2）因为对任意 $x\in(-\infty,+\infty)$ 有 $\left(\frac{1}{3}\sin 3x\right)'=\cos 3x$，则 $\frac{1}{3}\sin 3x$ 是 $\cos 3x$ 的一个原函数，故

$$\int \cos 3x\mathrm{d}x=\frac{1}{3}\sin 3x+C.$$

（3）当 $x>0$ 时，由 $(\ln x)'=\frac{1}{x}$，所以 $\int \frac{1}{x}\mathrm{d}x=\ln x+C$；

当 $x<0$ 时，由 $(\ln(-x))'=\frac{1}{x}$，所以 $\int\frac{1}{x}\mathrm{d}x=\ln(-x)+C$.

综合这两种情形，故

$$\int\frac{1}{x}\mathrm{d}x=\ln|x|+C.$$

（4）因为 $(x^{\alpha+1})'=(\alpha+1)x^{\alpha}$，所以 $\left(\frac{1}{\alpha+1}x^{\alpha+1}\right)'=x^{\alpha}$，故

$$\int x^{\alpha}\mathrm{d}x=\frac{1}{\alpha+1}x^{\alpha+1}+C.$$

（5）因 $(a^x)'=a^x\ln a,\left(\frac{a^x}{\ln a}\right)'=a^x$，故

$$\int a^x\mathrm{d}x=\frac{a^x}{\ln a}+C.$$

9.1.3 不定积分的几何意义

在几何上，我们通常把函数 $f(x)$ 的一个原函数 $y=F(x)$ 的图形称为函数 $f(x)$ 的积分曲线，而函数 $f(x)$ 的不定积分为 $\int f(x)\mathrm{d}x=F(x)+C$ 在几何上是表示一族曲线，称为积分曲线族. 这一积分曲线族具有以下两个特点：其一是每一条积分曲线上横坐标相同的点处的切线彼此平行，斜率都等于 $f(x)$；其二是积分曲线族中任意两条积分曲线仅相差一个常数，如图 9.1.1 所示.

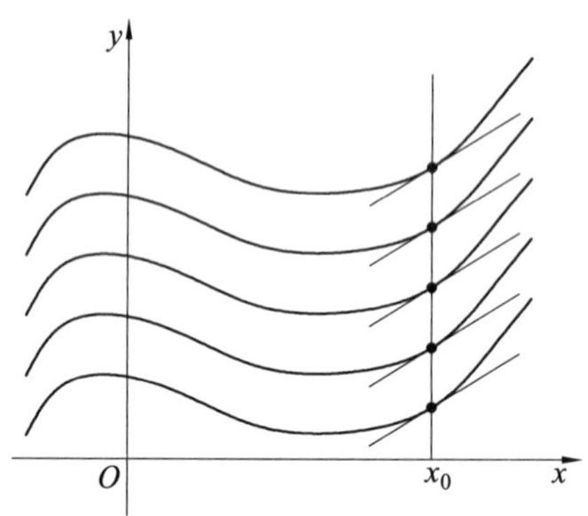

图 9.1.1 积分曲线族

故函数 $f(x)$ 的不定积分为 $\int f(x)\mathrm{d}x$ 的几何意义是 $f(x)$ 的积分曲线族，其表达式为

$$y=F(x)+C \quad （C\text{ 为任意常数}）.$$

例 9.1.2 设已知曲线通过点 $(0,3)$，且其上任一点处的切线斜率为 e^x，求此曲线的方程.

解： 设所求曲线方程为 $y=F(x)$，由导数的几何意义知 $F'(x)=\mathrm{e}^x$，由不定积分的定义可得

$$\int\mathrm{e}^x\mathrm{d}x=\mathrm{e}^x+C$$

又曲线经过 $(0,3)$ 点，所以将 $x=0$，$y=3$ 代入上式可得：$3=\mathrm{e}^0+C$，从而 $C=2$，故所求曲线为 $y=\mathrm{e}^x+2$.

9.1.4 不定积分的性质

根据不定积分的定义可知，不定积分与导数（或微分）互为逆运算，有如下的关系：

（1）若先积分后微分，则两者的作用相互抵消. 即

$$\left(\int f(x)\mathrm{d}x\right)'=f(x) \quad 或 \quad \mathrm{d}\left[\int f(x)\mathrm{d}x\right]=f(x)\mathrm{d}x；$$

（2）若先微分后积分，则抵消后要差一个常数，即

$$\int F'(x)\mathrm{d}x=F(x)+C \quad 或 \quad \int \mathrm{d}F(x)=F(x)+C.$$

也就是说，函数不定积分的导数（或微分）等于被积函数（或被积表达式），而函数的导数（或微分）的不定积分与这个函数仅相差一个积分常数.

例如 $\left(\int \cos x\mathrm{d}x\right)'=\cos x$，$\int(\cos x)'\mathrm{d}x=\cos x+C$.

习题 9.1

基础练习

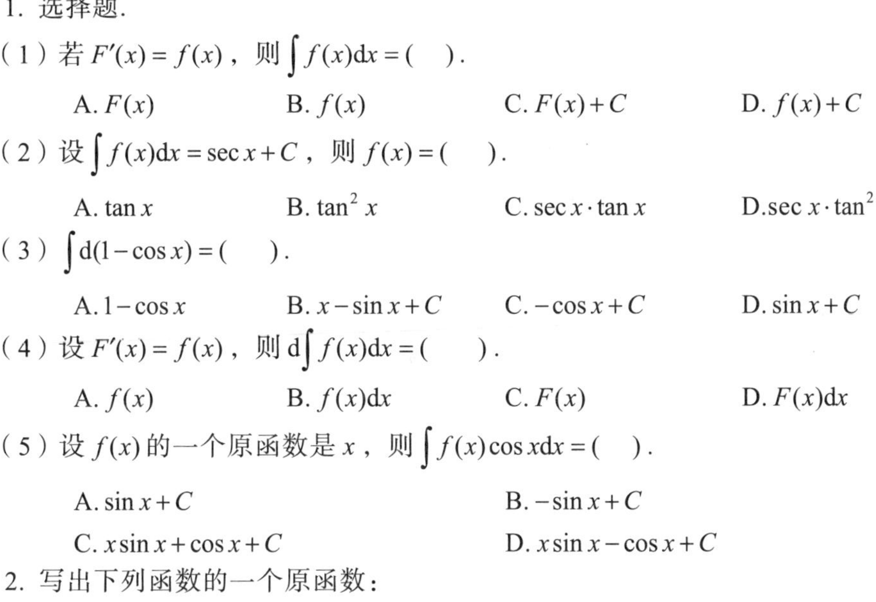

1. 选择题.

（1）若 $F'(x)=f(x)$，则 $\int f(x)\mathrm{d}x=(\quad)$.

A. $F(x)$　　B. $f(x)$　　C. $F(x)+C$　　D. $f(x)+C$

（2）设 $\int f(x)\mathrm{d}x=\sec x+C$，则 $f(x)=(\quad)$.

A. $\tan x$　　B. $\tan^2 x$　　C. $\sec x\cdot\tan x$　　D. $\sec x\cdot\tan^2 x$

（3）$\int \mathrm{d}(1-\cos x)=(\quad)$.

A. $1-\cos x$　　B. $x-\sin x+C$　　C. $-\cos x+C$　　D. $\sin x+C$

（4）设 $F'(x)=f(x)$，则 $\mathrm{d}\int f(x)\mathrm{d}x=(\quad)$.

A. $f(x)$　　B. $f(x)\mathrm{d}x$　　C. $F(x)$　　D. $F(x)\mathrm{d}x$

（5）设 $f(x)$ 的一个原函数是 x，则 $\int f(x)\cos x\mathrm{d}x=(\quad)$.

A. $\sin x+C$　　B. $-\sin x+C$

C. $x\sin x+\cos x+C$　　D. $x\sin x-\cos x+C$

2. 写出下列函数的一个原函数：

（1）1；（2）$5x^4$；（3）e^x；（4）$\sin 3x$；（5）$\dfrac{1}{\sqrt{x}}$；（6）2^x.

3. 判断下列式子是否正确：

（1）$\int x\mathrm{d}x=\dfrac{1}{2}x^2$；（2）$\int x\mathrm{d}x=\dfrac{1}{2}x^2+2$；（3）$\int x\mathrm{d}x=\dfrac{1}{2}x^2+C$；

（4）$\frac{\mathrm{d}}{\mathrm{d}x}\left[\int f(x)\mathrm{d}x\right]=f(x)$；（5）$\mathrm{d}\left[\int f(x)\mathrm{d}x\right]=f(x)$；（6）$\int f'(x)\mathrm{d}x=f(x)$.

提高练习

4. 计算下列不定积分：

（1）$\int x^4\mathrm{d}x$；（2）$\int x\mathrm{d}x$；（3）$\int \sec^2 x\mathrm{d}x$；

（4）$\int 1\mathrm{d}x$；（5）$\int 3^x\mathrm{d}x$；（6）$\int \frac{1}{1+x^2}\mathrm{d}x$；

（7）$\int \frac{1}{\sqrt{1-x^2}}\mathrm{d}x$；（8）$\int \csc x\cot x\mathrm{d}x$；（9）$\int \frac{1}{x^2}\mathrm{d}x$.

5. 已知函数 $f(x)$ 的一个原函数为 $\ln x$，求 $f'(x)$.

6. 已知曲线 $y=F(x)$ 通过点 $(1,3)$，且在任一点处的切线斜率为 $3x$，求该曲线的方程.

拓展练习

7. 若 $\int \frac{f(x)}{x}\mathrm{d}x=\operatorname{arccot}\sqrt{x}+C$，求 $f(x)$.

8. 证明：若 $\int f(t)\mathrm{d}t=F(t)+C$，则 $\int f(ax+b)\mathrm{d}x=\frac{1}{a}F(ax+b)+C$.

9.2 基本积分公式与积分法则

9.2.1 基本积分公式

由前面可知，求不定积分与求导数（或求微分）是互逆运算，那么，要得到积分公式，只需要把导数基本公式反过来整理一下即可.

例如，因为 $(x^{a+1})'=(a+1)x^a$，即 $\left(\frac{x^{a+1}}{a+1}\right)'=x^a$，故 $\frac{x^{a+1}}{a+1}$ 是 x^a 的一个原函数，从而

$$\int x^a\mathrm{d}x=\frac{x^{a+1}}{a+1}+C \qquad (a\neq -1).$$

类似地，根据其他导数基本公式就可以得到相对应的基本积分公式，如表 9.2.1 所示：

表 9.2.1 基本积分公式

序列	基本积分公式	导数基本公式
1	$\int 0\mathrm{d}x=C$	$(C)'=0$
2	$\int k\mathrm{d}x=kx+b$	$(kx+C)'=k$
3	$\int x^a\mathrm{d}x=\frac{1}{a+1}x^{a+1}+C$（$\mu\neq -1$）	$\left(\frac{1}{a+1}x^{a+1}\right)'=x^a$（$a\neq -1$）
4	$\int \frac{1}{x}\mathrm{d}x=\ln\lvert x\rvert+C$	$(\ln x)'=\frac{1}{x}$

续表

序列	基本积分公式	导数基本公式
5	$\int a^x \mathrm{d}x = \dfrac{a^x}{\ln a} + C$	$(a^x)' = a^x \ln a$
6	$\int \mathrm{e}^x \mathrm{d}x = \mathrm{e}^x + C$	$(\mathrm{e}^x)' = \mathrm{e}^x$
7	$\int \sin x \mathrm{d}x = -\cos x + C$	$(\cos x)' = -\sin x$
8	$\int \cos x \mathrm{d}x = \sin x + C$	$(\sin x)' = \cos x$
9	$\int \sec^2 x \mathrm{d}x = \int \dfrac{1}{\cos^2 x} \mathrm{d}x = \tan x + C$	$(\tan x)' = \sec^2 x = \dfrac{1}{\cos^2 x}$
10	$\int \csc^2 x \mathrm{d}x = \int \dfrac{1}{\sin^2 x} \mathrm{d}x = -\cot x + C$	$(\cot x)' = -\csc^2 x = -\dfrac{1}{\sin^2 x}$
11	$\int \sec x \tan x \mathrm{d}x = \sec x + C$	$(\sec x)' = \sec x \tan x$
12	$\int \csc x \cot x \mathrm{d}x = -\csc x + C$	$(\csc x)' = -\csc x \cot x$
13	$\int \dfrac{1}{\sqrt{1-x^2}} \mathrm{d}x = \arcsin x + C$	$(\arcsin x)' = \dfrac{1}{\sqrt{1-x^2}}$
14	$\int \dfrac{1}{1+x^2} \mathrm{d}x = \arctan x + C$	$(\arctan x)' = \dfrac{1}{1+x^2}$

表 9.2.1 中 14 个基本积分公式是求不定积分的基础，必须熟记并熟练应用，有时需要对被积函数进行适当的恒等变形.

例 9.2.1 求下列不定积分：

（1）$\int x^4 \mathrm{d}x$；　（2）$\int x^3 \sqrt{x} \mathrm{d}x$；　（3）$\int \dfrac{1}{x\sqrt[3]{x}} \mathrm{d}x$；　（4）$\int (1+\sqrt{x})^2 \mathrm{d}x$.

解：（1）$\int x^4 \mathrm{d}x \dfrac{1}{4+1} x^{4+1} + C = \dfrac{1}{5} x^5 + C$.

（2）$\int x^3 \sqrt{x} \mathrm{d}x = \int x^{\frac{7}{2}} \mathrm{d}x = \dfrac{1}{\frac{7}{2}+1} x^{\frac{7}{2}+1} + C = \dfrac{2}{9} x^{\frac{9}{2}} + C$.

（3）$\int \dfrac{1}{x\sqrt[3]{x}} \mathrm{d}x = \int x^{-\frac{4}{3}} \mathrm{d}x = \dfrac{1}{-\frac{4}{3}+1} x^{-\frac{4}{3}+1} + C = -3x^{-\frac{1}{3}} + C = -\dfrac{3}{\sqrt[3]{x}} + C$.

（4）因为 $(1+\sqrt{x})^2 = 1 + 2\sqrt{x} + x$，故

$$\int (1+\sqrt{x})^2 \mathrm{d}x = \int \left(1 + 2\sqrt{x} + x^2\right) \mathrm{d}x = \int \mathrm{d}x + 2\int x^{\frac{1}{2}} \mathrm{d}x + \int x \mathrm{d}x = x + \frac{4}{3} x^{\frac{3}{2}} + \frac{1}{2} x^2 + C.$$

说明：$\int 1 \mathrm{d}x$ 可以写作 $\int \mathrm{d}x$.

上面四个例子表明，有时被积函数不是标准的基本初等函数，往往先把它通过恒等变形，化成基本初等函数积分公式形式，然后再用积分公式直接来求不定积分.

9.2.2 不定积分的运算法则

根据不定积分的定义，可以推得不定积分有以下两个性质：

法则 1 设函数 $f(x)$ 的原函数存在，则

$$\int kf(x)\mathrm{d}x = k\int f(x)\mathrm{d}x \qquad (k \neq 0 \text{ 为常数})$$

即求不定积分时，被积函数中的非零常数因子可以提到积分号外.

法则 2 设函数 $f(x)$ 和 $g(x)$ 的原函数都存在，则

$$\int [f(x) \pm g(x)]\mathrm{d}x = \int f(x)\mathrm{d}x \pm \int g(x)\mathrm{d}x$$

即两个函数代数和的不定积分等于各函数不定积分的代数和.

法则 2 可以推广到有限个函数，即

$$\int [f_1(x) \pm f_2(x) \pm \cdots \pm f_n(x)]\mathrm{d}x = \int f_1(x)\mathrm{d}x \pm \int f_2(x)\mathrm{d}x \pm \cdots \pm \int f_n(x)\mathrm{d}x .$$

将被积函数经过适当的恒等变形，再利用积分基本公式和不定积分的运算法则，则可以计算一些函数的不定积分，这种方法一般称为直接积分法.

例 9.2.2 求不定积分：

（1）$\int (1+3x^2+\cos x-\mathrm{e}^x)\mathrm{d}x$；　（2）$\int \left(2x+\cos x-\dfrac{1}{x\sqrt{x}}\right)\mathrm{d}x$；

（3）$\int \left(\dfrac{x-1}{x}\right)^3\mathrm{d}x$；　（4）$\int \left(\mathrm{e}^x-3\cos x\right)\mathrm{d}x$.

解：（1）
$$\begin{aligned}\int (1+3x^2+\cos x-\mathrm{e}^x)\mathrm{d}x &= \int \mathrm{d}x+3\int x^2\mathrm{d}x+\int \cos x\mathrm{d}x-\int \mathrm{e}^x\mathrm{d}x \\ &= x+3\cdot\frac{1}{2+1}x^{2+1}+\sin x-\mathrm{e}^x+C \\ &= x+x^3+\sin x-\mathrm{e}^x+C .\end{aligned}$$

（2）
$$\begin{aligned}\int \left(2x+\cos x-\frac{1}{x\sqrt{x}}\right)\mathrm{d}x &= \int \left(2x+\cos x-x^{-\frac{3}{2}}\right)\mathrm{d}x \\ &= \int 2x\mathrm{d}x+\int \cos x\mathrm{d}x-\int x^{-\frac{3}{2}}\mathrm{d}x \\ &= x^2+\sin x+2x^{-\frac{1}{2}}+C .\end{aligned}$$

（3）
$$\begin{aligned}\int \left(\frac{x-1}{x}\right)^3\mathrm{d}x = \int \left(1-\frac{1}{x}\right)^3\mathrm{d}x &= \int \left(1-\frac{3}{x}+\frac{3}{x^2}-\frac{1}{x^3}\right)\mathrm{d}x \\ &= x-3\ln|x|-\frac{3}{x}+\frac{1}{2x^2}+C .\end{aligned}$$

（4）$\int \left(\mathrm{e}^x-3\cos x\right)\mathrm{d}x = \int \mathrm{e}^x\mathrm{d}x-3\int \cos x\mathrm{d}x = \mathrm{e}^x-3\sin x+C$.

说明：（1）当每个函数的不定积分求完之后，结果中都含有任意常数，因任意常数之和还是任意常数，因而只用一个任意常数表示即可. 并且，当各等式右边尚有积分号时，隐含着任意常数，可以不写“$+C$”，当右边的所有积分号都消失时，再写上“$+C$”.

（2）检验不定积分的结果是否正确，只需将结果进行求导数即可，看它的导数是否等于被积函数，若相等，则说明结果正确，否则结果是错误的.

如对例 9.2.2 中（2）的结果，由于

$$\left(x^2+\sin x+2x^{-\frac{1}{2}}+C\right)'=2x+\cos x+2\cdot\left(-\frac{1}{2}\right)x^{-\frac{3}{2}}=2x+\cos x-\frac{1}{x\sqrt{x}}$$

则说明结果是正确的.

有一些不定积分，被积函数在基本积分公式中没有，我们可以通过简单的恒等变形化成基本积分公式中所列类型的不定积分后再求不定积分. 有一些则需要把它们进行分项（或拆项）后，再逐项积分. 下面举出一些此类型积分的例子.

例 9.2.3 求下列不定积分：

（1）$\int 3^x e^x dx$；（2）$\int \frac{x^2}{1+x^2}dx$；（3）$\int \frac{1+2x^2}{x^2(1+x^2)}dx$.

解：（1）由 $3^x e^x=(3e)^x$，并把 3e 看成整体，为基本积分公式 5 中的 a，再用这个公式.

$$\int 3^x e^x dx=\int (3e)^x dx=\frac{1}{\ln(3e)}(3e)^x+C=\frac{3^x e^x}{1+\ln 3}+C.$$

（2）$$\int \frac{x^2}{1+x^2}dx=\int \frac{1+x^2-1}{1+x^2}dx=\int\left(1-\frac{1}{1+x^2}\right)dx=\int dx-\int\frac{1}{1+x^2}dx$$
$$=x-\arctan x+C.$$

（3）$$\int \frac{1+2x^2}{x^2(1+x^2)}dx=\int\frac{1+x^2+x^2}{x^2(1+x^2)}dx=\int\left(\frac{1}{x^2}+\frac{1}{1+x^2}\right)dx$$
$$=\int\frac{1}{x^2}dx+\int\frac{1}{1+x^2}dx=-\frac{1}{x}+\arctan x+C.$$

还有一些不定积分，被积函数可利用三角函数恒等变形，化为基本积分公式中已有的类型，然后再求不定积分.

例 9.2.4 求下列不定积分：

（1）$\int\frac{1}{1+\cos 2x}dx$；（2）$\int \tan^2 x dx$；（3）$\int \cos^2\frac{x}{2}dx$；（4）$\int\frac{1}{\sin^2 x\cos^2 x}dx$.

解：（1）$$\int\frac{1}{1+\cos 2x}dx=\int\frac{1}{1+2\cos^2 x-1}dx=\frac{1}{2}\int\frac{1}{\cos^2 x}dx=\frac{1}{2}\tan x+C.$$

（2）$$\int \tan^2 x dx=\int(\sec^2 x-1)dx=\int\sec^2 x dx-\int dx=\tan x-x+C.$$

（3）$$\int\cos^2\frac{x}{2}dx=\int\frac{1+\cos x}{2}dx=\frac{1}{2}\int dx+\frac{1}{2}\int\cos x dx=\frac{1}{2}x+\frac{1}{2}\sin x+C.$$

（4）$$\int\frac{1}{\sin^2 x\cos^2 x}dx=\int\frac{\sin^2 x+\cos^2 x}{\sin^2 x\cos^2 x}dx=\int\left(\frac{1}{\sin^2 x}+\frac{1}{\cos^2 x}\right)dx$$
$$=\int\frac{1}{\sin^2 x}dx+\int\frac{1}{\cos^2 x}dx=\tan x-\cot x+C.$$

习题 9.2

基础练习

1. 填空题.

（1）若 $\int f(x)\mathrm{d}x=\sqrt{x}-3x+C$，则 $f(x)=$______.

（2）若 $\int f(x)\mathrm{d}x=x+\cos 2x+C$，则 $f(x)=$______.

（3）设 $f(x)=\dfrac{1}{x}$，则 $\int f'(x)\mathrm{d}x=$______.

（4）$\int (x\mathrm{e}^x)'\mathrm{d}x=$______.

（5）$\int \dfrac{1}{x^2\sqrt{x}}\mathrm{d}x=$______.

（6）$\int 3^x\mathrm{d}x=$______.

2. 求下列函数的不定积分：

（1）$\int\left(\mathrm{e}^x+\dfrac{1}{x}+\dfrac{1}{x^2}\right)\mathrm{d}x$；

（2）$\int\left(x^{22}+\dfrac{\sqrt{x}}{3}+\ln 2\right)\mathrm{d}x$；

（3）$\int(1+3x^2+\cos x-\mathrm{e}^x)\mathrm{d}x$；

（4）$\int(5^x+x^5)\mathrm{d}x$；

（5）$\int(2\cos x-\sin x)\mathrm{d}x$；

（6）$\int\left(\csc^2 x-\dfrac{2}{x^2+1}+\dfrac{1}{4\sqrt{1-x^2}}\right)\mathrm{d}x$；

（7）$\int x(x+1)\mathrm{d}x$；

（8）$\int(\sqrt{x}+2)(2x-\sqrt{x})\mathrm{d}x$；

（9）$\int\dfrac{\sqrt{x}+x^3\cos x}{2x^3}\mathrm{d}x$；

（10）$\int\dfrac{x^2}{1-x^2}\mathrm{d}x$；

（11）$\int\dfrac{2\cdot 3^x-5\cdot 2^x}{3^x}\mathrm{d}x$；

（12）$\int\dfrac{x-1}{\sqrt[3]{x}-1}\mathrm{d}x$.

提高练习

3. 求下列函数的不定积分：

（1）$\int\dfrac{4x^4+4x^2+1}{x^2+1}\mathrm{d}x$；

（2）$\int\mathrm{e}^{-x}\left[\mathrm{e}^{2x}-\dfrac{\mathrm{e}^x x^4}{x^2-1}\right]\mathrm{d}x$；

（3）$\int\dfrac{1}{x^2(1+x^2)}\mathrm{d}x$；

（4）$\int\dfrac{\cos 2x}{\sin x+\cos x}\mathrm{d}x$；

（5）$\int\dfrac{1}{1-\cos 2x}\mathrm{d}x$；

（6）$\int\sin^2\dfrac{x}{2}\mathrm{d}x$；

（7）$\int 3^{x+2}\mathrm{d}x$；

（8）$\int\left(\sin\dfrac{x}{2}+\cos\dfrac{x}{2}\right)^2\mathrm{d}x$；

（9）$\int\dfrac{1+\cos^2 x}{1+\cos 2x}\mathrm{d}x$；

（10）$\int\dfrac{\sin x}{\cos^2 x}\mathrm{d}x$；

（11）$\int \frac{1}{\sin^2 \frac{x}{2} \cos^2 \frac{x}{2}} \mathrm{d}x$；（12）$\int \frac{\cos 2x}{\cos^2 x \sin^2 x} \mathrm{d}x$.

拓展练习

4. 设函数 $f(x)$ 满足 $f'(x) = \frac{\cos x}{\sin^2 x}, f\left(\frac{\pi}{2}\right) = 0$，求 $f(x)$.

5. 求不定积分 $\int \sqrt{x\sqrt{x\sqrt{x}}} \mathrm{d}x$.

6. 求不定积分 $\int \left(\sqrt{\frac{1+x}{1-x}} + \sqrt{\frac{1-x}{1+x}}\right) \mathrm{d}x$.

9.3 换元积分法

从前面的例子可以看到，有些不定积分是不能用直接积分处理的，例如

$$\int \sin 3x \mathrm{d}x，\int \mathrm{e}^{2x} \mathrm{d}x \text{ 及 } \int (5x-1)^{100} \mathrm{d}x$$

就无法利用直接积分计算出来. 为解决此类问题，我们必须进一步对不定积分的计算方法进行讨论，本节介绍不定积分的另一个非常重要的方法——换元积分法. 通常分为两类，即第一类换元法（也称**凑微分**）与第二类换元法.

换元积分法是将复合函数的求导法则反过来用于不定积分，通过适当的变量替换(换元)，把某些不定积分化为基本积分公式表中所列函数的形式，再计算出所求的不定积分.

9.3.1 第一类换元积分法（凑微分法）

对于不定积分 $\int (5x-1)^{100} \mathrm{d}x$，不能直接使用基本积分公式 $\int x^a \mathrm{d}x = \frac{1}{1+a} x^{1+a} + C$ 来计算，因为被积函数 $(5x-1)^{100}$ 是由 $y = u^{100}$、$u = 5x-1$ 复合而成，其中间变量是“$u = 5x-1$”，与积分变量“x”不同. 但若能把被积表达式恒等变形，使得被积函数的变量与积分变量变得相同，那么就可用公式 $\int u^a \mathrm{d}x = \frac{1}{1+a} u^{1+a} + C$ 来求.

由 $u = 5x-1$，等式两边微分可得 $\mathrm{d}u = 5\mathrm{d}x$，即 $\mathrm{d}x = \frac{1}{5}\mathrm{d}u$，故

$$\int (5x-1)^{100} \mathrm{d}x = \int (u)^{100} \cdot \frac{1}{5} \mathrm{d}u = \frac{1}{5} \int u^{100} \mathrm{d}u = \frac{1}{5} \cdot \frac{1}{100+1} u^{100+1} + C = \frac{1}{505} u^{101} + C,$$

再将 u 还原成 $5x-1$，即有

$$\int (5x-1)^{100} \mathrm{d}x = \frac{1}{505} (5x-1)^{101} + C.$$

在整个求解过程中，运用了转化的思想，是将不定积分 $\int (5x-1)^{100} \mathrm{d}x$ 转化为

$\int(5x-1)^{100}\cdot\frac{1}{5}\mathrm{d}(5x-1)$来计算，再将复合函数的中间变量$u=5x-1$当成新的积分变量，利用基本积分公式求出结果，这种将中间变量函数看成一个整体的新的积分变量的积分方法，就称为第一类换元积分法，也称凑微分法.

定理 9.3.1（第一类换元积分法）　设$F(u)$是$f(u)$的一个原函数，即$\int f(u)\mathrm{d}u=F(u)+C$，$u=\varphi(x)$可导，则有换元公式

$$\int f[\varphi(x)]\varphi'(x)\mathrm{d}x=F[\varphi(x)]+C.$$

第一类换元积分法的主要思想是：在不定积分$\int f[\varphi(x)]\varphi'(x)\mathrm{d}x$中，若函数$f(u)$的原函数$F(u)$比较容易求出，那么就可以用$u=\varphi(x)$对原式作换元，这时利用微分公式就有$\mathrm{d}u=\varphi'(x)\mathrm{d}x$，从而就有

$$\begin{aligned}\int f[\varphi(x)]\varphi'(x)\mathrm{d}x&=\int f[\varphi(x)]\mathrm{d}\varphi(x) &&（凑微分）\\&=\int f(u)\mathrm{d}u &&（换元）\\&=F(u)+C &&（积分公式）\\&=F[\varphi(x)]+C. &&（还原）\end{aligned}$$

可以归纳成四个步骤：

（1）凑：变换积分形式，即$\int g(x)\mathrm{d}x=\int f[\varphi(x)]\varphi'(x)\mathrm{d}x$；

（2）换：作变量代换$u=\varphi(x)$，有$\int g(x)\mathrm{d}x=\int f(u)\mathrm{d}u$；

（3）代：代入常用的积分公式，求出$f(u)$的原函数$F(u)$，即得$\int f(u)\mathrm{d}u=F(u)+C$

（4）还：将$u=\varphi(x)$还原，即得$\int g(x)\mathrm{d}x=F[\varphi(x)]+C$.

常用“凑微分”的方法：

（1）观察被积函数的复合特征，结合基本积分公式，再恒等变形拼凑，把$\mathrm{d}x$凑成$\mathrm{d}(ax+b)$即：$\mathrm{d}x=\frac{1}{a}\mathrm{d}(ax+b)$. 如

$$\int\cos(3x+7)\mathrm{d}x=\frac{1}{3}\int\cos(3x+7)\mathrm{d}((3x+7))=\frac{1}{3}\int\cos u\mathrm{d}u=\frac{1}{3}\sin u+C=\frac{1}{3}\sin(3x+7)+C.$$

（2）把被积函数中的某一因子与$\mathrm{d}x$凑成一个新的微分$\mathrm{d}\varphi(x)$，即$\varphi'(x)\mathrm{d}x$=$\mathrm{d}\varphi(x)$. 如

$$\int\frac{\sec^2\sqrt{x}}{\sqrt{x}}\mathrm{d}x=2\int\sec^2\sqrt{x}\mathrm{d}\sqrt{x}=2\int\sec^2u\mathrm{d}u=2\tan u+C=2\tan\sqrt{x}+C.$$

在熟练了以后，也可不必引入中间变量$u=\varphi(x)$，直接把$\varphi(x)$看成一个整体，作为新的变量代入积分公式运算即可. 这和我们以前学习过的复合函数求导法则相类似.

例 9.3.1　求下列不定积分：

（1）$\int\mathrm{e}^{-2x}\mathrm{d}x$；（2）$\int\sin\frac{3}{4}x\mathrm{d}x$；（3）$\int(4x+1)^{22}\mathrm{d}x$；（4）$\int\frac{1}{3x+5}\mathrm{d}x$；（5）$\int\frac{1}{\sqrt{1-x}}\mathrm{d}x$.

解：（1）设 $u=-2x$，则 $\mathrm{d}u=-2\mathrm{d}x$，即 $\mathrm{d}x=-\frac{1}{2}\mathrm{d}u$，故

$$\int \mathrm{e}^{-2x}\mathrm{d}x=\int \mathrm{e}^{-2x}\cdot\left(-\frac{1}{2}\right)\mathrm{d}(-2x)=-\frac{1}{2}\int \mathrm{e}^{u}\mathrm{d}u=-\frac{1}{2}\mathrm{e}^{u}+C=-\frac{1}{2}\mathrm{e}^{-2x}+C.$$

（2）设 $u=\frac{3}{4}x$，则 $\mathrm{d}u=\frac{3}{4}\mathrm{d}x$，即 $\mathrm{d}x=\frac{4}{3}\mathrm{d}u$，故

$$\int \sin\frac{3}{4}x\mathrm{d}x=\int \sin\frac{3}{4}\cdot\frac{4}{3}\mathrm{d}\left(\frac{3}{4}x\right)=\frac{4}{3}\int \sin u\mathrm{d}u=-\frac{4}{3}\cos u+C=-\frac{4}{3}\cos\frac{3}{4}x+C.$$

（3）$\int(4x+1)^{22}\mathrm{d}x=\frac{1}{4}\int(4x-1)^{22}\mathrm{d}(4x+1)=\frac{1}{4}\cdot\frac{1}{23}(4x+1)^{23}+C=\frac{1}{92}(4x+1)^{23}+C.$

（4）$\int\frac{1}{3x+5}\mathrm{d}x=\frac{1}{3}\int\frac{1}{3x+5}\mathrm{d}(3x+5)=\frac{1}{3}\ln|3x+5|+C.$

（5）$\int\frac{1}{\sqrt{1-x}}\mathrm{d}x=-\int\frac{1}{\sqrt{1-x}}\mathrm{d}(1-x)=-2\sqrt{1-x}+C.$

例 9.3.2 求下列不定积分：

（1）$\int \mathrm{e}^{x}\cos \mathrm{e}^{x}\mathrm{d}x$；（2）$\int\frac{1}{x(1+\ln x)}\mathrm{d}x$；（3）$\int x\mathrm{e}^{x^2}\mathrm{d}x$

（4）$\int\frac{\sin\sqrt{x}}{\sqrt{x}}\mathrm{d}x$；（5）$\int\frac{1}{x^2}\mathrm{e}^{\frac{1}{x}}\mathrm{d}x$；（6）$\int\frac{x}{9+x^2}\mathrm{d}x$

（7）$\int\frac{1}{9+x^2}\mathrm{d}x$；（8）$\int\frac{1}{a^2+x^2}\mathrm{d}x\quad(a\neq 0)$；（9）$\int\frac{1}{x^2-a^2}\mathrm{d}x\quad(a\neq 0)$

（10）$\int\frac{x}{\sqrt{4-x^2}}\mathrm{d}x$；（11）$\int\frac{1}{1+\mathrm{e}^{x}}\mathrm{d}x$；（12）$\int\frac{1}{\sqrt{3x+2}-\sqrt{3x+1}}\mathrm{d}x$.

解：（1）设 $u=\mathrm{e}^{x}$，则 $\mathrm{d}u=\mathrm{e}^{x}\mathrm{d}x$，故

$$\int \mathrm{e}^{x}\cos \mathrm{e}^{x}\mathrm{d}x=\int\cos \mathrm{e}^{x}\mathrm{d}(\mathrm{e}^{x})=\int\cos u\mathrm{d}u=\sin u+C=\sin \mathrm{e}^{x}+C.$$

（2）设 $u=1+\ln x$，则 $\mathrm{d}u=\frac{1}{x}\mathrm{d}x$，故

$$\int\frac{1}{x(1+\ln x)}\mathrm{d}x=\int\frac{1}{1+\ln x}\mathrm{d}(1+\ln x)=\int\frac{1}{u}\mathrm{d}u=\ln|u|+C=\ln|1+\ln x|+C.$$

（3）设 $u=x^2$，则 $\mathrm{d}u=2x\mathrm{d}x$，即 $x\mathrm{d}x=\frac{1}{2}\mathrm{d}u$，故

$$\int x\mathrm{e}^{x^2}\mathrm{d}x=\int \mathrm{e}^{x^2}\cdot\frac{1}{2}\mathrm{d}(x^2)=\frac{1}{2}\int \mathrm{e}^{u}\mathrm{d}u=\frac{1}{2}\mathrm{e}^{u}+C=\frac{1}{2}\mathrm{e}^{x^2}+C.$$

（4）设 $u=\sqrt{x}$，则 $\mathrm{d}u=\frac{1}{2\sqrt{x}}\mathrm{d}x$，即 $\frac{1}{\sqrt{x}}\mathrm{d}x=2\mathrm{d}u$，故

$$\int\frac{\sin\sqrt{x}}{\sqrt{x}}\mathrm{d}x=\int\sin\sqrt{x}\cdot 2\mathrm{d}(\sqrt{x})=2\int\sin u\mathrm{d}u=-2\cos u+C=-2\cos\sqrt{x}+C.$$

（5）$\int\frac{1}{x^2}e^{\frac{1}{x}}dx=-\int e^{\frac{1}{x}}d\left(\frac{1}{x}\right)=-e^{\frac{1}{x}}+C$.

（6）$\int\frac{x}{9+x^2}dx=\frac{1}{2}\int\frac{1}{9+x^2}d\left(9+x^2\right)=\frac{1}{2}\ln\left|9+x^2\right|+C=\frac{1}{2}\ln\left(9+x^2\right)+C$.

（7）$\int\frac{1}{9+x^2}dx=\frac{1}{9}\int\frac{1}{1+\left(\frac{x}{3}\right)^2}dx=\frac{1}{9}\int\frac{1}{1+\left(\frac{x}{3}\right)^2}\cdot 3d\left(\frac{x}{3}\right)=\frac{1}{3}\arctan\frac{x}{3}+C$.

（8）$\int\frac{1}{a^2+x^2}dx=\frac{1}{a^2}\int\frac{1}{1+\left(\frac{x}{a}\right)^2}dx=\frac{1}{a^2}\int\frac{1}{1+\left(\frac{x}{a}\right)^2}\cdot ad\left(\frac{x}{a}\right)=\frac{1}{a}\arctan\frac{x}{a}+C$.

（9）
$$
\begin{aligned}
\int\frac{1}{x^2-a^2}dx&=\int\frac{1}{(x+a)(x-a)}dx=\frac{1}{2a}\int\left(\frac{1}{x-a}-\frac{1}{x+a}\right)dx.\\
&=\frac{1}{2a}\left[\int\frac{1}{x-a}dx-\int\frac{1}{x+a}dx\right]\\
&=\frac{1}{2a}\left[\int\frac{1}{x-a}d(x-a)-\int\frac{1}{x+a}d(x+a)\right]\\
&=\frac{1}{2a}\left[\ln|x-a|-\ln|x+a|\right]+C\\
&=\frac{1}{2a}\ln\left|\frac{x-a}{x+a}\right|+C.
\end{aligned}
$$

（10）$\int\frac{x}{\sqrt{4-x^2}}dx=-\frac{1}{2}\int\frac{1}{\sqrt{4-x^2}}d\left(4-x^2\right)=-\sqrt{4-x^2}+C$.

（11）原式$=\int\frac{1+e^x-e^x}{1+e^x}dx=\int\left(1-\frac{e^x}{1+e^x}\right)dx=\int dx-\int\frac{e^x}{1+e^x}dx$

$$=\int dx-\int\frac{1}{1+e^x}d(1+e^x)=x-\ln(1+e^x)+C.$$

（12）原式$=\int\frac{(\sqrt{3x+2}+\sqrt{3x+1})}{(\sqrt{3x+2}+\sqrt{3x+1})(\sqrt{3x+2}-\sqrt{3x+1})}dx$

$$
\begin{aligned}
&=\int(\sqrt{3x+2}+\sqrt{3x+1})dx\\
&=\frac{1}{3}\int\sqrt{3x+2}d(3x+2)+\frac{1}{3}\int\sqrt{3x+1}d(3x+1)\\
&=\frac{2}{9}(\sqrt{3x+2})^3+\frac{2}{9}(\sqrt{3x+1})^3+C.
\end{aligned}
$$

注意：求同一积分可以有多种不同的解法，其结果在形式上可能不同，但实际上最多只是积分常数有区别.

例 9.3.3 求不定积分$\int\sin 2x dx$.

解法一： $\int\sin 2xdx=\frac{1}{2}\int\sin 2xd(2x)=-\frac{1}{2}\cos 2x+C_1$.

解法二： $\int\sin 2xdx=2\int\sin x\cos xdx=2\int\sin xd(\sin x)=\sin^2x+C_2$.

解法三： $\int\sin 2xdx=2\int\sin x\cos xdx=-2\int\cos xd(\cos x)=-\cos^2x+C_3$.

以上三种不同的结果，利用余弦的倍角公式可以化为相同的形式. 事实上，要检验不定积分的结果是否正确，只需要对所得结果进行求导，若这个导数与被积函数相同，那么结果就是正确的.

例 9.3.4 求下列不定积分：

（1）$\int \tan x\mathrm{d}x$；（2）$\int \sec x\mathrm{d}x$；（3）$\int \sin^2 x\mathrm{d}x$；（4）$\int \cos^3 x\mathrm{d}x$.

解：（1）$\int \tan x\mathrm{d}x = \int \frac{\sin x}{\cos x}\mathrm{d}x = -\int \frac{1}{\cos x}\mathrm{d}\cos x = -\ln|\cos x| + C$.

同理可得 $\int \cot x\mathrm{d}x = \ln|\sin x| + C$.

（2）$\int \sec x\mathrm{d}x = \int \frac{1}{\cos x}\mathrm{d}x = \int \frac{\cos x}{\cos^2 x}\mathrm{d}x = \int \frac{1}{1-\sin^2 x}\mathrm{d}(\sin x)$（利用例 9.3.3 的结果）

$$= \frac{1}{2}\ln\left|\frac{1+\sin x}{1-\sin x}\right| + C = \frac{1}{2}\ln\frac{(1+\sin x)^2}{\cos^2 x} + C = \ln\left|\frac{1+\sin x}{\cos x}\right| + C$$

$$= \ln\left|\frac{1}{\cos x} + \frac{\sin x}{\cos x}\right| + C = \ln|\sec x + \tan x| + C.$$

同理可得 $\int \csc x\mathrm{d}x = \ln|\csc x - \cot x| + C$.

（3）被积函数为三角函数的偶次幂，一般应先降幂（利用倍角公式）

$$\int \sin^2 x\mathrm{d}x = \frac{1}{2}\int (1-\cos 2x)\mathrm{d}x = \frac{1}{2}\int \mathrm{d}x - \frac{1}{2}\int \cos 2x\mathrm{d}x.$$

$$\frac{1}{2}\int \mathrm{d}x - \frac{1}{2}\cdot\frac{1}{2}\int \cos 2x\mathrm{d}(2x) = \frac{1}{2}x - \frac{1}{4}\sin 2x + C.$$

（4）先从三角函数 $\cos^3 x$（奇次幂）中分出一个 $\cos x$ 与 $\mathrm{d}x$ 凑微分，再把被积函数的剩余部分化成 $\sin x$，

$$\int \cos^3 x\mathrm{d}x = \int \cos^2 x\cdot\cos x\mathrm{d}x = \int (1-\sin^2 x)\mathrm{d}(\sin x) = \int \mathrm{d}(\sin x) - \int \sin^2 x\mathrm{d}(\sin x)$$

$$= \sin x - \frac{1}{3}\sin^3 x + C.$$

例 9.3.5 求下列不定积分：

（1）$\int \frac{1}{x^2-4x+8}\mathrm{d}x$；（2）$\int \frac{10^{\arctan\sqrt{x}}}{\sqrt{x}(1+x)}\mathrm{d}x$；（3）$\int \sec^4 x\mathrm{d}x$；（4）$\int \cos 4x\cos 6x\mathrm{d}x$.

解：（1）因为 $x^2-4x+8=(x-2)^2+4$，则

$$\int \frac{1}{x^2-4x+8}\mathrm{d}x = \int \frac{1}{(x-2)^2+4}\mathrm{d}x = \frac{1}{4}\int \frac{1}{\left(\frac{x-2}{2}\right)^2+1}\mathrm{d}x$$

$$= \frac{1}{2}\int \frac{1}{\left(\frac{x}{2}-1\right)^2+1}\mathrm{d}\left(\frac{x}{2}-1\right)$$

$$= \frac{1}{2}\arctan\left(\frac{x}{2}-1\right) + C.$$

（2）由 $\frac{1}{2\sqrt{x}}\mathrm{d}x=\mathrm{d}\sqrt{x}$ 可化为：

$$\begin{aligned}\int\frac{10^{\arctan\sqrt{x}}}{2\sqrt{x}(1+x)}\mathrm{d}x&=\int\frac{10^{\arctan\sqrt{x}}}{1+(\sqrt{x})^2}\mathrm{d}\sqrt{x}\\&=\int 10^{\arctan\sqrt{x}}\mathrm{d}(\arctan\sqrt{x})\\&=\frac{1}{\ln 10}10^{\arctan\sqrt{x}}+C.\end{aligned}$$

（3）$\int\sec^4 x\mathrm{d}x=\int\sec^2 x\cdot\sec^2 x\mathrm{d}x=\int\sec^2 x\mathrm{d}(\tan x)=\int\left(1+\tan^2 x\right)\mathrm{d}(\tan x)$

$=\tan x+\frac{1}{3}\tan^3 x+C$.

（4）利用三角函数的积化和差公式 $\cos\alpha\cos\beta=\frac{1}{2}[\cos(\alpha+\beta)+\cos(\alpha-\beta)]$，可得

$$\begin{aligned}\int\cos 4x\cos 6x\mathrm{d}x&=\int\frac{1}{2}(\cos 10x+\cos 2x)\mathrm{d}x=\frac{1}{2}\left(\frac{1}{10}\sin 10x+\frac{\sin 2x}{2}\right)+C\\&=\frac{1}{20}\sin 10x+\frac{1}{4}\sin 2x+C.\end{aligned}$$

注意：由上面几个例子可知，变量 $u=\varphi(x)$ 选择适当，很快就能解决一部分常见积分运算．要迅速掌握凑微分法，必须熟悉基本微分公式，现将常用的一些凑微分形式列出如下：

（1）$f(ax+b)\mathrm{d}x=\frac{1}{a}f(ax+b)\mathrm{d}(ax+b)\quad(a\neq 0)$；

（2）$f(ax^2+b)\cdot x\mathrm{d}x=\frac{1}{2a}f(ax^2+b)\mathrm{d}(ax^2+b)\quad(a\neq 0)$；

（3）$f\left(\frac{1}{x}\right)\cdot\frac{1}{x^2}\mathrm{d}x=-f\left(\frac{1}{x}\right)\mathrm{d}\left(\frac{1}{x}\right)$；

（4）$f(\ln x)\cdot\frac{1}{x}\mathrm{d}x=f(\ln x)\mathrm{d}(\ln x)$；

（5）$f\left(\sqrt{x}\right)\cdot\frac{1}{\sqrt{x}}\mathrm{d}x=2f\left(\sqrt{x}\right)\mathrm{d}\left(\sqrt{x}\right)$；

（6）$f(\mathrm{e}^x)\cdot\mathrm{e}^x\mathrm{d}x=f(\mathrm{e}^x)\mathrm{d}(\mathrm{e}^x)$；

（7）$f(\cos x)\cdot\sin x\mathrm{d}x=-f(\cos x)\mathrm{d}(\cos x)$；

（8）$f(\sin x)\cdot\cos x\mathrm{d}x=f(\sin x)\mathrm{d}(\sin x)$；

（9）$f(\tan x)\cdot\frac{1}{\cos^2 x}\mathrm{d}x=f(\tan x)\cdot\sec^2 x\mathrm{d}x=f(\tan x)\mathrm{d}(\tan x)$；

（10）$f(\cot x)\cdot\frac{1}{\sin^2 x}\mathrm{d}x=f(\cot x)\cdot\csc^2 x\mathrm{d}x=-f(\cot x)\mathrm{d}(\cot x)$；

（11）$f(\arcsin x)\cdot\frac{1}{\sqrt{1-x^2}}\mathrm{d}x=f(\arcsin x)\mathrm{d}(\arcsin x)$；

（12）$f(\arctan x)\cdot\frac{1}{1+x^2}\mathrm{d}x=f(\arctan x)\mathrm{d}(\arctan x)$.

9.3.2 第二类换元积分法

通过前面的学习，我们知道，凑微分是利用中间变量代换 $u=\varphi(x)$ 将不容易计算的不定积分 $\int f[\varphi(x)]\varphi'(x)\mathrm{d}x$ 化为比较简单的形式 $\int f(u)\mathrm{d}u$，并易于积分. 把这思路逆过来，可以把原来不容易计算的被积函数及积分变元转化为可化简、易于积分的函数. 例如 $\int\frac{1}{x+\sqrt{x}}\mathrm{d}x$，这个积分的困难之处在于被积函数中有 $\sqrt{x}$，为了去掉跟号，可以引入新的变量，令 $t=\sqrt{x}$，即 $x=t^2$（$t\geqslant 0$），故 $\mathrm{d}x=2t\mathrm{d}t$，**代入原不定积分，得**

$$\int\frac{1}{x+\sqrt{x}}\mathrm{d}x=\int\frac{2t}{t^2+t}\mathrm{d}t=2\int\frac{1}{t+1}\mathrm{d}(t+1)=2\ln(t+1)+C=2\ln\left(\sqrt{x}+1\right)+C.$$

我们将这种经过选择适当变量代换 $x=\psi(t)$ 将积分 $\int f(x)\mathrm{d}x$ 化为积分 $f[\psi(x)]\psi'(x)$ 的方法，目的是容易计算不定积分，**称为第二类换元积分法.**

注意:（1）函数 $f[\psi(x)]\psi'(x)$ 的原函数存在，且容易计算；（2）要求代换式 $x=\psi(t)$ 的反函数存在且唯一.

定理 9.3.2（第二类换元积分法） 设 $x=\psi(t)$ 是单调的可导函数，并且 $\psi'(t)\neq 0$，又设 $f[\psi(x)]\psi'(x)$ 具有原函数，则

$$\int f(x)\mathrm{d}x=\left[\int f[\psi(t)]\psi'(t)\mathrm{d}t\right]_{t=\psi^{-1}(x)}$$

其中 $t=\psi^{-1}(x)$ 是 $x=\psi(t)$ 的反函数.

例 9.3.6 求下列不定积分:

（1）$\int\frac{1}{\sqrt{\mathrm{e}^x-1}}\mathrm{d}x$；（2）$\int\frac{1}{\sqrt[3]{x^2}+x}\mathrm{d}x$；（3）$\int\frac{1}{\sqrt{x}+\sqrt[3]{x}}\mathrm{d}x$.

解:（1）令 $\sqrt{\mathrm{e}^x-1}=t$，$t\geqslant 0$，则 $x=\ln(1+t^2)$，故 $\mathrm{d}x=\frac{2t}{1+t^2}\mathrm{d}t$，代入原不定积分可得

$$\int\frac{1}{\sqrt{\mathrm{e}^x-1}}\mathrm{d}x=\int\frac{1}{t}\cdot\frac{2t}{1+t^2}\mathrm{d}t=2\int\frac{t}{1+t^2}\mathrm{d}t=2\arctan t+C=2\arctan\sqrt{\mathrm{e}^x-1}+C.$$

（2）令 $t=\sqrt[3]{x}$，则 $x=t^3,\mathrm{d}x=3t^2\mathrm{d}t$.

$$\int\frac{1}{\sqrt[3]{x^2}+x}\mathrm{d}x=\int\frac{3t^2}{t^2+t^3}\mathrm{d}t=3\int\frac{1}{1+t}\mathrm{d}t=3\ln|1+t|+C=3\ln\left|1+\sqrt[3]{x}\right|+C.$$

（3）令 $\sqrt[6]{x}=t$，则 $x=t^6,\mathrm{d}x=6t^5\mathrm{d}t$.

$$\begin{aligned}\int\frac{1}{\sqrt{x}+\sqrt[3]{x}}\mathrm{d}x&=\int\frac{6t^5}{t^3+t^2}\mathrm{d}t=6\int\frac{t^3}{1+t}\mathrm{d}t=6\int\frac{t^3+1-1}{1+t}\mathrm{d}t\\&=6\int(t^2-t+1)\mathrm{d}t-6\int\frac{1}{1+t}\mathrm{d}t=2t^3-3t^2+6t-6\ln|1+t|+C\\&=2x^{\frac{1}{2}}-3x^{\frac{1}{3}}+6x^{\frac{1}{6}}-6\ln\left|1+x^{\frac{1}{6}}\right|+C\end{aligned}$$

注： 对含有根式的积分，用换元法的目的是消去根号，从而化简函数的积分.

例 9.3.7 求不定积分，其中 $a>0$：

（1）$\int\sqrt{a^2-x^2}\mathrm{d}x$；（2）$\int\frac{\mathrm{d}x}{\sqrt{x^2+a^2}}$；（3）$\int\frac{\mathrm{d}x}{\sqrt{x^2-a^2}}$.

解：（1）令 $x=a\sin t$，$-\frac{\pi}{2}\leqslant t\leqslant\frac{\pi}{2}$，则 $\sqrt{a^2-x^2}=a\cos t$，$\mathrm{d}x=a\cos t\mathrm{d}t$，代入原不定积分可得

$$\begin{aligned}\int\sqrt{a^2-x^2}\mathrm{d}x&=\int(a\cos t\cdot a\cos t)\mathrm{d}t=a^2\int\cos^2 t\mathrm{d}t=a^2\int\frac{1-\cos 2t}{2}\mathrm{d}t\\&=\frac{a^2}{2}t+\frac{a^2}{4}\sin 2t+C=\frac{a^2}{2}t+\frac{a^2}{2}\sin t\cos t+C\\&=\frac{a^2}{2}\arcsin\frac{x}{a}+\frac{a^2}{2}\cdot\frac{x}{a}\cdot\frac{\sqrt{a^2-x^2}}{a}+C\\&=\frac{a^2}{2}\arcsin\frac{x}{a}+\frac{1}{2}x\sqrt{a^2-x^2}+C.\end{aligned}$$

（2）令 $x=a\tan t,t\in\left(-\frac{\pi}{2},\frac{\pi}{2}\right)$，则 $\sqrt{a^2+x^2}=a\sec t$，$\mathrm{d}x=a\sec^2 t\mathrm{d}t$，代入原不定积分可得

$$\int\frac{\mathrm{d}x}{\sqrt{x^2+a^2}}=\int\frac{a\sec^2 t\mathrm{d}t}{a\sec t}=\int\sec t\mathrm{d}t=\ln|\sec t+\tan t|+C_1.$$

由 $\tan t=\frac{x}{a}$ 知 $\sec t=\sqrt{1+\tan^2 t}=\sqrt{1+\left(\frac{x}{a}\right)^2}=\frac{\sqrt{x^2+a^2}}{a}$，故

$$\int\frac{\mathrm{d}x}{\sqrt{x^2+a^2}}=\ln\left|\frac{\sqrt{x^2+a^2}}{a}+\frac{x}{a}\right|+C_1=\ln\left|x+\sqrt{x^2+a^2}\right|+C\quad(C=C_1-\ln a).$$

（3）令 $x=a\sec t,t\in\left(0,\frac{\pi}{2}\right)$，（设 $x>1$，当 $x<-1$ 时同理可证）则 $\sqrt{x^2-a^2}=a\tan t$，$\mathrm{d}x=a\sec t\tan t\mathrm{d}t$，代入原不定积分可得

$$\int\frac{\mathrm{d}x}{\sqrt{x^2-a^2}}=\int\frac{a\sec t\tan t}{a\tan t}\mathrm{d}t=\int\sec t\mathrm{d}t=\ln|\sec t+\tan t|+C_1$$

由 $\sec t=\frac{x}{a}$ 知 $\tan t=\sqrt{\sec^2 t-1}=\sqrt{\left(\frac{x}{a}\right)^2-1}=\frac{\sqrt{x^2-a^2}}{a}$，故

$$\int\frac{\mathrm{d}x}{\sqrt{x^2-a^2}}=\ln\left|\frac{x}{a}+\frac{\sqrt{x^2-a^2}}{a}\right|+C_1=\ln\left|x+\sqrt{x^2-a^2}\right|+C\quad(C=C_1-\ln a).$$

注意： 使用第二类换元积分法的关键在于寻找积分变量 x 的一个合适的代换 $x=\psi(t)$，常用的积分变量代换有以下几种情况：

被积函数中含有	积分变量代换	
$\sqrt[n]{ax+b}$ →	$x=\frac{1}{a}(t^n-b)$；	
$\sqrt{a^2-x^2}$ →	$x=a\sin t$	$t\in\left(-\frac{\pi}{2},\frac{\pi}{2}\right)$
$\sqrt{x^2+a^2}$ →	$x=a\tan t$	$t\in\left(-\frac{\pi}{2},\frac{\pi}{2}\right)$
$\sqrt{x^2-a^2}$ →	$x=a\sec t$	$t\in\left(0,\frac{\pi}{2}\right)$

总结：前面的例题结果，有几个类型也可以当作公式使用，后面会经常遇到. (其中 $a>0$)

（1）$\int \tan x\mathrm{d}x=-\ln|\cos x|+C$；（2）$\int \cot x\mathrm{d}x=\ln|\sin x|+C$；

（3）$\int \sec x\mathrm{d}x=\ln|\sec x+\tan x|+C$；（4）$\int \csc x\mathrm{d}x=\ln|\csc x-\cot x|+C$；

（5）$\int\frac{1}{a^2+x^2}\mathrm{d}x=\frac{1}{a}\arctan\frac{x}{a}+C$；（6）$\int\frac{1}{\sqrt{a^2-x^2}}\mathrm{d}x=\arcsin\frac{x}{a}+C$；

（7）$\int\frac{1}{x^2-a^2}\mathrm{d}x=\frac{1}{2a}\ln\left|\frac{x-a}{x+a}\right|+C$；（8）$\int\frac{\mathrm{d}x}{\sqrt{x^2\pm a^2}}=\ln\left|x+\sqrt{x^2\pm a^2}\right|+C$.

习题 9.3

基础练习

1. 填空题.

（1）$\mathrm{d}x=(\quad)\mathrm{d}(ax+b)\quad(a\neq 0)$；（2）$x\mathrm{d}x=\mathrm{d}(\quad)$；（3）$\frac{1}{x^2}\mathrm{d}x=\mathrm{d}(\quad)$；

（4）$\frac{1}{x}\mathrm{d}x=\mathrm{d}(\quad)$；（5）$\frac{1}{\sqrt{x}}\mathrm{d}x=\mathrm{d}(\quad)$；（6）$\mathrm{e}^x\mathrm{d}x=\mathrm{d}(\quad)$；

（7）$\sin x\mathrm{d}x=\mathrm{d}(\quad)$；（8）$\cos x\mathrm{d}x=\mathrm{d}(\quad)$；（9）$\sec^2 x\mathrm{d}x=\mathrm{d}(\quad)$；

（10）$\csc^2 x\mathrm{d}x=\mathrm{d}(\quad)$；（11）$\frac{1}{\sqrt{1-x^2}}\mathrm{d}x=\mathrm{d}(\quad)$；（12）$\frac{1}{1+x^2}\mathrm{d}x=\mathrm{d}(\quad)$.

2. 填空题.

（1）$\int\sin(2x-5)\mathrm{d}x=$______________；（2）$\int\mathrm{e}^{3x+5}\mathrm{d}x=$______________；

（3）$\int\frac{1}{1+\left(\frac{x-2}{2}\right)^2}\mathrm{d}x=$______________；（4）$\int(5x-3)^{2022}\mathrm{d}x=$______________；

（5）$\int\frac{1}{1-2x}\mathrm{d}x=$______________；（6）$\int\frac{1}{\sqrt{6x-1}}\mathrm{d}x=$______________.

3. 求下列函数的不定积分：

（1）$\int\cos(x+1)\mathrm{d}x$；（2）$\int\frac{1}{3x+1}\mathrm{d}x$；（3）$\int(3-2x)^3\mathrm{d}x$；

（4）$\int e^{2x-3}\mathrm{d}x$；　（5）$\int \frac{x}{x^2+3}\mathrm{d}x$；　（6）$\int \mathrm{e}^x(2+\mathrm{e}^x)^2\mathrm{d}x$；

（7）$\int \frac{1+\ln x}{x}\mathrm{d}x$；　（8）$\int \sin^3 x\mathrm{d}x$；　（9）$\int \sin^3 x\cos x\mathrm{d}x$.

提高练习

4. 填空题.

（1）若 $F(x)$ 是 $f(x)$ 的一个原函数，则 $\int f(2x)\mathrm{d}x=$__________________.

（2）设 $\int f(x)\mathrm{d}x=F(x)+C$，则 $\int f(2x+3)\mathrm{d}x=$__________________.

（3）设 $\int f(x)\mathrm{d}x=F(x)+C$，则 $\int \frac{f(\ln x)}{x}\mathrm{d}x=$__________________.

5. 求下列函数的不定积分：

（1）$\int \frac{\sin x}{\cos^2 x}\mathrm{d}x$；　（2）$\int \frac{1}{4+x^2}\mathrm{d}x$；　（3）$\int \cos^2 x\mathrm{d}x$；

（4）$\int \frac{\sqrt{\tan x}}{\cos^2 x}\mathrm{d}x$；　（5）$\int \frac{1}{1+\cos 2x}\mathrm{d}x$；　（6）$\int \frac{1}{\mathrm{e}^x+\mathrm{e}^{-x}}\mathrm{d}x$；

（7）$\int \frac{1}{1+\sqrt{x}}\mathrm{d}x$；　（8）$\int \frac{x}{\sqrt{x+2}}\mathrm{d}x$；　（9）$\int \sec^4 x\mathrm{d}x$.

6. 求下列函数的不定积分：

（1）$\int \sin^3 x\cos^2 x\mathrm{d}x$；　（2）$\int \frac{\arcsin^2 x}{\sqrt{1-x^2}}\mathrm{d}x$；　（3）$\int \frac{\arctan^3 x}{1+x^2}\mathrm{d}x$；

（4）$\int \frac{1}{9+2x^2}\mathrm{d}x$；　（5）$\int \frac{1}{x^2+6x+9}\mathrm{d}x$；　（6）$\int \frac{1}{x^2+2x+5}\mathrm{d}x$；

（7）$\int \frac{2x+2}{x^2+2x+5}\mathrm{d}x$；　（8）$\int \frac{x^4}{x^2+1}\mathrm{d}x$；　（9）$\int \mathrm{e}^x\sqrt{1+3\mathrm{e}^x}\mathrm{d}x$；

（10）$\int \frac{1}{\sqrt{x}(1+3\sqrt[3]{x})}\mathrm{d}x$；　（11）$\int \frac{1}{\sqrt{25-9x^2}}\mathrm{d}x$；　（12）$\int \frac{3x-7}{\sqrt{1-x^2}}\mathrm{d}x$；

（13）$\int \sqrt{36-x^2}\mathrm{d}x$；　（14）$\int \frac{1}{x^2\sqrt{4+x^2}}\mathrm{d}x$；　（15）$\int \frac{\sqrt{x}}{2+x}\mathrm{d}x$.

拓展练习

7. 求下列函数的不定积分：

（1）$\int [f(x)]^a f'(x)\mathrm{d}x$（$a\neq -1$）；　（2）$\int \frac{f'(x)}{1+f^2(x)}\mathrm{d}x$；

（3）$\int \frac{f'(x)}{f(x)}\mathrm{d}x$；　（4）$\int \mathrm{e}^{f(x)}f'(x)\mathrm{d}x$.

8. 求下列函数的不定积分：

（1）$\int \sin 4x\cos 3x\mathrm{d}x$；　（2）$\int \frac{x}{\sqrt[3]{3-x}}\mathrm{d}x$；　（3）$\int \left(1-\frac{1}{x^2}\right)\sin(x+\frac{1}{x})\mathrm{d}x$；

（4）$\int x(2x+1)^{2022}\mathrm{d}x$；　（5）$\int \frac{\sqrt{9-x^2}}{x^2}\mathrm{d}x$；　（6）$\int \frac{\sqrt{x^2-25}}{x}\mathrm{d}x$.

9.4 分部积分法

前面，利用复合函数求导法则，推导出换元积分法．本节我们利用两个函数乘积的求导法则，来推导另一个积分基本方法——**分部积分法**.

设函数 $u=u(x)$ 及 $v=v(x)$ 具有连续导数，那么这两个函数乘积的导数公式为

$$(uv)'=u'v+uv'$$

移项得

$$uv'=(uv)'-u'v$$

对两边求不定积分，得

$$\int uv'\mathrm{d}x=uv-\int u'v\mathrm{d}x.$$

定理 9.4.1（分部积分法） 设函数 $u=u(x)$ 及 $v=v(x)$ 具有连续导数，则

$$\int u(x)v'(x)\mathrm{d}x=u(x)v(x)-\int u'(x)v(x)\mathrm{d}x \tag{9.4.1}$$

$$\left(\int uv'\mathrm{d}x=uv-\int u'v\mathrm{d}x\right)$$

或

$$\int u(x)\mathrm{d}v(x)=u(x)v(x)-\int v(x)\mathrm{d}u(x) \tag{9.4.2}$$

$$\left(\int u\mathrm{d}v=uv-\int v\mathrm{d}u\right)$$

（9.4.1）式和（9.4.2）式称为不定积分的分部积分公式．**主要解决**当被积函数为两个不同类型的函数相乘时

的不定积分问题.

例 9.4.1 求下列不定积分：

（1）$\int x\sin x\mathrm{d}x$；（2）$\int x\mathrm{e}^x\mathrm{d}x$；（3）$\int x^2\ln x\mathrm{d}x$；（4）$\int x\arctan x\mathrm{d}x$.

解：（1）由于被积函数是两个不同类型的乘积，当选定一个函数为 u 时，余下部分就是 v'.

设 $u=x$，$v'=\sin x$，则 $u'=1$，$v=-\cos x$，有

$$\int x\sin x\mathrm{d}x=\int x\mathrm{d}(-\cos x)=-x\cos x-\int(-\cos x)\mathrm{d}x=-x\cos x+\sin x+C.$$

求这个积分时，若令 $u=\sin x$，$v'=x$，则 $u'=\cos x$，$v=\frac{1}{2}x^2$，于是

$$\int x\sin x\mathrm{d}x=\frac{1}{2}x^2\sin x-\frac{1}{2}\int x^2\cos x\mathrm{d}x$$

上式右边不定积分的被积函数中的 x 变成了 x^2，要比原积分更难求出，这说明这种选取是错误的.

（2）设 $u=x$，$v'=\mathrm{e}^x$，则 $u'=1$，$v=\mathrm{e}^x$，可得

$$\int x\mathrm{e}^x\mathrm{d}x=\int x\mathrm{d}\left(\mathrm{e}^x\right)=x\mathrm{e}^x-\int \mathrm{e}^x\mathrm{d}x=x\mathrm{e}^x-\mathrm{e}^x+C.$$

（3）设 $u=\ln x$，$v'=x^2$，则 $u'=\dfrac{1}{x}$，$v=\dfrac{1}{3}x^3$，于是应用分部积分公式得

$$\begin{aligned}\int x^2\ln x\mathrm{d}x&=\frac{1}{3}\int\ln x\mathrm{d}(x^3)=\frac{1}{3}x^3\ln x-\frac{1}{3}\int x^3\mathrm{d}(\ln x)\\&=\frac{1}{3}x^3\ln x-\frac{1}{3}\int x^3\cdot\frac{1}{x}\mathrm{d}x=\frac{1}{3}x^3\ln x-\frac{1}{3}\int x^2\mathrm{d}x\\&=\frac{1}{3}x^3\ln x-\frac{1}{9}x^3+C.\end{aligned}$$

（4）设 $u=\arctan x$，$v'=x$，则 $u'=\dfrac{1}{1+x^2}$，$v=\dfrac{1}{2}x^2$，于是应用分部积分公式得

$$\begin{aligned}\int x\arctan x\mathrm{d}x&=\frac{1}{2}\int\arctan x\mathrm{d}(x^2)=\frac{1}{2}x^2\arctan x-\frac{1}{2}\int x^2\mathrm{d}(\arctan x)\\&=\frac{1}{2}x^2\arctan x-\frac{1}{2}\int\frac{x^2}{1+x^2}\mathrm{d}x=\frac{1}{2}x^2\arctan x-\frac{1}{2}\int\frac{x^2+1-1}{1+x^2}\mathrm{d}x\\&=\frac{1}{2}x^2\arctan x-\frac{1}{2}\int\left(1-\frac{1}{1+x^2}\right)\mathrm{d}x\\&=\frac{1}{2}x^2\arctan x-\frac{x}{2}+\frac{1}{2}\arctan x+C.\end{aligned}$$

大家可以看出，恰当地选取 u 和 v' 是利用分部积分法的关键.

注意：（1）选取 v'（或 $\mathrm{d}v$）时，要能够容易地找到原函数 v，并且求 v 时，v 不必添加常数 C；

（2）$\int u'v\mathrm{d}x$ 要比 $\int uv'\mathrm{d}x$ 更容易求出积分；

（3）选取 u 和 v'（或 $\mathrm{d}v$）的原则为：

反对幂三指，谁在前谁为 u.

其中“在前”是按“反三角函数、对数函数、幂函数、三角函数、指数函数”的先后顺序.

例 9.4.2　求不定积分：

（1）$\int x^2\mathrm{e}^x\mathrm{d}x$；（2）$\int x^2\sin x\mathrm{d}x$；（3）$\int x\cos 3x\mathrm{d}x$；（4）$\int x^3\ln x\mathrm{d}x$.

解：（1）设 $u=x^2$，$v'=\mathrm{e}^x$，则 $u'=2x$，$v=\mathrm{e}^x$，故

$$\int x^2\mathrm{e}^x\mathrm{d}x=\int x^2\mathrm{d}(\mathrm{e}^x)=x^2\mathrm{e}^x-\int\mathrm{e}^x\mathrm{d}(x^2)=x^2\mathrm{e}^x-2\int x\mathrm{e}^x\mathrm{d}x.$$

此时，等号右端再一次出现 $\int x\mathrm{e}^x\mathrm{d}x$，前面例子中已处理过，可以再使用一次分部积分公式就可以得出结果. 当然，也可利用前面例子的结果，直接代入即可，故

$$\int x^2\mathrm{e}^x\mathrm{d}x=x^2\mathrm{e}^x-2(x\mathrm{e}^x-\mathrm{e}^x)+C=x^2\mathrm{e}^x-2x\mathrm{e}^x+2\mathrm{e}^x+C.$$

说明：有些不定积分需要多次使用分部积分法，使得积分逐步化简，才能得出结果.

（2）设 $u=x^2$，$v'=\sin x$，则 $u'=2x$，$v=-\cos x$，于是应用分部积分公式得

$$\begin{aligned}\int x^2\sin x\mathrm{d}x&=\int x^2\mathrm{d}(-\cos x)=-x^2\cos x+\int\cos x\mathrm{d}(x^2)\\&=-x^2\cos x+2\int x\cos x\mathrm{d}x=-x^2\cos x+2\int x\mathrm{d}\sin x\\&=-x^2\cos x+2x\sin x+2\cos x+C.\end{aligned}$$

（3）设 $u=x$，$v'=\cos 2x$，则 $u'=1$，$v=\dfrac{1}{2}\sin 2x$，于是应用分部积分公式得

$$\begin{aligned}\int x\cos 2x\mathrm{d}x&=\frac{1}{2}\int x\mathrm{d}(\sin 2x)=\frac{1}{2}x\sin 2x-\frac{1}{2}\int\sin 2x\mathrm{d}x\\&=\frac{1}{2}x\sin 2x-\frac{1}{4}\int\sin 2x\mathrm{d}(2x)\\&=\frac{1}{2}x\sin 2x+\frac{1}{4}\cos 2x+C.\end{aligned}$$

（4）设 $u=\ln x,\mathrm{d}v=x^3\mathrm{d}x$，

$$\begin{aligned}\int x^3\ln x\mathrm{d}x&=\frac{1}{4}\int\ln x\mathrm{d}\left(x^4\right)=\frac{1}{4}\left(x^4\ln x-\int x^4\cdot\frac{1}{x}\mathrm{d}x\right)\\&=\frac{1}{4}x^4\ln x-\frac{1}{4}\int x^3\mathrm{d}x=\frac{1}{4}x^4\ln x-\frac{1}{16}x^4+C.\end{aligned}$$

例 9.4.3　求不定积分：

（1）$\int\ln x\mathrm{d}x$；（2）$\int\arctan x\mathrm{d}x$；（3）$\int\arcsin x\mathrm{d}x$.

解：（1）将被积函数视为 $1\times\ln x$，则设 $u=\ln x$，$v'=1$，则 $u'=\dfrac{1}{x}$，$v=x$，于是应用分部积分公式得

$$\begin{aligned}\int\ln x\mathrm{d}x&=x\ln x-\int x\mathrm{d}\ln x=x\ln x-\int x\cdot\frac{1}{x}\mathrm{d}x\\&=x\ln x-\int\mathrm{d}x=x\ln x-x+C.\end{aligned}$$

（2）将被积函数视为 $1\times\arctan x$，则设 $u=\arctan x$，$v'=1$，则 $u'=\dfrac{1}{1+x^2}$，$v=x$，于是应用分部积分公式得

$$\begin{aligned}\int\arctan x\mathrm{d}x&=x\arctan x-\int x\mathrm{d}(\arctan x)=x\arctan x-\int\frac{x}{1+x^2}\mathrm{d}x\\&=x\arctan x-\frac{1}{2}\int\frac{1}{1+x^2}\mathrm{d}(1+x^2)\\&=x\arctan x-\frac{1}{2}\ln(1+x^2)+C.\end{aligned}$$

（3）将被积函数视为 $1\times\arcsin x$，则设 $u=\arcsin x$，$v'=1$，则 $u'=\dfrac{1}{\sqrt{1-x^2}}$，$v=x$，于是应用分部积分公式得

$$\begin{aligned}\int \arcsin x\mathrm{d}x &= x\arcsin x - \int x\mathrm{d}(\arcsin x)\\ &= x\arcsin x - \int x\cdot\frac{1}{\sqrt{1-x^2}}\mathrm{d}x\\ &= x\arcsin x + \int\frac{1}{2\sqrt{1-x^2}}\mathrm{d}(1-x^2)\\ &= x\arcsin x + \sqrt{1-x^2} + C.\end{aligned}$$

例 9.4.4　求下列不定积分：

（1）$\int \mathrm{e}^x\cos x\mathrm{d}x$；（2）$\int\cos(\ln x)\mathrm{d}x$.

解：（1）$\int \mathrm{e}^x\cos x\mathrm{d}x = \int \mathrm{e}^x\mathrm{d}(\sin x) = \mathrm{e}^x\sin x - \int\sin x\mathrm{d}(\mathrm{e}^x)$

$$\begin{aligned}&= \mathrm{e}^x\sin x - \int \mathrm{e}^x\sin x\mathrm{d}x = \mathrm{e}^x\sin x - \int \mathrm{e}^x\mathrm{d}(-\cos x)\\ &= \mathrm{e}^x\sin x - \left[-\mathrm{e}^x\cos x + \int\cos x\mathrm{d}(\mathrm{e}^x)\right]\\ &= \mathrm{e}^x\sin x + \mathrm{e}^x\cos x - \int \mathrm{e}^x\cos x\mathrm{d}x.\end{aligned}$$

两次分部积分后，出现与原积分相同的积分式子（类似 $X = A - X$ ），经过移项整理再添上任意常数，得

$$\int \mathrm{e}^x\cos x\mathrm{d}x = \frac{1}{2}\mathrm{e}^x(\sin x+\cos x)+C$$

（2）$\int\cos(\ln x)\mathrm{d}x = x\cos(\ln x) - \int x\cdot\left[-\sin(\ln x)\cdot\frac{1}{x}\right]\mathrm{d}x$

$$\begin{aligned}&= x\cos(\ln x) + \int\sin(\ln x)\mathrm{d}x\\ &= x\cos(\ln x) + x\sin(\ln x) - \int x\cos(\ln x)\cdot\frac{1}{x}\mathrm{d}x,\end{aligned}$$

同上，于是有

$$\int\cos(\ln x)\mathrm{d}x = \frac{x}{2}[\cos(\ln x)+\sin(\ln x)]+C.$$

说明：（1）有时候使用若干次分部积分可导出所求积分的方程式（产生循环的结果），然后解此方程，这个方程的解再加上任意常数即为所求积分.

（2）形如 $\int \mathrm{e}^x\sin x\mathrm{d}x$ ，$\int \mathrm{e}^x\cos x\mathrm{d}x$ 的不定积分 u 和 v'（或 $\mathrm{d}v$ ）的选取可任意，但若连用两次分部积分法，u 和（或 $\mathrm{d}v$ ）的选取前后要一致，否则将得不出结果.

还有一些积分（如下面的例子），往往需要同时用到换元积分法和分部积分法才能解决.

例 9.4.5　求不定积分 $\int \mathrm{e}^{\sqrt{x}}\mathrm{d}x$.

解： 令 $t=\sqrt{x}$ ，则 $x=t^2$ ， $\mathrm{d}x = 2t\mathrm{d}t$ 代入可得

$$\begin{aligned}\int \mathrm{e}^{\sqrt{x}}\mathrm{d}x &= \int \mathrm{e}^t\cdot 2t\mathrm{d}t = 2\int t\mathrm{d}\mathrm{e}^t = 2t\mathrm{e}^t - 2\int \mathrm{e}^t\mathrm{d}t = 2t\mathrm{e}^t - 2\mathrm{e}^t + C\\ &= 2\sqrt{x}\mathrm{e}^{\sqrt{x}} - 2\mathrm{e}^{\sqrt{x}} + C.\end{aligned}$$

例 9.4.6 已知 $f(x)$ 的一个原函数是 $\sec x^2$，求 $\int xf'(x)\mathrm{d}x$.

解：由 $\sec x^2$ 是 $f(x)$ 的一个原函数可得

$$\int f(x)\mathrm{d}x=\sec x^2+C.$$

两边同时对 x 求导，得 $f(x)=2x\sec x^2\tan x^2$，则

$$\begin{aligned}\int xf'(x)\mathrm{d}x&=\int x\mathrm{d}f(x)=xf(x)-\int f(x)\mathrm{d}x\\&=2x^2\sec x^2\tan x^2-\sec x^2+C.\end{aligned}$$

习题 9.4

基础练习

1. 求下列函数的不定积分：

（1）$\int x\cos x\,\mathrm{d}x$； （2）$\int x\ln x\,\mathrm{d}x$； （3）$\int x2^x\mathrm{d}x$；

（4）$\int x\,\mathrm{arc}\cot x\mathrm{d}x$； （5）$\int \ln(1+x)\mathrm{d}x$； （6）$\int \arccos x\mathrm{d}x$.

提高练习

2. 求下列函数的不定积分：

（1）$\int \mathrm{e}^x\sin x\mathrm{d}x$； （2）$\int x\sec^2 x\mathrm{d}x$； （3）$\int x^2\cos x\mathrm{d}x$；

（4）$\int x^2\sin 2x\mathrm{d}x$； （5）$\int (x+4)\sin 2x\mathrm{d}x$； （6）$\int \sin\sqrt{x}\mathrm{d}x$；

（7）$\int x^2\mathrm{e}^{2x}\mathrm{d}x$； （8）$\int \frac{\arcsin\sqrt{x}}{\sqrt{x}}\mathrm{d}x$； （9）$\int \frac{x\arctan x}{\sqrt{1+x^2}}\mathrm{d}x$.

3. 已知 $f(x)$ 的一个原函数是 e^{-x^2}，求 $\int xf'(x)\mathrm{d}x$.

拓展练习

4. 求下列函数的不定积分：

（1）$\int \sin(\ln x)\mathrm{d}x$； （2）$\int \mathrm{e}^{ax}\cos bx\mathrm{d}x$； （3）$\int x\sin^2 x\mathrm{d}x$；

（4）$\int x\cos^2 x\mathrm{d}x$； （5）$\int \ln(\sqrt{x^2+1}+x)\mathrm{d}x$； （6）$\int\left(\ln(\ln x)+\frac{1}{\ln x}\right)\mathrm{d}x$；

（7）$\int (\arcsin x)^2\mathrm{d}x$； （8）$\int \ln(1+\sqrt[3]{x})\mathrm{d}x$； （9）$\int \frac{\mathrm{e}^{x^{\frac{1}{3}}}}{\sqrt[3]{x}}\mathrm{d}x$.

5. 计算：

（1）$\int \frac{x^2\mathrm{e}^x}{(x+2)^2}\mathrm{d}x$； （2）$\int \frac{(1+x^2)\arcsin x}{x^2\sqrt{1-x^2}}\mathrm{d}x$； （3）$\int \frac{\arctan x}{x^2(1+x^2)}\mathrm{d}x$.

本章小结

一、知识框图

请读者自己画出本章知识结构图，从整体结构上去理解本章内容.

二、复习要点

1. 原函数：________________

2. 不定积分定义：________________

3. 不定积分的性质：________________

____

4. 不定积分的几何意义：________________

5. 不定积分的运算法则：________________

____

6. 基本积分公式：________________

____

____

____

7. 判定函数的极值两个定理：________________

____

____

8. 直接积分法：________________

9. 第一类换元积分法：________________

____

____

10. 常见凑微分公式：________________

____

____

____

____

11. 第二类换元积分法：________________________________

____

____

12. 第二类换元积分法常见类型：________________________

____

____

13. 分部积分公式：____________________________________

14. 分部积分常见类型：________________________________

____

____

三、思维运用

通过本章积分的学习，了解到很多积分的方法．针对同一个问题，我们可以有多种处理方法，即**“一题多解”，**你这一思维方式有什么体会？请举例说明你在生活、工作、学习中是怎么运用这一方法的．

本章复习题

一、选择题

1. 下列等式成立的是（　　）．

A. $\left(\int f(x)\mathrm{d}x\right)' = f(x)$　　B. $\int f'(x)\mathrm{d}x = f(x)$

C. $\mathrm{d}\int f(x)\mathrm{d}x = f(x)$　　D. $\int \mathrm{d}f(x) = f(x)$

2. 若 $f(x)$ 的一个原函数是 $\dfrac{1}{x}$，则 $f'(x) =$（　　）．

A. $\ln|x|$　　B. $\dfrac{1}{x}$　　C. $\dfrac{2}{x^3}$　　D. $-\dfrac{1}{x^2}$

3. 在区间 I 内连续函数 $f(x)$ 的任意两个原函数 $F_1(x)$，$F_2(x)$ 满足（　　）．

A. $F_1(x) - F_2(x) = C$　　B. $F_1(x)\cdot F_2(x) = C$

C. $F_1(x) = CF_2(x)$　　D. $F_1(x) + F_2(x) = C$

4. 若 $F'(x) = f(x)$，则 $\int \mathrm{d}F(x) =$（　　）．

A. $f(x)$　　B. $F(x)$　　C. $f(x)+C$　　D. $F(x)+C$

5. 在切线斜率为 $2x$ 的积分曲线族中，通过点（9,1）的曲线方程是（　　）．

A. $y = x^2 + 1$　　B. $y = x^2 - 15$　　C. $y = x^2 + 4$　　D. $y = x^2 + 15$

6. 下列函数中，是 $\sin 2x$ 的原函数的是（　　）．

A. $\cos^2 x$　　B. $\cos 2x$　　C. $\sin^2 x$　　D. $1-\cos 2x$

7. 若函数 $f(x)$ 的一个原函数为 $\ln x$，则一阶导数 $f'(x) =$（　　）．

A. $\dfrac{1}{x}$　　B. $-\dfrac{1}{x^2}$　　C. $\ln x$　　D. $x\ln x$

8. 已知 $\int f(x)\mathrm{d}x = F(x)+C$，则 $\int f\left(\frac{x}{2}+1\right)\mathrm{d}x =$（　　）.

A. $2F(x)+C$　　B. $F\left(\frac{x}{2}\right)+C$　　C. $F\left(\frac{x}{2}+1\right)+C$　　D. $2F\left(\frac{x}{2}+1\right)+C$

9. 已知 $\int f(x)\mathrm{d}x = F(x)+C$，则 $\int \frac{1}{x} f(\ln x)\mathrm{d}x =$（　　）.

A. $F(\ln x)+C$　　B. $F(\ln x)$　　C. $\frac{1}{x}F(\ln x)+C$　　D. $F\left(\frac{1}{x}\right)+C$

10. 若 $\int f(x)\mathrm{d}x = x\mathrm{e}^x + C$，则 $f(x) =$（　　）.

A. $x\mathrm{e}^x$　　B. e^x　　C. $x\mathrm{e}^x + \mathrm{e}^x$　　D. $x\mathrm{e}^x - \mathrm{e}^x$

二、判断题（正确的划√，不正确的划×）

（　　）1. $\cos 2x$ 是 $\sin 2x$ 的原函数.

（　　）2. 若 $f(x)$ 的一个原函数为 $\mathrm{e}^{\cos x+1}$，则 $f(x) = -\sin x\mathrm{e}^{\cos x+1}$.

（　　）3. 若 $F'(x) = f(x)$，则对于任意常数 C，$F(x)+C$ 都是 $f(x)$ 的原函数.

（　　）4. $\int f'(x)\mathrm{d}x = f(x)$.

（　　）5. $\frac{\mathrm{d}}{\mathrm{d}x}\int f(x)\mathrm{d}x = f(x)$.

（　　）6. $\int \frac{1}{x}\mathrm{d}x = \ln x + C \quad (x>0)$.

（　　）7. $\int \sin x\mathrm{d}x = \cos x + C$.

（　　）8. $\frac{1}{\sqrt{2x}}\mathrm{d}x = \mathrm{d}\sqrt{2x}$.

（　　）9. $\int \cos 2x\mathrm{d}x = \sin 2x + C$.

（　　）10. $\int x\mathrm{e}^{-x}\mathrm{d}x = \int x\mathrm{d}\mathrm{e}^{-x}$.

三、填空题

1. 函数 2^x 为____________的一个原函数.

2. 函数 $f(x)$ 的不定积分是 $f(x)$ 的____________.

3. 设 $\int f(x)\mathrm{d}x = \mathrm{e}^x + C$，则 $f(x) =$____________.

4. 设 $f(x) = \frac{1}{x}$，则 $\int f'(x)\mathrm{d}x =$____________.

5. $\int (x^5 \ln x)'\mathrm{d}x =$____________；　$\mathrm{d}\int 3^{-x}\mathrm{d}x =$____________；

$\left(\int x^2 \arcsin x\mathrm{d}x\right)' =$____________；　$\int \mathrm{d}\left(\mathrm{e}^{-x}\right) =$____________.

6. 若 e^{-x} 是 $f(x)$ 的一个原函数，则 $\int f(x)\mathrm{d}x =$____________.

7. 若 $F(x)$ 是 $f(x)$ 的一个原函数，则 $\int f(2x)\mathrm{d}x =$____________.

8. 设 $\int f(x)\mathrm{d}x = F(x)+C$，则 $\int f(2x+3)\mathrm{d}x =$____________.

9. 设 $\int f(x)\mathrm{d}x = F(x)+C$，则 $\int \frac{f(\ln x)}{x}\mathrm{d}x =$ ________.

10. $\int \sin(2x+5)\mathrm{d}x =$ ________； $\int \mathrm{e}^{3x+5}\mathrm{d}x =$ ________；

$\int \frac{1}{x^2}\mathrm{e}^{\frac{1}{x}}\mathrm{d}x =$ ________； $\int \cos x\mathrm{d}\mathrm{e}^{\cos x} =$ ________；

$\int x\mathrm{e}^{x}\mathrm{d}x =$ ________； $\int \ln x\mathrm{d}x =$ ________.

四、求下列不定积分

1. $\int \frac{3-\sqrt{x^3}+x\sin x}{x}\mathrm{d}x$；

2. $\int (1+3x^2+\cos x-\mathrm{e}^x)\mathrm{d}x$；

3. $\int \frac{1}{x^2(1+x^2)}\mathrm{d}x$；

4. $\int \frac{1}{1-\cos 2x}\mathrm{d}x$；

5. $\int \frac{1}{\sin^2 x\cos^2 x}\mathrm{d}x$；

6. $\int \frac{\cos 2x}{\sin x+\cos x}\mathrm{d}x$；

7. $\int \cos(x+1)\mathrm{d}x$；

8. $\int \frac{1}{x+1}\mathrm{d}x$；

9. $\int \frac{x}{9+x^2}\mathrm{d}x$；

10. $\int \cot x\mathrm{d}x$；

11. $\int \sin^3 x\mathrm{d}x$；

12. $\int \frac{1+(\ln x)^2}{x}\mathrm{d}x$；

13. $\int \frac{1}{x^2}\cos\frac{1}{x}\mathrm{d}x$；

14. $\int \frac{\mathrm{e}^{\sqrt{x}}}{\sqrt{x}}\mathrm{d}x$；

15. $\int \frac{\mathrm{e}^x}{\sqrt{1-\mathrm{e}^x}}\mathrm{d}x$；

16. $\int \frac{\sqrt{\tan x}}{\cos^2 x}\mathrm{d}x$；

17. $\int x\sin x\mathrm{d}x$；

18. $\int x\arctan x\mathrm{d}x$；

19. $\int x\ln x\mathrm{d}x$；

20. $\int \arcsin x\mathrm{d}x$；

21. $\int \mathrm{e}^x\sin x\mathrm{d}x$；

22. $\int x^2\mathrm{e}^x\mathrm{d}x$；

23. $\int x\mathrm{e}^{2x}\mathrm{d}x$；

24. $\int x^2\ln(x+1)\mathrm{d}x$；

25. $\int (x+1)\sin 2x\mathrm{d}x$；

26. $\int x\sec^2 x\mathrm{d}x$.

五、解答题

1. 一曲线通过点 $(\mathrm{e}^2,3)$，且在任一点处的切线斜率为 $\frac{1}{x}$，求该曲线的方程.

2. 已知 $f(x)$ 的一个原函数是 $\mathrm{e}^{-\sin x}$，求 $\int xf'(x)\mathrm{d}x$.

*六、阅读理解

例：$\frac{x-2}{x^2+x-2}=\frac{x-2}{(x-1)(x+2)}=\frac{a}{x-1}+\frac{b}{x+2}=\frac{a(x+2)+b(x-1)}{(x-1)(x+2)}$，

其中 a 和 b 为待定的系数.

$x-2=a(x+2)+b(x-1)=(a+b)x+(2a-b)$，得

$$\begin{cases}a+b=1,\\2a-b=-2,\end{cases}$$

故 $a=-\frac{1}{3},b=\frac{4}{3}$. 因此 $\frac{x-2}{x^2+x-2}=-\frac{\frac{1}{3}}{x-2}+\frac{\frac{4}{3}}{x-3}$.

求下列不定积分：

（1）$\int\frac{1}{x^2-1}\mathrm{d}x$；　（2）$\int\frac{1}{x(x+1)}\mathrm{d}x$；

（3）$\int\frac{11-x}{x^2+3x-4}\mathrm{d}x$；　（4）$\int\frac{2x-1}{x(x^2+1)}\mathrm{d}x$.

本章学习自测题

一、选择题（每题 6 分，共计 30 分）

1. 若 $F'(x)=f(x)$，则 $\int f(x)\mathrm{d}x=$（　　）.

A. $f(x)$　B. $F(x)$

C. $f(x)+C$　D. $F(x)+C$

2. 若 $\int f(x)\mathrm{d}x=x\sin x+C$，则 $f(x)=$（　　）.

A. $x\sin x$　B. $x\cos x$

C. $\sin x+x\cos x$　D. $\sin x-x\cos x$

3. 在切线斜率为 $2x$ 的积分曲线族中，通过点 $(4,1)$ 的曲线方程是（　　）.

A. $y=x^2+1$　B. $y=x^2-15$

C. $y=x^2+4$　D. $y=x^2+15$

4. 若 $f'(x)$ 存在且连续，则 $(\int\mathrm{d}f(x))'=$（　　）.

A. $f(x)$　B. $f(x)+C$

C. $f'(x)$　D. $f'(x)+C$

5. 已知 $\int f(x)\mathrm{d}x=F(x)+C$，则 $\int f(2x+1)\mathrm{d}x=$（　　）.

A. $2F(x)+C$　B. $F(2x)+C$

C. $F(2x+1)+C$　D. $\frac{1}{2}F(2x+1)+C$

二、计算题（1 ~ 5 题各 8 分，6 ~ 8 题各 10 分，共计 70 分）

1. 求不定积分 $\int\left(1+2x+\sin x+\mathrm{e}^x+\frac{1}{x}\right)\mathrm{d}x$.

2. 求不定积分 $\int(3-2x)^3\mathrm{d}x$.

3. 求不定积分 $\int \frac{1+\sqrt{\ln x}}{x} \mathrm{d}x$.

4. 求不定积分 $\int x\ln(x+1)\mathrm{d}x$.

5. 求不定积分 $\int x\mathrm{e}^{-x}\mathrm{d}x$.

6. 求不定积分 $\int x\sin x\cos x\mathrm{d}x$.

7. 已知曲线 $y=F(x)$ 通过点 $(0,1)$ ，且在任一点处的切线斜率为 $x\mathrm{e}^{x}$ ，求该曲线的方程.

8. 已知质点在时刻 t 的加速度为 t^2+1 ，且当 $t=0$ 时，速度 $v=1$ ，距离 $s=0$ ，求此质点的运动方程.

10 定积分及其应用

不定积分是微分法逆运算的一个侧面，本章要介绍的定积分则是它的另一个侧面．定积分起源于求图形的面积和体积等实际问题．

本章先从几何问题与运动学问题引入定积分的定义，然后讨论定积分的性质、计算方法以及定积分在几何与物理学中的应用．

【学习能力目标】

（1）理解变上限积分函数的定义，掌握求变上限积分函数导数的方法．

（2）理解定积分的概念和几何意义，掌握定积分的基本性质．

（3）熟练掌握牛顿-莱布尼兹（Newton-Leibniz）公式，掌握定积分的换元法和分部积分法．

（4）掌握定积分的微元法，会求平面图形的面积及平面图形绕坐标轴旋转的旋转体的体积．

（5）理解无穷区间上有界函数的广义积分与有限区间上无界函数的瑕积分的概念，掌握其计算方法．

10.1 定积分的概念

10.1.1 引 例

1. 曲边梯形的面积计算

设 $y=f(x)$ 为闭区间 $[a,b]$ 上连续函数，且 $f(x)\geqslant 0$，由曲线 $y=f(x)$，直线 $x=a$，$x=b$ 以及 x 轴所围成平面图形（见图 10.1.1），称为曲边梯形．其中曲线弧称为曲边．

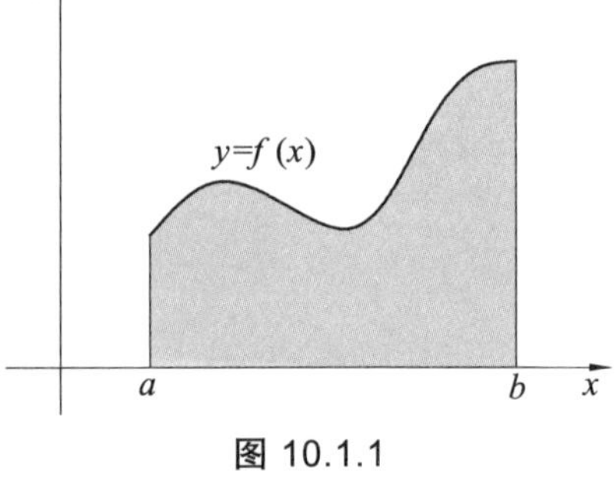

图 10.1.1

我们知道矩形的面积是

$$A=ab,$$

其中 a，b 分别为矩形两条邻边的长．

而曲边梯形的面积的计算不同于矩形，其在底边上各点处的高 $y=f(x)$ 在 $[a,b]$ 上是随 x 的变化而变化的，不能用矩形的面积公式来计算．但其高 $y=f(x)$ 在 $[a,b]$ 上是连续变化的，即自变量 x 在很微小的小区间内变化时，$f(x)$ 的变化也很微小，近似于不变，因此，如果把 $[a,b]$ 划分为很多的小区间，在每一个小区间上用其中某一点处的函数值来近似代替这个小区间上的小曲边梯形的变高，那么每个小曲边梯形的面积就近似等于这个小区间上的小矩形的面积．从而，所有这些小矩形的面积之和就可以作为原曲边梯形面积的近似值．而且，若将 $[a,b]$ 无限细分下去，使得每个小区间的长度都趋于零时，所有小矩形面积之和的极限就可以定义为曲边梯形的面积. 具体可分为如下几个步骤：

（1）分割：将曲边梯形分割成 n 个小曲边梯形（见图 10.1.2）.

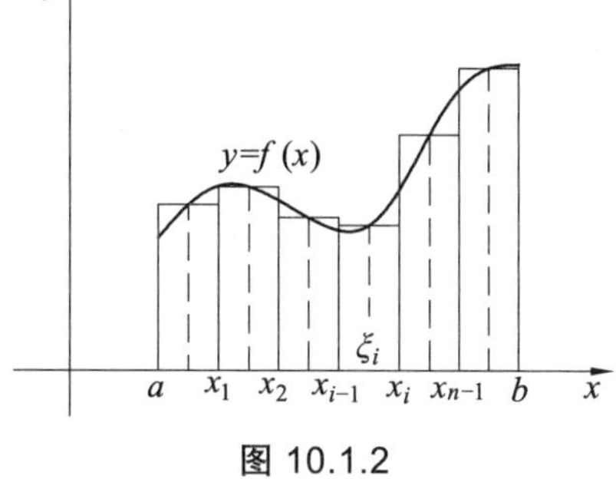

图 10.1.2

在区间 $[a,b]$ 中任意插入 $n-1$ 个分点

$$a=x_0 \quad x_1 \quad x_2 \quad \cdots \quad x_{n-1} \quad x_n=b,$$

把 $[a,b]$ 分成 n 个小区间

$$[x_0,x_1],\ [x_1,x_2],\ \cdots,\ [x_{n-1},x_n],$$

其长度依次记为

$$\Delta x_1=x_1-x_0,\ \Delta x_2=x_2-x_1,\ \cdots,\ \Delta x_n=x_n-x_{n-1},$$

经过每一个分点 $x_i\,(i=1,2,\cdots,n-1)$ 作垂直于 x 轴的直线段，把曲边梯形划分成 n 个小曲边梯形. 它们的面积分别记为

$$\Delta A_1,\ \Delta A_2,\ \cdots,\ \Delta A_n.$$

（2）近似代替：小矩形的面积近似代替小曲边梯形的面积.

在每个小曲边梯形底边 $[x_{i-1},x_i]$ 上任取一点 $\xi_i\in[x_{i-1},x_i]\,(i=1,2,\cdots,n-1)$，以 $[x_{i-1},x_i]$ 为底边，$f(\xi_i)$ 为高的小矩形的面积 $f(\xi_i)\Delta x_i$ 近似代替相对应的小曲边梯形的面积 ΔA_i，即

$$\Delta A_i\approx f(\xi_i)\Delta x_i \qquad (\ i=1,2,\cdots,n\ )$$

（3）求和：

把（2）得到的 n 个小矩形面积之和作为所求曲边梯形的面积 A 的近似值，即

$$A\approx f(\xi_1)\Delta x_1+f(\xi_2)\Delta x_2+\cdots+f(\xi_n)\Delta x_n=\sum_{i=1}^{n}f(\xi_i)\Delta x_i$$

（4）取极限：

若无限细分区间 $[a,b]$，并使得所有小区间的长度都是趋向于零，记 $\lambda=\max\limits_{1\leqslant i\leqslant n}\{\Delta x_i\}$，当 $\lambda\to 0$，即最长的小区间的长度趋向于零，其他的小区间的长度也是趋向于零的，取上述和式的极限，便可得到曲边梯形的面积的精确值 A，即

$$A=\lim_{\lambda\to 0}\sum_{i=1}^{n}f(\xi_i)\Delta x_i\ .$$

2. 直线运动的路程

设某物体做直线运动，已知速度 $v=v(t)$ 在时间间隔 $[T_1,T_2]$ 上是连续函数且 $v(t)\geqslant 0$，求在运动时间 $[T_1,T_2]$ 内物体所经过的路程 s.

我们知道，匀速直线运动的路程公式是

$$s=vt.$$

而变速直线运动的速度是时刻发生改变的，故要求它的路程就不能直接使用上述公式来计算，然而速度是连续变化的，在很小的时间间隔内速度的变化很小，故我们可以近似理解为物体

在做匀速直线运动，故可以用匀速直线运动的路程近似代替变速直线运动的路程，从而，可以类似于计算曲边梯形的面积的方法来计算变速直线运动的路程 s.

（1）分割：

在时间间隔 $[T_1,T_2]$ 内任意插入 $n-1$ 个分点

$$T_1=t_0 \quad t_1 \quad t_2 \quad \cdots \quad t_{n-1} \quad t_n=T_2$$

把时间间隔 $[T_1,T_2]$ 分成 n 个时间间隔 $[t_{i-1},t_i]$，每段时间间隔的长为

$$\Delta t_i=t_i-t_{i-1} \qquad (i=1,2,\cdots,n)$$

（2）近似代替：在每个小区间上以匀速直线运动的路程近似代替变速直线运动的路程.

在 $[t_{i-1},t_i]$ 内任取一点 $\xi_i\in[t_{i-1},t_i]\,(i=1,2,\cdots,n-1)$，作乘积

$$\Delta s_i=v(\xi_i)\Delta t_i \qquad (i=1,2,\cdots,n)$$

为 $[t_{i-1},t_i]$ 内的路程的近似值.

（3）求和：

将所有这些近似值求和，得到总路程的近似值，即

$$s\approx\sum_{i=1}^{n}v(\xi_i)\Delta t_i$$

（4）取极限：

对时间间隔 $[T_1,T_2]$ 分得越细，误差就越小. 于是记 $\lambda=\max\limits_{1\leqslant i\leqslant n}\{\Delta t_i\}$，当 $\lambda\to 0$ 时，取上述和式的极限，

$$s=\lim_{\lambda\to 0}\sum_{i=1}^{n}v(\xi_i)\Delta t_i$$

即为变速直线运动的路程.

10.1.2　定积分的定义

上述两个实际问题，一个是求曲边梯形的面积，一个是变速直线运动的路程，虽然它们的实际意义不同，但其解决问题的途径一致，即分割、近似代替、求和，最后均为求一个特定乘积和式的极限. 类似的问题还有很多，弄清它们在数量关系上共同的本质与特性，加以抽象与概括，就是定积分的定义.

定义 10.1.1　设函数 $f(x)$ 在区间 $[a,b]$ 上连续，任取 $n-1$ 个分点

$$a=x_0 \quad x_1 \quad x_2 \quad \cdots \quad x_{n-1} \quad x_n=b$$

把 $[a,b]$ 分成 n 个小区间 $[x_{i-1},x_i]$，并记每个小区间的长度为 $\Delta x_i=x_i-x_{i-1}$，($i=1,2,\cdots,n$)，在每个小区间 $[x_{i-1},x_i]$ 上任取一点 ξ_i，作乘积 $f(\xi_i)\Delta x_i$，($i=1,2,\cdots,n$)的和式 $\sum\limits_{i=1}^{n}f(\xi_i)\Delta x_i$，记 $\lambda=\max\limits_{1\leqslant i\leqslant n}\{\Delta x_i\}$，当 $\lambda\to 0$ 时和式的极限

$$\lim_{\lambda\to 0}\sum_{i=1}^{n} f(\xi_i)\Delta x_i$$

存在，则称此极限值叫作函数 $f(x)$ 在区间 $[a,b]$ 上的定积分，记作 $\int_a^b f(x)\mathrm{d}x$ ，即

$$\int_a^b f(x)\mathrm{d}x=\lim_{\lambda\to 0}\sum_{i=1}^{n} f(\xi_i)\Delta x_i$$

其中 $f(x)$ 称为被积函数，$f(x)\mathrm{d}x$ 称为被积表达式，x 称为积分变量，a 称为积分下限，b 称为积分上限，$[a,b]$ 称为积分区间.

根据定积分的定义，前面所举的例子可以用定积分表述如下：

（1）曲边梯形的面积 A 等于曲边所对应的函数 $y=f(x)$（$f(x)\geqslant 0$）在其底所在区间 $[a,b]$ 上的定积分

$$A=\int_a^b f(x)\mathrm{d}x\ .$$

（2）变速直线运动的物体所经过的路程 s 等于其速度 $v=v(t)$（$v(t)\geqslant 0$）在时间间隔 $[T_1,T_2]$ 上的定积分

$$s=\int_{T_1}^{T_2} v(t)\mathrm{d}t\ .$$

说明：

（1）如果定积分 $\int_a^b f(x)\mathrm{d}x$ 存在，则称函数 $f(x)$ 在闭区间 $[a,b]$ 上可积.

（2）定积分是一个确定的常数，其积分值仅与被积函数 $f(x)$ 及积分区间 $[a,b]$ 有关，而与积分变量用什么字母表示无关，即

$$\int_a^b f(x)\mathrm{d}x=\int_a^b f(t)\mathrm{d}t=\int_a^b f(u)\mathrm{d}u\ ,$$

也与区间的分法和 ξ_i 的取法无关.

（3）关于函数 $f(x)$ 的可积性问题：

定理 10.1.1　闭区间 $[a,b]$ 上的连续函数必在 $[a,b]$ 上可积.

定理 10.1.2　闭区间 $[a,b]$ 上的只有有限个第一类间断点的有界函数必在 $[a,b]$ 上可积.

例 10.1.1　用定积分定义求 $\int_0^2 x^2\mathrm{d}x$.

解： 由于定积分与积分区间怎么分割及 ξ_i 的取法无关，不妨把 $[0,2]$ 平均分成 n 份，每份小区间的长度为 $\Delta x_i=\Delta x=\dfrac{2}{n}$, 分点为 $x_0=0,x_1=\dfrac{2}{n},x_2=\dfrac{4}{n}\cdots,x_{n-1}=\dfrac{2(n-1)}{n},x_n=2$.

取 $\xi_i=x_i=\dfrac{2i}{n}$　$(i=1,2,3\cdots n)$

则有
$$\int_0^2 x^2\mathrm{d}x=\lim_{n\to\infty}\sum_{i=1}^{n} f(\xi_i)\Delta x_i .$$

而

$$\sum_{i=1}^{n} f(\xi_i)\Delta x_i = \sum_{i=1}^{n}\left(\frac{2i}{n}\right)^2 \cdot \frac{2}{n} = \frac{8}{n^3}(1^2+2^2+\cdots+n^2)$$

$$= \frac{8}{n^3}\cdot\frac{1}{6}n(n+1)(2n+1) = \frac{4}{3}\left(1+\frac{1}{n}\right)\left(2+\frac{1}{n}\right)$$

故
$$\int_0^2 x^2\mathrm{d}x = \lim_{n\to\infty}\frac{4}{3}\left(1+\frac{1}{n}\right)\left(2+\frac{1}{n}\right) = \frac{8}{3}.$$

10.1.3 定积分的几何意义

下面根据连续函数 $f(x)$ 在区间上的符号，给出定积分 $\int_a^b f(x)\mathrm{d}x$ 所表示的几何意义.

（1）在 $[a,b]$ 上如果 $f(x)\geqslant 0$，如图 10.1.3 所示，$\int_a^b f(x)\mathrm{d}x$ 表示曲线 $y=f(x)$，直线 $x=a$，$x=b$ 以及 x 轴所围成的图形的面积，即 $\int_a^b f(x)\mathrm{d}x = A$；

（2）在 $[a,b]$ 上如果 $f(x)\leqslant 0$，如图 10.1.4 所示，$\int_a^b f(x)\mathrm{d}x$ 表示曲线 $y=f(x)$，直线 $x=a$，$x=b$ 以及 x 轴所围成的图形的面积的负值，即 $\int_a^b f(x)\mathrm{d}x = -A$；

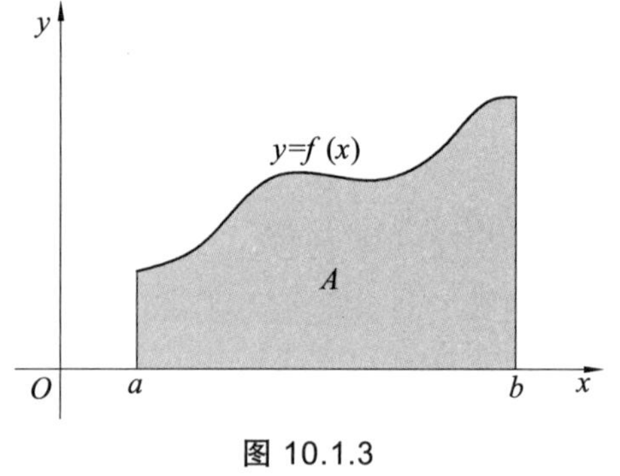

图 10.1.3

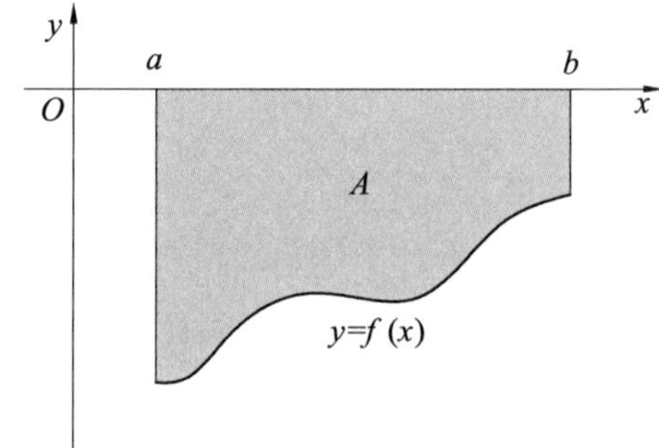

图 10.1.4

（3）在 $[a,b]$ 上如果 $f(x)$ 既取得正值又取得负值时，如图 10.1.5 所示，$\int_a^b f(x)\mathrm{d}x$ 表示介于 x 轴，函数 $f(x)$ 的图像及直线 $x=a$，$x=b$ 之间的各部分图形的面积的代数和，其中在 x 轴上方的部分图形的面积规定为正，下方的规定为负，即

$$\int_a^b f(x)\mathrm{d}x = A_1 - A_2 + A_3 - A_4.$$

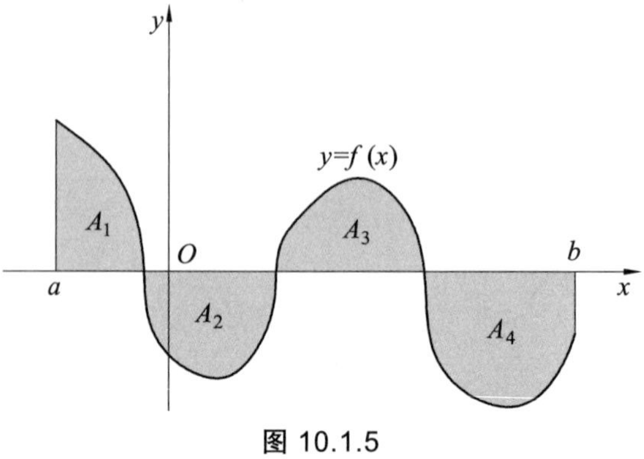

图 10.1.5

例 10.1.2　用定积分表示图 10.1.6 中阴影部分的面积.

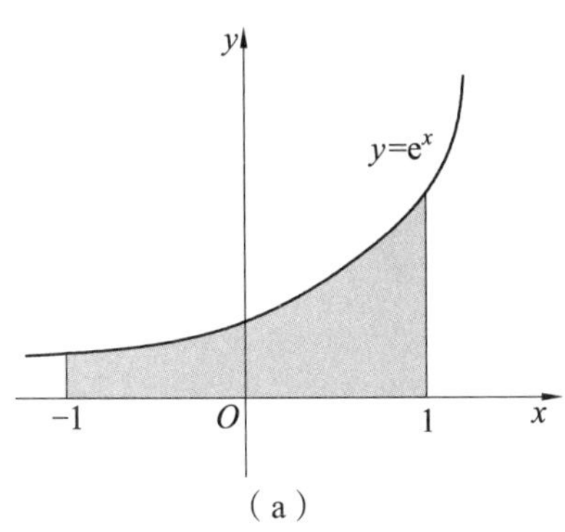

（a）

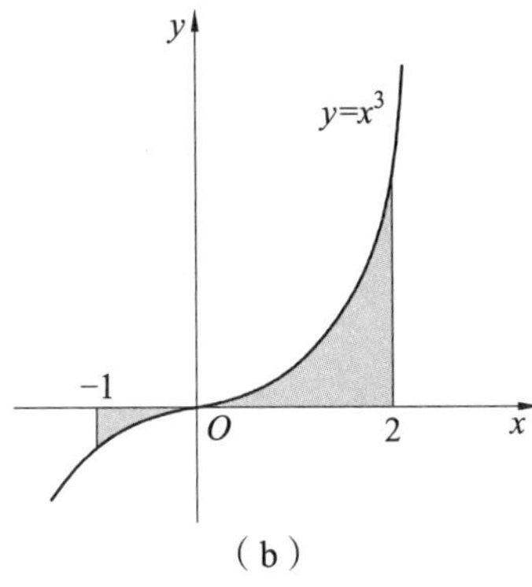

（b）

图 10.1.6

解： 图 10.1.6（a）中阴影部分的面积为

$$A=\int_{-1}^{1}\mathrm{e}^{x}\mathrm{d}x .$$

图 10.1.6（b）中阴影部分的面积为

$$A=\int_{0}^{2}x^{3}\mathrm{d}x-\int_{-1}^{0}x^{3}\mathrm{d}x .$$

例 10.1.3　利用定积分几何意义，作图证明下列等式成立.

（1）$\int_{0}^{1}2x\mathrm{d}x=1$；（2）$\int_{0}^{2\pi}\sin x\mathrm{d}x=0$；（3）$\int_{0}^{1}\sqrt{1-x^{2}}\mathrm{d}x=\dfrac{\pi}{4}$.

解：（1）画出被积函数 $y=2x$ 在 $[0,1]$ 上的图形，见图 10.1.7（a）. 则根据定积分的几何意义可知

$$\int_{0}^{1}2x\mathrm{d}x=S_{\Delta}=1 .$$

（2）画出被积函数 $y=\sin x$ 在 $[0,2\pi]$ 上的图形，见图 10.1.7（b）. 因 x 轴上方与 x 轴下方图形面积相同，即 $A_1=A_2$，则根据定积分的几何意义可知

$$\int_{0}^{2\pi}\sin x\mathrm{d}x=A_1-A_2=0 .$$

（3）画出被积函数 $y=\sqrt{1-x^{2}}$ $(y\geqslant 0,x\in[0,1])$ 的图形，见图 10.1.7（c），即圆心在原点半径为 1 的且在第一象限的四分之一个圆面. 则根据定积分的几何意义可知

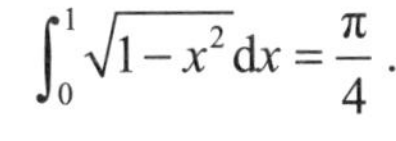

$$\int_{0}^{1}\sqrt{1-x^{2}}\mathrm{d}x=\frac{\pi}{4} .$$

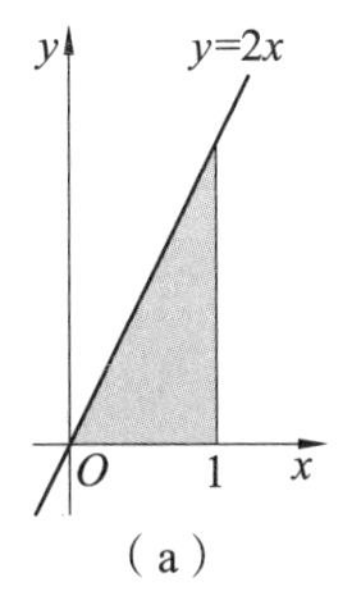

（a）

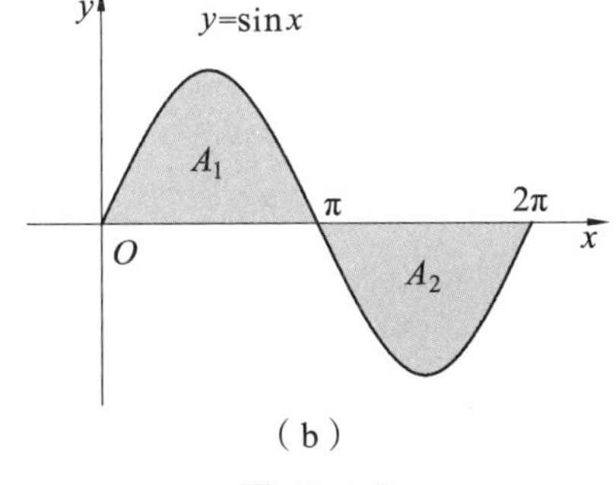

（b）

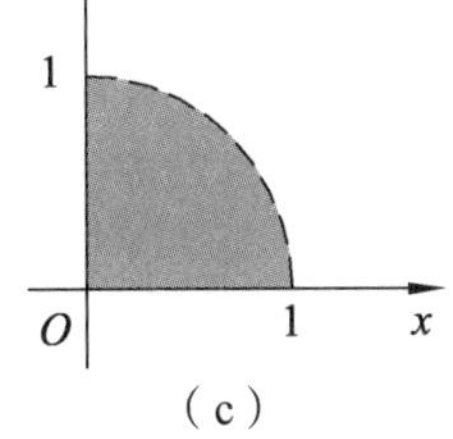

（c）

图 10.1.7

10.1.4 定积分的性质

利用定积分的概念和极限的运算法则，可得到定积分的一些性质，在以下所列的性质中，均认定函数在所讨论的区间上都是可积的.

性质 10.1.1 两个函数的代数和的积分等于两函数积分的代数和，即

$$\int_a^b [f(x) \pm g(x)]dx = \int_a^b f(x)dx \pm \int_a^b g(x)dx.$$

对于任意有限个函数的代数和，该性质都成立，即

$$\int_a^b [f_1(x) \pm f_2(x) \pm \cdots \pm f_n(x)]dx = \int_a^b f_1(x)dx \pm \int_a^b f_2(x)dx \pm \cdots \pm \int_a^b f_n(x)dx.$$

性质 10.1.2 被积函数的常数因子可以提到积分号外面，即

$$\int_a^b kf(x)dx = k\int_a^b f(x)dx \qquad （k 为常数）$$

性质 10.1.3 定积分的上、下限对换则积分变号，即

$$\int_a^b f(x)dx = -\int_b^a f(x)dx.$$

特别地，当 $a=b$ 时，规定 $\int_a^b f(x)dx = 0$.

性质 10.1.4（定积分的积分区间可加性） 如果将积分区间 $[a,b]$ 分成两个小区间 $[a,c]$ 和 $[c,b]$，则在整个区间上的定积分等于这两个小区间上定积分之和，即若 $a<c<b$，则

$$\int_a^b f(x)dx = \int_a^c f(x)dx + \int_c^b f(x)dx.$$

补充：不论 a,b,c 的相对位置如何，上式总成立.

例如，若 $a<b<c$，则

$$\int_a^c f(x)dx = \int_a^b f(x)dx + \int_b^c f(x)dx,$$

则

$$\int_a^b f(x)dx = \int_a^c f(x)dx - \int_b^c f(x)dx = \int_a^c f(x)dx + \int_c^b f(x)dx.$$

性质 10.1.5 如果在 $[a,b]$ 上，$f(x)\equiv 1$，则 $\int_a^b 1dx = \int_a^b dx = b-a$.

性质 10.1.6 如果在 $[a,b]$ 上，$f(x)\leqslant g(x)$，则 $\int_a^b f(x)dx \leqslant \int_a^b g(x)dx$.

推论 1 设 $f(x)\geqslant 0, x\in[a,b]$，且 $\int_a^b f(x)dx$ 均存在，则 $\int_a^b f(x)dx \geqslant 0$.

推论 2 $\left|\int_a^b f(x)dx\right| \leqslant \int_a^b |f(x)|dx$.

证： 由 $-|f(x)|\leqslant f(x)\leqslant |f(x)|, x\in[a,b]$，得

$$-\int_a^b |f(x)|dx \leqslant \int_a^b f(x)dx \leqslant \int_a^b |f(x)|dx,$$

即

$$\left|\int_a^b f(x)\mathrm{d}x\right| \leqslant \int_a^b |f(x)|\,\mathrm{d}x.$$

性质 10.1.7（估值性质）　设 $M=\max_{[a,b]} f(x), m=\min_{[a,b]} f(x)$，则

$$m(b-a) \leqslant \int_a^b f(x)\mathrm{d}x \leqslant M(b-a)$$

证： 由 $m \leqslant f(x) \leqslant M, x\in[a,b]$，$m(b-a)=\int_a^b m\mathrm{d}x \leqslant \int_a^b f(x)\mathrm{d}x \leqslant \int_a^b M\mathrm{d}x = M(b-a)$,

即
$$m(b-a) \leqslant \int_a^b f(x)\mathrm{d}x \leqslant M(b-a).$$

性质 10.1.8（积分中值定理）　设函数 $f(x)$ 在 $[a,b]$ 上连续，则至少存在一点 $\xi\in[a,b]$，使

$$\int_a^b f(x)\mathrm{d}x = f(\xi)(b-a).$$

证： 因为 $f(x)$ 在 $[a,b]$ 上连续，所以 $f(x)$ 在 $[a,b]$ 上有最大值 M 与最小值 m．故由估值性质有 $m(b-a) \leqslant \int_a^b f(x)\mathrm{d}x \leqslant M(b-a)$，从而有

$$m \leqslant \frac{1}{b-a}\int_a^b f(x)\mathrm{d}x \leqslant M,$$

即 $\frac{1}{b-a}\int_a^b f(x)\mathrm{d}x$ 介于 $f(x)$ 的最小值和最大值之间．由连续函数的介值定理，至少有一点 $\xi\ (a\leqslant\xi\leqslant b)$，使下式成立：

$$f(\xi)=\frac{1}{b-a}\int_a^b f(x)\mathrm{d}x$$

即
$$\int_a^b f(x)\mathrm{d}x = f(\xi)(b-a).$$

我们称 $\overline{y}=\frac{1}{b-a}\int_a^b f(x)\mathrm{d}x$ 连续函数 $f(x)$ 在 $[a,b]$ 上的**平均值**.

中值定理表明，平均值可以在某一点取得．其几何意义如下．

设 $f(x)\geqslant 0$，则由曲线 $y=f(x)$、直线 $x=a$、$x=b$ 及 x 轴高的矩形 $abcd$ 的面积（见图 10.1.8）.

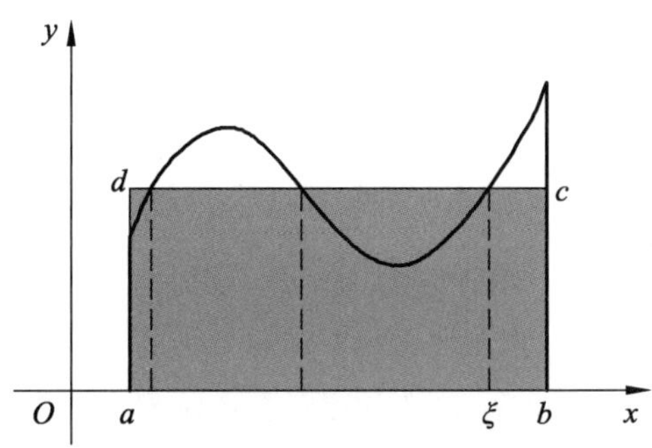

图 10.1.8

例 10.1.4 利用定积分的性质比较$\int_0^1 x\mathrm{d}x$和$\int_0^1 x^2\mathrm{d}x$的大小.

解： 因为对任意$x\in[0,1]$有，$x\geqslant x^2$，则根据定积分的性质 10.1.6 可得

$$\int_0^1 x\mathrm{d}x \geqslant \int_0^1 x^2\mathrm{d}x .$$

例 10.1.5 利用定积分的性质比较$\int_0^1 \mathrm{e}^x\mathrm{d}x$和$\int_0^1 (1+x)\mathrm{d}x$的大小.

解： 令$f(x)=\mathrm{e}^x-(1+x)$，因为对任意$x\in[0,1]$有$f'(x)=\mathrm{e}^x-1\geqslant 0$（仅当$x=0$时等号成立），则$f(x)$在$[0,1]$上单调递增，故对任意$x\in[0,1]$有$f(x)\geqslant f(0)=0$，即对任意$x\in[0,1]$有$\mathrm{e}^x\geqslant 1+x$，从而根据定积分的性质 10.1.6 可得

$$\int_0^1 \mathrm{e}^x\mathrm{d}x \geqslant \int_0^1 (1+x)\mathrm{d}x .$$

例 10.1.6 估计积分$\int_0^2 \frac{1}{1+x^3}\mathrm{d}x$的值.

解： $f(x)=\frac{1}{1+x^3}, x\in[0,2]$，因为$0\leqslant x^3\leqslant 8$，所以$\frac{1}{9}\leqslant\frac{1}{1+x^3}\leqslant 1$，有

$$\int_0^2 \frac{1}{9}\mathrm{d}x \leqslant \int_0^2 \frac{1}{1+x^3}\mathrm{d}x \leqslant \int_0^2 \mathrm{d}x,$$

于是

$$\frac{2}{9}\leqslant \int_0^2 \frac{1}{1+x^3}\mathrm{d}x \leqslant 2.$$

例 10.1.7 试求$y=2x$在区间$[0,1]$上满足积分中值定理的ξ的值.

解： 由定积分的几何意义可知，由曲线$y=2x$, x轴和直线$x=1$所围的图形面积即为$\int_0^1 2x\mathrm{d}x$的值. 从例 10.1.3 可知，$\int_0^1 2x\mathrm{d}x=1$. 再由积分中值定理得

$$2\xi\cdot(1-0)=\int_0^1 2x\mathrm{d}x=1,$$

于是

$$\xi=\frac{1}{2}.$$

习题 10.1

基础练习

1. 填空题.

（1）定积分$\int_1^4 (3x^2+\mathrm{e}^{2x})\mathrm{d}x$中，积分上限是__________，积分下限__________，积分区间是__________.

（2）由直线$y=x$，$x=a$，$x=b$, $(b>a)$以及x轴所围成图形的面积等于__________，用定积分表示为__________.

（3）由曲线 $y=x^3$，直线 $x=3$ 以及 x 轴所围成图形的面积用定积分表示为____________.

（4）假设 $f(x)$ 连续，且 $\int_0^1 f(x)\mathrm{d}x=2$，则 $\int_1^{-1} f(x)\mathrm{d}x+\int_{-1}^{3} f(x)\mathrm{d}x+\int_3^0 f(x)\mathrm{d}x=$____________.

（5）利用定积分的几何意义，得定积分 $\int_{-1}^{1}\sqrt{1-x^2}\,\mathrm{d}x=$____________.

2. 比较下列两个积分的大小：

（1）$\int_0^1 x^2\mathrm{d}x$ 和 $\int_0^1 x^3\mathrm{d}x$；（2）$\int_0^{\frac{\pi}{2}} x\mathrm{d}x$ 和 $\int_0^{\frac{\pi}{2}}\sin x\mathrm{d}x$.

3. 利用定积分表示图 10.1.9 中阴影部分的面积 A.

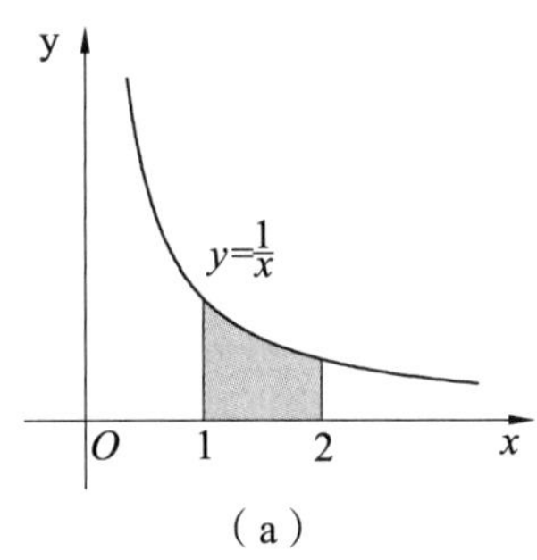

（a）

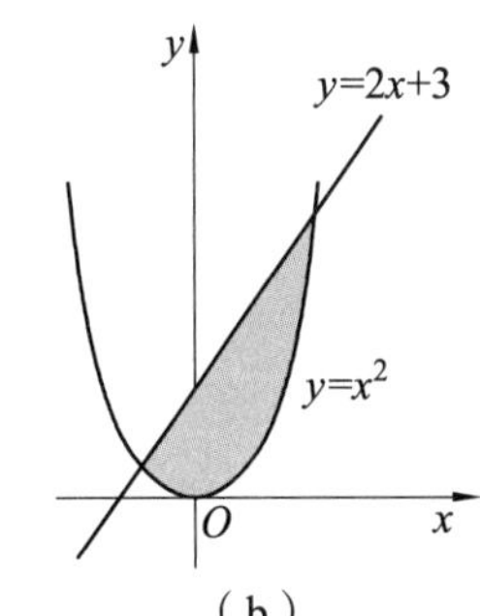

（b）

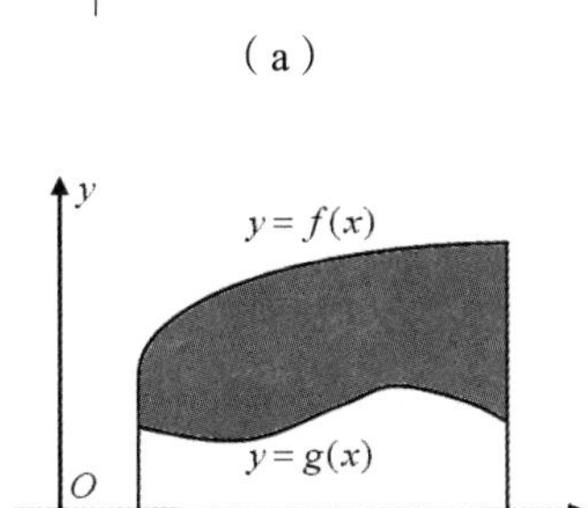

（c）

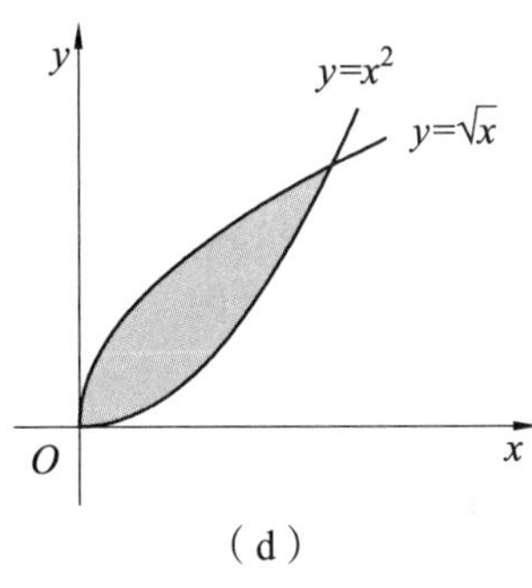

（d）

图 10.1.9

4. 利用定积分的几何意义，说明下列等式成立：

（1）$\int_4^5 2(x-4)\mathrm{d}x=1$；（2）$\int_0^{\pi}\cos x\mathrm{d}x=0$.

5. 求函数 $y=\cos x$ 在 $[0,2\pi]$ 上的平均值.

6. 一物体以速度 $v=3t^2+2t+1$（m/s）做直线运动，求该物体在 $t=0$ 到 $t=3\mathrm{s}$ 这段时间内的平均速度.

提高练习

7. 不计算积分，直接比较下列各组积分值的大小：

（1）$\int_1^2 x\mathrm{d}x$ 与 $\int_1^2 x^2\mathrm{d}x$；（2）$\int_0^1 x\mathrm{d}x$ 与 $\int_0^1\sqrt{1+x^2}\,\mathrm{d}x$；（3）$\int_1^{\mathrm{e}}\ln x\mathrm{d}x$ 与 $\int_1^{\mathrm{e}}\ln^2 x\mathrm{d}x$；

（4）$\int_0^{\frac{\pi}{2}} x^2\mathrm{d}x$ 与 $\int_0^{\frac{\pi}{2}}(\sin x)^2\mathrm{d}x$；（5）$\int_0^{\frac{\pi}{4}}\sin x\mathrm{d}x$ 与 $\int_0^{\frac{\pi}{4}}\cos x\mathrm{d}x$；（6）$\int_0^1 \mathrm{e}^x\mathrm{d}x$ 与 $\int_0^1 \mathrm{e}^{x^2}\mathrm{d}x$.

8. 估计下列定积分值的范围：

（1）$\int_0^1\frac{1}{1+x^2}\mathrm{d}x$；（2）$\int_{\frac{\sqrt{3}}{3}}^{\sqrt{3}}\arctan x\mathrm{d}x$；（3）$\int_0^{\frac{\pi}{2}}(1+\cos^4 x)\mathrm{d}x$.

9. 用定积分表示下列各组曲线围成的平面图形的面积 A.

（1）$y=\sqrt{x}$，$y=x$，$x=2$，$y=0$；　　（2）$y=2, x=0$，$y=x^2$.

10. 证明下列不等式：

（1）$\frac{\pi}{2}<\int_0^{\frac{\pi}{2}}(1+\sin x)\mathrm{d}x<\pi$；（2）$\sqrt{2}<\int_0^1\sqrt{2+x-x^2}\mathrm{d}x<\frac{3}{2}$；（3）$\int_2^3\sqrt{x^2-x}\mathrm{d}x\geqslant\sqrt{2}$.

拓展练习

11. 求极限 $\lim\limits_{n\to\infty}\int_0^{\frac{\pi}{4}}\sin^n x\mathrm{d}x$.

12. 设 $f(x)$ 连续，且 $f(x)=x+2\int_0^1 f(x)\mathrm{d}x$，求 $f(x)$ 的非积分表达式.

13. 计算下列极限：

（1）已知 $\int_0^{\pi}\sin x\mathrm{d}x=2$，求 $\lim\limits_{n\to\infty}\frac{\pi}{n}\left(\sin\frac{\pi}{n}+\sin\frac{2\pi}{n}+\cdots+\sin\frac{(n-1)\pi}{n}\right)$；

（2）已知 $\int_0^1\frac{1}{1+x}\mathrm{d}x=\ln 2$，求 $\lim\limits_{n\to\infty}\left(\frac{1}{n+1}+\frac{1}{n+2}+\cdots+\frac{1}{2n}\right)$.

10.2　微积分基本公式

前一节研讨了定积分的基本概念，接下来第二个问题就是定积分的计算问题. 定积分的定义是特定乘积和式的极限，如果直接利用定义来计算定积分是很困难的. 虽然不定积分作为原函数的概念与定积分作为积分和的极限的概念是完全不相干的两个概念. 但是，牛顿和莱布尼茨两位伟大的数学家不仅发现而且找到了这两个概念之间存在着的深刻的内在联系. 即“微积分基本定理”，并由此开创了求定积分的新途径——牛顿-莱布尼茨公式.

设一物体沿直线作变速运动，速度为 $v(t)$（$v(t)\geqslant 0$），则物体在时间间隔 $[T_1,T_2]$ 内经过的路程 s 可用速度函数表示为

$$s=\int_{T_1}^{T_2}v(t)\mathrm{d}t.$$

另一方面，物体经过的路程 s 是关于时间 t 的函数 $s(t)$，那物体在时间间隔 $[T_1,T_2]$ 所经过的路程为

$$s=s(T_2)-s(T_1),$$

则

$$\int_{T_1}^{T_2}v(t)\mathrm{d}t=s(T_2)-s(T_1).$$

由导数的物理意义可知：$s'(t)=v(t)$，即 $s(t)$ 是 $v(t)$ 的一个原函数，因此，为求定积分 $\int_{T_1}^{T_2}v(t)\mathrm{d}t$，应先求出被积函数 $v(t)$ 的一个原函数 $s(t)$，再求 $s(t)$ 在区间 $[T_1,T_2]$ 上的增量 $s(T_2)-s(T_1)$ 即可.

若抛开上面问题的物理意义，便可得出计算定积分 $\int_a^b f(x)\mathrm{d}x$ 的一般方法.

10.2.1 积分上限函数

设函数 $f(x)$ 在区间 $[a,b]$ 上连续, x 为 $[a,b]$ 上的任意一点(见图 10.2.1),则积分 $\int_a^x f(x)\mathrm{d}x$ 存在，这里上限 x 是 $[a,b]$ 上的任意取定的一点，当 x 在 $[a,b]$ 上每取定一个值时，都表示一块平面区域的面积，即 $\int_a^x f(x)\mathrm{d}x$ 也有一个唯一的值与之对应.

为了区分积分变量与积分上限，将 $\int_a^x f(x)\mathrm{d}x$ 表示成 $\int_a^x f(t)\mathrm{d}t$，故 $\int_a^x f(t)\mathrm{d}t$ 为 $[a,b]$ 上变量 x 的函数，称为 $f(x)$ 的**积分上限函数**. 记为 $\Phi(x)=\int_a^x f(t)\mathrm{d}t,(a\leqslant x\leqslant b)$. 同理，$\int_x^b f(t)\mathrm{d}t$ 也是 x 的函数 $(a\leqslant x\leqslant b)$，称为 $f(x)$ 的积分下限的函数.

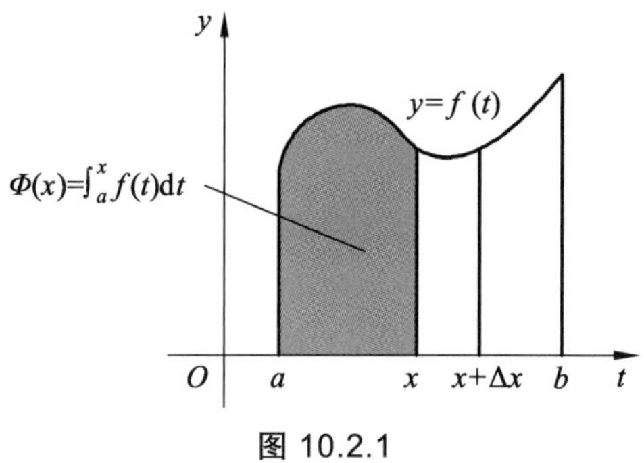

图 10.2.1

由定积分的几何意义，可以看到 $\int_a^b f(x)\mathrm{d}x$ 表示区间 $[a,b]$ 上整块曲边梯形的面积，而 $\Phi(x)=\int_a^x f(t)\mathrm{d}t$ 表示区间 $[a,x]$ 上对应的曲边梯形的面积.

定理 10.2.1 若函数 $f(x)$ 在 $[a,b]$ 上连续，则 $\Phi(x)=\int_a^x f(t)\mathrm{d}t$ 在 $[a,b]$ 上可导，且

$$\Phi'(x)=\frac{\mathrm{d}}{\mathrm{d}x}\int_a^x f(t)\mathrm{d}t=f(x).$$

证： 先求 $\Delta\Phi(x)$，再用积分中值定理（见图 10.2.2）转化，有

$$\begin{aligned}\Delta\Phi(x)&=\Phi(x+\Delta x)-\Phi(x)\\&=\int_a^{x+\Delta x} f(t)\mathrm{d}t-\int_a^x f(t)\mathrm{d}t\\&=\int_x^{x+\Delta x} f(t)\mathrm{d}t=f(\xi)\Delta x,\end{aligned}$$

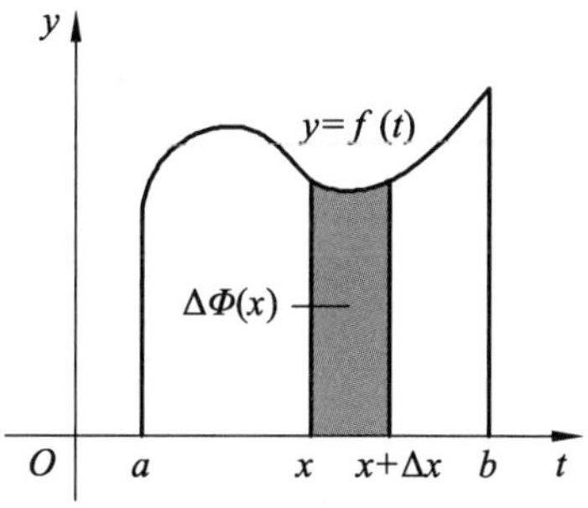

图 10.2.2

其中 ξ 介于 x 、$x+\Delta x$ 之间.
当 $\Delta x\to 0$ 时, $\xi\to x$，因此

$$\lim_{\Delta x\to 0}\frac{\Delta\Phi(x)}{\Delta x}=\lim_{\Delta x\to 0} f(\xi)=f(x),$$

即

$$\Phi'(x)=\frac{\mathrm{d}}{\mathrm{d}x}\int_a^x f(t)\mathrm{d}t=f(x).$$

说明 从定理的结论可以看出，$\Phi(x)$ 是 $f(x)$ 的一个原函数.

推论 若函数 $f(x)$ 在 $[a,b]$ 上连续，$\Phi(x)=\int_{a(x)}^{b(x)}f(t)\mathrm{d}t, a\leqslant a(x)<b(x)\leqslant b, a(x)$，$b(x)$ 在 $[a,b]$ 上可导，则

$$\Phi'(x)=\frac{\mathrm{d}}{\mathrm{d}x}\int_{a(x)}^{b(x)}f(t)\mathrm{d}t=f[b(x)]b'(x)-f[a(x)]a'(x).$$

证： $\Phi(x)=\int_{a(x)}^{b(x)}f(t)\mathrm{d}t=\int_{a(x)}^{c}f(t)\mathrm{d}t+\int_{c}^{b(x)}f(t)\mathrm{d}t=\int_{c}^{b(x)}f(t)\mathrm{d}t-\int_{c}^{a(x)}f(t)\mathrm{d}t$，

其中 $c\in[a,b]$，考虑 $F(x)=\int_{c}^{b(x)}f(t)\mathrm{d}t=\int_{c}^{u}f(t)\mathrm{d}t\Big|_{u=b(x)}$，则

$$F'(x)=f'(u)\big|_{u=b(x)}\cdot b'(x)=f[b(x)]b'(x),$$

因此，$\Phi'(x)=\frac{\mathrm{d}}{\mathrm{d}x}\int_{a(x)}^{b(x)}f(t)\mathrm{d}t=f[b(x)]b'(x)-f[a(x)]a'(x).$

特别地，若 $a(x)\equiv a\in\mathbf{R}$，则 $\Phi'(x)=\frac{\mathrm{d}}{\mathrm{d}x}\int_{a}^{b(x)}f(t)\mathrm{d}t=f[b(x)]b'(x).$

若 $b(x)\equiv b\in\mathbf{R}$，则 $\Phi'(x)=\frac{\mathrm{d}}{\mathrm{d}x}\int_{a(x)}^{b}f(t)\mathrm{d}t=-f[a(x)]a'(x).$

例 10.2.1 求下列函数的导数.

（1）$y=\int_0^x\arctan t\mathrm{d}t$；（2）$y=\int_0^{\cos x}\sin t\mathrm{d}t$；（3）$y=\int_{x^3}^{5}\frac{\ln t}{t}\mathrm{d}t(x>0)$.

解：（1）$y'=\left(\int_0^x\arctan t\mathrm{d}t\right)'=\arctan x$.

（2）$y'=(\int_0^{\cos x}\sin t\mathrm{d}t)'=\sin(\cos x)\cdot(\cos x)'=-\sin x\sin(\cos x)$.

（3）$y'=\frac{\ln x^3}{x^3}\cdot(x^3)'=\frac{3\ln x^3}{x}$.

例 10.2.2 设 $f(x)$ 是连续函数，求以下函数的导数.

（1）$F(x)=\int_{x^2-3x}^{\mathrm{e}^{x^2}}\mathrm{e}^{f(t)}\mathrm{d}t$；（2）$F(x)=\int_0^x xf(t)\mathrm{d}t$.

解：（1）$F'(x)=2x\mathrm{e}^{f(\mathrm{e}^{x^2})}\mathrm{e}^{x^2}-\mathrm{e}^{f(x^2-3x)}(2x-3)$.

（2）因为 $F(x)=x\int_0^x f(t)\mathrm{d}t$，所以 $F'(x)=xf(x)+\int_0^x f(t)\mathrm{d}t$.

例 10.2.3 计算 $\lim\limits_{x\to0}\frac{\int_0^x\ln\left(1+t^2\right)\mathrm{d}t}{x^3}$.

解： 这是 $\frac{0}{0}$ 型不定式，应用洛必达法则，于是有

$$\lim_{x\to0}\frac{\int_0^x\ln(1+t^2)\mathrm{d}t}{x^3}=\lim_{x\to0}\frac{\ln(1+x^2)}{3x^2}=\lim_{x\to0}\frac{x^2}{3x^2}=\frac{1}{3}.$$

例 10.2.4 设函数 $y=f(x)$ 是可导函数，$f(0)=1$，且满足方程 $\int_0^x f(t)\mathrm{d}t = xf(x)-x^2$. 求 $f(x)$.

解： 在方程两边同时对 x 求导，得

$$\left(\int_0^x f(t)\mathrm{d}t\right)' = (xf(x)-x^2)'$$

于是有

$$f(x)=f(x)+xf'(x)-2x$$

即

$$f'(x)=2$$

故

$$f(x)=\int 2\mathrm{d}x = 2x+C$$

因为 $f(0)=1$，所以 $C=1$，$f(x)=2x+1$.

10.2.2 牛顿-莱布尼茨公式

定理 10.2.1（微积分基本公式） 如果函数 $F(x)$ 是 $[a,b]$ 上的连续函数 $f(x)$ 的任意一个原函数，则

$$\int_a^b f(x)\mathrm{d}x = F(b)-F(a).$$

为了方便起见，还常用 $F(x)\big|_a^b$ 或 $\left[F(x)\right]_a^b$ 表示 $F(b)-F(a)$，即

$$\int_a^b f(x)\mathrm{d}x = \left[F(x)\right]_a^b = F(x)\big|_a^b = F(b)-F(a),$$

这个公式称为牛顿-莱布尼茨公式，也称为**微积分基本公式**. 它表示一个函数的定积分等于这个函数的原函数在积分上、下限处函数值之差. 它揭示了定积分与不定积分或被积函数的原函数的内在联系，它指出了求连续函数定积分的一般方法，把求定积分的问题转化成求原函数的问题，是联系微分学与积分学的桥梁.

注意 当 $a>b$ 时，$\int_a^b f(x)\mathrm{d}x = F(b)-F(a)$ 仍成立.

例 10.2.5 计算下列定积分

（1）$\int_0^1 3x^2\mathrm{d}x$；（2）$\int_{-1}^1 \frac{1}{1+x^2}\mathrm{d}x$；（3）$\int_{-3}^{-1}\frac{1}{x}\mathrm{d}x$；

（4）$\int_0^2 \mathrm{e}^x\mathrm{d}x$；（5）$\int_{-1}^3 |2-x|\mathrm{d}x$；（6）$\int_{\frac{\pi}{6}}^{\pi}\sqrt{1-\sin^2 x}\mathrm{d}x$.

解：（1）由于 x^3 是 $3x^2$ 的一个原函数，所以根据牛顿-莱布尼茨公式有

$$\int_0^1 3x^2\mathrm{d}x = \left[x^3\right]_0^1 = 1^3-0^3 = 1.$$

(2) 由于 $\frac{1}{1+x^2}$ 的一个原函数为 $\arctan x$，故

$$\int_{-1}^{1}\frac{1}{1+x^2}\mathrm{d}x=[\arctan x]_{-1}^{1}=\arctan 1-\arctan(-1)=\frac{\pi}{4}-\left(-\frac{\pi}{4}\right)=\frac{\pi}{2}.$$

(3) 当 $x<0$ 时，$\frac{1}{x}$ 的一个原函数是 $\ln|x|$，故

$$\int_{-3}^{-1}\frac{1}{x}\mathrm{d}x=[\ln|x|]_{-3}^{-1}=\ln 1-\ln 3=-\ln 3.$$

(4) $\int_0^2 \mathrm{e}^x\mathrm{d}x=\mathrm{e}^x\Big|_0^2=\mathrm{e}^2-1.$

(5) 因为 $|2-x|=\begin{cases}x-2, & x\geqslant 2,\\ 2-x, & x<2,\end{cases}$ 故

$$\begin{aligned}\int_{-1}^{3}|2-x|\mathrm{d}x&=\int_{-1}^{2}(2-x)\mathrm{d}x+\int_{2}^{3}(x-2)\mathrm{d}x\\&=\left[2x-\frac{1}{2}x^2\right]_{-1}^{2}+\left[\frac{1}{2}x^2-2x\right]_{2}^{3}=\frac{9}{2}+\frac{1}{2}=5.\end{aligned}$$

(6) $$\begin{aligned}\int_{\frac{\pi}{6}}^{\pi}\sqrt{1-\sin^2 x}\mathrm{d}x&=\int_{\frac{\pi}{6}}^{\pi}\sqrt{\cos^2 x}\mathrm{d}x=\int_{\frac{\pi}{6}}^{\pi}|\cos x|\mathrm{d}x\\&=\int_{\frac{\pi}{6}}^{\frac{\pi}{2}}\cos x dx-\int_{\frac{\pi}{2}}^{\pi}\cos x dx=\sin x\Big|_{\frac{\pi}{6}}^{\frac{\pi}{2}}-\sin x\Big|_{\frac{\pi}{2}}^{\pi}=1-\frac{1}{2}-(0-1)=\frac{3}{2}.\end{aligned}$$

例 10.2.6 设 $f(x)=\begin{cases}1+x^2, & 0\leqslant x\leqslant 1,\\ 2-x, & 1<x\leqslant 2,\end{cases}$ 求定积分 $\int_0^2 f(x)\mathrm{d}x$.

解： 显然函数 $f(x)$ 在区间 $[0,2]$ 上有界，且只有一个第一类间断点 $x=1$，则 $\int_0^2 f(x)\mathrm{d}x$ 存在．由定积分的积分区间可加性，有

$$\begin{aligned}\int_0^2 f(x)\mathrm{d}x&=\int_0^1 f(x)\mathrm{d}x+\int_1^2 f(x)\mathrm{d}x=\int_0^1(1+x^2)\mathrm{d}x+\int_1^2(2-x)\mathrm{d}x\\&=\left[x+\frac{1}{3}x^3\right]_0^1+\left[2x-\frac{1}{2}x^2\right]_1^2=\frac{4}{3}+\frac{1}{2}=\frac{11}{6}.\end{aligned}$$

例 10.2.7 计算正弦曲线 $y=\sin x$ 在 $[0,\pi]$ 上与 x 轴所围成的图形（见图 10.2.3）的面积.

解： 由于 $y=\sin x$ 在 $[0,\pi]$ 上非负连续，所以它围成的面积

$$A=\int_0^{\pi}\sin x\mathrm{d}x=[-\cos x]_0^{\pi}=-(\cos\pi)+(\cos 0)=2$$

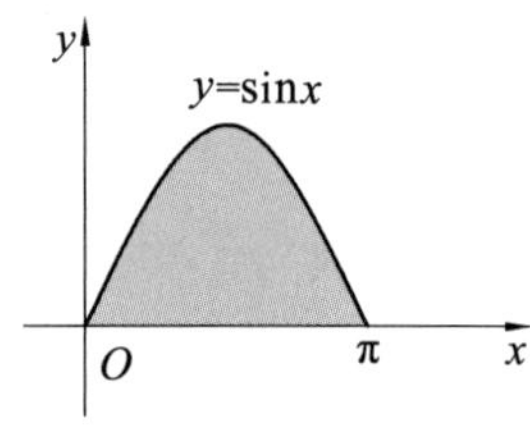

图 10.2.3

例 10.2.8 设 $f(x)=x^2-x\int_0^2 f(x)\mathrm{d}x+2\int_0^1 f(x)\mathrm{d}x$，求 $f(x)$

分析： 关键是求 $\int_0^2 f(x)\mathrm{d}x,\int_0^1 f(x)\mathrm{d}x$，而这两个定积分为确定的数值．求定积分时可提到积分号外面.

解： 令 $a=\int_0^1 f(x)\mathrm{d}x, b=\int_0^2 f(x)\mathrm{d}x$，于是有

$$f(x)=x^2-bx+2a$$

故 $$a=\int_0^1 f(x)\mathrm{d}x=\int_0^1\left(x^2-bx+2a\right)\mathrm{d}x=\frac{1}{3}-\frac{b}{2}+2a$$

同理， $$b=\int_0^2 f(x)dx=\frac{8}{3}-2b+4a$$

即

$$\begin{cases}a-\dfrac{1}{2}b=-\dfrac{1}{3}\\ 4a-3b=-\dfrac{8}{3}\end{cases}$$

解得

$$\begin{cases}a=\dfrac{1}{3}\\ b=\dfrac{4}{3}\end{cases}$$

所以 $$f(x)=x^2-\frac{4}{3}x+\frac{2}{3}$$

例 10.2.9 火车以 $v=54$ km/h 的速度在平直的轨道上行驶，到某处需要减速停车．设汽车以加速度 $a=-5\,\mathrm{m/s^2}$ 刹车．问从开始刹车到停车，火车走了多少距离？

解： 首先要算出从开始刹车到停车所需要的时间．当 $t=0$ 时，火车的速度为

$$v_0=54\,\mathrm{km/h}=\frac{54\times1000}{3600}\,\mathrm{m/s}=15\,\mathrm{m/s},$$

刹车后火车减速行驶，其速度为

$$v(t)=v_0+at=15-5t,$$

当火车停住时，速度为 $v(t)=0$，故从

$$v(t)=15-5t=0,$$

解之

$$t=\frac{15\,\mathrm{m/s}}{5\,\mathrm{m/s^2}}=3\,\mathrm{s},$$

于是从开始刹车到停车，火车所走过的路程为

$$s=\int_0^3 v(t)\mathrm{d}t=\int_0^3(15-5t)\mathrm{d}t=\left[15t-\frac{5}{2}t^2\right]_0^3=22.5\,\mathrm{m}.$$

即在刹车后，火车需要走过 22.5 m 才能停住.

习题 10.2

基础练习

1. $\dfrac{\mathrm{d}}{\mathrm{d}x}\int_a^b \sin x^2\mathrm{d}x=$________，$\dfrac{\mathrm{d}}{\mathrm{d}a}\int_a^b \sin x^2\mathrm{d}x=$________，$\dfrac{\mathrm{d}}{\mathrm{d}b}\int_a^b \sin x^2\mathrm{d}x=$________

2. 求下列定积分：

（1）$\int_{-1}^{2}(x^2-1)\mathrm{d}x$；（2）$\int_{1}^{2}(x^2+x^{-2})\mathrm{d}x$；

（3）$\int_{0}^{1}(x-1)^2\mathrm{d}x$；（4）$\int_{0}^{\pi}(\sin x+\cos x)\mathrm{d}x$；

（5）$\int_{1}^{\sqrt{3}}\dfrac{1}{1+x^2}\mathrm{d}x$；（6）$\int_{-\frac{1}{2}}^{\frac{1}{2}}\dfrac{1}{\sqrt{1-x^2}}\mathrm{d}x$；

（7）$\int_{0}^{1}(2x+3)\mathrm{d}x$；（8）$\int_{a}^{b}\mathrm{e}^x\mathrm{d}x$；

（9）$\int_{0}^{\pi}(2\cos x+1)\mathrm{d}x$；（10）$\int_{4}^{9}\left(\sqrt{x}+\dfrac{1}{\sqrt{x}}\right)\mathrm{d}x$.

3. 求由曲线 $y=x^2$ 和直线 $y=2x$ 所围成的平面图形的面积.

提高练习

4. 求下列定积分：

（1）$\int_{0}^{1}\dfrac{x^4}{x^2+1}\mathrm{d}x$；（2）$\int_{-1}^{0}\dfrac{3x^4+3x^2+1}{x^2+1}\mathrm{d}x$；

（3）$\int_{0}^{\pi}\dfrac{\cos 2x}{\sin x+\cos x}\mathrm{d}x$；（4）$\int_{0}^{\frac{\pi}{2}}2\cos^2\dfrac{x}{2}\mathrm{d}x$；

（5）$\int_{-1}^{2}|x-1|\mathrm{d}x$；（6）$\int_{0}^{2\pi}|\sin x|\mathrm{d}x$；

（7）$\int_{0}^{\frac{\pi}{4}}\tan^2\theta\mathrm{d}\theta$；（8）$\int_{-2}^{4}(|x-2|+|x-3|)\mathrm{d}x$；

（9）$\int_{-2}^{2}\max\{1,\mathrm{e}^x\}\mathrm{d}x$；（10）设 $f(x)=\begin{cases}x^2, & 0\leqslant x\leqslant 1,\\ 2-x, & 1<x\leqslant 2,\end{cases}$ 求 $\int_0^2 f(x)\mathrm{d}x$.

5. 求下列变上限 (或下限)的积分所定义的函数的导函数：

（1）$y=\int_0^x\dfrac{1}{1+t}\mathrm{d}t$；（2）$y=\int_0^{22-x^2}\arcsin t\mathrm{d}t$；（3）$y=\int_{-2x}^{0}\sqrt{1+t^2}\mathrm{d}t$；

（4）$y=\int_x^{x^2}\mathrm{e}^{-t^2}\mathrm{d}t$（5）$y=\int_{\sqrt{x}}^{\sqrt[3]{x}}\ln\dfrac{(1+t^6)}{t}\mathrm{d}t$；（6）$y=\int_{\sin x}^{3x^2-2}2^{t^2}\mathrm{d}t$.

6. 求下列变上限 (或下限)的积分所定义的函数的导函数.

（1）$\lim\limits_{x\to 0}\dfrac{\int_0^x\sin^2 t\mathrm{d}t}{x^3}$；（2）$\lim\limits_{x\to 0}\dfrac{\int_0^x\cos t^2\mathrm{d}t}{x}$（3）$\lim\limits_{x\to 0}\dfrac{\int_0^x 2t\sin t\mathrm{d}t}{1-\cos x}$；

（4）$\lim\limits_{x\to 0}\dfrac{\int_0^x\arcsin t\mathrm{d}t}{\ln(1+x)}$；（5）$\lim\limits_{x\to 1}\dfrac{\int_1^x\sin\pi t\,\mathrm{d}t}{1+\cos\pi x}$（6）$\lim\limits_{x\to 0}\dfrac{x^2}{\int_x^0(\mathrm{e}^t-1)\mathrm{d}t}$；

（7）$\lim\limits_{x\to+\infty}\dfrac{\int_0^x(\arctan t)^2\mathrm{d}t}{\sqrt{1+x^2}}$；（8）$\lim\limits_{x\to 0}\dfrac{\int_0^{\sin x}\sqrt{\tan t}\mathrm{d}t}{\int_0^{\tan x}\sqrt{\sin t}\mathrm{d}t}$；（9）$\lim\limits_{x\to 0}\dfrac{\int_0^{x^4}\sin t\mathrm{d}t}{\int_x^0 t(t-\sin t)\mathrm{d}t}$.

7. 讨论函数 $f(x)=\begin{cases}\dfrac{1-\cos x}{x^2}, & x<0,\\ 2, & x=0,\\ \dfrac{\int_0^{x^2}\cos x^2\mathrm{d}x}{2x^2} & x>0,\end{cases}$ 在 $x=0$ 处的连续性?

拓展练习

8. 设 $f(x)$ 是连续函数，且满足 $f(x)=3x^2-\int_0^2 f(x)\mathrm{d}x-2$，试写出 $f(x)$ 的表达式.

9. 设可导函数 $y=y(x)$ 由方程 $\int_0^{x+y}\mathrm{e}^{-t^2}\mathrm{d}t=\int_0^x x\sin t^2\mathrm{d}t$ 确定，求 $\left.\dfrac{\mathrm{d}y}{\mathrm{d}x}\right|_{x=0}$.

10. 已知生产某件商品 x 件的总收益函数的变化率为 $R'(x)=1000-\dfrac{1}{2}x$，计算生产此种商品 1000 件时的总收益与从生产 1000 件到 2000 件所增加的收益.

11. 一物体由静止出发沿直线运动，速度为 $v=3t^2$，其中 v 以 m/s 为单位，t 以 s 为单位，计算物体在 1s 到 3s 之间走过的路程.

10.3 定积分的换元积分法

我们知道，牛顿-莱布尼茨公式是计算定积分 $\int_a^b f(x)\mathrm{d}x$ 的简便方法，先求出被积函数的一个原函数，再算值. 在不定积分中，换元积分法可以求出一些函数的原函数. 因此，在一定条件下，可以用换元积分法来计算定积分. 下面，我们就来研讨这个方法.

定理 10.3.1 假设

（1）$f(x)$ 在 $[a,b]$ 上连续；

（2）函数 $x=\varphi(t)$ 在 $[\alpha,\beta]$ 上是单值的且有连续导数；

（3）当 t 在区间 $[\alpha,\beta]$ 上变化时，$x=\varphi(t)$ 的值在 $[a,b]$ 上变化，且 $\varphi(\alpha)=a$，$\varphi(\beta)=b$，则有

$$\int_a^b f(x)\mathrm{d}x=\int_\alpha^\beta f[\varphi(t)]\varphi'(t)\mathrm{d}t.$$

该公式称为定积分的换元公式.

注意：

（1）换元必换限，即作变量替换 $x=\varphi(t)$ 把积分变量 x 换成新变量 t 时，积分限也相应地改变；

（2）求出 $f[\varphi(t)]\varphi'(t)$ 的一个原函数 $\Phi(t)$ 后，不必像计算不定积分那样“回代”，即把 $\Phi(t)$ 变换成原变量 x 的函数，而只要把新变量 t 的上、下限分别代入 $\Phi(t)$ 然后相减就行了.

例 10.3.1 计算下列定积分

（1）$\int_0^3 \frac{x}{\sqrt{1+x}}dx$；（2）$\int_0^{\frac{\pi}{2}} \sin^3 x\cos x dx$；（3）$\int_0^1 \frac{e^x}{1+e^x}dx$；（4）$\int_1^e \frac{1+(\ln x)^2}{x}dx$.

解：（1）令 $\sqrt{1+x}=t$，则 $x=t^2-1$，$dx=2tdt$，当 $x=0$ 时，$t=1$，当 $x=3$ 时，$t=2$，于是

$$\int_0^3 \frac{x}{\sqrt{1+x}}dx=\int_1^2 \frac{t^2-1}{t}\cdot 2tdt=2\int_1^2 (t^2-1)dt=2\left[\frac{t^3}{3}-t\right]_1^2=\frac{8}{3}.$$

（2）法一：令 $\sin x=t$，则 $dt=\cos x dx$，当 $x=0$ 时，$t=0$，当 $x=\frac{\pi}{2}$ 时，$t=1$，于是

$$\int_0^{\frac{\pi}{2}} \sin^3 x\cos x dx=\int_0^1 t^3 dt=\left[\frac{1}{4}t^4\right]_0^1=\frac{1}{4}.$$

法二：

$$\int_0^{\frac{\pi}{2}} \sin^3 x\cos x dx=\int_0^{\frac{\pi}{2}} \sin^3 x d\sin x=\left[\frac{1}{4}\sin^4 x\right]_0^{\frac{\pi}{2}}=\frac{1}{4}.$$

说明：解法二没有引入新的积分变量. 计算时，原积分的上、下限不用改变. 对于能用“凑微分法”求原函数的积分，且未写出中间变量，则无需改变积分限.

（3）$\int_0^1 \frac{e^x}{1+e^x}dx=\int_0^1 \frac{1}{1+e^x}d(1+e^x)=\left[\ln(1+e^x)\right]_0^1$

$$=\ln(1+e)-\ln 2=\ln\frac{1+e}{2}.$$

（4）$\int_1^e \frac{1+(\ln x)^2}{x}dx=\int_1^e (1+(\ln x)^2)d(\ln x)$

$$=\left[\ln x+\frac{1}{3}(\ln x)^3\right]_1^e=\frac{4}{3}.$$

例 10.3.2　求定积分 $\int_0^a \sqrt{a^2-x^2}dx\ (a>0)$.

解：令 $x=a\sin t$，则 $dx=d(a\sin t)=a\cos t dt$. 当 $x=0$ 时，$t=0$；当 $x=a$ 时，$t=\frac{\pi}{2}$.

$$\int_0^a \sqrt{a^2-x^2}dx=a^2\int_0^{\frac{\pi}{2}}\cos^2 t dt=\frac{a^2}{2}\int_0^{\frac{\pi}{2}}(1+\cos 2t)dt=\frac{a^2}{2}\left(t+\frac{1}{2}\sin 2t\right)\Big|_0^{\frac{\pi}{2}}=\frac{\pi a^2}{4}.$$

例 10.3.3　求 $\int_1^2 \frac{1}{x(x^4+1)}dx$.

解：令 $x=\frac{1}{t}$，则 $dx=-\frac{1}{t^2}dt, x=1, t=1; x=2, t=\frac{1}{2}$，

$$\int_1^2 \frac{1}{x(x^4+1)}dx=\int_1^{\frac{1}{2}} \frac{1}{\frac{1}{t}\left(\frac{1}{t^4}+1\right)}\left(-\frac{1}{t^2}\right)dt=\int_{\frac{1}{2}}^1 \frac{t^3}{1+t^4}dt$$

$$=\frac{1}{4}\left[\ln(1+t^4)\right]_{\frac{1}{2}}^1=\frac{1}{4}\ln 2-\frac{1}{4}\ln\left(\frac{17}{2^4}\right)=\frac{5}{4}\ln 2-\frac{1}{4}\ln 17.$$

例 10.3.4（奇偶函数的积分性质） 设函数 $f(x)$ 在闭区间 $[-a,a]$ 上连续，证明

（1）当 $f(x)$ 为奇函数时有 $\int_{-a}^{a} f(x)\mathrm{d}x = 0$；

（2）当 $f(x)$ 为偶函数时有 $\int_{-a}^{a} f(x)\mathrm{d}x = 2\int_{0}^{a} f(x)\mathrm{d}x$.

证： 利用定积分的积分区间可加性，有

$$\int_{-a}^{a} f(x)\mathrm{d}x = \int_{-a}^{0} f(x)\mathrm{d}x + \int_{0}^{a} f(x)\mathrm{d}x,$$

对上式右端的积分式 $\int_{-a}^{0} f(x)\mathrm{d}x$ 作变换 $x=-t$，则有

$$\int_{-a}^{0} f(x)\mathrm{d}x = -\int_{a}^{0} f(-t)\mathrm{d}t = \int_{0}^{a} f(-t)\mathrm{d}t = \int_{0}^{a} f(-x)\mathrm{d}x.$$

从而

$$\int_{-a}^{a} f(x)\mathrm{d}x = \int_{0}^{a} f(-x)\mathrm{d}x + \int_{0}^{a} f(x)\mathrm{d}x = \int_{0}^{a} \big(f(-x)+f(x)\big)\mathrm{d}x.$$

（1）若 $f(x)$ 为奇函数，即 $f(-x)=-f(x)$，即 $f(-x)+f(x)=0$，故

$$\int_{-a}^{a} f(x)\mathrm{d}x = \int_{0}^{a} \big(f(-x)+f(x)\big)\mathrm{d}x = 0;$$

（2）若 $f(x)$ 为偶函数，即 $f(-x)=f(x)$，故

$$\int_{-a}^{a} f(x)\mathrm{d}x = \int_{0}^{a} \big(f(x)+f(x)\big)\mathrm{d}x = 2\int_{0}^{a} f(x)\mathrm{d}x.$$

这个结论从定积分的几何意义看是很明显的，如图 10.3.1 所示. 利用此结论，可以简化计算在对称于原点的区间上的定积分.

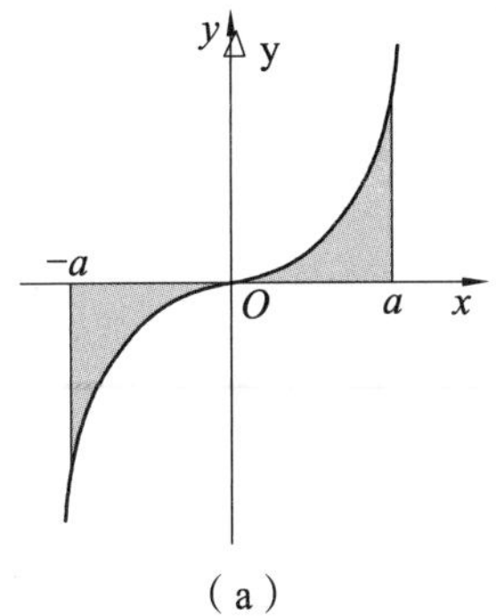

（a）

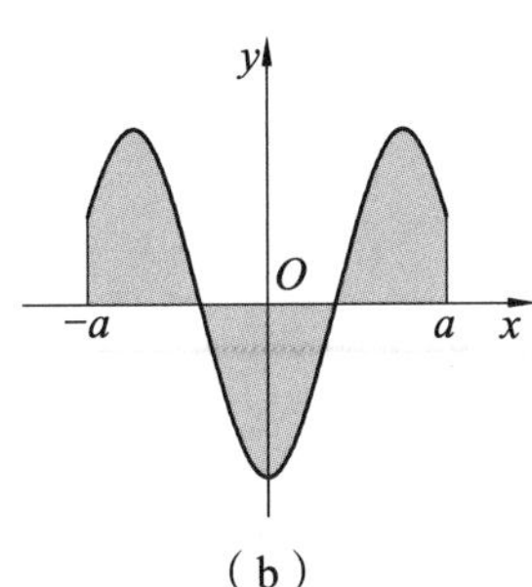

（b）

图 10.3.1

例 10.3.5 计算定积分 $\int_{-\frac{\pi}{2}}^{\frac{\pi}{2}} x^8 \sin x\mathrm{d}x$.

解： 因为被积函数 $f(x)=x^8\sin x$ 在对称区间 $\left[-\frac{\pi}{2},\frac{\pi}{2}\right]$ 上是奇函数，故

$$\int_{-\frac{\pi}{2}}^{\frac{\pi}{2}} x^8 \sin x\mathrm{d}x = 0.$$

例 10.3.6 计算定积分$\int_{-1}^{1}\frac{2+x\cos x}{\sqrt{1-x^2}}\mathrm{d}x$.

解：因为被积函数

$$f(x)=\frac{2+x\cos x}{\sqrt{1-x^2}}=\frac{2}{\sqrt{1-x^2}}+\frac{x\cos x}{\sqrt{1-x^2}}$$

在对称区间[−1,1]上是偶函数$\frac{2}{\sqrt{1-x^2}}$与奇函数$\frac{x\cos x}{\sqrt{1-x^2}}$之和，故

$$\begin{aligned}\int_{-1}^{1}\frac{2+x\cos x}{\sqrt{1-x^2}}\mathrm{d}x&=\int_{-1}^{1}\frac{2}{\sqrt{1-x^2}}\mathrm{d}x+\int_{-1}^{1}\frac{x\cos x}{\sqrt{1-x^2}}\mathrm{d}x\\&=2\int_{0}^{1}\frac{2}{\sqrt{1-x^2}}\mathrm{d}x=4\left[\arcsin x\right]_0^1=2\pi.\end{aligned}$$

习题 10.3

基础练习

1. 求下列定积分：

（1）$\int_0^1 \mathrm{e}^{x+1}\mathrm{d}x$；（2）$\int_0^1 (x+2)^2\mathrm{d}x$；

（3）$\int_0^{\frac{\pi}{2}}\cos^5 x\sin x\mathrm{d}x$；（4）$\int_0^{\pi}\sin^3 x\cos x\mathrm{d}x$；

（5）$\int_1^{\mathrm{e}}\frac{1+\ln x}{x}\mathrm{d}x$；（6）$\int_{\ln\pi}^{\ln 2\pi}\mathrm{e}^x\cos\mathrm{e}^x\mathrm{d}x$；

（7）$\int_{-3}^{3}\left(\frac{\sin x\cos^4 x}{1+x^8}+x^{22}\right)\mathrm{d}x$；（8）$\int_1^4\frac{1}{\sqrt{x}}\mathrm{e}^{\sqrt{x}}\mathrm{d}x$.

（9）$\int_{\frac{1}{\pi}}^{\frac{2}{\pi}}\frac{1}{x^2}\cos\frac{1}{x}\mathrm{d}x$；（10）$\int_{-2}^{2}\min\left\{1,x^2\right\}\mathrm{d}x$.

2. 计算下列定积分：

（1）$\int_0^{\frac{\pi}{2}}\sin^2 x\mathrm{d}x$；（2）$\int_0^{\frac{\pi}{2}}\sin^3 x\mathrm{d}x$；（3）$\int_0^{\frac{\pi}{2}}\sin^3 x\cos^2 x\mathrm{d}x$；

（4）$\int_0^{\frac{\pi}{2}}\sin^3 x\cos^5 x\mathrm{d}x$；（5）$\int_{-\frac{\pi}{2}}^{\frac{\pi}{2}}\sqrt{\cos x-\cos^3 x}\mathrm{d}x$（6）$\int_0^{\frac{\pi}{2}}\cos 3x\sin x\mathrm{d}x$.

提高练习

3. 求下列定积分：

（1）$\int_0^2\frac{x}{1+x^2}\mathrm{d}x$；（2）$\int_0^1 x^2\sqrt{1-x^2}\mathrm{d}x$；

（3）$\int_0^1 2x(1+x^2)^3\mathrm{d}x$；（4）$\int_0^1 \mathrm{e}^x(\mathrm{e}^x-1)^2\mathrm{d}x$；

(5) $\int_0^1 \frac{1}{e^x+e^{-x}}dx$；　　(6) $\int_1^{\sqrt{3}} \frac{1}{x^2\sqrt{1+x^2}}dx$；

(7) $\int_{-\pi}^{\pi} \sin mx\cos nx dx$；　　(8) $\int_0^4 \frac{1}{x+\sqrt{x}}dx$；

(9) $\int_0^9 \frac{1-\sqrt{x}}{1+\sqrt{x}}dx$；　　(10) $\int_1^2 \frac{\sqrt{x^2-1}}{x}dx$；

(11) $\int_0^1 \frac{x^3}{\sqrt{1-x^2}}dx$；　　(12) $\int_{-\pi}^{\pi} \frac{\sin x}{1+x^2}dx$；

(13) $\int_{-2}^{-1} \frac{dx}{x\sqrt{x^2-1}}$；　　(14) $\int_0^1 \frac{x^2}{\sqrt{1-x^2}}dx$.

4. 已知 $f(x)=\begin{cases}1+x^2 & x<0,\\ e^{-x} & x\geqslant 0,\end{cases}$ 求 $\int_1^3 f(x-2)dx$.

拓展练习

5. 证明：(m ， n 为正整数).

(1) $\int_{-\pi}^{\pi} \sin^2 mx dx=\pi$；　(2) $\int_{-\pi}^{\pi} \cos^2 mx dx=\pi$；　(3) $\int_{-\pi}^{\pi} \cos mx\cos nx dx=0$ ($m\neq n$).

6. 证明： $\int_0^2 x^3 f(x^2)dx=\frac{1}{2}\int_0^4 xf(x)dx$.

7. 设 $f(x)$ 是连续函数，证明

(1) 若 $f(x)=f(x+T)$($f(x)$ 是以 T 为周期的周期函数)，则 $\int_a^{a+T} f(x)dx=\int_0^T f(x)dx$；

(2) $\int_0^{\frac{\pi}{2}} f(\sin x)dx=\int_0^{\frac{\pi}{2}} f(\cos x)dx$；　　(3) $\int_0^{\pi} f(\sin x)dx=2\int_0^{\frac{\pi}{2}} f(\sin x)dx$；

(4) $\int_0^{\pi} xf(\sin x)dx=\frac{\pi}{2}\int_0^{\pi} f(\sin x)dx$.

10.4 定积分的分部积分法

在不定积分中，分部积分法可以求出一些函数的原函数. 类似地，可以用分部积分法来计算定积分. 下面，我们就来研讨这个方法.

设函数 $u(x)$ ， $v(x)$ 在闭区间 $[a,b]$ 上有连续导数，则有定积分的分部积分公式：

$$\int_a^b u(x)v'(x)dx=[u(x)v(x)]_a^b-\int_a^b u'(x)v(x)dx$$

或

$$\int_a^b u(x)dv(x)=[u(x)v(x)]_a^b-\int_a^b v(x)du(x).$$

说明：利用定积分的分部积分公式计算定积分时，$u(x)$ 或 $dv(x)$ 的选择与不定积分中的情形相同.

例 10.4.1 计算下列定积分：

（1）$\int_0^1 xe^x dx$；　（2）$\int_0^\pi x\sin x dx$；　（3）$\int_0^{\frac{\pi}{4}} \frac{x}{1+\cos 2x} dx$；　（4）$\int_0^{2\pi} x^2 \cos x dx$.

解：（1）令 $u=x$，$v'=e^x$，则 $u'=1$，$v=e^x$，有

$$\int_0^1 xe^x dx=\int_0^1 x de^x=\left[xe^x\right]_0^1-\int_0^1 e^x dx=e-\left[e^x\right]_0^1=e-(e-1)=1.$$

（2）令 $u=x$，$v'=\sin x$，则 $u'=1$，$v=-\cos x$，有

$$\int_0^\pi x\sin x dx=-\int_0^\pi x d(\cos x)=-[x\cos x]_0^\pi+\int_0^\pi (\cos x)dx=\pi+[\sin x]_0^\pi=\pi.$$

（3）因为 $1+\cos 2x=2\cos^2 x$，所以

$$\int_0^{\frac{\pi}{4}} \frac{x}{1+\cos 2x} dx=\int_0^{\frac{\pi}{4}} \frac{x}{2\cos^2 x} dx=\frac{1}{2}\int_0^{\frac{\pi}{4}} x d(\tan x)=\frac{1}{2}[x\tan x]_0^{\frac{\pi}{4}}-\frac{1}{2}\int_0^{\frac{\pi}{4}} \tan x dx$$

$$=\frac{1}{2}[x\tan x]_0^{\frac{\pi}{4}}-\frac{1}{2}\int_0^{\frac{\pi}{4}} \frac{\sin x}{\cos x} dx=\frac{1}{2}[x\tan x]_0^{\frac{\pi}{4}}+\frac{1}{2}\int_0^{\frac{\pi}{4}} \frac{1}{\cos x} d(\cos x)$$

$$=\frac{\pi}{8}+\frac{1}{2}\left[\ln|\cos x|\right]_0^{\frac{\pi}{4}}=\frac{\pi}{8}-\frac{\ln 2}{4}.$$

（4）$$\int_0^{2\pi} x^2 \cos x dx=\int_0^{2\pi} x^2 d\sin x=\left[x^2\sin x\right]_0^{2\pi}-\int_0^{2\pi} \sin x dx^2$$

$$=-2\int_0^{2\pi} x\sin x dx=2\int_0^{2\pi} x d\cos x=2[x\cos x]_0^{2\pi}-2\int_0^{2\pi} \cos x dx$$

$$=-2[\sin x]_0^{2\pi}=0.$$

例 10.4.2　求下列定积分：

（1）$\int_1^e \ln x dx$；　（2）$\int_0^{\frac{1}{2}} \arccos x dx$；　（3）$\int_0^1 \arctan x dx$.

解：（1）$\int_1^e \ln x dx=[x\ln x]_1^e-\int_1^e x d\ln x=e-\int_1^e dx=e-(e-1)=1$.

（2）$$\int_0^{\frac{1}{2}} \arccos x dx=[x\arccos x]_0^{\frac{1}{2}}-\int_0^{\frac{1}{2}} x d\arccos x=\frac{1}{2}\cdot\frac{\pi}{3}+\int_0^{\frac{1}{2}} \frac{x}{\sqrt{1-x^2}} dx$$

$$=\frac{\pi}{6}-\int_0^{\frac{1}{2}} \frac{1}{2\sqrt{1-x^2}} d(1-x^2)=\frac{\pi}{6}-\left[\sqrt{1-x^2}\right]_0^{\frac{1}{2}}=\frac{\pi}{6}-\frac{\sqrt{3}}{2}+1.$$

（3）$$\int_0^1 \arctan x dx=x\arctan x\Big|_0^1-\int_0^1 \frac{x dx}{1+x^2}$$

$$=1\cdot\frac{\pi}{4}-\frac{1}{2}\int_0^1 \frac{1}{1+x^2} d(1+x^2)=\frac{\pi}{4}-\frac{1}{2}\ln(1+x^2)\Big|_0^1=\frac{\pi}{4}+\frac{\ln 2}{2}.$$

例 10.4.3　求 $\int_0^{\frac{\pi}{2}} e^x \sin x dx$.

解：$$\int_0^{\frac{\pi}{2}} e^x \sin x dx=\int_0^{\frac{\pi}{2}} \sin x de^x=e^x\sin x\Big|_0^{\frac{\pi}{2}}-\int_0^{\frac{\pi}{2}} e^x d\sin x$$

$$=e^{\frac{\pi}{2}}-\int_0^{\frac{\pi}{2}} e^x \cos x dx=e^{\frac{\pi}{2}}-\int_0^{\frac{\pi}{2}} \cos x de^x=e^{\frac{\pi}{2}}-e^x\cos x\Big|_0^{\frac{\pi}{2}}+\int_0^{\frac{\pi}{2}} e^x d\cos x$$

$$=e^{\frac{\pi}{2}}+1-\int_0^{\frac{\pi}{2}} e^x \sin x dx.$$

即
$$\int_0^{\frac{\pi}{2}} e^x \sin x dx = e^{\frac{\pi}{2}} + 1 - \int_0^{\frac{\pi}{2}} e^x \sin x dx,$$

所以有
$$2\int_0^{\frac{\pi}{2}} e^x \sin x dx = e^{\frac{\pi}{2}} + 1$$

从而
$$\int_0^{\frac{\pi}{2}} e^x \sin x dx = \frac{1}{2}\left(e^{\frac{\pi}{2}} + 1\right)$$

例 10.4.4　计算定积分 $\int_0^1 e^{\sqrt{x}} dx$.

解： 令 $\sqrt{x} = t$，则 $x = t^2$，$dx = 2tdt$，当 $x = 0$ 时，$t = 0$，当 $x = 1$ 时，$t = 1$，于是
$$\begin{aligned}\int_0^1 e^{\sqrt{x}} dx &= 2\int_0^1 te^t dt = 2\int_0^1 t de^t = 2\left(\left[te^t\right]_0^1 - \int_0^1 e^t dt\right)\\ &= 2\left(e - \left[e^t\right]_0^1\right) = 2.\end{aligned}$$

习题 10.4

基础练习

1. 求下列定积分：

（1）$\int_0^{\pi} x\cos x dx$；　（2）$\int_1^{e} x\ln x dx$；

（3）$\int_0^{e-1} \ln(1+x) dx$；　（4）$\int_0^1 x2^x dx$；

（5）$\int_1^{e} x^2 \ln x dx$；　（6）$\int_0^{\sqrt{3}} \operatorname{arc\,cot} x dx$；

（7）$\int_0^1 x\arctan x dx$；　（8）$\int_0^{\frac{1}{2}} \arcsin x dx$.

提高练习

2. 求下列定积分：

（1）$\int_0^1 xe^{2x} dx$；　（2）$\int_0^{\pi} x^2 \sin x dx$；

（3）$\int_0^{\pi} e^x \sin x dx$；　（4）$\int_0^{\ln 3} xe^{-x} dx$；

（5）$\int_1^{e} (\ln x)^2 dx$；　（6）$\int_0^{\frac{\pi}{4}} (2x+3)\sin 2x dx$；

（7）$\int_1^{e} \sin(\ln x) dx$；　（8）$\int_1^4 \frac{\ln x}{\sqrt{x}} dx$.

（9）$\int_1^4 \ln\sqrt{x} dx$；　（10）$\int_0^3 \arcsin\sqrt{\frac{x}{1+x}} dx$；

（11）$\int_{\frac{1}{e}}^{e} |\ln x| dx$　（12）$\int_0^1 e^{x^2}(x^3+x) dx$.

3. 求定积分 $\int_0^{\frac{\pi}{2}} \frac{x+\sin x}{1+\cos x}\mathrm{d}x$.

4. 计算 $\int \mathrm{e}^{2x}(\tan x+1)^2\mathrm{d}x$.

拓展练习

5. 已知 $f(x)$ 的一个原函数是 $\mathrm{e}^{\sin x}$ ，求 $\int_0^{\pi} xf'(x)\mathrm{d}x$.

6. 设 $f(x)=\int_x^{\frac{\pi}{2}} \frac{\sin t}{t}\mathrm{d}t$ ，求 $\int_0^{\frac{\pi}{2}} xf(x)\mathrm{d}x$.

10.5　广义积分

前面所讲的定积分，其积分区间是有限的，并且只讨论了 $f(x)$ 在 $[a,b]$ 上连续函数或只有有限个第一类间断点的有界函数的情形，这种定积分称为**常义积分**．但是，在处理实际问题时，经常会遇到需要考虑积分区间为无限的积分．因此，必须要推广定积分的概念．若积分区间为无限，或积分区间有限但被积函数在积分区间上是无界的，这两种情况的定积分称为广义积分．接下来就介绍这两种广义积分．

10.5.1　无限区间上的广义积分

例 10.5.1　计算由曲线 $y=\frac{1}{x^2}$ ，x 轴以及直线 $x=1$ 右边所围成的“开口曲边梯形”面积．

解：由于这个图形不是封闭的曲边梯形，在 x 轴正方向是开口的，也就是说，这时的积分区间是无限区间 $[1,+\infty)$ ，故不能直接用之前所学的定积分来计算它的面积．

为了利用常义积分来求这个图形的面积，则任取大于 1 的常数 b ，则在区间 $[1,b]$ 上由曲线 $y=\frac{1}{x^2}$ ，直线 $x=1$ ，$x=b$ 以及 x 轴所围成的曲边梯形（见图 10.5.1）的面积为

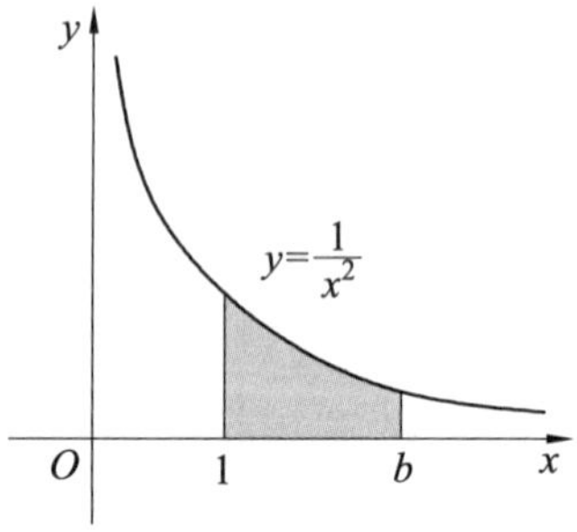

$$\int_1^b \frac{1}{x^2}\mathrm{d}x=\left[-\frac{1}{x}\right]_1^b=1-\frac{1}{b}.$$

图 10.5.1

显然，随着 b 的改变，曲边梯形的面积也随之改变，并且随着 b 趋于无穷大而趋于一个确定的常数，即

$$\lim_{b\to+\infty}\int_1^b \frac{1}{x^2}\mathrm{d}x=\lim_{b\to+\infty}\left(1-\frac{1}{b}\right)=1 .$$

这个极限值就是表示了所求的“开口曲边梯形”的面积．

一般地，对于积分区间是无限的情况，给出下面的定义．

定义 10.5.1　设函数 $f(x)$ 在 $[a,+\infty)$ 上连续，任取 $t>a$ ，若极限

$$\lim_{t\to+\infty}\int_a^t f(x)\mathrm{d}x$$

存在，则称这个极限为函数 $f(x)$ 在 $[a,+\infty)$ 上的广义积分，记 $\int_a^{+\infty} f(x)\mathrm{d}x$ ，即

$$\int_a^{+\infty} f(x)\mathrm{d}x=\lim_{t\to+\infty}\int_a^t f(x)\mathrm{d}x .$$

若 $\lim\limits_{t\to+\infty}\int_a^t f(x)\mathrm{d}x$ 存在且等于 A ，则称广义积分 $\int_a^{+\infty} f(x)\mathrm{d}x$ 存在或收敛，也称广义积分 $\int_a^{+\infty} f(x)\mathrm{d}x$ 收敛于 A ；若 $\lim\limits_{t\to+\infty}\int_a^t f(x)\mathrm{d}x$ 不存在，则称广义积分 $\int_a^{+\infty} f(x)\mathrm{d}x$ 不存在或发散.

类似地，可以定义函数 $f(x)$ 在无穷区间 $(-\infty,b]$ 上的广义积分为

$$\int_{-\infty}^b f(x)\mathrm{d}x=\lim_{t\to-\infty}\int_t^b f(x)\mathrm{d}x .$$

函数 $f(x)$ 在无穷区间 $(-\infty,+\infty)$ 上的广义积分为

$$\begin{aligned}\int_{-\infty}^{+\infty} f(x)\mathrm{d}x&=\int_{-\infty}^{c} f(x)\mathrm{d}x+\int_{c}^{+\infty} f(x)\mathrm{d}x\\&=\lim_{k\to-\infty}\int_k^c f(x)\mathrm{d}x+\lim_{t\to+\infty}\int_c^t f(x)\mathrm{d}x,\end{aligned}$$

其中 c 为任意实数.

注意　（1）无限区间 $(-\infty,+\infty)$ 的内分点可以任意选取；

（2）广义积分 $\int_{-\infty}^{+\infty} f(x)\mathrm{d}x$ 仅当两个极限同时存在时才收敛，否则广义积分 $\int_{-\infty}^{+\infty} f(x)\mathrm{d}x$ 是发散的.

由牛顿-莱布尼茨公式，若 $F(x)$ 是 $f(x)$ 在 $[a,+\infty)$ 上的一个原函数，且 $\lim\limits_{x\to+\infty}F(x)$ 存在，则广义积分

$$\int_a^{+\infty} f(x)\mathrm{d}x=\lim_{x\to+\infty}F(x)-F(a) ,$$

为了书写方便，当 $\lim\limits_{x\to+\infty}F(x)$ 存在时，常记 $F(+\infty)=\lim\limits_{x\to+\infty}F(x)$ ，即

$$\int_a^{+\infty} f(x)\mathrm{d}x=\left[F(x)\right]_a^{+\infty}=F(+\infty)-F(a) .$$

另外两种类型在收敛时也可类似地记为

$$\int_{-\infty}^b f(x)\mathrm{d}x=\left[F(x)\right]_{-\infty}^{b}=F(b)-F(-\infty) ,$$

$$\int_{-\infty}^{+\infty} f(x)\mathrm{d}x=\left[F(x)\right]_{-\infty}^{+\infty}=F(+\infty)-F(-\infty) .$$

注意　$F(+\infty)$ ，$F(-\infty)$ 有一个不存在时，广义积分 $\int_{-\infty}^{+\infty} f(x)\mathrm{d}x$ 发散.

例 10.5.2　计算广义积分 $\int_0^{+\infty} x\mathrm{e}^{-x}\mathrm{d}x$.

解： $\int_0^{+\infty} x\mathrm{e}^{-x}\mathrm{d}x = \lim\limits_{t\to+\infty}\int_0^t x\mathrm{e}^{-x}\mathrm{d}x = \lim\limits_{t\to+\infty}\int_0^t (-x)\mathrm{d}\mathrm{e}^{-x}$

$$= \lim_{t\to+\infty}\left(\left[-x\mathrm{e}^{-x}\right]_0^t - \int_0^t \mathrm{e}^{-x}\mathrm{d}(-x)\right) = \lim_{t\to+\infty}\left(-t\mathrm{e}^{-t} - \left[\mathrm{e}^{-x}\right]_0^t\right)$$

$$= \lim_{t\to+\infty}(-t\mathrm{e}^{-t} - \mathrm{e}^{-t} + 1) = 1 - \lim_{t\to+\infty}\frac{t+1}{\mathrm{e}^t} = 1 - \lim_{t\to+\infty}\frac{1}{\mathrm{e}^t} = 1.$$

例 10.5.3　计算广义积分 $\int_{-\infty}^{+\infty}\frac{1}{x^2+2x+2}\mathrm{d}x$.

解： $\int_{-\infty}^{+\infty}\frac{1}{x^2+2x+2}\mathrm{d}x = \int_{-\infty}^{+\infty}\frac{1}{(x+1)^2+1}\mathrm{d}(x+1) = \left[\arctan(x+1)\right]_{-\infty}^{+\infty}$

$$= \lim_{x\to+\infty}\arctan(x+1) - \lim_{x\to-\infty}\arctan(x+1)$$

$$= \frac{\pi}{2} - \left(-\frac{\pi}{2}\right) = \pi.$$

例 10.5.4　讨论反常积分 $\int_1^{+\infty}\frac{\mathrm{d}x}{x^p}$ 的敛散性.

解： 当 $p=1$ 时，$\int_1^{+\infty}\frac{\mathrm{d}x}{x} = \ln x\Big|_1^{+\infty} = +\infty$，故反常积分发散；

当 $p\neq1$ 时，$\int_1^{+\infty}\frac{\mathrm{d}x}{x^p} = \frac{x^{1-p}}{1-p}\Bigg|_1^{+\infty} = \begin{cases} +\infty, p<1, \\ \dfrac{1}{p-1}, p>1. \end{cases}$

因此，反常积分 $\int_1^{+\infty}\frac{\mathrm{d}x}{x^p}$ 当 $p\leqslant1$ 时发散，当 $p>1$ 时收敛.

这是一个非常重要的反常积分，应记住它的结果.

10.5.2　无界函数的广义积分(瑕积分)

定义 10.5.2　设函数 $f(x)$ 在 $(a,b]$ 上连续，且 $\lim\limits_{x\to a^+}f(x)=\infty$，对任意 $\varepsilon>0$，若极限则称 $\lim\limits_{\varepsilon\to0^+}\int_{a+\varepsilon}^b f(x)\mathrm{d}x$ 为 $f(x)$ 在 $(a,b]$ 上的广义积分，仍记为 $\int_a^b f(x)\mathrm{d}x$，即

$$\int_a^b f(x)\mathrm{d}x = \lim_{\varepsilon\to0^+}\int_{a+\varepsilon}^b f(x)\mathrm{d}x.$$

若 $\lim\limits_{\varepsilon\to0^+}\int_{a+\varepsilon}^b f(x)\mathrm{d}x$ 存在且等于 A，则称广义积分 $\int_a^b f(x)\mathrm{d}x$ 存在或收敛，也称广义积分 $\int_a^b f(x)\mathrm{d}x$ 收敛于 A；若 $\lim\limits_{\varepsilon\to0^+}\int_{a+\varepsilon}^b f(x)\mathrm{d}x$ 不存在，则称广义积分 $\int_a^b f(x)\mathrm{d}x$ 不存在或发散.

类似地，可定义 $f(x)$ 在 $[a,b)$ 上连续，且 $\lim\limits_{x\to b^-}f(x)=\infty$ 时的广义积分的收敛与发散：

$$\int_a^b f(x)\mathrm{d}x = \lim_{\varepsilon\to0^+}\int_a^{b-\varepsilon} f(x)\mathrm{d}x.$$

以及 $f(x)$ 在 $[a,b]$ 上除 c 点（ $a<c<b$ ）外连续，且 $\lim\limits_{x\to c}f(x)=\infty$ 时的广义积分的收敛与发散：

$$\int_a^b f(x)\mathrm{d}x = \int_a^c f(x)\mathrm{d}x + \int_c^b f(x)\mathrm{d}x = \lim_{\varepsilon\to0^+}\int_a^{c-\varepsilon} f(x)\mathrm{d}x + \lim_{\varepsilon\to0^+}\int_{c+\varepsilon}^b f(x)\mathrm{d}x.$$

此时，$\int_a^c f(x)\mathrm{d}x$ 与 $\int_c^b f(x)\mathrm{d}x$ 至少有一个为无界函数的广义积分，且二者均收敛是 $\int_a^b f(x)\mathrm{d}x$ 收

敛的充要条件.

例 10.5.5 计算广义积分 $\int_0^1 \frac{1}{\sqrt{1-x^2}}\mathrm{d}x$.

解：因为 $\lim\limits_{x\to 1^-}\frac{1}{\sqrt{1-x^2}}=+\infty$ ，所以

$$\int_0^1 \frac{1}{\sqrt{1-x^2}}\mathrm{d}x=\lim_{\varepsilon\to 0^+}\int_0^{1-\varepsilon}\frac{1}{\sqrt{1-x^2}}\mathrm{d}x=\lim_{\varepsilon\to 0^+}\left[\arcsin x\right]_0^{1-\varepsilon}$$

$$=\lim_{\varepsilon\to 0^+}\left[\arcsin(1-\varepsilon)-\arcsin 0\right]=\arcsin 1-\arcsin 0=\frac{\pi}{2}.$$

例 10.5.6 计算广义积分 $\int_0^2 \frac{\mathrm{d}x}{(1-x)^2}$.

解：在 $x=1$ 处，函数 $f(x)=\frac{1}{(1-x)^2}$ 无界，故有

$$\text{原式}=\int_0^1 \frac{1}{(1-x)^2}\mathrm{d}x+\int_1^2 \frac{\mathrm{d}x}{(1-x)^2}=\frac{1}{1-x}\bigg|_0^1+\frac{1}{1-x}\bigg|_1^2=\lim_{x\to 1^-}\frac{1}{1-x}-1-1-\lim_{x\to 1^+}\frac{1}{1-x}=\text{不存在}.$$

所以原广义积分发散.

注意，如果忽视瑕点 $x=1$ ，则会出现错误结果：

$$\int_0^2 \frac{\mathrm{d}x}{(1-x)^2}=\int_0^2 \frac{\mathrm{d}x}{(x-1)^2}=-\frac{1}{x-1}\bigg|_0^2=-1-1=-2 .$$

习题 10.5

基础练习

1. 计算下列广义积分：

（1） $\int_1^{+\infty}\frac{\mathrm{d}x}{x^4}$ ；（2） $\int_0^{+\infty}\cos x\mathrm{d}x$ ；（3） $\int_1^{+\infty}\frac{\mathrm{d}x}{\sqrt{x}}$ ；（4） $\int_0^{+\infty}\mathrm{e}^{-ax}\mathrm{d}x(a>0)$ ；

（5） $\int_0^{+\infty}\frac{\mathrm{d}x}{1+x^2}$ ；（6） $\int_{-\infty}^{+\infty}\frac{\mathrm{d}x}{1+x^2}$ ；（7） $\int_{-\infty}^{0}\frac{\mathrm{d}x}{1+x^2}$ ；（8） $\int_1^{+\infty}\frac{\mathrm{d}x}{\sqrt{x}}$.

2. 计算下列广义积分：

（1） $\int_0^1\frac{1}{1-x}\mathrm{d}x$ ；（2） $\int_{-1}^0\frac{1}{x^2}\mathrm{d}x$ ；（3） $\int_1^2\frac{1}{2-x}\mathrm{d}x$ ；（4） $\int_0^1\frac{x}{\sqrt{1-x^2}}\mathrm{d}x$.

提高练习

3. 判断下列广义积分的敛散性，若收敛计算反常积分的值.

（1） $\int_1^{+\infty}\frac{1}{x(x+1)}\mathrm{d}x$ ；（2） $\int_{-\infty}^{+\infty}\frac{1}{x^2+2x+2}\mathrm{d}x$ ；（3） $\int_0^{+\infty}x\mathrm{e}^{-x^2}\mathrm{d}x$ ；

（4） $\int_1^{+\infty}\frac{1}{x\left(1+x^2\right)}\mathrm{d}x$ ；（5） $\int_2^{+\infty}\frac{\mathrm{d}x}{x\sqrt{x-1}}$ （6） $\int_1^2\frac{x\mathrm{d}x}{\sqrt{x-1}}$ ；（7） $\int_{-1}^1\frac{1}{x^2}\mathrm{d}x$

（8）$\int_1^e \frac{dx}{x\sqrt{1-(\ln x)^2}}$；　　（9）$\int_1^2 \frac{x}{\sqrt{x-1}}\mathrm{d}x$；　　（10）$\int_0^1 \frac{x^2}{\sqrt{1-x^3}}\mathrm{d}x$.

拓展练习

4. 计算广义积分 $\int_0^{+\infty} \frac{\arctan x}{x^2}\mathrm{d}x$.

5. 求 $\int_{\frac{\pi}{2}}^{\frac{3\pi}{2}} \frac{\sin x}{\sqrt{1-\cos 2x}}\mathrm{d}x$.

6. 设广义积分 $I=\int_2^{+\infty} \frac{\mathrm{d}x}{x(\ln x)^k}$，问：$k$ 为何值时,（1）I 发散,（2）I 收敛?

10.6 定积分的应用

定积分是非常实用的一种数学方法，在现实生产、生活中有着广泛的运用. 本节着重介绍在几何中解决一些求面积、求体积的分析方法.

10.6.1 微元法

我们在本章第一节研讨过计算曲边梯形的面积 A（见图 10.6.1）:

设 $f(x)$ 在区间 $[a,b]$ 上连续且 $f(x)\geqslant 0$,求以曲线 $y=f(x)$ 为曲边、底为 $[a,b]$ 的曲边梯形的面积 A. 把这个面积 A 表示为定积分

$$A=\int_a^b f(x)\mathrm{d}x$$

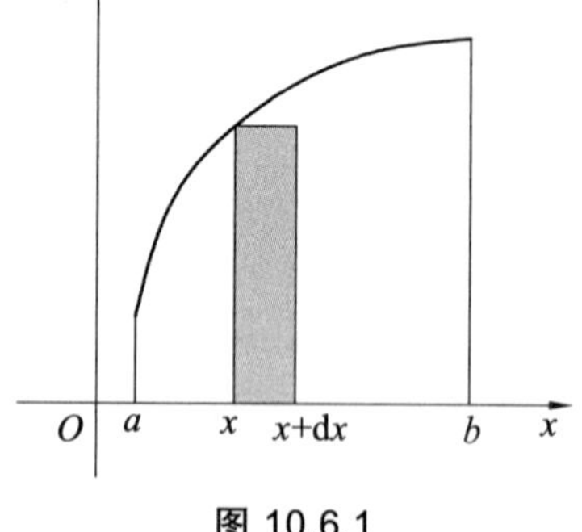

图 10.6.1

的步骤分为四步:

（1）用任意一组分点把区间 $[a,b]$ 分成长度为 ΔA_i（$i=1,2,\cdots,n$）的 n 个小区间，相应地把曲边梯形分成 n 个窄曲边梯形，第 i 个窄曲边梯形的面积设为 ΔA_i，于是有 $A=\sum_{i=1}^{n} A_i$；

（2）计算 ΔA_i 地近似值 $\Delta A_i \approx f(\xi_i)\Delta x_i$， $\xi_i\in[x_{i-1},x_i]$；

（3）求和，得 A 得近似值 $A\approx\sum_{i=1}^{n}\Delta A_i=\sum_{i=1}^{n} f(\xi_i)\Delta x_i$；

（4）对（3）中的和取极限得：$A=\lim_{\lambda\to 0}\sum_{i=1}^{n} f(\xi_i)\Delta x_i=\int_a^b f(x)\mathrm{d}x$.

上述四个步骤中，关键在于第二步，即确定 $\Delta A_i\approx f(\xi_i)\Delta x_i$，在实际应用中，为了简单起见，省略下标 i，用 ΔA 表示任一小区间 $[x,x+\mathrm{d}x]$ 上的窄曲边梯形的面积，这样,

$$A=\sum\Delta A.$$

取 $[x,x+\mathrm{d}x]$ 的左端点 x 为 ξ，以点 x 处的函数值 $f(x)$ 为高、$\mathrm{d}x$ 为底的矩形的面积 $f(x)\mathrm{d}x$ 为 ΔA 的近似值（如图 10.6.1 阴影部分），即

$$\Delta A \approx f(x)\mathrm{d}x .$$

上式右端 $f(x)\mathrm{d}x$ 叫作面积元素（或微元），记为

$$\mathrm{d}A = f(x)\mathrm{d}x .$$

于是面积 A 就是将这些微元在区间 $[a,b]$ 上的“**无限累加**”，即从 a 到 b 的定积分

$$A = \int_a^b \mathrm{d}A = \int_a^b f(x)\mathrm{d}x .$$

一般说来，如果某一实际问题中的所求量 U 的积分表达式的步骤是：

（1）根据问题的具体情况，选取一个变量例如 x 为积分变量，并确定积分区间 $[a,b]$；

（2）在区间 $[a,b]$ 上，任取一微小区间 $[x,x+\mathrm{d}x]$，求出相应于这个小区间的部分量 ΔU 的近似值 $\Delta U \approx \mathrm{d}U = f(x)\mathrm{d}x$（称它为所求量 U 的微元）；

（3）将 $\mathrm{d}U = f(x)\mathrm{d}x$ 在区间 $[a,b]$ 上作定积分，得 $U = \int_a^b \mathrm{d}U = \int_a^b f(x)\mathrm{d}x$，这就是所求量 U 的积分表达式.

这个方法通常叫作微元法（或元素法）. 微元法使用起来非常方便，在解决实际问题中具有极为广泛的应用.

下面用微元法讨论定积分在几何中的应用.

10.6.2 平面图形的面积

根据定积分的几何意义知，设由连续曲线 $y = f(x)$（$f(x) \geqslant 0$）和 x 轴以及两条直线 $x = a$，$x = b$（$a < b$）所围成的曲边梯形的面积 A，则面积 A 的公式为

$$A = \int_a^b f(x)\mathrm{d}x ,$$

应注意此公式中要求 $f(x)$ 是非负的，如果 $f(x) \le 0$，那么这块面积 A 的计算公式为

$$A = -\int_a^b f(x)\mathrm{d}x .$$

一般地，如果一块图形是由连续曲线 $y = f(x)$，$y = g(x)$ 以及 $x = a$，$x = b$（$a < b$）所围成，并且在闭区间 $[a,b]$ 上 $g(x) \leqslant f(x)$（见图 10.6.2），那么这块图形的面积 A 的计算公式为：

$$A = \int_a^b [f(x) - g(x)]\mathrm{d}x .$$

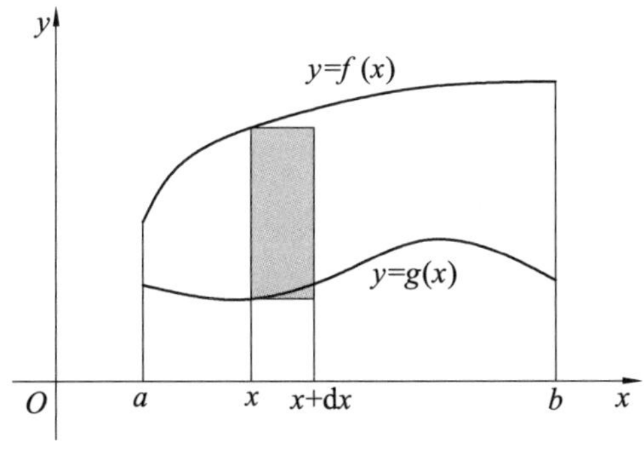

图 10.6.2

类似地，如果一块图形是由连续曲线 $x=\varphi(x)$，$x=\phi(y)$ 以及 $y=c$，$y=d$（$c<d$）所围成，并且在闭区间 $[c,d]$ 上 $\phi(y)\leqslant\varphi(y)$（见图 10.6.3），那么这块图形的面积 A 的计算公式为：

$$A=\int_c^d[\varphi(y)-\phi(y)]\mathrm{d}y .$$

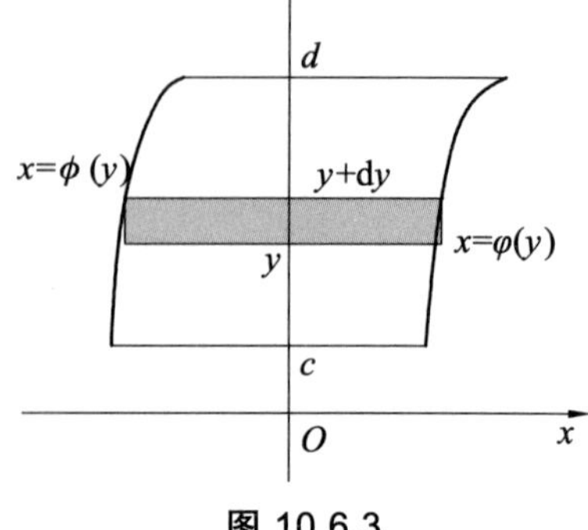

图 10.6.3

利用定积分计算平面图形的面积的一般步骤：

（1）画出平面图形以及在图形上标出所求部分图形；

（2）选取积分变量（x 或 y），确定积分区间；

（3）若选 x 为积分变量，确定上下曲线；若选 y 为积分变量，确定左右曲线；

（4）计算定积分.

例 10.6.1　求由抛物线 $y=x^2$ 与 $y^2=x$ 所围成图形的面积 A.

解：如图 10.6.4 所示，解方程组 $\begin{cases}y=x^2,\\y^2=x,\end{cases}$ 得交点 $(0,0)$ 和 $(1,1)$，选取 x 为积分变量，则积分区间为 $[0,1]$，则所求的面积为

$$A=\int_0^1(\sqrt{x}-x^2)\mathrm{d}x=\left[\frac{2}{3}x\sqrt{x}-\frac{1}{3}x^3\right]_0^1=\frac{1}{3}.$$

例 10.6.2　求由曲线 $y=x^3-6x$ 与 $y=x^2$ 所围成图形的面积 A.

解：如图 10.6.5 所示，解方程组 $\begin{cases}y=x^3-6x,\\y=x^2,\end{cases}$ 得交点 $(0,0)$，$(-2,4)$ 和 $(3,9)$，选取 x 为积分变量，则积分区间为 $[-2,3]$. 用 $x=0$ 把图形分为左、右两部分，则所求的面积为

$$\begin{aligned}A&=\int_{-2}^0(x^3-6x-x^2)\mathrm{d}x+\int_0^3(x^2-x^3+6x)\mathrm{d}x\\&=\left[\frac{x^4}{4}-3x^2-\frac{x^3}{3}\right]_{-2}^0+\left[\frac{x^3}{3}-\frac{x^4}{4}+3x^2\right]_0^3=\frac{16}{3}+\frac{63}{4}=\frac{253}{12}.\end{aligned}$$

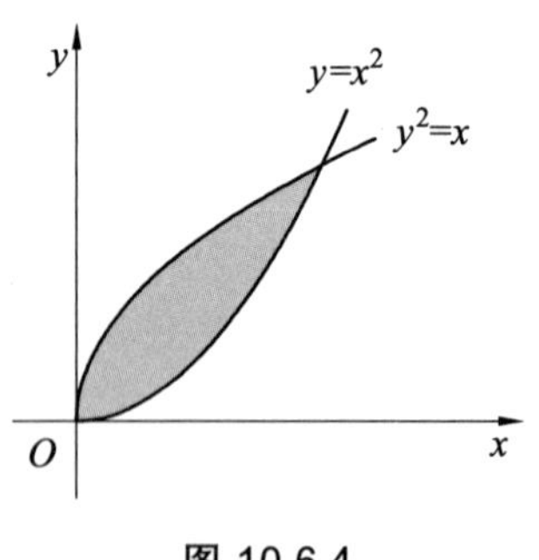

图 10.6.4

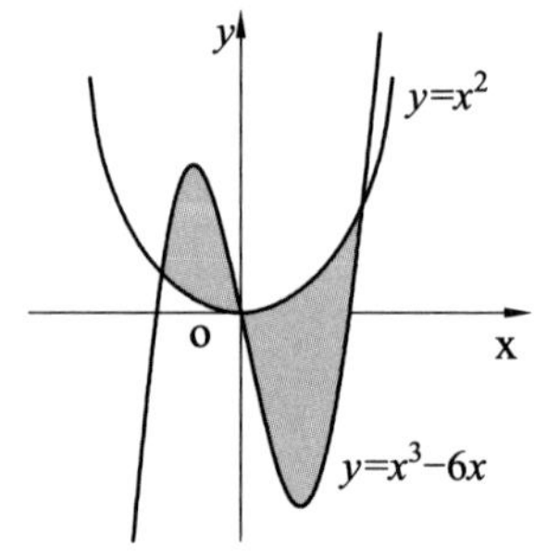

图 10.6.5

例 10.6.3　求由曲线 $y^2=2x$ 与直线 $y=x-4$ 所围成图形的面积 A.

解：如图 10.6.6 所示，解方程组$\begin{cases} y^2 = 2x, \\ y = x-4, \end{cases}$得交点$(2,-2)$和$(8,4)$，选取 y 为积分变量，则积分区间为$[-2,4]$，则所求的面积为

$$A=\int_{-2}^{4}\left(y+4-\frac{1}{2}y^2\right)\mathrm{d}y=\left[\frac{y^2}{2}+4y-\frac{y^3}{6}\right]_{-2}^{4}=18.$$

例 10.6.4 求由曲线$y=\frac{1}{x}$与直线$y=x$，$x=2$以及 x 轴所围成图形的面积 A.

解：如图 10.6.7 所示，求得交点为$(0,0)$，$(1,1)$，$(2,0)$和$\left(2,\frac{1}{2}\right)$，选取 x 为积分变量，则积分区间为$[0,2]$. 用$x=1$把图形分为左、右两部分，则所求的面积为

$$A=\int_0^1 x\mathrm{d}x+\int_1^2\frac{1}{x}\mathrm{d}x=\left[\frac{1}{2}x^2\right]_0^1+\left[\ln|x|\right]_1^2=\frac{1}{2}+\ln 2.$$

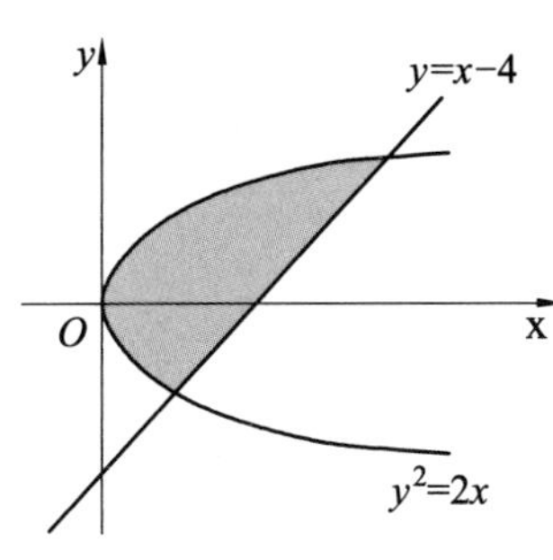

图 10.6.6

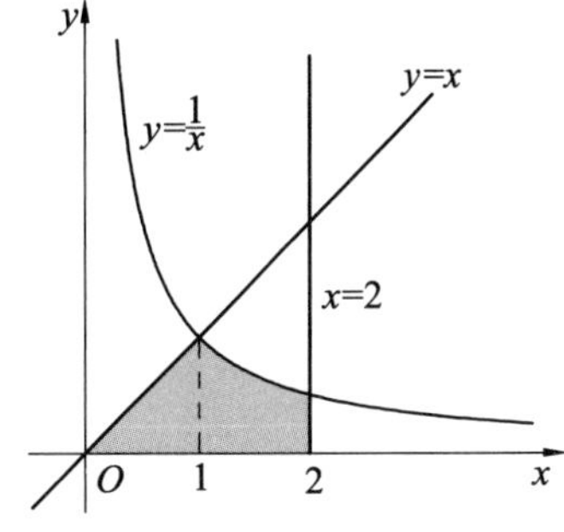

图 10.6.7

例 10.6.5 求椭圆$\frac{x^2}{a^2}+\frac{y^2}{b^2}=1$的面积.

解：由$\frac{x^2}{a^2}+\frac{y^2}{b^2}=1$，得

$$y=\pm\frac{b}{a}\sqrt{a^2-x^2}.$$

其中，若 y 取正号，即表示上半椭圆的方程，若 y 取负号，即表示下半椭圆的方程（见图 10.6.8）.

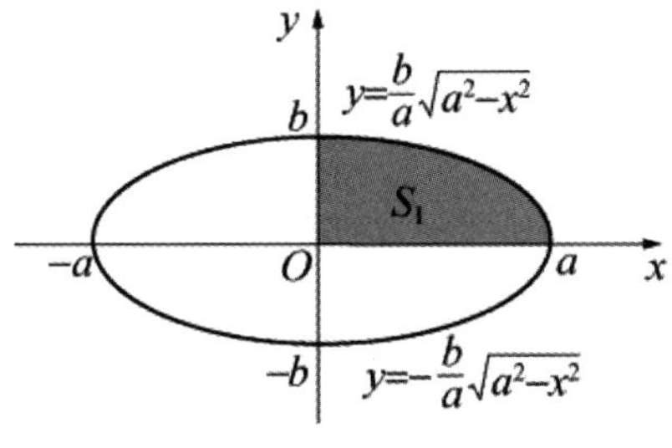

图 10.6.8

又设椭圆的面积为 S，它在第一象限的面积为 S_1．由于椭圆关于两坐标轴对称，因而其面积为

$$S = 4S_1 = 4\int_0^a y\mathrm{d}x = 4\int_0^a \frac{b}{a}\sqrt{a^2 - x^2}\mathrm{d}x = \frac{4b}{a}\int_0^a \sqrt{a^2 - x^2}\mathrm{d}x.$$

已知 $\int_0^a \sqrt{a^2 - x^2}\mathrm{d}x = \frac{\pi}{4}a^2$，从而有 $S = \frac{4b}{a}\cdot\frac{\pi}{4}a^2 = \pi ab$．

特别地，若 $a = b = R$，则得到圆的面积 $S = \pi R^2$．

10.6.3　体　积

1. 旋转体的体积

旋转体就是由一个平面图形绕这平面内一条直线旋转一周而成的立体，这直线叫作旋转轴.

常见的旋转体：圆柱、圆锥、圆台、球体.

旋转体都可以看作是由连续曲线 $y = f(x)$、直线 $x = a$、$x = b$ 及 x 轴所围成的曲边梯形绕 x 轴旋转一周而成的立体（见图 10.6.9）.

取 x 为积分变量，它的积分区间为 $[a,b]$，在 $[a,b]$ 上任取一小区间 $[x, x+\mathrm{d}x]$，相应的小薄片体积近似于以 $f(x)$ 为半径，$\mathrm{d}x$ 为高的小圆柱体的体积，从而得到体积元素为

$$\mathrm{d}V = \pi f^2(x)\mathrm{d}x,$$

故，从 a 到 b 积分，得到旋转体的体积为

$$V = \int_a^b \mathrm{d}V = \pi\int_a^b f^2(x)\mathrm{d}x.$$

类似地，由连续曲线 $x = \varphi(y)$、直线 $y = c$、$y = d$ 及 y 轴所围成的曲边梯形绕 y 轴旋转一周而成的立体（见图 10.6.10），所得到的旋转体的体积为

$$V = \pi\int_c^d \varphi^2(y)\mathrm{d}y.$$

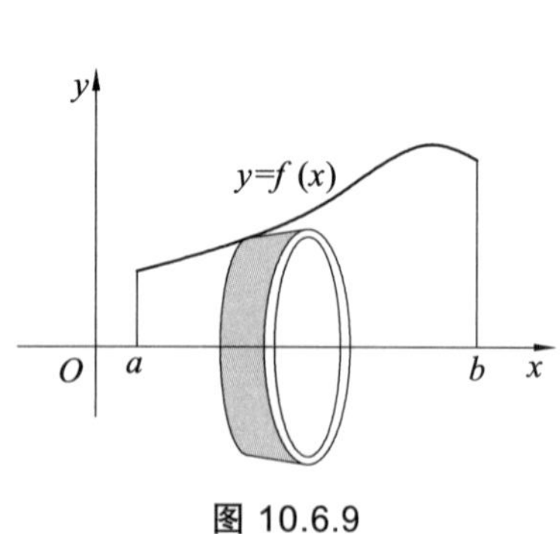

图 10.6.9

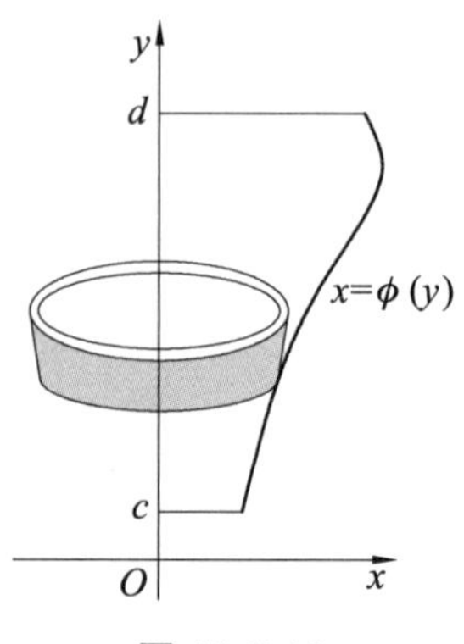

图 10.6.10

例 10.6.6 求由椭圆 $\frac{x^2}{a^2}+\frac{y^2}{b^2}=1$ 绕 x 轴旋转而成的旋转体（见图 10.6.11）的体积.

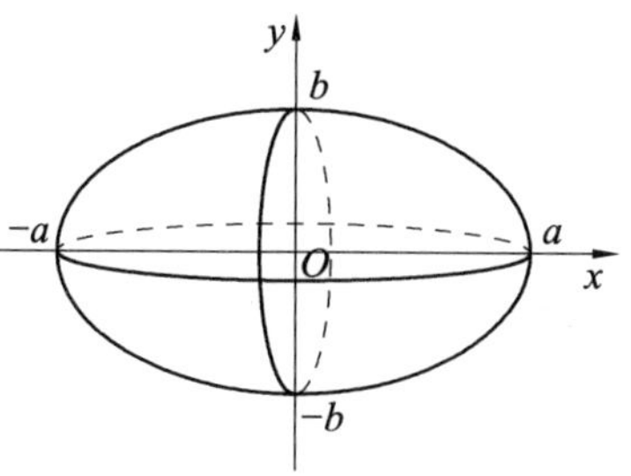

图 10.6.11

解：将椭圆方程化为

$$y^2=\frac{b^2}{a^2}(a^2-x^2).$$

由旋转体的体积公式可得

$$V=\pi\int_{-a}^{a}f^2(x)\mathrm{d}x=\pi\int_{-a}^{a}\frac{b^2}{a^2}(a^2-x^2)\mathrm{d}x=\frac{\pi b^2}{a^2}\int_{-a}^{a}(a^2-x^2)\mathrm{d}x$$

$$=\frac{\pi b^2}{a^2}\left[a^2x-\frac{1}{3}x^3\right]_{-a}^{a}=\frac{4}{3}\pi ab^2.$$

当 $a=b=R$ 时，这旋转体为球体，故球体体积为 $V=\frac{4}{3}\pi R^3$.

例 10.6.7 连接坐标原点 $O(0,0)$ 及点 $P(h,r)$ 的直线、直线 $x=h$ 及 x 轴围成一个直角三角形. 将它绕 x 轴旋转构成一个底半径为 r 、高为 h 的圆锥体（见图 10.6.12），计算圆锥体的体积.

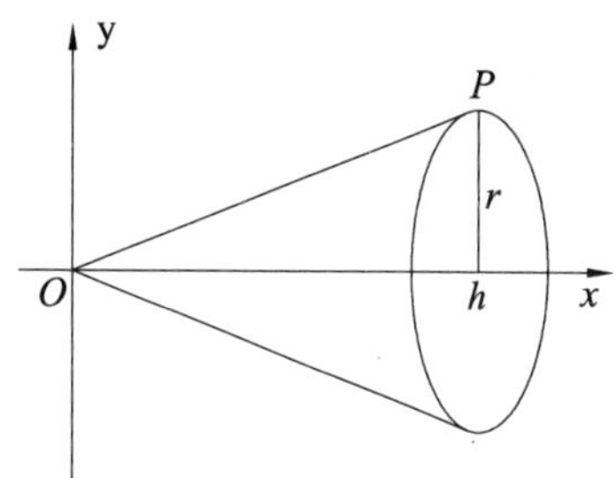

图 10.6.12

解：直线 OP 的方程为

$$y=\frac{r}{h}x.$$

由旋转体的体积公式可得

$$V=\pi\int_{0}^{h}f^2(x)\mathrm{d}x=\pi\int_{-a}^{a}\left(\frac{r}{h}x\right)^2\mathrm{d}x=\frac{\pi r^2}{h^2}\int_{-a}^{a}x^2\mathrm{d}x$$

$$=\frac{\pi r^2}{h^2}\left[\frac{1}{3}x^3\right]_0^h=\frac{1}{3}\pi hr^2.$$

例 10.6.8 求曲线 $x^2+y^2=1$ 与 $y^2=\frac{3}{2}x$ 所围成的两个图形中较小的一块分别绕 x 轴、y 轴旋转产生的旋转体的体积.

解：如图 10.6.13（a）所示，绕 x 轴旋转的旋转体体积为

$$V_x=\int_0^{\frac{1}{2}}\pi\frac{3x}{2}\mathrm{d}x+\pi\int_{\frac{1}{2}}^{1}(1-x^2)\mathrm{d}x=\frac{3}{4}\pi x^2\Big|_0^{\frac{1}{2}}+\pi\left(x-\frac{1}{3}x^3\right)\Big|_{\frac{1}{2}}^{1}=\frac{3}{16}\pi+\frac{5}{24}\pi=\frac{19}{48}\pi$$

如图 10.6.13（b）所示，绕 y 轴旋转的旋转体体积

$$V_y=\pi\int_{-\frac{\sqrt{3}}{2}}^{\frac{\sqrt{3}}{2}}\left[(1-y^2)-\frac{4}{9}y^4\right]\mathrm{d}y=2\pi\int_0^{\frac{\sqrt{3}}{2}}\left[(1-y^2)-\frac{4}{9}y^4\right]\mathrm{d}y$$

$$=2\pi\left(y-\frac{y^3}{3}-\frac{4}{45}y^5\right)\Big|_0^{\frac{\sqrt{3}}{2}}=2\pi\left(\frac{\sqrt{3}}{2}-\frac{\sqrt{3}}{8}-\frac{\sqrt{3}}{40}\right)=\frac{7}{10}\sqrt{3}\pi$$

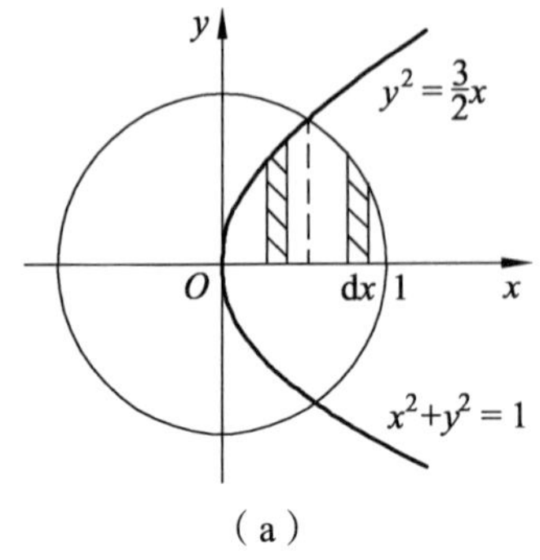

(a)

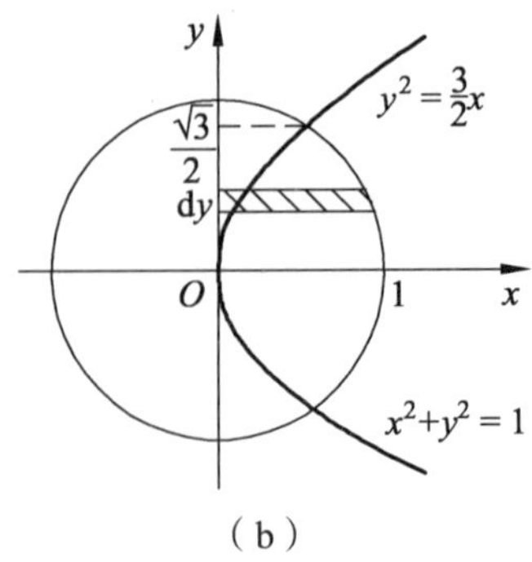

(b)

图 10.6.13

2. 平行截面面积为已知的立体的体积

从计算旋转体的体积的过程中可以看出：若一个；立体不是旋转体，但是却知道该立体上垂直于某条直线的各个截面的面积，那么，这个立体的体积也可以用定积分计算.

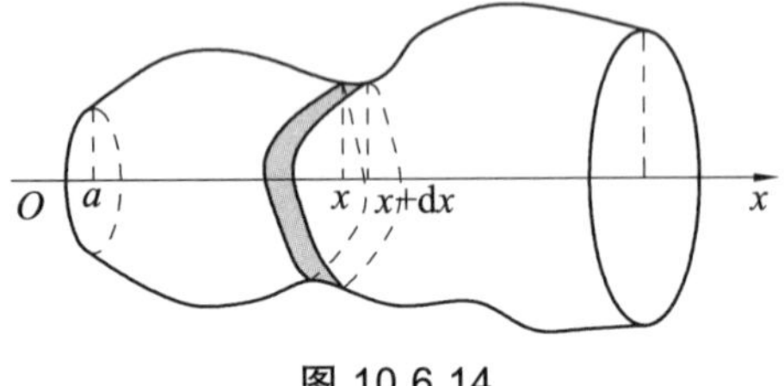

图 10.6.14

不妨假设这直线为 x 轴（见图 10.6.14），设立体在 x 轴的投影区间为 $[a,b]$，过点 x 且垂直于 x 轴的平面与立体相截，截面面积为 $A(x)$． $A(x)$ 是关于 x 的已知连续函数.

取 x 为积分变量，它的积分区间为 $[a,b]$，在立体中相应于 $[a,b]$ 上任取一小区间 $[x,x+\mathrm{d}x]$，相应的小薄片体积近似于以底面面积为 $A(x)$，$\mathrm{d}x$ 为高的小圆柱体的体积，从而得到体积元素为

$$\mathrm{d}V=A(x)\mathrm{d}x,$$

于是所求立体的体积为

$$V=\int_a^b \mathrm{d}V=\int_a^b A(x)\mathrm{d}x.$$

例 10.6.9 一平面经过半径为 R 的圆柱体的底圆的圆心，并与底面交成角为 α（见图 10.6.15），计算这个平面截圆柱所得立体的体积.

解：取这个平面与圆柱体的底面的交线为 x 轴，底面上过圆心、且垂直于 x 轴的直线为 y 轴. 此时，底圆的方程为

$$x^2+y^2=R^2.$$

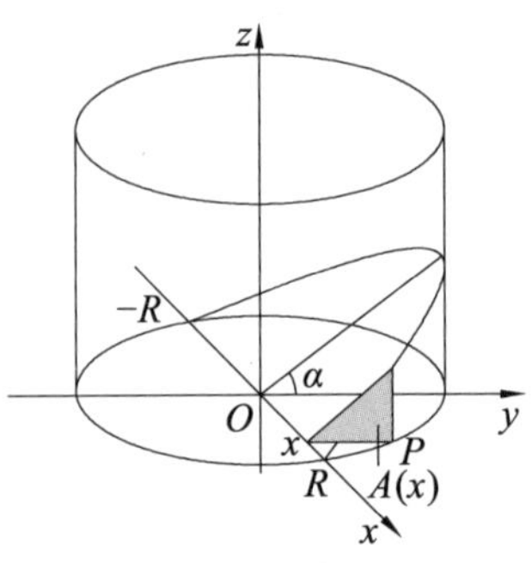

图 10.6.15

在立体中过 x 且垂直于 x 轴的截面是直角三角形，它的两条直角边的长度分别为 y 和 $y\tan\alpha$，即 $\sqrt{R^2-x^2}$ 和 $\sqrt{R^2-x^2}\tan\alpha$，故截面的面积为

$$A(x)=\frac{1}{2}\cdot\sqrt{R^2-x^2}\cdot\sqrt{R^2-x^2}\tan\alpha=\frac{1}{2}(R^2-x^2)\tan\alpha.$$

故所求立体的体积为

$$V=\int_{-R}^{R}A(x)\,\mathrm{d}x=\int_{-R}^{R}\frac{1}{2}(R^2-x^2)\tan\alpha\,\mathrm{d}x$$
$$=\frac{1}{2}\tan\alpha\int_{-R}^{R}(R^2-x^2)\,\mathrm{d}x$$
$$=\frac{1}{2}\tan\alpha\left[R^2x-\frac{1}{3}x^3\right]_{-R}^{R}=\frac{2}{3}R^3\tan\alpha.$$

习题 10.6

基础练习

1. 求下列平面图形的面积：

（1）由抛物线 $y=x^2$ 与 $y=2-x^2$ 所围成的平面图形；

（2）由抛物线 $y^2=x$ 与直线 $x-2y-3=0$ 所围成的平面图形；

（3）由曲线 $y=\ln x$ 与直线 $y=\ln 3$， $y=\ln 7$ 以及 y 轴所围成的平面图形.

2. 求由曲线 $y=2x-x^2$ 与 x 轴所围成的平面图形绕 x 轴旋转而成的旋转体的体积.

3. 求由曲线 $y=x^2-4$ 与 x 轴所围成的平面图形绕 y 轴旋转而成的旋转体的体积.

提高练习

4. 求下列平面图形的面积：

（1）由曲线 $y=x^3$ 与直线 $y=2x$ 所围成的平面图形；

（2）由抛物线 $y^2=x$ 与直线 $y=x$， $x=2$ 以及 x 轴所围成的平面图形；

（3）由抛物线 $y=x^2$ 与 $y=(x-2)^2$ 以及 x 轴所围成的平面图形.

5. 求下列平面图形分别绕 x 轴、 y 轴旋转产生的旋转体的体积：

（1）曲线 $y=\sqrt{x}$ 与直线 $x=1,x=4,y=0$ 所围成的图形；

（2）在区间 $\left[0,\frac{\pi}{2}\right]$ 上，曲线 $y=\sin x$ 与直线 $x=\frac{\pi}{2},y=0$ 所围成的图形；

（3）求由曲线 $y=\cos x$ 、直线 $x=\pi$ 与 x 轴以及和 y 轴所围成的平面图形；

（4）曲线 $y=x^3$ 与直线 $x=2,y=0$ 所围成的图形.

6. 计算底面是半径为 R 的圆，而垂直于底面上一条固定直径的所有截面均是等边三角形的立体的体积.

7. 已知某产品生产 x 个单位时，总收益 R 的变化率(边际收益)为

$$R'=R'(x)=200-\frac{x}{100}(x\geqslant 0)$$

（1）求生产了 50 个单位时的总收益；

（2）如果已经生产了 100 个单位，求再生产 100 个单位时的总收益.

拓展练习

8. 求由曲线 $y=|\ln x|$ 、直线 $x=\frac{1}{\mathrm{e}}$ 、 $x=\mathrm{e}$ 与 x 轴所围成的平面图形的面积.

9. 抛物线 $y^2=2x$ 把圆 $x^2+y^2\leqslant 8$ 分成两部分，求这两部分面积之比.

10. 求星形线 $\begin{cases} x=a\cos^3 t, \\ y=a\sin^3 t, \end{cases}(a>0)$ 所围成的图形的面积：

11. 阅读理解：

由物理学的知识可知，在实际问题中，物体在发生位移的过程中所受的力经常是变化的. 对于这种变务做功，我们设物体在变力 $F=F(x)$ 的作用下，沿 x 轴由点 a 移动点 b，并且变力的方向与 x 轴的方向保持一致. 从 $x=a$ 到 $x=b$ 变力 $F=F(x)$ 所做的功为

$$W=\int_a^b \mathrm{d}W=\int_a^b F(x)\,\mathrm{d}x .$$

若在弹性限度内，螺旋弹簧受压时，长度改变与所受外力呈正比例关系，即 $F(x)=kx$（k 为比例系数），已知弹簧被压缩 0.1cm 时，所需的力为 4.9N. 当弹簧被压缩 2cm 时. 计算外力所做的功.

本章小结

一、知识框图

请读者自己画出本章知识结构图，从整体结构上去理解本章内容.

二、复习要点

1. 定积分的定义：________________

2. 函数可积的充分条件：________________

3. 定积分的性质：________________

____

____

4. 定积分的几何意义：________________

5. 积分上限函数：______________________________

____

6. 积分上限函数的导数：______________________________

7. 微积分基本公式：______________________________

9. 定积分换元积分法：______________________________

____

____

10. 定积分分部积分：______________________________

11. 广义积分：______________________________

____

____

12. 求平面图形的面积类型：______________________________

____

____

13. 求旋转体体积类型：______________________________

14. 平均值公式：______________________________

三、思维运用

通过本章定积分的学习，了解到定积分的方法求面积通过“大化小、常代变、近似和、取极限”的方法来处理问题. 粗略归纳起来就是一个**累加取极限**的思维方法. 你对这一思维方式有什么体会？请举例说明你在生活、工作、学习中是怎么运用这一方法的.

本章复习题

一、选择题

1. 由直线 $y=1$， $x=a$ ， $x=b$ 及 x 轴围成的图形的面积为（　　）.

A. $a-b$　　B. $b-a$

C. $\int_a^b \mathrm{d}x$　　D. $\left|\int_a^b \mathrm{d}x\right|$

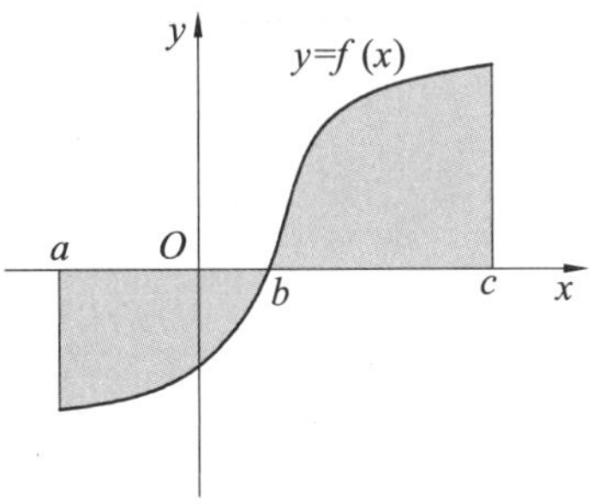

2. 右图中阴影部分的面积可表示为（　　）.

A. $\int_a^c f(x)\mathrm{d}x$　　B. $\int_a^b f(x)\mathrm{d}x+\int_b^c f(x)\mathrm{d}x$

C. $\left|\int_a^c f(x)\mathrm{d}x\right|$　　D. $\int_b^c f(x)\mathrm{d}x-\int_a^b f(x)\mathrm{d}x$

3. $\int_{-1}^2 |x|\mathrm{d}x=$（　　）.

A. 0　　B. 1　　C. $\frac{5}{2}$　　D. $\frac{3}{2}$

4. 下列等于 1 的积分是（　　）.

A. $\int_0^1 x\mathrm{d}x$　　B. $\int_0^1 (x+1)\mathrm{d}x$　　C. $\int_0^1 \mathrm{d}x$　　D. $\int_0^1 \frac{1}{2}\mathrm{d}x$

5. $\int_0^1 (\mathrm{e}^x+\mathrm{e}^{-x})\mathrm{d}x=$（　　）.

A. $\mathrm{e}+\frac{1}{\mathrm{e}}$　　B. 2e　　C. $\frac{2}{\mathrm{e}}$　　D. $\mathrm{e}-\frac{1}{\mathrm{e}}$

6. 设 $\int_0^1 x(a-x)\mathrm{d}x=1$，则常数 $a=$（　　）.

A. $\frac{1}{3}$　　B. $\frac{2}{3}$　　C. $\frac{4}{3}$　　D. $\frac{8}{3}$

7. 已知 $f(x)$ 为偶函数且 $\int_0^2 f(x)\mathrm{d}x=8$，$\int_{-2}^2 f(x)\mathrm{d}x=$（　　）.

A. 0　　B. 4　　C. 8　　D. 16

8. 曲线 $y=\cos x$，$x\in[0,\pi]$ 与坐标轴围成的面积是（　　）.

A. 0　　B. 1　　C. 2　　D. 3

9. 由曲线 $y=\mathrm{e}^x$ 及直线 $x=0$、$y=2$ 所围成的平面图形的面积 $A=$（　　）.

A. $\int_1^2 \ln y\mathrm{d}y$　　B. $\int_1^{\mathrm{e}^2} \mathrm{e}^x\mathrm{d}x$　　C. $\int_1^{\ln 2} \ln y\mathrm{d}y$　　D. $\int_1^2 (2-\mathrm{e}^x)\mathrm{d}x$

10. 由曲线 $y=\sqrt{x}$ 及直线 $x=1$、$x=3$ 以及 x 轴所围成的平面图形绕 x 轴旋转而成的旋转体的体积 $V=$（　　）.

A. 2π　　B. 4π　　C. 4　　D. 4.5π

11. 若 $f(x)$ 在 $[-1,1]$ 上连续，其平均值为 2，则 $\int_{-1}^1 f(x)\mathrm{d}x=$（　　）.

A. 1　　B. -1　　C. 4　　D. -4

12. 设 $f(x)$ 有连续的导数，则正确的是（　　）

A. $\int_a^x f(t)\,\mathrm{d}t=f(x)$　　B. $\int_a^x f'(t)\,\mathrm{d}t=f(x)$

C. $\frac{\mathrm{d}}{\mathrm{d}x}\int_a^x f(t)\,\mathrm{d}t=f(x)$　　D. $\frac{\mathrm{d}}{\mathrm{d}x}\int_a^b f(t)\,dt=f(x)$

二、判断题（正确的划√，不正确的划×）

（　　）1. 定积分的几何意义是曲边梯形的面积.

（　　）2. 定积分是一个确定的常数，它只取决于被积函数和积分区间.

（　　）3. $\int_a^b f(x)\mathrm{d}x=\int_a^c f(x)\mathrm{d}x+\int_c^b f(x)\mathrm{d}x$.

（　　）4. 若 $F'(x)=f(x)$，则 $\int_a^b f(x)\mathrm{d}x=F(b)-F(a)$.

（　　）5. 令 $t=\mathrm{e}^x$，可得 $\int_0^1 \frac{\mathrm{e}^x}{1+\mathrm{e}^x}\mathrm{d}x=\int_0^1 \frac{1}{1+t}\mathrm{d}t$.

（　　）6. 若 $f(x)$ 为奇函数，则 $\int_{-a}^a f(x)\mathrm{d}x=0$.

（　　）7. $\int_{-\pi}^{\pi} (\sin x+\cos x)\mathrm{d}x=0$.

（　　）8. 曲线 $y=2x$ 与直线 $y=0$，$y=1$ 及 y 轴所围成面积为 1.

三、填空题

1. 定积分$\int_1^3 \ln(3x+5)\mathrm{d}x$的积分上限是________，积分下限是________，积分区间是________.

2. 由直线$y=x$，$x=a$，$x=b$及x轴围成的图形的面积等于________；用定积分表示为________（其中$0<a<b$）.

3. 由曲线$y=x^3$和$y=\sqrt{x}$围成图形的面积用定积分表示为________.

4. 若$\int_1^a \left(2x+\dfrac{1}{x}\right)\mathrm{d}x=3+\ln 2$，则$a=$________.

5. 若$\int_0^1 (3x^2+a)\mathrm{d}x=3$，则$a=$________.

6. 若$f(x)=x$，则$\int_0^1 f(x)\mathrm{d}x+\int_1^2 f(x)\mathrm{d}x+\int_2^3 f(x)\mathrm{d}x+\int_3^4 f(x)\mathrm{d}x=$________.

7. $\int_a^b f(x)\mathrm{d}x$和$\int_b^a f(x)\mathrm{d}x$的关系是________.

8. $\int_a^a f(x)\mathrm{d}x=$________；$\int_a^b \mathrm{d}x=$________；

$\int_0^2 (3x^2+\mathrm{e}^2+1)\mathrm{d}x=$________；$\int_{-1}^1 |x|\mathrm{d}x=$________；

$\int_0^1 x\mathrm{e}^x\mathrm{d}x=$________；$\int_1^{\mathrm{e}} \ln x\mathrm{d}x=$________；

$\int_{-\pi}^{\pi} x\cos x\mathrm{d}x=$________；$\int_0^{\frac{\pi}{2}} 3^{\cos x}\sin x\mathrm{d}x=$________.

9. $\dfrac{\mathrm{d}}{\mathrm{d}x}\int_{x^3}^{x^2}\dfrac{\mathrm{d}t}{\sqrt{1+t^4}}=$________.

10. $\dfrac{\mathrm{d}}{\mathrm{d}x}\left[x^2\int_{2x}^0 \cos t^2\mathrm{d}t\right]=$________.

四、求下列定积分

1. $\int_1^2 \left(x+\dfrac{1}{x}\right)^2\mathrm{d}x$；
2. $\int_0^{\pi}(\cos x+\sin x)\mathrm{d}x$；
3. $\int_0^{\frac{\pi}{2}}\dfrac{\cos 2x}{\sin x+\cos x}\mathrm{d}x$；
4. $\int_1^{\sqrt{3}}\dfrac{1+2x^2}{x^2(1+x^2)}\mathrm{d}x$；
5. $\int_0^2 |x-1|\mathrm{d}x$；
6. $\int_0^1 \dfrac{x^4}{1+x^2}\mathrm{d}x$；
7. $\int_0^{\frac{\pi}{2}}\cos^5 x\sin x\mathrm{d}x$；
8. $\int_0^1 \dfrac{\mathrm{e}^x}{1+\mathrm{e}^x}\mathrm{d}x$；
9. $\int_1^{\mathrm{e}}\dfrac{1+(\ln x)^2}{x}\mathrm{d}x$；
10. $\int_0^{\pi}\cos^3 x\mathrm{d}x$；
11. $\int_{-2}^1 \dfrac{x}{(1+x^2)^3}\mathrm{d}x$；
12. $\int_0^4 \dfrac{1}{1+\sqrt{x}}\mathrm{d}x$；
13. $\int_{-2\pi}^{2\pi}\dfrac{\sin x}{1+x^2}\mathrm{d}x$；
14. $\int_{-1}^1 \dfrac{2+x\cos x}{\sqrt{1-x^2}}\mathrm{d}x$；
15. $\int_{-\frac{\pi}{2}}^{\frac{\pi}{2}} x^8\sin x\mathrm{d}x$；
16. $\int_0^{\pi} x\cos x\mathrm{d}x$；
17. $\int_0^{\frac{1}{2}}\arccos x\mathrm{d}x$；
18. $\int_1^{\mathrm{e}} x^2\ln x\mathrm{d}x$；
19. $\int_0^{\frac{\pi}{2}}\mathrm{e}^{2x}\sin x\mathrm{d}x$；
20. $\int_0^{\ln 2} x\mathrm{e}^{-x}\mathrm{d}x$；
21. $\int_1^2 \ln(2x+1)\mathrm{d}x$；

22. $\int_0^{\frac{\pi}{2}}\left(\sin\frac{x}{2}+\cos\frac{x}{2}\right)^2\mathrm{d}x$； 23. $\int_1^4\sqrt{x}\left(1+\sqrt{x}\right)\mathrm{d}x$； 24. $\int_1^4\ln\sqrt{x}\mathrm{d}x$；

25. 设 $f(x)=\begin{cases}4x^3, & -1\leqslant x\leqslant 1,\\ 3-2x, & 1<x\leqslant 2,\end{cases}$ 则 $\int_{-1}^2 f(x)\mathrm{d}x$.

五、判别下列广义积分的敛散性，如果收敛计算其值

1. $\int_0^{+\infty}\frac{x}{(1+x^2)^2}\mathrm{d}x$； 2. $\int_0^{+\infty}\frac{1}{x^2}\mathrm{d}x$； 3. $\int_1^{+\infty}\mathrm{e}^{-100x}\mathrm{d}x$； 4. $\int_0^2\frac{\mathrm{d}x}{x-1}$； 5. $\int_0^{+\infty}\frac{\mathrm{d}x}{10+x^2}$.

六、求极限

1. $\lim\limits_{x\to 1}\dfrac{\int_1^x \sin\pi t\, dt}{1+\cos\pi x}$； 2. $\lim\limits_{x\to 0}\dfrac{1}{x^6}\int_0^{x^2}\sin t^2\mathrm{d}t$；

3. $\lim\limits_{x\to +0}\dfrac{\int_0^{\sin x}\sqrt{\tan t}\mathrm{d}t}{\int_0^{\tin x}\sqrt{\sin t}\mathrm{d}t}$； 4. $\lim\limits_{x\to 0}\dfrac{\int_0^x\left[\int_0^{u^2}\arctan(1+t)\mathrm{d}t\right]\mathrm{d}u}{x(1-\cos x)}$.

七、解答题

1. 求由曲线 $y=x^2$ 和 $y^2=8x$ 所围成的平面图形的面积.

2. 求由曲线 $y=\sin x\left(0\leqslant x\leqslant\frac{\pi}{2}\right)$，$y=1$，$x=0$ 所围成的平面图形的面积.

3. 求由直线 $x=\frac{1}{3}$，$x=3$ 和曲线 $y=\frac{1}{x}$ 及 x 轴所围成的平面图形的面积.

4. 求抛物线 $y=3x-x^2$ 与 x 轴所围成的图形绕 x 轴旋转所成的旋转体的体积.

5. 求函数 $y=\sin x+1$ 在 $[0,2\pi]$ 上的平均值.

6. 某产品的总成本 C（万元）的变化率(边际成本) $C'=1$，总收益 R（万元）的变化率（边际收益）为产量 x（百台）的函数 $R'=R'(x)=5-x$.

（1）求产量等于多少时，总利润 $L=R-C$ 最大?

（2）达到利润最大的产量后又生产了 1 百台，总利润减少了多少?

7. 求函数 $y=\int_0^{x^2}\frac{\mathrm{d}t}{1+t^3}$ 的二阶导数.

*八、阅读理解

设函数 $y=f(x)$ 在区间 $[a,b]$ 上有一阶连续导数 $f'(x)$，求曲线 $y=f(x)$ 上从 $x=a$ 到 $x=b$ 变力的一段弧长 s 的计算公式为：

$$s=\int_a^b\sqrt{1+y'}\,\mathrm{d}x.$$

我们知道，两根电线之间的电线，由于自身重量而下垂形成一条曲线，称为悬链线，已知悬链线方程为 $y=\frac{a}{2}(\mathrm{e}^{\frac{x}{a}}+\mathrm{e}^{-\frac{x}{a}})$ $(a>0)$，求从 $x=-a$ 到 $x=a$ 这段弧长(见下图).

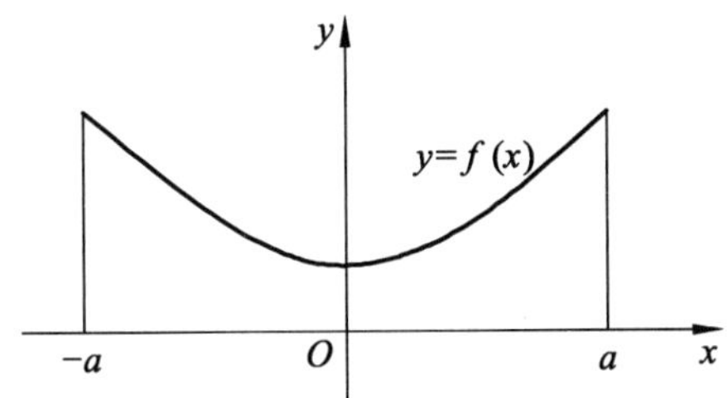

本章学习自测题

一、选择题（每题 3 分，共计 30 分）

1. 下列等于 0 的积分是（　　）.

A. $\int_{-1}^{1} x\mathrm{d}x$　　B. $\int_{-1}^{1}(x+1)\mathrm{d}x$　　C. $\int_{-1}^{1}\mathrm{d}x$　　D. $\int_{-1}^{1}(x-1)\mathrm{d}x$

2. $\int_{-\pi}^{\pi}(2x+\cos 2x)\mathrm{d}x=$（　　）.

A. 0　　B. π　　C. 2π　　D. −π

3. 已知 $f(x)$ 为偶函数且 $\int_{0}^{1} f(x)\mathrm{d}x=2$，$\int_{-1}^{1} f(x)\mathrm{d}x=$（　　）.

A. 0　　B. 2　　C. 4　　D. 8

4. 曲线 $y=\sin x$，$x\in[0,\pi]$ 与坐标轴围成的面积是（　　）.

A. 0　　B. 1　　C. 2　　D. 3

5. 若 $f(x)$ 在 $[-2,2]$ 上连续，其平均值为 1，则 $\int_{-1}^{1} f(x)\mathrm{d}x=$（　　）.

A. 2　　B. −2　　C. 4　　D. −4

6. $\int_{-\frac{\pi}{2}}^{\frac{\pi}{2}} x(1+x^{2022})\sin x\mathrm{d}x=$（　　）

A. 0　　B. 1　　C. 2　　D. −2

7. 设 $f(x)$ 在 $(-1,1)$ 内连续，在 $x=0$ 处可导，$f(0)=0$，则

$$\varphi(x)=\begin{cases}\dfrac{\int_{0}^{x} t\,f(t)\mathrm{d}t}{x^{2}}, & x\neq 0\\ 0, & x=0\end{cases}$$ 在 $x=0$ 处（　　）.

A. 不连续　　B. 连续但不可导

C. 可导且 $\varphi'(x)$ 在 $x=0$ 处连续　　D. 以上均错

8. 定积分定 $\int_{a}^{b} f(x)\mathrm{d}x=\lim\limits_{\lambda\to 0}\sum\limits_{i=1}^{n} f(\xi_i)\Delta x_i$ 说明（　　）.

A. $[a,b]$ 必须 n 等分，ξ_i 是 $[x_{i-1},x_i]$ 端点

B. $[a,b]$ 可任意分法，ξ_1 后是 $[x_{i-1},x_i]$ 端点

C. $[a,b]$ 可任意分法，$\lambda=\max\{\Delta x_i\}\to 0,\xi_1$ 可在 $[x_{i-1},x_t]$ 内任取

D. $[a,b]$ 必须等分，$\lambda=\max\{\Delta x_i\}\to 0,\xi_i$ 可在 $[x_{i-1},x_i]$ 内任取

9. 曲线 $y=\ln x, y=\ln a, y=\ln b(0<a<b)$ 及 y 轴所围图形面积为 A，则 $A=($ $)$.

A. $\int_{\ln a}^{\ln b}\ln x\mathrm{d}x$ B. $\int_{\mathrm{e}^a}^{\mathrm{e}^b}\mathrm{e}^x\mathrm{d}x$ C. $\int_{\ln a}^{\ln b}\mathrm{e}^y\mathrm{d}y$ D. $\int_{e^b}^{e^a}\ln x\mathrm{d}x$

10. 计算 $\int_{-\infty}^{0}\mathrm{e}^x\mathrm{d}x=$（ ）

A. 0 B. 1 C. 2 D. 发散

二．计算题（每小题各 7 分，共计 70 分）

1. 求定积分 $\int_{-\pi}^{\pi}(\cos x-\sin x)\mathrm{d}x$.

2. 求定积分 $\int_{-1}^{1}\mathrm{e}^{2x+1}\mathrm{d}x$.

3. 求 $\lim\limits_{x\to 0}\dfrac{\int_0^x \sin t\cdot\ln(1-4t)\mathrm{d}t}{x^2\tan\left(\sqrt{1-2x}-1\right)}$.

4. 求定积分 $\int_{0}^{\mathrm{e}-1}x\ln(x+1)\mathrm{d}x$.

5. 求定积分 $\int_{-\sqrt{3}}^{\sqrt{3}}x\arctan x\mathrm{d}x$.

6. 求定积分 $\int_{0}^{\pi}\mathrm{e}^x\sin 2x\mathrm{d}x$.

7. $\int_{-\infty}^{+\infty}\dfrac{k}{4+x^2}\mathrm{d}x=1$，求 k .

8. 求由曲线 $y=\dfrac{1}{x}$ 和直线 $x=2$ 、 $y=2$ 以及坐标轴所围成的平面图形的面积.

9. 一物体以速度 $v=4t^3-3t^2+2t+1$（m/s）做直线运动，求该物体在 $t=1\mathrm{s}$ 到 $t=4\mathrm{s}$ 这段时间内的平均速度.

10. 由曲线 $xy=a\ (a>0)$ 与直线 $x=a, x=2a$ 及 $y=0$ 围成一平面图形，

（1）求此图形绕 x 轴旋转所成的旋转体的体积；

（2）求此图形绕 y 轴旋转所成的旋转体的体积.

11 微分方程

微积分研究的对象是函数关系，但在实际应用时，经常很难直接找到所研究的变量之间的函数关系，而比较容易建立起这些变量与它们的导数或微分之间的联系，从而得到一个关于未知函数的导数或微分的方程，即微分方程. 通过求解这种方程，同样可以找到指定未知量之间的函数关系.

微分方程是现代数学的一个重要分支，是人们解决各种实际问题的有效工具，它在集几何、力学、物理、电子技术、自动控制、航天、生命科学、经济等领域都有着广泛的应用. 本章主要讨论微分方程的一些基本概念以及常见的简单微分方程的解法.

【学习能力目标】

（1）理解微分方程的定义及阶、解、通解、特解等概念.

（2）熟练掌握可分离变量的微分方程、齐次微分方程及一阶线性微分方程的解法.

（3）理解二阶常系数齐次线性微分方程解的性质及通解的结构.

（4）熟练掌握二阶常系数齐次线性微分方程的解法.

11.1 微分方程的概念

在初等数学中，含有未知量的等式称为方程，它表达了未知量所必须满足的某种条件. 下面通过几个具体的例子来说明微分方程的基本概念.

例 11.1.1 一曲线通过点 $(1,2)$ 且在该曲线上任一点 $M(x,y)$ 处的切线的斜率为 $2x$，求这曲线的方程.

解： 设所求曲线方程为 $y=f(x)$，根据导数的几何意义可知 $y'=2x$，即

$$\frac{\mathrm{d}y}{\mathrm{d}x}=2x\text{，即 }\mathrm{d}y=2x\mathrm{d}x. \qquad (11.1.1)$$

同时还满足以下条件：

$$\text{当 }x=1\text{ 时，}\ y=2. \qquad (11.1.2)$$

对（11.1.1）式两边同时求积分可得

$$y=\int 2x\mathrm{d}x\text{，解得 }y=x^2+C, \qquad (11.1.3)$$

其中 C 为任意常数.

把条件（11.1.2）代入（11.1.3）式，可得

$$2=1^2+C,$$

即 $C=1$，于是所求曲线的方程为

$$y=x^2+1. \tag{11.1.4}$$

例 11.1.2 汽车在平直线路上以 25 m/s的速度行驶，当制动时汽车获得加速度 $-0.5\,\text{m/s}^2$，求开始制动后多少时间才能使汽车停住，以及汽车在这段时间里行驶了多少距离？

解：设汽车开始制动后 t s时行驶了 s m．根据题意，所求函数 $s=s(t)$ 满足：

$$\frac{\mathrm{d}^2s}{\mathrm{d}t^2}=-0.3. \tag{11.1.5}$$

同时还满足以下条件：

当 $t=0$ 时，
$$s=0,\quad v=\frac{\mathrm{d}s}{\mathrm{d}t}=25. \tag{11.1.6}$$

对（11.1.5）式两边同时求积分可得

$$v=\frac{\mathrm{d}s}{\mathrm{d}t}=-0.5t+C_1, \tag{11.1.7}$$

再积分一次，即对（11.1.7）式两边同时求积分可得

$$s=-0.2.5t^2+C_1t+C_2, \tag{11.1.8}$$

其中 C_1 和 C_2 均为任意常数.

把条件（11.1.6）中“$t=0$ 时，$v=25$”和“$t=0$ 时，$s=0$”分别代入（11.1.7）式和（11.1.8）式，得

$$C_1=25,\quad C_2=0.$$

将 $C_1=25$ 和 $C_2=0$ 代入（11.1.7）式和（11.1.8）式，得

$$v=-0.5t+25, \tag{11.1.9}$$

$$s=-0.25t^2+25t, \tag{11.1.10}$$

在（11.1.9）式中令 $v=0$，得汽车从开始制动到完全停止所需的时间为：

$$t=\frac{25}{0.5}=50(\text{s}).$$

再把 $t=50$ 代入（11.10）式，得到汽车在制动阶段行驶的距离为：

$$s=-0.25\times50^2+25\times50=625(\text{m}).$$

上述两例中，（11.1.1）式和（111..5）式都是含有未知函数的导数（或微分），它们都是微分方程.

一般地，凡含有未知函数的导数（或微分）的方程叫微分方程．微分方程中出现的未知函数的最高阶导数的阶数称为微分方程的阶.

例如：（11.1.1）式，$F(x,y,y')=0$，$y'=f(x,y)$ 均是一阶微分方程；（11.1.5）式，

$y''+2xy=\cos x+\mathrm{e}^x+2$ 均是二阶微分方程；$y^{(4)}+3y''+5y=x+2$ 是四阶微分方程；$F(x,y,y',\cdots,y^{(n)})=0$，$y^{(n)}=f(x,y,y',\cdots,y^{(n-1)})$ 均是 n 阶微分方程.

形如

$$y^{(n)}+a_1(x)y^{(n-1)}+\ldots+a_{n-1}(x)y'+a_n(x)y=f(x)$$

的微分方程，称为线性微分方程. 否则，称为非线性微分方程.

未知函数及未知函数的导数都是一次函数是线性微分方程的必要条件（但不是充分条件）.

例如：$y'+P(x)y=Q(x)$，$\dfrac{\mathrm{d}y}{\mathrm{d}x}+y=\sin^2 x$ 和 $xy'''+2y''+x^2y=0$ 均为线性微分方程，而 $x(y')^2-2yy'+x=0$，$yy'+x=1$ 和 $y'+x\sin y=x^2+1$ 均是非线性微分方程.

如果将某个函数以及它的各阶导数代入微分方程，能使得方程恒成立，这个函数称为微分方程的解.

例如：（11.1.3）式和（11.1.4）式均是微分方程（11.1.1）式的解，（11.1.8）式和（11.1.10）式均是微分方程（11.1.5）的解.

微分方程的解有两种不同的形式：

一种是微分方程的解中含有任意常数，且任意常数的个数与微分方程的阶数相同，这样的解叫做微分方程的通解；

例如：一阶微分方程（11.1.3）式是微分方程（11.1.1）式的通解，其中有一个任意常数；

二阶微分方程（11.1.8）式的微分方程（11.1.5）式的通解，其中有两个任意常数；

一阶微分方程 $y'=y$ 的通解为 $y=C\mathrm{e}^x$，其中 C 为任意常数；二阶微分方程 $y''+y=0$ 的通解为 $y=C_1\sin x+C_2\cos x$，其中 C_1 和 C_2 均为任意常数.

另一种是确定了通解中的任意常数以后得到的解，即不含任意常数的解叫作微分方程的特解.

例如：（11.1.4）式是微分方程（11.1.1）式的特解；（11.1.10）式是微分方程（11.1.5）的特解.

用于确定通解中任意常数的条件，称为初始条件，例如（11.1.2）式和（11.1.6）式.

例 11.1.3　试指出下列方程是否为线性微分方程，并指出微分方程的阶数.

（1）$x\mathrm{d}y+\left(x^2-y^2\right)\mathrm{d}x=0$；　（2）$\dfrac{\mathrm{d}^2y}{\mathrm{d}x^2}+\dfrac{\mathrm{d}y}{\mathrm{d}x}=-3\ln x$；

（3）$x^2y^{(n)}-2xy+12x(y')^2=0$；　（4）$y''y'+\ln y=2022$.

解：（1）是一阶非线性微分方程，因方程中含有非线性函数 y^2.

（2）是二阶线性微分方程.

（3）是 n 阶非线性微分方程，因方程中含有非线性函数 $(y')^2$.

（4）是二阶非线性微分方程，因方程中含有非线性函数 $y''y'$ 和 $\ln y$.

例 11.1.4　验证：函数 $x=C_1\cos t+C_2\sin t$ 是微分方程 $\dfrac{\mathrm{d}^2x}{\mathrm{d}t^2}+x=0$ 的解，并求满足初始条件 $x\big|_{t=0}=1,\left.\dfrac{\mathrm{d}x}{\mathrm{d}t}\right|_{t=0}=0$ 的特解.

解：求所给函数的导数及二阶导数为

$$\frac{dx}{dt}=-C_1\sin t+C_2\cos t,$$

$$\frac{d^2x}{dt^2}=-C_1\cos t-C_2\sin t.$$

将 $\frac{d^2x}{dt^2}$ 及 x 的表达式代入所给方程，得

$$-C_1\cos t-C_2\sin t+C_1\cos t+C_2\sin t\equiv 0.$$

这表明函数 $x=C_1\cos t+C_2\sin t$ 的微分方程 $\frac{d^2x}{dt^2}+x=0$ 的解.

将初始条件 $x|_{t=0}=1, \left.\frac{dx}{dt}\right|_{t=0}=0$ 分别代入 x 及 $\frac{dx}{dt}$ 的表达式可得

$$C_1=1,\quad C_2=0.$$

将 $C_1=1$ 和 $C_2=0$ 代入 $x=C_1\cos t+C_2\sin t$ 中，可得特解为

$$x=\cos t.$$

例 11.1.4 验证由 $e^{2y}=xy$ 决定的函数 $y=y(x)$ 满足微分方程

$$x(2y-1)y''=2y'(1-y-xy').$$

证： 按题意, $2y=\ln x+\ln y$.

两边求导 $2y'=\frac{1}{x}+\frac{1}{y}y'$ 或者 $2xyy'=y+xy'$

两边再求导数 $2(yy'+xy'^2+xyy'')=y'+y'+xy''$.

移项得到 $2xyy''-xy''=2y'-2yy'-2xy'^2$ 正是 $x(2y-1)y''=2y'(1-y-xy')$

即 $e^{2y}=xy$ 是满足给出微分方程的解.

习题 11.1

基础练习

1. 判断题.

（1）$y'''+4y=1$ 为三阶非齐次线性微分方程.（　　）

（2）方程 $x^2+y^2=K^2$ 是二阶线性微分方程.（　　）

（3）$d^n y=\frac{y^n}{x^2}dx^n$ 为 n 阶齐次线性微分方程.（　　）

（4）$y=x^2+2022$ 是微分方程 $dy-2xdx=0$ 的一个解.（　　）

（5）$\frac{ds}{d\theta}+s=\tan^2\theta$ 为一阶非齐次线性微分方程.（　　）

（6）$y=x^2e^x$ 是微分方程 $y''-2y'+y=0$ 的特解.（　　）

（7）$y=C_1e^{\lambda_1 x}+C_2e^{\lambda_2 x}$ 是微分方程 $y''-(\lambda_1+\lambda_2)y'+\lambda_1\lambda_2 y=0$ 的通解.（　　）

2. 指出下列微分函数的阶，并判断它们是否为线性微分方程.

（1）$x^2y''+xy'+2y=\cos x$；（2）$(1+y)y''+xy'+y=\mathrm{e}^x$；

（3）$y'''+\sin(x+y)=\sin x$；（4）$y^{(n)}+y'+xy=0$；

（5）$y'+P(x)y=Q(x)$；（6）$y'+xy^2=x^3+1$.

3. 验证下列各函数是相应微分方程的解.

（1）$y'=y^2-(x^2+1)y+2x$，$y=x^2+1$；

（2）$(1-x^2)y'+xy=2x$，$y=2+C\sqrt{1-x^2}$，C 为任意常数.

提高练习

4. 对下列的每个微分方程分别求出 r 的值，使得 $y=\mathrm{e}^{rx}$ 是它的解.

（1）$y'+2y=0$；（2）$y''-y=0$；（3）$y''+y'-6y=0$.

5. 验证函数 $y=C_1\mathrm{e}^{3x}+C_2\mathrm{e}^{4x}$ 是微分方程 $y''-7y'+12y=0$ 解，并求满足 $y(0)=2, y'(0)=7$ 时的特解.

6. 一质量为 mg 的物体从 1m 的高度以初速度 20m/s 铅直向上抛出. 设空气阻力可以忽略，试建立该物体运动方程，并计算它达到最高点时的时间和高度.

拓展练习

7. 验证隐函数 $x^2-xy+y^2=c$ (其中 c 是任意常数)是否为微分方程 $(x-2y')y'=2x-y$ 的解.

8. 给定一阶微分方程 $\dfrac{\mathrm{d}y}{\mathrm{d}x}=2x$.

（1）求出它的通解；（2）求通过点 $(1,4)$ 的特解；

（3）求出与直线 $y=2x+3$ 相切的解；（4）求出满足条件 $\int_0^1 y(x)\mathrm{d}x=2$ 的解.

9. 设曲线 $y=y(x)$ 上任一点 $P(x,y)$ 处的法线与 x 轴的交点为 Q，线段 PQ 被 y 轴平分，求该曲线所满足的微分方程.

11.2 可分离变量的微分方程

微分方程的类型是非常多，有的还很复杂，它们的解法也各不相同. 本节将主要介绍可分离变量的微分方程、齐次方程的解法.

11.2.1 可分离变量的微分方程

如果一个一阶微分方程能写成

$$g(y)\mathrm{d}y=f(x)\mathrm{d}x$$

的形式，就是说，能把微分方程写成一端只含 y 的函数和 $\mathrm{d}y$，另一端只含 x 的函数和 $\mathrm{d}x$，那么原方程就称为可分离变量的微分方程.

例如：微分方程 $\dfrac{\mathrm{d}y}{\mathrm{d}x}=3x^2y^2$ 可改写为 $y^{-2}\mathrm{d}y=3x^2\mathrm{d}x$，则 $\dfrac{\mathrm{d}y}{\mathrm{d}x}=3x^2y^2$ 为可分离变量的微分方程.

可分离变量的微分方程的解法：

第一步　分离变量，将方程改写成 $g(y)\mathrm{d}y = f(x)\mathrm{d}x$ 的形式；

第二步　两端同时积分：$\int g(y)\mathrm{d}y = \int f(x)\mathrm{d}x$，设积分后得 $G(y) = F(x) + C$；

第三步　求出由 $G(y) = F(x) + C$ 所确定的隐函数 $y = \Phi(x)$ 或 $x = \Psi(y)$.

注意：$G(y) = F(x) + C$，$y = \Phi(x)$ 和 $x = \Psi(y)$ 均为方程的通解，其中 $G(y) = F(x) + C$ 称为隐式（通）解.

例 11.2.1　求下列微分方程的通解：

（1）$\dfrac{\mathrm{d}y}{\mathrm{d}x} = 2xy$；　（2）$y' = y^2 + 2xy^2$；　（3）$(1+x)y\mathrm{d}x + (1-y)x\mathrm{d}y = 0$.

解：（1）此方程为可分离变量的微分方程，分离变量后得

$$\frac{1}{y}\mathrm{d}y = 2x\mathrm{d}x.$$

对上式两端同时积分，可得

$$\int \frac{1}{y}\mathrm{d}y = \int 2x\mathrm{d}x,$$

即

$$\ln|y| = x^2 + C_1.$$

从而

$$y = \pm \mathrm{e}^{x^2 + C_1} = \pm \mathrm{e}^{C_1}\mathrm{e}^{x^2}.$$

因为 $\pm \mathrm{e}^{C_1}$ 仍是任意常数，把它记作 C，便得所给方程的通解

$$y = C\mathrm{e}^{x^2}.$$

（2）此方程为可分离变量的微分方程，分离变量后得

$$\frac{1}{y^2}\mathrm{d}y = (1+2x)\mathrm{d}x.$$

对上式两端同时积分，可得

$$\int \frac{1}{y^2}\mathrm{d}y = \int (1+2x)\mathrm{d}x,$$

即

$$-\frac{1}{y} = x + x^2 + C.$$

故所给方程的通解为

$$y = -\frac{1}{x + x^2 + C}.$$

（3）此方程为可分离变量的微分方程，分离变量后得

$$\frac{1-y}{y}\mathrm{d}y=-\frac{1+x}{x}\mathrm{d}x.$$

对上式两端同时积分，可得

$$\int\frac{1-y}{y}\mathrm{d}y=-\int\frac{1+x}{x}\mathrm{d}x,$$

解之可得所给方程的通解为

$$\ln|y|-y=-\ln|x|-x+C,$$

或

$$\ln|x|+\ln|y|+x-y=C.$$

例 11.2.2 求 $y'\sin x-y\cos x=0, y|_{x=\frac{\pi}{2}}=1$ 的特解.

解： 将原方程分离变量，可得

$$\frac{1}{y}\mathrm{d}y=\frac{\cos x}{\sin x}\mathrm{d}x,$$

两边积分得 $$\ln y=\ln\sin x+\ln C,$$

所以原方程的通解为 $y=C\sin x$ (C 为任意非负常数).

将初始条件 $x=\frac{\pi}{2}, y=1$ 代入，得 $C=1$，

故所求特解为 $y=\sin x$.

例 11.2.3 已知 $f'(\sin^2 x)=\cos 2x+\tan^2 x$，当 $0<x<1$ 时，求 $f(x)$.

解： 首先求出 $f'(x)$.

设 $t=\sin^2 x$，则 $\cos 2x=1-2\sin^2 x=1-2t$，

$$\tan^2 x=\frac{\sin^2 x}{\cos^2 x}=\frac{\sin^2 x}{1-\sin^2 x}=\frac{t}{1-t}.$$

所以原方程变为 $f'(t)=1-2t+\frac{t}{1-t}$，即 $f'(t)=-2t+\frac{1}{1-t}$.

所以

$$f(t)=\int\left(-2t+\frac{1}{1-t}\right)\mathrm{d}t=-t^2-\ln(1-t)+C,$$

故 $$f(x)=-\left[x^2+\ln(1-x)\right]+C(0<x<1).$$

11.2.2 齐次方程

接下来我们讨论另一种方程，可以通过适当的变量代换，转化为可分离变量的方程.

如果一阶微分方程 $\frac{\mathrm{d}y}{\mathrm{d}x}=f(x,y)$ 中的表达式 $f(x,y)$ 可化为 $\varphi\left(\frac{y}{x}\right)$，则通过变量替换 $u=\frac{y}{x}$ 或

转化为可分离变量方程求解. 我们称形如 $\frac{\mathrm{d}y}{\mathrm{d}x}=\varphi\left(\frac{y}{x}\right)$ 的微分方程为**齐次方程**.

在齐次方程 $\frac{\mathrm{d}y}{\mathrm{d}x}=\varphi\left(\frac{y}{x}\right)$ 中，令 $u=\frac{y}{x}$，即 $y=ux$，有

$$u+x\frac{\mathrm{d}u}{\mathrm{d}x}=\varphi(u).$$

分离变量，得

$$\frac{\mathrm{d}u}{\varphi(u)-u}=\frac{\mathrm{d}x}{x}.$$

两端积分，得

$$\int\frac{\mathrm{d}u}{\varphi(u)-u}=\int\frac{\mathrm{d}x}{x}.$$

求出积分后，再用 $\frac{y}{x}$ 代替 u，便得所给齐次方程的通解.

例 11.2.4 求解方程 $\frac{x\mathrm{d}y}{\mathrm{d}x}=y\ln\frac{y}{x}$.

解： 原方程变为 $\frac{\mathrm{d}y}{\mathrm{d}x}=\frac{y}{x}\ln\frac{y}{x}$，令 $\frac{y}{x}=u, y=xu$，两端对 x 求导，得

$$\frac{\mathrm{d}y}{\mathrm{d}x}=u+x\frac{\mathrm{d}u}{\mathrm{d}x}.$$

代入原方程得

$$u+x\frac{\mathrm{d}u}{\mathrm{d}x}=u\ln u,$$

整理得

$$x\frac{\mathrm{d}u}{\mathrm{d}x}=u(\ln u-1),$$

分离变量得

$$\frac{1}{u(\ln u-1)}\mathrm{d}u=\frac{1}{x}\mathrm{d}x,$$

有

$$\int\frac{1}{u(\ln u-1)}\mathrm{d}u=\int\frac{1}{x}\mathrm{d}x$$

得

$$\ln|\ln u-1|=\ln|Cx|,\quad \ln u-1=Cx,$$

将 $\frac{y}{x}=u$ 回代，得原方程的通解：$\ln\frac{y}{x}=Cx+1$，其中 C 为任意常数.

例 11.2.5　求 $\left(y+\sqrt{x^2+y^2}\right)\mathrm{d}x-x\mathrm{d}y=0$ 满足 $y(1)=0$ 的特解.

解： 原方程可化为

$$\frac{\mathrm{d}y}{\mathrm{d}x}=\frac{y}{x}+\sqrt{1+\left(\frac{y}{x}\right)^2}$$

令 $u=\dfrac{y}{x}$，有

$$\frac{\mathrm{d}u}{\sqrt{1+u^2}}=\frac{\mathrm{d}x}{x},$$

积分，得

$$\ln|u+\sqrt{1+u^2}|=\ln|x|+\ln|C|,$$

即

$$\frac{y}{x}+\sqrt{1+\left(\frac{y}{x}\right)^2}=Cx.$$

由 $y(1)=0$，定出 $C=1$，最后得特解

$$y=\frac{1}{2}(x^2-1).$$

例 11.2.6　求方程 $\dfrac{\mathrm{d}y}{\mathrm{d}x}=(x+y)^2$ 的通解.

解： 可令 $x+y=u$，则 $\dfrac{\mathrm{d}y}{\mathrm{d}x}=\dfrac{\mathrm{d}u}{\mathrm{d}x}-1$，代入原方程得

$$\frac{\mathrm{d}u}{\mathrm{d}x}=1+u^2,$$

分离变量得

$$\frac{\mathrm{d}u}{1+u^2}=\mathrm{d}x,$$

两边积分得　$\arctan u=x+C$,

回代得　$\arctan(x+y)=x+C$,

故原方程的通解为　$y=\tan(x+C)-x$.

习题 11.2

基础练习

1. 判断下列微分方程是否为可分离变量的微分方程：

（1）$y'=2xy(1+y^2)$；（2）$(1+xy)y'+xy=0$；

（3）$(y-1)^2y'=2x+3$；（4）$xy'+xy=1$；

（5）$y'=\mathrm{e}^{x-y}$；（6）$y'+\sin(x+y)=\sin x$.

2. 求下列微分方程的通解：

（1）$y'=xy+y$；（2）$y'\sin y=2x+\mathrm{e}^x$；

（3）$(3y^2+4y)y'+2x+\cos x=0$；（4）$x^2y'=y-xy$；

（5）$(1+x^2)y'+y=0$；（6）$y'=(2x+4x^3)\mathrm{e}^{-y}$.

3. 求下列微分方程满足所给初始条件的特解：

（1）$\dfrac{\mathrm{d}y}{\mathrm{d}x}=\dfrac{2xy}{x^2+y^2},y\big|_{x=1}=0$；（2）$x^2\mathrm{d}y+y(x-y)\mathrm{d}x=0,y(1)=1$.

4. 求微分方程 $(y-2)y'=x^2+3x+2$ 满足初始条件 $y(1)=4$ 的特解.

提高练习

5. 求下列微分函数的通解：

（1）$(y+1)^2y'=x^2y\ln x$；（2）$xy'=\ln x$；

（3）$2\dfrac{\mathrm{d}y}{\mathrm{d}x}-\dfrac{2}{y}=\dfrac{x\sin x}{y}$；（4）$(\mathrm{e}^x+\mathrm{e}^{-x})\dfrac{\mathrm{d}y}{\mathrm{d}x}=y^2$；

（5）$y'+x\mathrm{e}^{x-y}=0$；（6）$xy'=(y^2+1)(2\ln x+1)$.

6. 求下列微分方程的通解：

（1）$y'=\dfrac{y}{y-x}$；（2）$(x+y)\mathrm{d}x+x\mathrm{d}y=0$；

（3）$xy'-y-\sqrt{x^2+y^2}=0$；（4）$xy^2\mathrm{d}y=(x^3+y^3)\mathrm{d}x$.

7. 求微分方程 $y'=\mathrm{e}^{2x-y}$ 满足初始条件 $y(0)=0$ 的特解.

拓展练习

8. 求微分方程 $(1+x^4)\mathrm{d}y+x(1+4y^2)\mathrm{d}x=0$ 的通解.

9. 解方程 $\dfrac{\mathrm{d}y}{\mathrm{d}x}=\dfrac{1}{x+y}$.

10. 设雪球在融化时体积的变化率与表面积成比例，且在融化过程中它始终为球体. 该雪球在开始时半径为 6 cm，经过 2 h 后，其半径缩小为 3 cm. 求雪球的体积随时间变化的关系.

11.3 一阶线性微分方程

本节将主要介绍另一种一阶方程，即一阶线性微分方程及其解法.

形如

$$y'+P(x)y=Q(x) \tag{11.3.1}$$

的微分方程称为一阶线性微分方程.

当 $Q(x)=0$ 时，（11.3.1）式称为一阶齐次线性微分方程；

当 $Q(x)\neq 0$ 时，（11.3.1）式称为一阶非齐次线性微分方程.

方程 $y'+P(x)y=0$ 叫做对应于一阶非齐次线性方程 $y'+P(x)y=Q(x)$ 的一阶齐次线性方程.

一阶齐次线性方程 $y'+P(x)y=0$ 是一个可分离变量的微分方程，分离变量后得

$$\frac{1}{y}\mathrm{d}y=-P(x)\mathrm{d}x,$$

对上式两端同时积分，可得

$$\ln|y|=-\int P(x)\mathrm{d}x+C_1,$$

即

$$y=C\mathrm{e}^{-\int P(x)\mathrm{d}x}\quad (C=\pm\mathrm{e}^{C_1}). \tag{11.3.2}$$

这就是一阶齐次线性方程的通解.

例 11.3.1 求微分方程 $\dfrac{\mathrm{d}y}{\mathrm{d}x}+y\sin x=0$ 的通解.

解： 因 $P(x)=\sin x$，代入通解公式，得通解为

$$y=C\mathrm{e}^{-\int P(x)\mathrm{d}x}=C\mathrm{e}^{-\int \sin x\mathrm{d}x}=C\mathrm{e}^{\cos x}.$$

在给出一阶非齐次线性微分方程的求解方法之前，先看一个例子.

例 11.3.2 求微分方程 $y'+y=1$ 的通解.

解： 此方程不是可分离变量的微分方程，很难直接积分. 但是，若在微分方程的两端同时乘以 e^x，原方程就变成

$$\mathrm{e}^x y'+\mathrm{e}^x y=\mathrm{e}^x.$$

可以看出上式的左端是函数 $\mathrm{e}^x y$ 的导数，而右端是只含 x 的表达式，故对等式两端同时积分

$$\int(\mathrm{e}^x y'+\mathrm{e}^x y)\mathrm{d}x=\int\mathrm{e}^x\mathrm{d}x,$$

即

$$\int(\mathrm{e}^x y)'\mathrm{d}x=\int\mathrm{e}^x\mathrm{d}x,$$

得

$$\mathrm{e}^x y=\mathrm{e}^x+C.$$

两端同时除以 e^x，得原方程的通解为

$$y=1+C\mathrm{e}^{-x}.$$

本例中的微分方程是一阶非齐次线性微分方程. 在求解的过程中. 我们在方程的两端同时乘以因子 e^x. 使得方程左端变成一个函数的导数. 而右端是只含有 x 的表达式. 再对方程两端同时积分便可得到原方程的通解. 满足这样的条件的因子称为**积分因子**.

对于一般如（11.3.1）式的方程是否同样存在满足类似上例条件的积分因子呢？下面给出一阶非齐次线性微分方程的求解方法.

对于微分方程

$$y' + P(x)y = Q(x) ,$$

在方程的两端同时乘以积分因子 $\mathrm{e}^{\int P(x)\mathrm{d}x}$，这时方程变成

$$y'\mathrm{e}^{\int P(x)\mathrm{d}x} + \mathrm{e}^{\int P(x)\mathrm{d}x} P(x)y = Q(x)\mathrm{e}^{\int P(x)\mathrm{d}x} .$$

上式的左端为

$$y'\mathrm{e}^{\int P(x)\mathrm{d}x} + \mathrm{e}^{\int P(x)\mathrm{d}x} P(x)y = y'\mathrm{e}^{\int P(x)\mathrm{d}x} + y\left(\mathrm{e}^{\int P(x)\mathrm{d}x}\right)' = \left(y\mathrm{e}^{\int P(x)\mathrm{d}x}\right)' ,$$

即微分方程可写成

$$\left(y\mathrm{e}^{\int P(x)\mathrm{d}x}\right)' = Q(x)\mathrm{e}^{\int P(x)\mathrm{d}x} .$$

对上式两端同时积分，可得

$$y\mathrm{e}^{\int P(x)\mathrm{d}x} = \int Q(x)\mathrm{e}^{\int P(x)\mathrm{d}x}\,\mathrm{d}x + C .$$

即

$$y = \mathrm{e}^{-\int P(x)\mathrm{d}x}\left(\int Q(x)\mathrm{e}^{\int P(x)\mathrm{d}x}\,\mathrm{d}x + C\right). \qquad (11.3.3)$$

这就是一阶非齐次线性方程的通解.

将一阶非齐次线性方程的通解（11.3.3）展开，得

$$y = C\mathrm{e}^{-\int P(x)\mathrm{d}x} + \mathrm{e}^{-\int P(x)\mathrm{d}x}\int Q(x)\mathrm{e}^{\int P(x)\mathrm{d}x}\mathrm{d}x.$$

一阶非齐次线性方程的通解由两部分组成. 第一项是对应的齐次线性方程的通解. 第二项可以看成在一阶非齐次线性方程的通解中取 $C = 0$ 得到的，所以它是一阶非齐次线性方程的一个特解. 于是得到如下结论.

定理 11.3.1（一阶非齐次线性方程的解的结构） 一阶非齐次线性方程（11.3.1）的通解等于对应的齐次线性方程的通解与一阶非齐次线性方程的一个特解之和.

例 11.3.3 求微分方程 $y' - \dfrac{2y}{x} = 0$ 的通解，并求满足初始条件 $y(2) = 8$ 的特解.

解： 因为 $P(x) = -\dfrac{2}{x}$，则利用公式（11.3.2）可得

$$\begin{aligned} y &= C\mathrm{e}^{-\int P(x)\mathrm{d}x} = C\mathrm{e}^{-\int -\frac{2}{x}\mathrm{d}x} \\ &= C\mathrm{e}^{\int \frac{2}{x}\mathrm{d}x} = C\mathrm{e}^{\ln x^2} = Cx^2. \end{aligned}$$

由 $y(2) = 8$ 可得，$C = 2$，所以特解为 $y = 2x^2$.

例 11.3.4 求微分方程 $y' + \dfrac{y}{x} = x^2$ 的通解.

解：因为 $P(x)=\frac{1}{x}$，$Q(x)=x^2$，则利用公式（11.3.3）可得

$$\begin{aligned}y&=\mathrm{e}^{-\int P(x)\mathrm{d}x}\left(\int Q(x)\mathrm{e}^{\int P(x)\mathrm{d}x}\mathrm{d}x+C\right)\\&=\mathrm{e}^{-\int\frac{1}{x}\mathrm{d}x}\left(\int x^2\,\mathrm{e}^{\int\frac{1}{x}\mathrm{d}x}\mathrm{d}x+C\right)\\&=\mathrm{e}^{-\ln x}\left(\int x^2\,\mathrm{e}^{\ln x}\mathrm{d}x+C\right)\\&=\frac{1}{x}\left(\int x^2\cdot x\mathrm{d}x+C\right)\\&=\frac{1}{4}x^3+\frac{C}{x}.\end{aligned}$$

例 11.3.5　求微分方程 $y'-\frac{y}{x}-2\ln x=0$ 的通解.

解：因为 $y'-\frac{y}{x}-2\ln x=0$，则 $y'-\frac{y}{x}=2\ln x$，所以

$$P(x)=-\frac{1}{x},\quad Q(x)=2\ln x,$$

则利用公式（11.3.3）可得

$$\begin{aligned}y&=\mathrm{e}^{-\int P(x)\mathrm{d}x}\left(\int Q(x)\mathrm{e}^{\int P(x)\mathrm{d}x}\mathrm{d}x+C\right)\\&=\mathrm{e}^{\int\frac{1}{x}\mathrm{d}x}\left(\int 2\ln x\,\mathrm{e}^{\int-\frac{1}{x}\mathrm{d}x}\mathrm{d}x+C\right)\\&=\mathrm{e}^{\ln x}\left(\int 2\ln x\,\mathrm{e}^{-\ln x}\mathrm{d}x+C\right)\\&=x\left(\int 2\ln x\cdot\frac{1}{x}\mathrm{d}x+C\right)\\&=x\left(\int 2\ln x\mathrm{d}\ln x+C\right)\\&=x(\ln x)^2+xC.\end{aligned}$$

例 11.3.6　求解微分方程 $x(1+y)y'=\mathrm{e}^y-y$.

解：如果将 y 看成 x 函数，该方程不可分离变量，也不是非齐次一阶微分方程，无法求解. 但是我们可以将 y 看成自变量，将 x 看成 y 的函数，则原方程是关于未知函数 $x=x(y)$ 的一阶线性微分方程：$\frac{\mathrm{d}x}{\mathrm{d}y}+\frac{1+y}{y}x=\frac{\mathrm{e}^y}{y}$，其中 $P(y)=\frac{1+y}{y},Q(y)=\frac{\mathrm{e}^y}{y}$，

由公式可得此方程的通解为：

$$\begin{aligned}x&=\mathrm{e}^{-\int P(y)\mathrm{d}y}\left(\int Q(y)\mathrm{e}^{\int P(y)\mathrm{d}y}\mathrm{d}y+C\right)=\mathrm{e}^{-\int\frac{1+y}{y}\mathrm{d}y}\left(\int\frac{\mathrm{e}^y}{y}\mathrm{e}^{\int\frac{1+y}{y}\mathrm{d}y}\mathrm{d}y+C\right)\\&=\mathrm{e}^{-(\ln y+y)}\left(\int\frac{\mathrm{e}^y}{y}\mathrm{e}^{(\ln y+y)}\mathrm{d}y+C\right)=\frac{\mathrm{e}^{-y}}{y}\left(\int\mathrm{e}^{2y}\mathrm{d}y+C\right)=\frac{\mathrm{e}^{-y}}{y}\left(\frac{1}{2}\mathrm{e}^{2y}+C\right),\end{aligned}$$

其中 C 是任意常数.

习题 11.3

基础练习

1. 求下列微分函数的通解：

（1）$y'+2xy=0$；（2）$y'-x\mathrm{e}^x y=0$；

（3）$y'+y=2x$；（4）$y'+y=\mathrm{e}^{-x}$；

（5）$y'-\dfrac{y}{x}+\dfrac{2\ln x}{x}=0$；（6）$y'+y\tan x=\sec x$.

2. 求微分方程 $y'+2xy+2x^3=0$ 的通解.

3. 求微分方程 $xy'+y-\mathrm{e}^x=0$ 满足初始条件 $y(1)=1$ 的特解.

4. 求微分方程 $xy'+y\ln x=0$ 的通解.

5. 求微分方程 $y'+y\cos x=\dfrac{1}{2}\sin 2x$ 的通解.

提高练习

6. 求下列各微分方程的通解：

（1）$y'+ay=b\sin x$（其中 a,b 为常数）；（2）$\dfrac{\mathrm{d}y}{\mathrm{d}x}=\dfrac{2y}{x}+\mathrm{e}^x x^2$；

（3）$\dfrac{\mathrm{d}y}{\mathrm{d}x}=\dfrac{1}{x+y^2}$；（4）$\dfrac{\mathrm{d}y}{\mathrm{d}x}-\dfrac{2y}{x+1}=(x+1)^3$；

（5）$(x^2+1)\dfrac{\mathrm{d}y}{\mathrm{d}x}+2xy=4x^2$；（6）$x\dfrac{\mathrm{d}y}{\mathrm{d}x}-2y=x^3\mathrm{e}^t$.

7. 求微分方程 $xy'+\left(1+\dfrac{1}{\ln x}\right)y=0$ 满足初始条件 $y(\mathrm{e})=1$ 的特解.

8. 求微分方程 $y'=\dfrac{y}{x+y^3}$ 的通解.

9. 在给定初始条件下的特解：

（1）$y'=-\dfrac{y}{x}+\dfrac{2}{x},y\big|_{x=1}=0$；（2）$\left(x^2-1\right)\mathrm{d}y+(2xy-\cos x)\mathrm{d}x=0,y\big|_{x=0}=1$.

拓展练习

10. 求微分方程 $xy'\ln x-y=1+\ln^2 x$ 的通解.

11. 求微分方程 $(x-1)y'+3y=\dfrac{1}{(x-1)^2}+\dfrac{\sin x}{(x-1)^2}$ 满足初始条件 $y(0)=0$ 的特解.

12. 阅读理解：

我们知道，一阶齐次线性微分方程的通解为

$$y=C\mathrm{e}^{-\int P(x)\mathrm{d}x}.\quad 其中\ C\ 为任意常数.$$

如果希望非齐次方程 $\dfrac{\mathrm{d}y}{\mathrm{d}x}+P(x)y=Q(x)$ 具有类似 $C\mathrm{e}^{-\int P(x)\mathrm{d}x}$ 结构的解，那么 C 不应该是常数，而应该是 x 的函数只要能够确定这个函数即可.

可以设一阶非齐次方程的通解为

$$y = u(x)\mathrm{e}^{-\int P(x)\mathrm{d}x},$$

将所得的 $u(x)$ 代入一阶非齐次方程中，同样可以得到一阶非齐次线性微分方程的通解公式. 上述求解一阶非齐次线性微分方程通解的方法称为常数变易法.

利用常数变易法求解：$\dfrac{\mathrm{d}y}{\mathrm{d}x} - \dfrac{2y}{x+1} = (x+1)^{\frac{5}{2}}$.

11.4 二阶常系数齐次线性微分方程

二阶及其以上的微分方程，称为高阶微分方程. 对于一般的二阶微分方程没有通用的解法，针对具体不同的形式，可以采取不同的解法. 本节重点讨论二阶常系数齐次线性微分方程. 我们首先来研讨一下线性微分方程解的结构.

11.4.1 线性微分方程解的结构

1. 线性相关与线性无关

设 $y_i(x)(i=1,2,\cdots,n)$ 为定义在区间 I 上的 n 个函数，如果存在 n 个不全为零的常数 $k_i(i=1,2,\cdots,n)$，使得

$$k_1y_1 + k_2y_2 + \cdots + k_ny_n = 0$$

在区间 I 上恒成立，则称 n 个函数 $y_i(x)(i=1,2,\cdots,n)$ 在 I 上线性相关，否则称线性无关. 或者说要使 $k_1y_1 + k_2y_2 + \cdots + k_ny_n = 0$ 在区间 I 上恒成立，则必有

$$k_i = 0(i=1,2,\cdots,n).$$

例如，$\mathrm{e}^x, -3\mathrm{e}^x, 2\mathrm{e}^x$ 在 $(-\infty,+\infty)$ 内线性相关，因为存在不全为零的数 $1,1,1$，使 $1\cdot\mathrm{e}^x + 1\cdot(-3\mathrm{e}^x) + 1\cdot 2\mathrm{e}^x = 0$ 在 $(-\infty,+\infty)$ 内恒成立；而 1、$\cos^2 x$、$\sin^2 x$ 在 $(-\infty,+\infty)$ 内也是线性相关. 因为存在不全为零的数 $1,1,-1$，使 $1\cdot\cos^2 x + 1\cdot\sin^2 x - 1\cdot 1 = 0$ 在 $(-\infty,+\infty)$ 内恒成立. 而 $\mathrm{e}^x, \sin x, \mathrm{e}^{5x}$ 则显然线性无关.

2. 解的结构

形如

$$y'' + py' + qy = f(x) \tag{11.4.1}$$

微分方程称为**二阶线性常系数微分方程**. 其中 p、q 是常数，$f(x)$ 是自变量 x 的函数，函数 $f(x)$ 称为方程（11.4.1）的自由项.

当 $f(x) \equiv 0$ 时，方程（11.4.1）成为

$$y'' + py' + qy = 0 \tag{11.4.2}$$

这个方程称为**二阶常系数齐次线性微分方程**. 相应地，当 $f(x) \neq 0$ 时，方程（11.4.1）称为二

阶常系数非齐次线性微分方程.

例如，$y''+3y'+2y=\tan x$，$y''-6y'=\cos x$ 为二阶常系数非齐次线性微分方程，而 $y''+5y'-11y=0$，$y''+12y'-7y=0$ 为二阶常系数齐次线性微分方程.

定理 11.4.1 如果函数 $y_1(x)$ 与 $y_2(x)$ 是方程（11.4.2）的两个解，则

$$y=C_1y_1(x)+C_2y_2(x) \tag{11.4.3}$$

也是方程（11.4.1）的解，其中 C_1,C_2 是任意常数.

证： 因为 $y_1(x)$ 与 $y_2(x)$ 是方程（11.4.1）的两个解，所以 $y_1''+py_1'+qy_1=0,y_2''+py_2'+qy_2=0$. 将（11.4.2）式代入（11.4.1）式左端，得

$$\begin{aligned}左端&=\left(C_1y_1''+C_2y_2''\right)+p\left(C_1y_1'+C_2y_2'\right)+q\left(C_1y_1+C_2y_2\right)\\&=C_1\left(y_1''+py_1'+qy_1\right)+C_2\left(y_2''+py_2'+qy_2\right)=C_1\cdot 0+C_2\cdot 0=0=右端,\end{aligned}$$

故 $C_1y_1(x)+C_2y_2(x)$ 是方程（11.4.2）的解.

这个定理表明，二阶常系数齐次线性微分方程的任何两个解 $y_1(x)$ 与 $y_2(x)$ 的线性组合，$C_1y_1(x)+C_2y_2(x)$ 仍然是方程的解.

定理 11.4.2 如果 $y_1(x)$ 与 $y_2(x)$ 是方程（11.4.2）的两个线性无关的特解，则

$$y=C_1y_1(x)+C_2y_2(x)$$

就是方程（11.4.2）的通解，其中 C_1,C_2 是任意常数.

例 11.4.1 设 $y_1=\mathrm{e}^{x^2}$ 与 $y_2=x\mathrm{e}^{x^2}$，验证 y_1 与 y_2 都是微分方程 $y''-4xy'=(4x^2-2)y$ 的特解，试写出该微分方程的通解，并求满足 $y(0)=1,y'(0)=0$ 的特解.

证： （1）因为 $y_1'=2x\mathrm{e}^{x^2},y_1''=2(2x^2+1)\mathrm{e}^{x^2}$ 代入原微分方程得

$$4x^2\mathrm{e}^{x^2}+2\mathrm{e}^{x^2}-4x\cdot 2x\mathrm{e}^{x^2}+4x^2\mathrm{e}^{x^2}-2\mathrm{e}^{x^2}=0,$$

所以 $y_1=\mathrm{e}^{x^2}$ 是该微分方程的一个特解.

同理：$y_2'=2x^2\mathrm{e}^{x^2}+\mathrm{e}^{x^2},y_2''=4x\mathrm{e}^{x^2}+4x^3\mathrm{e}^{x^2}+2x\mathrm{e}^{x^2}$ 代入原微分方程得

$$(4x^3+6x)\mathrm{e}^{x^2}-4x\cdot(1+2x^2)\mathrm{e}^{x^2}+(4x^2-2)\mathrm{e}^{x^2}=0,$$

所以 $y_2=x\mathrm{e}^{x^2}$ 是该微分方程的一个特解.

又因 $\dfrac{y_2}{y_1}=\dfrac{x\mathrm{e}^{x^2}}{\mathrm{e}^{x^2}}=x\neq$ 常数，故 y_1 与 y_2 线性无关.

所以该微分方程的通解为

$$y=C_1y_1+C_2y_2=C_1\mathrm{e}^{x^2}+C_2x\mathrm{e}^{x^2}=\left(C_1+C_2x\right)\mathrm{e}^{x^2}.$$

（2）将 $y(0)=1,y'(0)=0$ 代入 $y=\left(C_1+C_2x\right)\mathrm{e}^{x^2}$ 和 $y'=C_2\mathrm{e}^{x^2}+2x^2\left(C_1+C_2x\right)\mathrm{e}^{x^2}$ 可得：$C_1=1,C_2=0$，从而所求特解为 $y=\mathrm{e}^{x^2}$.

定理 11.4.3 设 y^* 是方程（11.4.1）的一个特解，而 Y 是其对应的齐次方程（11.4.2）的通解，则

$$y = Y + y^*$$

就是二阶非齐次线性微分方程（11.4.1）的通解.

例 11.4.2 若 y_1, y_2, y_3 是二阶变系数非齐次线性微分方程 $y'' + p(x)y' + q(x)y = f(x)$ 的线性无关的三个特解，求该方程的通解.

解：由已知 y_1, y_2, y_3 线性无关，则 $y_1 - y_3$、$y_2 - y_3$ 也是线性无关的，且显然是应齐次微分方程 $y'' + p(x)y' + q(x)y = 0$ 的特解，故 $Y = C_1(y_1 - y_3) + C_2(y_2 - y_3)$ 是对应齐次微分方程 $y'' + p(x)y' + q(x)y = 0$ 的通解. 由定理 11.4.3 可得，$y = Y + y^* = C_1(y_1 - y_3) + C_2(y_2 - y_3) + y_3$ 就是方程 $y'' + p(x)y' + q(x)y = f(x)$ 的通解.

例 11.4.3 设某二阶非齐次线性微分方程的 3 个特解为

$$y_1 = xe^x + e^{2x}, y_2 = xe^x - e^{-x}, y_3 = xe^x + e^{2x} - e^{-x}$$

（1）求出该二阶非齐次线性微分方程的通解；

（2）试写出此微分方程；

（3）假设该微分方程的特解为 $y\big|_{x=0} = 7, \left.\dfrac{dy}{dx}\right|_{x=0} = 6$，求此微分方程对应的特解.

解：（1）根据题设知，$e^{2x} = y_3 - y_2, e^{-x} = y_1 - y_3$ 是对应二阶齐次线性微分方程的两个线性无关的解，且 $y_1 = xe^x + e^{2x}$ 是非齐次线性方程的一个特解，故该二阶非齐次线性微分方程的通解为：$y = xe^x + e^{2x} + C_0e^{2x} + C_2e^{-x} = xe^x + C_1e^{2x} + C_2e^{-x}$，其中 $C_1 = 1 + C_0$.

（2）因为 $y = xe^x + C_1e^{2x} + C_2e^{-x}$，所以 $y' = e^x + xe^x + 2C_1e^{2x} - C_2e^{-x}$ ①，且 $y'' = 2e^x + xe^x + 4C_1e^{2x} + C_2e^{-x}$ ②.

从①，②两式中消去 C_1, C_2，即得所求方程为：$y'' - y' - 2y = e^x - 2xe^x$；

（3）代入初始条件 $y\big|_{x=0} = 7, \left.\dfrac{dy}{dx}\right|_{x=0} = 6$ 得

$$C_1 + C_2 = 7, 2C_1 - C_2 + 1 = 6 \Rightarrow C_1 = 4, C_2 = 3,$$

从而所求特解为：$y = 4e^{2x} + 3e^{-x} + xe^x$.

11.4.2 二阶常系数齐次线性微分方程的解法

接下来，我们讨论二阶常系数齐次线性微分方程 $y'' + py' + qy = 0$ 的解的情况.

由求导法则可知，指数函数 $y = e^{rx}$（r 为常数)的各阶导数仍为指数函数 e^{rx} 乘一个常数. 由于方程的系数 p, q 都是常数，因此，要使方程的左端 $y'' + py' + qy = 0$，可以设想方程的一个特解为 $y = e^{rx}$，其中 r 为待定的常数.

把 $y = e^{rx}$ 代入方程 $y'' + py' + qy = 0$，得

$$(e^{rx})'' + p(e^{rx})' + qe^{rx} = 0，即 e^{rx}(r^2 + pr + q) = 0.$$

由于 $e^{rx} > 0$，于是有

$$r^2 + pr + q = 0.$$

因此，只要待定系数 r 满足方程，所得到的函数 $y = e^{rx}$ 就是微分方程的解.

一般地，称一元二次方程 $r^2+pr+q=0$ 为微分方程的特征方程，特征方程的根称为方程的**特征根**.

由于特征方程是一元二次方程，它的根为 $r_{1,2}=\dfrac{-p\pm\sqrt{p^2-4q}}{2}$，所以特征根 r_1,r_2 可分为三种不同的情况.

（1）当 $p^2-4q>0$ 时，特征方程有两个不相等的实根：$r_1\neq r_2$.

于是方程有两个特解 $y_1=\mathrm{e}^{r_1x},y_2=\mathrm{e}^{r_2x}$. 又 $\dfrac{y_1}{y_2}=\mathrm{e}^{(r_1-r_2)x}$ 不恒为常数，是线性无关的，所以方程的通解可以写为

$$y=C_1\mathrm{e}^{r_1x}+C_2\mathrm{e}^{r_2x}.$$

（2）当 $p^2-4q=0$ 时，特征方程有两个相等的实根：$r_1=r_2=-\dfrac{p}{2}$.

这时只能得到一个特解 $y_1=\mathrm{e}^{r_1x}$，还要找出与 y_1 线性无关的另一个特解 y_2. 我们可以设 $y_2=u(x)\mathrm{e}^{r_1x}$（这时 y_1,y_2 显然线性无关）是方程的另一个解.

由 $y_2=u(x)\mathrm{e}^{r_1x}$ 求导，得

$$y_2{}'=\mathrm{e}^{r_1x}(u'+r_1u),$$
$$y_2''=\mathrm{e}^{r_1x}(u''+2r_1u'+r_1^2u).$$

将 y_2,y_2' 和 y_2'' 代入方程，于是有

$$\mathrm{e}^{r_1x}[(u''+2r_1u'+r_1^2u)+p(u'+r_1u)+qu]=0,$$

整理得

$$u''+(2r_1+p)u'+(r_1^2+pr_1+q)u=0.$$

因为 r_1 是特征方程的重根，所以有

$$r_1^2+pr_1+q=0 \text{ 和 } 2r_1+p=0$$

即得

$$u''=0$$

积分两次，得

$$u=C_1x+C_2,$$

其中 C_1,C_2 为任意常数. 由于只要找出一个与 y_1 线性无关的特解即可，因此可取 $C_1=1,C_2=0$. 取 $u(x)=x$ 即可，由此得到方程的另一个特解：

$$y_2=x\mathrm{e}^{r_1x}.$$

故当特征根 $r_1=r_2$ 时，方程的通解为

$$y=C_1\mathrm{e}^{r_1x}+C_2x\mathrm{e}^{r_1x},$$

或写成

$$y=(C_1+C_2x)\mathrm{e}^{r_1x},$$

其中 C_1,C_2 为任意常数.

（3）当 $p^2-4q<0$ 时，特征方程有一对共轭复数根：$r_1=\alpha+\beta\mathrm{i}, r_2=\alpha-\beta\mathrm{i}$．于是得到方程的两个复值函数的特解 $y_1=\mathrm{e}^{(\alpha+\beta\mathrm{i})x}, y_2=\mathrm{e}^{(\alpha-\beta\mathrm{i})x}$．

为了得出实值函数形式的特解，根据欧拉公式

$$\mathrm{e}^{\beta\mathrm{i}}=\cos\beta+\mathrm{i}\sin\beta,$$

将 y_1 与 y_2 改写为

$$y_1=\mathrm{e}^{(\alpha+\beta\mathrm{i})x}=\mathrm{e}^{\alpha x}\mathrm{e}^{\mathrm{i}\beta x}=\mathrm{e}^{\alpha x}(\cos\beta x+\mathrm{i}\sin\beta x),$$
$$y_2=\mathrm{e}^{(\alpha-\beta\mathrm{i})x}=\mathrm{e}^{\alpha x}\mathrm{e}^{-\mathrm{i}\beta x}=\mathrm{e}^{\alpha x}(\cos\beta x-\mathrm{i}\sin\beta x).$$

取方程的另两个特解：

$$\overline{y_1}=\frac{1}{2}(y_1+y_2)=\mathrm{e}^{\alpha x}\cos\beta x,$$

$$\overline{y_2}=\frac{1}{2\mathrm{i}}(y_1-y_2)=\mathrm{e}^{\alpha x}\sin\beta x,$$

$$\frac{\overline{y_2}}{\overline{y_1}}=\frac{\mathrm{e}^{\alpha x}\sin\beta x}{\mathrm{e}^{\alpha x}\cos\beta x}=\tan\beta x\ (\text{不恒为常数}),$$

即 $\overline{y_1}$ 与 $\overline{y_2}$ 线性无关，从而得到当特征根 r_1 与 r_2 为共轭复根时，方程的通解为

$$y=\mathrm{e}^{\alpha x}(C_1\cos\beta x+C_2\sin\beta x).$$

通过上面的讨论，求 $y''+py'+qy=0$ 的通解的步骤可以归纳成：

（1）写出特征方程 $r^2+pr+q=0$；

（2）求出特征根 r_1,r_2；

（3）按表 11.4.1 写出微分方程的通解.

表 11.4.1 微分方程通解

特征方程 $r^2+pr+q=0$ 特征根 r_1,r_2	微分方程 $y''+py'+qy=0$ 的通解
不相等的实根 $r_1\neq r_2$	$y=C_1\mathrm{e}^{r_1x}+C_2\mathrm{e}^{r_2x}$
相等的实根 $r_1=r_2=-\dfrac{p}{2}$	$y=(C_1+C_2x)\mathrm{e}^{r_1x}$
一对共轭复数根：$r_{1,2}=\alpha\pm\beta\mathrm{i}$	$y=\mathrm{e}^{\alpha x}(C_1\cos\beta x+C_2\sin\beta x)$

这种根据二阶常系数齐次线性方程的特征方程的根直接确定其通解的方法称为**特征方程法**.

例 11.4.4 解下列各微分方程：

（1）$y''-8y'+7y=0$；

（2）$y''-2y'+5=0$；

（3）$y''-5y'+6y=0, y'|_{x=0}=1, y|_{x=0}=\dfrac{1}{2}$；

（4）$y''-6y'+9y=0, y'|_{x=0}=2, y|_{x=0}=0$.

解：（1）特征方程为 $r^2-8r+7=0$，它有两个不相等的实特征根 $r_1=7,r_2=1$，故所求的通解为

$$y=C_1\mathrm{e}^{7x}+C_2\mathrm{e}^{x}\quad（C_1,C_2\text{ 为任意实数}）.$$

（2）特征方程为 $r^2-2r+5=0$，它有两个共轭复根 $r_{1,2}=1\pm 2\mathrm{i}$，故所求的通解为

$$y=\mathrm{e}^{x}(C_1\cos 2x+C_2\sin 2x)\quad（C_1,C_2\text{ 为任意实数}）.$$

（3）特征方程为 $r^2-5r+6=0$，它有两个不相等的实特征根 $r_1=2,r_2=3$，故所求的通解为 $y=C_1\mathrm{e}^{2x}+C_2\mathrm{e}^{3x}$（$C_1,C_2$ 为任意实数），$y'=2C_1\mathrm{e}^{2x}+3C_2\mathrm{e}^{3x}$，将 $y'\big|_{x=0}=1,y\big|_{x=0}=\dfrac{1}{2}$ 代入两式，得 $C_i+C_2=\dfrac{1}{2},2C_1+3C_2=1$，解之得 $C_1=\dfrac{1}{2},C_2=0$，故所求特解为 $y=\dfrac{1}{2}\mathrm{e}^{2x}$.

（4）特征方程为 $r^2-6r+9=0$，它有两个相等的实特征根 $r_1=r_2=3$，故所求的通解为 $y=(C_1+C_2x)\mathrm{e}^{3x}$（$C_1,C_2$ 为任意实数），则 $y'=[3C_1+C_2(1+3x)]\mathrm{e}^{3x}$，将 $y'|_{x=0}=2,y|_{x=0},=0$ 代入两式，得 $C_1=0,3C_1+C_2=2$，解之得 $C_1=0,C_2=2$，故所求特解为 $y=2x\mathrm{e}^{3x}$.

*11.4.3　n 阶常系数齐次线性微分方程的解法

n 阶常系数齐次线性微分方程的一般形式为

$$y^{(n)}+p_1y^{(n-1)}+\cdots+p_{n-1}y'+p_ny=0.\qquad(11.4.4)$$

其特征方程为

$$r^n+p_1r^{n-1}+\cdots+p_{n-1}r+p_n=0.\qquad(11.4.5)$$

根据特征方程的根，可按表 11.4.2 直接写出其对应的微分方程的解.

表 11.4.2　微分方程的解

特征方程的根	通解中的对应项
k 重根 r	$\mathrm{e}^{rx}(C_0+C_1x+C_2x^2+\cdots+C_{k-1}x^{k-1})$
k 重共轭复数根 $\alpha\pm\beta\mathrm{i}$	$\mathrm{e}^{\alpha x}[(C_0+C_1x+C_2x^2+\cdots+C_{k-1}x^{k-1})\cos\beta x+(D_0+D_1x+D_2x^2+\cdots+D_{k-1}x^{k-1})\sin\beta x]$

注意　n 次代数方程有 n 个根，而特征方程的每一个根都对应着通解中的一项，且每一项各含一个任意常数. 这样就得到 n 阶常系数齐次线性微分方程的通解为

$$y=C_1y_1+C_2y_2+\cdots+C_ny_n.$$

其中 $y_1,y_2,\cdots,y_n$ 是 n 个线性无关的解.

例 11.4.5　求微分方程 $y^{(5)}+2y^{(3)}+y'=0$ 的通解.

解：特征方程为 $r^5+2r^3+r=0$，即 $r(r^2+1)^2=0$，
特征根为 $r_1=0,r_2=r_3=\mathrm{i},r_4=r_5=-\mathrm{i}$，
因此通解为

$$y = C_1 + (C_2 + C_3 x)\cos x + (C_4 + C_5 x)\sin x.$$

习题 11.4

基础练习

1. 下列函数组在定义域内是线性相关还是线性无关的，请在括号内标注.

（1）$\sin x, \cos x$（　　　　）　　（2）x^2, x^3（　　　　）

（3）e^{x^2}, e^x（　　　　）　　（4）$xe^{-x^2}, -2xe^{-x^2}$（　　　　）

（5）$\sin 4x, \cos 2x, \cos x$（　　　　）　　（6）$e^x \ln x^2, e^x \ln x^4$（　　　　）

2. 求 $y'' + py' + qy = 0$ 的通解的步骤可以归纳成：

（1）______________________________

（2）______________________________

（3）______________________________

3. 验证 $y_1 = e^x$ 及 $y_2 = e^{-x}$ 都是方程 $y'' - y = 0$ 的解，并写出该方程的通解.

4. 求下列微分方程的通解：

（1）$y'' = 3 + 3x^2$；　　（2）$y'' = \tan x + \sin x$；

（3）$y''' = 2e^x$；　　（4）$y'' = 2x \ln x$.

5. 求下列微分方程的通解：

（1）$9y'' + 6y' + y = 0$；　　（2）$y'' + 2y' + 3y = 0$；

（3）$y'' - 6y' = 0$；　　（4）$y'' - 10y' - 11y = 0$.

提高练习

6. 若某二阶线性非齐次微分方程 $y'' + a(x)y' + b(x)y = f(x)$ 的 3 个特解为：$y_1(x), y_2(x), y_3(x)$，且 $\dfrac{y_2(x) - y_1(x)}{y_3(x) - y_1(x)} \neq C$，求该微分方程的通解.

7. 求下列微分方程满足所给初始条件的特解：

（1）$y'' - 4y' - 5y = 0, y|_{x=0} = 0, y'|_{x=0} = 6$；　　（2）$y'' + 8y' + 16y = 0, y|_{x=0} = 0, y'|_{x=0} = 1$；

（3）$y'' + 4y' + 29y = 0, y|_{x=0} = 0, y'|_{x=0} = 15$；　　（4）$y'' + 4y = 0$，$y\left(\dfrac{\pi}{6}\right) = 1, y'\left(\dfrac{\pi}{6}\right) = 0$.

8. 若 $y = y(x)$ 的二阶线性非齐次微分方程的两个特解为 $y_1 = 1 + x, y_2 = 1 + x + e^{-x}$，且对应二阶线性齐次微分方程的一个特解为 $y_3 = x^2$，求该二阶线性非齐次微分方程的通解.

9. 求以 $y = C_1 e^{2x} + C_2 e^{5x}$ 为通解的二阶线性常系数齐次微分方程.

拓展练习

10. 求下列微分方程的通解.

（1）$y^{(4)} - 4y'' = 0$；　　（2）$y^{(4)} + 4y'' + 4y = 0$；　　（3）$y^{(4)} - 7y'' - 18y = 0$.

11. 阅读理解：

形如 $y'' = f(x, y')$ 型的微分方程，其特点是不显含未知函数 y，求解的方法是：

作代换，令 $y'=p$，则 $y''=\dfrac{\mathrm{d}p}{\mathrm{d}x}$，原方程化为 $\dfrac{\mathrm{d}p}{\mathrm{d}x}=f(x,p)$，这是关于 x,p 的一阶微分方程. 若可用前面的方法求解，并设可得到的通解可写成 $p=\varphi(x,C_1)$，则原方程的通解为

$$y=\int\varphi(x,C_1)\mathrm{d}x+C_2 .$$

求微分方程 $y''=1+y'^2$ 的通解.

本章小结

一、知识框图

请读者自己画出本章知识结构图，从整体结构上去理解本章内容.

二、复习要点

1. 微分方程的定义：____________________

2. 微分方程的阶：____________________

3. 微分方程的解、通解、特解：____________________

4. 可分离变量的微分方程：____________________

5. 齐次方程：____________________

6. 一阶线性微分方程：____________________

7. 一阶线性齐次微分方程及解：____________________

8. 一阶线性非齐次微分方程及解：____________________

9. 函数组线性相关与线性无关：____________________

10. 齐次线性微分方程的通解结构：______

______

______

11. 非齐次线性微分方程的通解结构：______

______

______

______

12. 二阶常系数齐次线性微分方程的解法：______

______

______

______

______

______

三、思维运用

通过本章微分方程的学习，了解到遇到实际问题时，我们可以通过建立微分方程的模型来解决. 就是针对某些类似的问题，都可以建立一套比较科学、严谨、标准的解决方案或思考方法，**即建模方法，并且不断修正、完善**. 从而不至于遇事慌张，无所适从. 你对这一思维方式有什么体会？请举例说明你在生活、工作、学习中是怎么运用这一方法的.

本章复习题

一、选择题

1. 微分方程 $\frac{\mathrm{d}y}{\mathrm{d}x}=\frac{1}{xy+x^2y}$ 是（　　）.

A. 线性微分方程　　B. 可分离变量的微分方程

C. 齐次微分方程　　D. 一阶线性非齐次微分方程

2. 微分方程 $y'=y$ 的解的是（　　）.

A. $y=2x^2$　　B. $y=7x$　　C. $y=e^x$　　D. $y=\sin x$

3. 以 $y=c_1\mathrm{e}^{2x}+c_2\mathrm{e}^{-3x}$ 为通解的二阶线性常系数齐次微分方程为（　　）.

A. $y''-y'-6y=0$　　B. $y''+y'+6y=0$

C. $y''-y'+6y=0$　　D. $y''+y'-6y=0$

4. 下列各组函数中，是线性无关的是（　　）.

A. $3x$ 与 $2x$　　B. $5\sin x$ 与 $6\sin x$

C. $\sin 2x$ 与 $\cos 2x$　　D. x^2 与 $3x^2$

5. 下列微分方程是线性微分方程的是（　　）.

A. $x^4y'+2y=\mathrm{e}^x$　　B. $xy''+x^3y'+y=\tan y$

C. $y'''+yy''+y'-y=0$　　D. $y^{(n)}+y^{(n-1)}+y'+\sin y=0$

6. 下列微分方程是可分离变量微分方程的是（　　）.

A. $y'+y\tan(\ln xy+1)=0$　　B. $y'+y\tan\sqrt{x+\sin x}=x^4+\ln x$

C. $y'+e^{x-y}=0$　　D. $y'+xy^2=x^3+1$

7. 设 y_1,y_2 是二阶常系数线性齐次方程 $y''+py'+qy=0$ 的两个特解，C_1,C_2 是两个任意常数，则下列命题中正确的是（　　）.

A. $C_1y_1+C_2y_2$ 一定是微分方程的通解

B. $C_1y_1+C_2y_2$ 不可能是微分方程的通解

C. $C_1y_1+C_2y_2$ 是微分方程的解

D. $C_1y_1+C_2y_2$ 不是微分方程的解

8. 微分方程 $y''+5y'-6y=0$ 的通解是（　　）.

A. $C_1e^{-6x}+C_2e^x$　　B. $C_1e^{6x}+C_2e^x$

C. $C_1e^{-6x}+C_2e^{-x}$　　D. $C_1e^{6x}+C_2e^{-x}$

9. 微分方程 $y''+2y'+y=0$ 的通解是（　　）.

A. $(C_1+C_2x)e^x$　　B. $(C_1+C_2x)e^{2x}$

C. $(C_1+C_2x)e^{-x}$　　D. $(C_1+C_2x)e^{-2x}$

10. 微分方程 $y''-6y'+25y=0$ 的通解是（　　）.

A. $e^{3x}(C_1\cos 2x+C_2\sin 2x)$　　B. $e^{3x}(C_1\cos 4x+C_2\sin 4x)$

C. $e^{-3x}(C_1\cos 2x+C_2\sin 2x)$　　D. $e^{4x}(C_1\cos 3x+C_2\sin 3x)$

11. 方程 $(3x+y)dx+(2y+x)dy=0$ 的阶是（　　）.

A. 齐次方程　　B. 可分离变量方程

C. 二阶方程方程　　D. 线性非齐次方程

12. 微分方程 $\frac{dy}{dx}=\frac{y}{x}+\tan\frac{y}{x}$ 的通解是（　　）.

A. $\frac{1}{\sin\frac{y}{x}}=cx$　　B. $\sin\frac{y}{x}=x+C$

C. $\sin\frac{y}{x}=cx$　　D. $\sin\frac{x}{y}=cx$

二、填空题

1. 一阶线性微分方程的一般形式是________

2. 一阶线性非齐次微分方程通解是________

3. 微分方程 $y'=1+y^2$ 的通解是________

4. 微分方程 $y''=1+3x^2$ 的通解是________

5. 微分方程 $y'=\frac{x}{y}+\frac{y}{x},y|_{\tau=1}=2$ 的特解为________

6. 微分方程 $y'-y=2e^x$ 的通解是________

7. 以 $y_1=\cos x,y_2=\sin x$ 为特解的二阶常系数线性齐次微分方程为________

8. $y''-10y'+34y=0$ 的通解________

9. 微分方程 $y''-2y=0$ 的通解是________________

10. 微分方程 $y''-10y'+25y=0$ 的通解是________________

三、解下列微分方程

1. $xy'-2y=0$；

2. $xy^2\mathrm{d}x+(1+x^2)\mathrm{d}y=0$；

3. $1+y'=\mathrm{e}^x$；

4. $\dfrac{\mathrm{d}y}{\mathrm{d}x}+\dfrac{x}{1-x^2}y=1$；

5. $(1+x^2)\dfrac{\mathrm{d}y}{\mathrm{d}x}=y\ln y$；

6. $y'+\dfrac{y}{x}=\sin x$；

7. $\sin x\cos y\mathrm{d}x=\cos x\sin y\mathrm{d}y$， $y\big|_{x=0}=\dfrac{\pi}{4}$；

8. $y'+y=\mathrm{e}^{-x}$；

9. $x(x^2+1)\mathrm{d}y+(x^2+1)y\mathrm{d}x=\mathrm{d}x$， $y\big|_{x=1}=\dfrac{\pi}{2}$；

10. $y''-4y'-5y=0$；

11. $y''-14y'+49y=0$；

12. $y''+y'+2y=0$；

13. $(2y+\cos y)y'=\mathrm{e}^x+\dfrac{1}{x}$， $y(1)=0$；

14. $y'+y\tan x=0$, $y(0)=2$.

四、求下列齐次微分方程的通解

1. $\dfrac{\mathrm{d}y}{\mathrm{d}x}=\dfrac{3y}{x-3y}$；

2. $y(x^2-xy+y^2)\mathrm{d}x+x(x^2+xy+y^2)\mathrm{d}y=0$；

3. $\dfrac{\mathrm{d}y}{\mathrm{d}x}=\dfrac{4x+3y}{2x+y}$；

4. $x\dfrac{\mathrm{d}y}{\mathrm{d}x}=y(\ln y-\ln x)$.

五、解答题

1. $f(x)=\mathrm{e}^x-x\int_0^x f(t)\mathrm{d}t+\int_0^x tf(t)\mathrm{d}t$，其中 f 连续，求 $f(x)$ 的具体表达式.

2. 一曲线经过点（2，－1），且曲线上任意点 M 处的切线斜率为 $4x^3-2$，求该曲线方程.

3. 设曲线上任一点 $M(x,y)$ 处切线与 OM 直线垂直，且曲线过点 $\left(\sqrt{2},\sqrt{2}\right)$.

证明：曲线是以原点为圆心，半径为 2 的圆.

*六、阅读理解

设微分方程 $y''=f(y,y')$，其特点是不显含自变量 x．解决的方法是作代换，令 $y'=p$，则

$$y''=\frac{\mathrm{d}p}{\mathrm{d}x}=\frac{\mathrm{d}p}{\mathrm{d}y}\cdot\frac{\mathrm{d}y}{\mathrm{d}x}=p\frac{\mathrm{d}p}{\mathrm{d}y}.$$

原方程化为 $p\dfrac{\mathrm{d}p}{\mathrm{d}y}=f(y,p)$，这是关于 y,p 的一阶微分方程．若可用前面的方法求解，并设可得到的通解可写成 $p=\varphi\left(y,C_1\right)$，则原方程的通解为

$$\int\frac{\mathrm{d}y}{\varphi\left(y,C_1\right)}=x+C_2.$$

求微分方程 $y''=\dfrac{2y-1}{y^2+1}y'^2$ 的通解.

本章学习自测题

一、判断题（每题 3 分，共计 15 分）

（　　）1. 函数 $y=\frac{1}{2}(\ln x)^2$ 是微分方程 $xy'-\ln x=0$ 的通解.

（　　）2. $y''=\frac{y+x}{x-y}$ 是齐次微分方程.

（　　）3. $y=C_1+C_2x+C_3x^2$ 是微分方程 $y'''=0$ 的特解.

（　　）4. $y'=1+x+y^2+xy^2$ 是可分离变量的微分方程.

（　　）5. $y'+x\sin y=1$ 是一阶线性微分方程.

二、填空（每题 3 分，共计 15 分）

1. $y^{(4)}+2x^2(y'')^2+x^3y=1$ 是_______阶微分方程.

2. 一阶线性微分方程 $y'+P(x)y=Q(x)$ 的通解为____________

3. 已知 $y=e^x, y=x^3, y=1$ 是某二阶非齐次线性微分方程的三个解，则其通解为

4. 以 $y=C_1\cos x+C_2\sin x$ 为通解的微分方程为

5. 微分方程 $y'=\frac{x+y}{x}$ 通解为

三、求解下列微分方程的通解或特解（每题 7 分，共计 63 分）

1. $y'=2e^{x-y}$，$y(0)=0$；

2. $y''+7y'-8y=0$；

3. $y'+\frac{y}{x}=5x^3$；

4. $(x^2+y^2)dx=xydy$；

5. $y'+xe^xy=0$，$y(1)=1$；

6. $y'-y=xe^{2x}$，$y(0)=2$；

7. $y''+3y'+9y=0$；

8. $y''+6y'+9y=0 \quad y(0)=1, y'(0)=0$；

9. $\frac{dy}{dx}=\frac{y}{2(\ln y-x)}$.

四、解答题（每题 7 分，共计 7 分）

曲线过点 $(1,1)$，且其上任意一点处的切线在 y 轴上的截距等于在同一点处法线在 x 轴上的截距，求该曲线方程.

12　无穷级数

无穷级数是高等数学的一个重要组成部分，是逼近理论中的重要内容之一．它是表示函数、研究函数的性质以及进行数值计算的基本工具．

本章先介绍常数项级数，然后讨论函数项级数，并介绍无穷级数的一些基本性质及审敛法、最后讨论如何把函数展开成幂级数和傅里叶级数的问题．

【学习能力目标】

（1）理解无穷级数收敛、发散的概念．

（2）理解级数收敛的必要条件和级数的主要性质．

（3）知道几何级数 $\sum\limits_{n=1}^{\infty} aq^{n-1}$, p-级数 $\sum\limits_{n=1}^{\infty}\frac{1}{n^p}$ 的敛散性．

（4）熟练掌握正项级数的比值判别法，比较判别法．

（5）理解幂级数的收敛半径、收敛区间及收敛域的定义．

（6）熟练掌握求幂级数的收敛半径、收敛区间及收敛域的方法．

12.1　常数项级数的概念和性质

12.1.1　常数项级数的概念

人类了解掌握事物在数量方面的特征，都有一个由近似值到精确值的发展变化过程．在这种认识过程中，会遇到由有限个数量相加到无穷多个数量相加的问题．

例如，我们向同一个方向行走，第 1 天走 1 km，第二天走 $\frac{1}{2}$ km，第三天走 $\frac{1}{4}$ km，即每隔一天就只走前一天的一半，若一直这样走下去，到第 n 天，我们一共走了的距离为 $s=1+\frac{1}{2}+\frac{1}{2^2}+\cdots+\frac{1}{2^n}$．假如，我们一直不停，如永动机一样，永远走下去，那我们总计走了多少行程？

$$s=1+\frac{1}{2}+\frac{1}{2^2}+\cdots+\frac{1}{2^n}+\cdots\cdots=?$$

如果我们把每天的距离放在一起，看成一个数列 $\left\{\left(\frac{1}{2}\right)^n\right\}$，把数列前 n 项和的极限，作为数列“无限项”相加的和，则可以得到

$$s=1+\frac{1}{2}+\frac{1}{2^2}+\cdots+\frac{1}{2^n}+\cdots=\lim_{n\to\infty}\frac{1\cdot\left(1-\frac{1}{2^n}\right)}{\frac{1}{2}}=2.$$

也就是说，就算我们永不停止地走下去，最终的距离都不会超过 2 km.

在上面这个例子中，出现了无穷多个数量依次相加的数学求和式子. 下面我们就针对这种求和式子进行研讨.

定义 12.1.1 如果给定一个无穷数列 $u_1,u_2,\cdots,u_n,\cdots$，则由这数列构成的表达式 $u_1+u_2+\cdots+u_n+\cdots$ 叫做（常数项）无穷级数，简称（常数项）级数，记为 $\sum_{n=1}^{\infty}u_n$，即

$$\sum_{n=1}^{\infty}u_n=u_1+u_2+\cdots+u_n+\cdots \tag{12.1.1}$$

其中第 n 项 u_n 称为一般项或通项.

简单地说，无穷级数就是将无穷多项按一定的顺序相加而成的式子，这仅仅是一个形式上的定义，怎么理解无穷多项相加呢？它们的和是多少呢？要想解决这个问题，我们应当先从有限多项的和出发，观察它们的变化趋势，由此来理解无穷项相加的含义.

把（常数项）级数（12.1.1）的前 n 项的和 $s_n=u_1+u_2+\cdots+u_n=\sum_{i=1}^{n}u_i$ 称为级数 $\sum_{n=1}^{\infty}u_n$ 的部分和，当 n 依次取 1,2,3，…时，部分和构成一个新的数列：

$s_1=u_1$,

$s_2=u_1+u_2$,

$s_3=u_1+u_2+u_3$,

…

$s_n=u_1+u_2+\cdots u_n,\cdots$.

并称数列 $\{s_n\}$ 为级数（12.1.1）的部分和数列.

定义 12.1.2 若级数 $\sum_{n=1}^{\infty}u_n$ 的部分和数列 $\{s_n\}$ 有极限 s，即

$$\lim_{n\to\infty}s_n=s,$$

则称级数 $\sum_{n=1}^{\infty}u_n$ 收敛，这时极限 s 叫做级数的和，并写成 $s=u_1+u_2+\cdots+u_n+\cdots$. 若 $\{s_n\}$ 无极限，则称级数 $\sum_{n=1}^{\infty}u_n$ 发散.

级数 $\sum_{n=1}^{\infty}u_n$ 收敛时，级数的和与部分和的差

$$r_n=s-s_n=u_{n+1}+u_{n+2}+\cdots+\cdots$$

称为级数 $\sum_{n=1}^{\infty}u_n$ 的余项，且 $\lim\limits_{n\to\infty}r_n=\lim\limits_{n\to\infty}(s-s_n)=s-s=0$.

例 12.1.1　讨论下列级数的敛散性：

（1）$\sum\limits_{n=1}^{\infty} n = 1+2+3+\cdots+n+\cdots$；　（2）$\sum\limits_{n=1}^{\infty}\frac{1}{n(n+1)}$；

（3）$\sum\limits_{k=1}^{\infty}\frac{1}{\sqrt{k(k+1)}(\sqrt{k}+\sqrt{k+1})}$；　（4）$\sum\limits_{n=1}^{\infty}\ln\left(1+\frac{1}{n}\right)$.

解：（1）该级数的部分和为 $s_n = 1+2+3+\cdots+n = \frac{n(1+n)}{2}$，显然，$\lim\limits_{n\to\infty} s_n = \infty$，因此该级数发散.

（2）该级数的部分和为

$$s_n = \frac{1}{1\cdot 2}+\frac{1}{2\cdot 3}+\cdots+\frac{1}{n(n+1)} = \left(1-\frac{1}{2}\right)+\left(\frac{1}{2}-\frac{1}{3}\right)+\cdots+\left(\frac{1}{n}-\frac{1}{n+1}\right) = 1-\frac{1}{n+1}$$

故 $\lim\limits_{n\to\infty} s_n = 1$，该　级数收敛，且它的和为 1.

（3）由 $u_k = \frac{1}{\sqrt{k(k+1)}(\sqrt{k}+\sqrt{k+1})} = \frac{\sqrt{k+1}-\sqrt{k}}{\sqrt{k(k+1)}} = \frac{1}{\sqrt{k}}-\frac{1}{\sqrt{k+1}}$ 可得

$$S_n = \sum_{k=1}^{n} u_k = 1-\frac{1}{\sqrt{n+1}}, \lim_{n\to\infty} S_n = 1$$

所以该级数收敛，和为 1.

（4）$u_n = \ln\left(1+\frac{1}{n}\right) = \ln(n+1)-\ln n$.

所以　$S_n = \ln 2-\ln 1+\ln 3-\ln 2+\cdots+\ln(1+n)-\ln n = \ln(1+n)\to\infty(n\to\infty)$

故 $\sum\limits_{n=1}^{\infty}\ln\left(1+\frac{1}{n}\right)$ 发散.

例 12.1.2　无穷级数 $\sum\limits_{n=0}^{\infty} aq^n = a+aq+aq^2+\cdots+aq^n+\cdots$ 叫作**等比级数**（又称为**几何级数**），其中 $a\neq 0$，q 叫作**级数的公比**. 试讨论该级数的敛散性.

解：当 $q\neq 1$ 时，级数的部分和 $s_n = a+aq+aq^2+\cdots+aq^{n-1} = \frac{a(1-q^n)}{1-q} = \frac{a}{1-q}-\frac{aq^n}{1-q}$.

① 当 $|q|<1$ 时，由于 $\lim\limits_{n\to\infty} q^n = 0$，所以 $\lim\limits_{n\to\infty} s_n = \frac{a}{1-q}$，此时原级数收敛；

② 当 $|q|>1$ 时，由于 $\lim\limits_{n\to\infty} q^n = \infty$，所以 $\lim\limits_{n\to\infty} s_n = \infty$，此时原级数发散；

③ 当 $q=1$ 时，$s_n = na$，$\lim\limits_{n\to\infty} s_n$ 不存在，此时原级数发散；

④ 当 $q=-1$ 时，原级数变成 $a-a+a-a+\cdots$，显然 s_n 随着 n 为奇数或为偶数而等于 a 或等于零，故 $\lim\limits_{n\to\infty} s_n$ 不存在，此时原级数发散.

综上所述，几何级数 $\sum\limits_{n=0}^{\infty} aq^n$ 当且仅当 $|q|<1$ 时收敛，且和为 $\frac{a}{1-q}$（注意 n 从 0 开始）；当 $|q|\geqslant 1$ 时发散.

12.1.2 无穷级数的基本性质

性质 12.1.1 如果级数 $\sum_{n=1}^{\infty}u_n$ 收敛于和 s，则级数 $\sum_{n=1}^{\infty}ku_n$ 也收敛，且其和为 ks.

证：设 $\sum_{n=1}^{\infty}u_n$ 的部分和是 S_n，则有 $\lim\limits_{n\to\infty}S_n=S$；又设 $\sum_{n=1}^{\infty}ku_n$ 的部分和为 S_n'，即 $\sum_{i=1}^{n}ku_i=S_n'$，则

$$S_n'=\sum_{i=1}^{n}ku_i=k\sum_{i=1}^{n}u_i=kS_n,$$

因此

$$\lim_{n\to\infty}S_n'=\lim_{n\to\infty}kS_n=k\lim_{n\to\infty}S_n=kS,$$

即

$$\sum_{n=1}^{\infty}ku_n=k\sum_{n=1}^{\infty}u_n.$$

推论 若 $k\neq 0$，则级数 $\sum_{n=1}^{\infty}u_n$ 与 $\sum_{n=1}^{\infty}ku_n$ 具有相同的收敛性.

性质 12.1.2 如果级数 $\sum_{n=1}^{\infty}u_n$ 和 $\sum_{n=1}^{\infty}v_n$ 分别收敛于和 s 和 δ，则级数 $\sum_{n=1}^{\infty}(u_n\pm v_n)$ 也收敛，且其和为 $(s\pm\delta)$.

证：设级数 $\sum_{n=1}^{\infty}u_n$、$\sum_{n=1}^{\infty}v_n$ 的部分和分别为 S_n、T_n，则级数 $\sum_{n=1}^{\infty}(u_n\pm v_n)$ 的部分和为 $R_n=S_n\pm T_n$，由于级数 $\sum_{n=1}^{\infty}u_n$、$\sum_{n=1}^{\infty}v_n$ 均收敛，故由极限的运算性质知

$$\lim_{n\to\infty}R_n=\lim_{n\to\infty}(S_n\pm T_n)=\lim_{n\to\infty}S_n\pm\lim_{n\to\infty}T_n=s\pm\delta,$$

即有

$$\sum_{n=1}^{\infty}(u_n\pm v_n)=\sum_{n=1}^{\infty}u_n\pm\sum_{n=1}^{\infty}v_n.$$

推论 若级数 $\sum_{n=1}^{\infty}u_n$ 收敛、$\sum_{n=1}^{\infty}v_n$ 发散，则级数 $\sum_{n=1}^{\infty}(u_n\pm v_n)$ 一定发散.

注意：若级数 $\sum_{n=1}^{\infty}u_n$、$\sum_{n=1}^{\infty}v_n$ 都发散，则级数 $\sum_{n=1}^{\infty}(u_n\pm v_n)$ 不一定发散. 例如，级数 $\sum_{n=1}^{\infty}1$ 与 $\sum_{n=1}^{\infty}(-1)$ 显然都发散，但 $\sum_{n=1}^{\infty}\big(1+(-1)\big)$ 收敛于零.

性质 12.1.3 在级数中去掉、加上或改变有限项，不会改变级数的收敛性，但在收敛时，级数的和将改变.

性质 12.1.4 如果级数 $\sum_{n=1}^{\infty} u_n$ 收敛，则对该级数的项任意加括号后所得级数也收敛，且其和不变.

注意：如果加括号后所成的级数收敛，原级数不一定收敛. 例如，级数 $(1-1)+(1-1)+\cdots$ 收敛于零，但去括号所得的原级数 $1-1+1-1+\cdots$ 却是发散的.

推论 如果加括号后所成的级数发散，则原级数也发散.

例 12.1.3 考查级数 $\sum_{n=1}^{\infty}(-1)^{n+1}$ 从开头每两项加括号后所得级数的敛散性. 该结果说明什么问题?

解：原级数可写为：$1-1+1-1+1-1+\cdots$，由于 $\lim_{n\to\infty}(-1)^{n+1}$ 不存在，故原级数发散.

从开头每两项加括号后所得级数为 $(1-1)+(1-1)+(1-1)+\cdots$，此级数显然收敛.

此例结果说明，如果加括号后级数收敛，原级数不一定收敛.

性质 12.1.5（级数收敛的必要条件） 如果级数 $\sum_{n=1}^{\infty} u_n$ 收敛，则它的一般项 u_n 趋于零，即

$$\lim_{n\to\infty} u_n = 0 .$$

推论 如果当 $n\to\infty$ 时，级数的一般项 u_n 不趋于零，即 $\lim_{n\to\infty} u_n \neq 0$，那么级数发散.

例 12.1.4 证明**调和级数** $\sum_{n=1}^{\infty}\frac{1}{n}=1+\frac{1}{2}+\frac{1}{3}+\cdots+\frac{1}{n}+\cdots$ 是发散的.

证：级数的一般项 $u_n=\frac{1}{n}$，假若该级数收敛，设它的部分和为 s_n，且 $s_n\to s \quad (n\to\infty)$，则对 s_{2n}，也有 $s_{2n}\to s$，于是

$$s_{2n}-s_n \to s-s=0 \quad (n\to\infty)$$

但另一方面

$$s_{2n}-s_n=\frac{1}{n+1}+\frac{1}{n+2}+\cdots+\frac{1}{2n}>\underbrace{\frac{1}{2n}+\frac{1}{2n}+\cdots+\frac{1}{2n}}_{n}=\frac{1}{2}$$

即

$$s_{2n}-s_n \not\to 0 \qquad (n\to\infty)$$

与前面的结论矛盾，这矛盾说明级数 $\sum_{n=1}^{\infty}\frac{1}{n}$ 发散.

例 12.1.5 讨论下列级数的敛散性：

（1）$\sum_{n=1}^{\infty}\frac{2}{n+3}$； （2）$\sum_{n=1}^{\infty}\frac{1}{7^n}$；

（3）$\sum_{n=1}^{\infty}\frac{n+2}{2n-1}$； （4）$1+\frac{1}{5}+\frac{1}{2}+\frac{1}{5^2}+\frac{1}{3}+\frac{1}{5^3}+\cdots+\frac{1}{n}+\frac{1}{5^n}+\cdots$；

（5）$\frac{1}{\sqrt{2}-1}-\frac{1}{\sqrt{2}+1}+\frac{1}{\sqrt{3}-1}-\frac{1}{\sqrt{3}+1}+\cdots$.

解：（1）由于 $\sum_{n=1}^{\infty}\frac{1}{n+3}=\frac{1}{4}+\frac{1}{5}+\cdots+\frac{1}{n+3}+\cdots$，相当于级数 $\sum_{n=1}^{\infty}\frac{1}{n}=1+\frac{1}{2}+\frac{1}{3}+\frac{1}{4}+\cdots+\frac{1}{n}+\cdots$ 去掉前 3 项，根据性质 12.1.3，$\sum_{n=1}^{\infty}\frac{1}{n+3}$ 与 $\sum_{n=1}^{\infty}\frac{1}{n}$ 敛散性相同，而级数 $\sum_{n=1}^{\infty}\frac{1}{n}$ 发散，所以级数 $\sum_{n=1}^{\infty}\frac{1}{n+3}$ 发散，故级数 $\sum_{n=1}^{\infty}\frac{2}{n+3}$ 发散.

（2）$\sum_{n=1}^{\infty}\frac{1}{7^n}$ 是公比 $q=\frac{1}{7}$ 的等比级数，而 $|q|<1$，所以 $\sum_{n=1}^{\infty}\frac{1}{7^n}$ 收敛.

（3）由于 $\lim_{n\to\infty}u_n=\lim_{n\to\infty}\frac{n+2}{2n-1}=\lim_{n\to\infty}\frac{1+\frac{2}{n}}{2-\frac{1}{n}}=\frac{1}{2}\neq 0$，不满足收敛的必要条件，所以此级数发散.

（4）原级数是由 $\sum_{n=1}^{\infty}\frac{1}{n}$ 和 $\sum_{n=1}^{\infty}\frac{1}{5^n}$ 逐项相加而得到的，而 $\sum_{n=1}^{\infty}\frac{1}{n}$ 发散，$\sum_{n=1}^{\infty}\frac{1}{5^n}$ 收敛. 这是因为前者是调和级数，后者是公比为 $\frac{1}{5}$ 的等比级数. 于是，原级数成为一收敛级数与一发散级数逐项相加而得到的级数，由级数性质可知原级数发散.

（5）将原级数加括号使之成为

$$\left(\frac{1}{\sqrt{2}-1}-\frac{1}{\sqrt{2}+1}\right)+\left(\frac{1}{\sqrt{3}-1}-\frac{1}{\sqrt{3}+1}\right)+\cdots+\left(\frac{1}{\sqrt{n}-1}-\frac{1}{\sqrt{n}+1}\right)+\cdots,$$

通项为

$$b_n=\frac{1}{\sqrt{n}-1}-\frac{1}{\sqrt{n}+1}=\frac{2}{n-1}$$

由于 $\sum_{n=2}^{\infty}\frac{2}{n-1}=2\sum_{n=2}^{\infty}\frac{1}{n-1}=2\sum_{n=1}^{\infty}\frac{1}{n}$ 发散，根据级数性质，如果加括号后所成的级数发散，则原来级数也发散，可知，此级数发散.

习题 12.1

基础练习

1. 写出下列级数的一般项：

（1）$1+\frac{1}{3}+\frac{1}{5}+\frac{1}{7}+\cdots$；

（2）$\frac{1}{2\ln 2}+\frac{1}{3\ln 3}+\frac{1}{4\ln 4}+\cdots$；

（3）$\frac{2}{1}-\frac{3}{2}+\frac{4}{3}-\frac{5}{4}+\cdots$；

（4）$-\frac{1}{2}+0+\frac{1}{4}+\frac{2}{5}+\frac{3}{6}\cdots$.

2. 选择题.

（1）$\lim_{n\to\infty}u_n=0$ 是级数 $\sum_{n=0}^{\infty}u_n$ 收敛的（　　）.

A. 必要条件　　B. 充分条件　　C. 充要条件　　D. 既非充分又非必要

（2）下列级数中收敛的是（　　）.

A. $\sum_{n=1}^{\infty}\frac{4^n+8^n}{8^n}$　　B. $\sum_{n=1}^{\infty}\frac{4^n-8^n}{8^n}$　　C. $\sum_{n=1}^{\infty}\frac{4^n+2^n}{8^n}$　　D. $\sum_{n=1}^{\infty}\frac{2^n\cdot 4^n}{8^n}$

（3）级数$\sum_{n=1}^{\infty}\frac{1}{3^n}$的和为（　　）.

A. 0　　B. $\frac{1}{2}$　　C. 1　　D. 2

（4）若级数$\sum_{n=1}^{\infty}u_n$收敛，则下列级数中（　　）收敛.

A. $\sum_{n=1}^{\infty}(u_n+0.001)$　　B. $\sum_{n=1}^{\infty}u_{n+1000}$

C. $\sum_{n=1}^{\infty}\sqrt{u_n}$　　D. $\sum_{n=1}^{\infty}\frac{1000}{u_n}$

（5）若常数项级数$\sum_{n=1}^{\infty}u_n$与$\sum_{n=1}^{\infty}v_n$都发散，则$\sum_{n=1}^{\infty}(u_n+v_n)$(　　).

A. 收敛　　B. 可能收敛　　C. 一定发散　　D. 通项的极限必为 0

3. 填空题.

（1）级数$\lim\limits_{n\to\infty}u_n$收敛的充要条件是部分和数列$\{S_n\}$____________.

（2）级数$\lim\limits_{n\to\infty}aq^n$，当____________时收敛；当____________时发散.

（3）若$\lim\limits_{n\to\infty}u_n\neq 0$，则级数$\lim\limits_{n\to\infty}u_n$的敛散性为____________.

（4）若级数$\sum_{n=1}^{\infty}u_n$发散，则$\sum_{n=1}^{\infty}ku_n(k\neq 0)$敛散性为____________.

（5）若级数$\sum_{n=1}^{\infty}\frac{2022}{n+3000}$的敛散性为____________.

4. 判断下列级数的敛散性：

（1）$\sum_{n=1}^{\infty}\frac{1}{(n+1)(n+2)}$；　（2）$\sum_{n=1}^{\infty}\left(\frac{1}{9^n}+n\right)$；　（3）$\sum_{n=1}^{\infty}\frac{1}{3n}$；　（4）$\sum_{n=1}^{\infty}\frac{5n-4}{\sqrt{n(n+1)}}$.

提高练习

5. 判断下列级数的敛散性：

（1）$\sum_{n=1}^{\infty}\left(\sqrt{n+1}-\sqrt{n}\right)$；　（2）$\sum_{n=1}^{\infty}\left(-\frac{8}{9}\right)^n$；　（3）$\sum_{n=1}^{\infty}\left(\frac{1}{3^n}+\frac{2^n}{5^n}\right)$；

（4）$\sum_{n=1}^{\infty}\frac{5^n-8^n}{7^n}$；　（5）$\sum_{n=1}^{\infty}\left(\sqrt[2n+1]{a}-\sqrt[2n-1]{a}\right),(a>0)$；　（6）$\sum_{n=1}^{\infty}\frac{5n}{2n-1}$；

6. 讨论下列级数的敛散性，若级数收敛，求其和.

（1）$\sum_{n=1}^{\infty}\frac{1}{22n}$；　（2）$\sum_{n=1}^{\infty}\cos n\pi$；　（3）$\sum_{n=1}^{\infty}\frac{6+(-2)^n}{6^n}$；

（4）$\sum_{n=2}^{\infty}\frac{1}{\sqrt[n]{n}}$； （5）$\sum_{n=1}^{\infty}\frac{1}{(2n-1)(2n+1)}$； （6）$\sum_{n=2}^{\infty}\ln\left(1-\frac{1}{n^2}\right)$.

拓展练习

7. 已知级数 $\sum_{n=1}^{\infty}u_n$ 的前 n 项的部分和 $S_n=\frac{3n}{n+3},n=1,2,\cdots$.

（1）求级数的一般项 u_n；（2）判断级数的收敛性.

8. 判定级数 $\sum_{n=1}^{\infty}\left(\frac{1}{n^2+2}\right)^{\frac{1}{n}}$ 的收敛性.

9. 讨论 $\sum_{n=1}^{\infty}\int_{n-1}^{n}\mathrm{e}^{-\sqrt{x}}\mathrm{d}x$ 的敛散性.

12.2 常数项级数的审敛法

12.2.1 正项级数及其审敛法

若每一项都是常数的级数称为常数项级数．一般的**常数项级数**，它的各项可以是正数、负数或者零．当各项都是大于或等于零的常数时，称为**正项级数**．这一节，我们先讨论各项都是正数或零的级数.

若有一正项级数 $\sum_{n=1}^{\infty}u_n=u_1+u_2+\cdots+u_n+\cdots$，每一项都是非负的，即 $u_n\geqslant 0$．则有

$$S_1=u_1\geqslant 0,$$
$$S_2=u_1+u_2\geqslant u_1=S_1,\cdots,$$
$$S_{n+1}=u_1+u_2+\cdots+u_n+u_{n+1}\geqslant u_1+u_2+\cdots+u_n=S_n,\cdots$$

由此，得到一个单调递增的数列 $\{S_n\}$，若这个数列有上界，即存在 $M>0$，使得 $S_n\leqslant M$，则数列 $\{S_n\}$ 必有极限，故对应的级数 $\sum_{n=1}^{\infty}u_n$ 收敛；反之，若级数 $\sum_{n=1}^{\infty}u_n$ 收敛，则必有 $\lim_{n\to\infty}S_n=S$，从而 $\{S_n\}$ 必为有界数列.

于是我们有以下定理.

定理 12.2.1 正项级数 $\sum_{n=1}^{\infty}u_n$ 收敛的充要条件是：它的部分和数列有上界.

定理 12.2.2（比较审敛法） 设 $\sum_{n=1}^{\infty}u_n$ 和 $\sum_{n=1}^{\infty}v_n$ 都是正项级数，且有 $u_n\leqslant v_n(n=1,2,\cdots)$，则有下列结论：

（1）若级数 $\sum_{n=1}^{\infty}v_n$ 收敛，则级数 $\sum_{n=1}^{\infty}u_n$ 收敛；

（2）若级数 $\sum_{n=1}^{\infty}u_n$ 发散，则级数 $\sum_{n=1}^{\infty}v_n$ 发散.

证：级数 $\sum_{n=1}^{\infty}u_n$ 和 $\sum_{n=1}^{\infty}v_n$ 的部分和分别为 $s_n=u_1+u_2+\ldots+u_n$ 和 $t_n=v_1+v_2+\ldots+v_n$，因为 $u_n\leqslant v_n$，所以 $s_n\leqslant t_n$.

由定理 12.2.1 可知：

（1）若级数 $\sum_{n=1}^{\infty}v_n$ 收敛，则 $\{t_n\}$ 有上界，因此 $\{s_n\}$ 也有上界，故级数 $\sum_{n=1}^{\infty}u_n$ 收敛；

（2）若级数 $\sum_{n=1}^{\infty}u_n$ 发散，假设级数 $\sum_{n=1}^{\infty}v_n$ 收敛，则由（1）知 $\sum_{n=1}^{\infty}u_n$ 也收敛，矛盾.

故级数 $\sum_{n=1}^{\infty}v_n$ 发散.

例 12.2.1　讨论 $p-$**级数**

$$\sum_{n=1}^{\infty}\frac{1}{n^p}=1+\frac{1}{2^p}+\frac{1}{3^p}+\cdots+\frac{1}{n^p}+\cdots$$

的收敛性，其中常数 $p>0$.

解：设 $p\leqslant 1$，这时 $\frac{1}{n^p}\geqslant\frac{1}{n}$，即级数的各项不小于调和级数的对应项，而调和级数发散，因此，由比较审敛法知：当 $p\leqslant 1$ 时，$\sum_{n=1}^{\infty}\frac{1}{n^p}$ 发散.

设 $p>1$，因为当 $k-1\leqslant x\leqslant k$ 时，有 $\frac{1}{x^p}\leqslant\frac{1}{x^p}$，所以

$$\frac{1}{k^p}=\int_{k-1}^{k}\frac{1}{k^p}\mathrm{d}x\leqslant\int_{k-1}^{k}\frac{1}{x^p}\mathrm{d}x\qquad(k=2,3,\cdots)$$

从而级数的部分和

$$\begin{aligned}s_n&=1+\sum_{k=2}^{n}\frac{1}{k^p}\leqslant 1+\sum_{k=2}^{n}\int_{k-1}^{k}\frac{1}{x^p}\mathrm{d}x=1+\int_{1}^{n}\frac{1}{x^p}\mathrm{d}x\\&=1+\frac{1}{p-1}\left(1-\frac{1}{n^{p-1}}\right)<1+\frac{1}{p-1}\quad(n=2,3,\cdots)\end{aligned}$$

即 $\{s_n\}$ 有界，因此级数 $\sum_{n=1}^{\infty}\frac{1}{n^p}$ 当 $p>1$ 时收敛.

综合以上，得到：$p-$级数 $\sum_{n=1}^{\infty}\frac{1}{n^p}$ 当 $p>1$ 时收敛，当 $p\leqslant 1$ 时发散.

例 12.2.2　判定下列正项级数的敛散性：

（1）$\sum_{n=1}^{\infty}\frac{1}{n\sqrt{n+3}}$；　（2）$\sum_{n=1}^{\infty}\frac{1}{\sqrt[3]{n(n+1)(n+2)}}$；　（3）$\sum_{n=1}^{\infty}\frac{\sin n\theta}{n^3}$ $(\theta\in\mathbf{R})$.

解：（1）因为 $\frac{1}{n\sqrt{n+3}}<\frac{1}{n\sqrt{n}}=\frac{1}{n^{\frac{3}{2}}}\quad(n=1,2,\cdots)$，而 $\sum_{n=1}^{\infty}\frac{1}{n^{\frac{3}{2}}}$ 是 $p=\frac{3}{2}>1$ 时的 $p-$级数，它是

收敛的，所以，由比较审敛法知，正项级数$\sum_{n=1}^{\infty}\frac{1}{n\sqrt{n+3}}$收敛.

（2）由于$n(n+1)(n+2)<(n+2)^3$，得到$\frac{1}{\sqrt[3]{n(n+1)(n+2)}}>\frac{1}{\sqrt[3]{(n+2)^3}}=\frac{1}{n+2}$. 而级数$\sum_{n=1}^{\infty}\frac{1}{n+2}$是发散的，所以，由比较审敛法知，正项级数$\sum_{n=1}^{\infty}\frac{1}{\sqrt[3]{n(n+1)(n+2)}}$发散.

（3）由于$\left|\frac{\sin n\theta}{n^3}\right|\leqslant\frac{1}{n^3}$，且$\sum_{n=1}^{\infty}\frac{1}{n^3}$收敛，所以级数$\sum_{n=1}^{\infty}\frac{\sin n\theta}{n^3}\ (\theta\in\mathbf{R})$收敛.

注意：在利用比较审敛法判断正项级数是否收敛时，首先要选定一个已知其收敛性的级数作为参考级数进行比较，我们常用的参考级数有：**等比级数、$p-$级数和调和级数**.

推论（比较审敛定理的极限形式）　设$\sum_{n=1}^{\infty}u_n$、$\sum_{n=1}^{\infty}v_n$是两个正项级数，$\lim\limits_{n\to\infty}\frac{u_n}{v_n}=l$.

① 若$0<l<+\infty$，则$\sum_{n=1}^{\infty}u_n$与$\sum_{n=1}^{\infty}v_n$同敛散；

② 若$l=0$，且$\sum_{n=1}^{\infty}v_n$收敛，则$\sum_{n=1}^{\infty}u_n$也收敛；

③ 若$l=+\infty$，且$\sum_{n=1}^{\infty}v_n$发散，则$\sum_{n=1}^{\infty}u_n$也发散.

例 12.2.3　判定下列正项级数的敛散性：

（1）$\sum_{n=1}^{\infty}\frac{n^2}{1+n^2+n^5}$；　（2）$\sum_{n=1}^{\infty}\left(1-\cos\frac{1}{n}\right)$；　（3）$\sum_{n=1}^{\infty}\frac{5}{\sqrt{n}}\ln\frac{n+1}{n}$.

解：（1）$\lim\limits_{n\to\infty}\frac{\frac{n^2}{1+n^2+n^5}}{\frac{1}{n^3}}=\lim\limits_{n\to\infty}\frac{n^5}{1+n^2+n^5}=1$，

而$\sum_{n=1}^{\infty}\frac{1}{n^3}$收敛，由比较审敛法极限形式知原级数收敛.

（2）由于

$$\lim_{n\to\infty}\frac{1-\cos\frac{1}{n}}{\frac{1}{n^2}}=\lim_{n\to\infty}\frac{\frac{1}{2}\cdot\frac{1}{n^2}}{\frac{1}{n^2}}=\frac{1}{2},$$

而又知级数$\sum_{n=1}^{\infty}\frac{1}{n^2}$收敛，故根据比较审敛法极限形式可知级数$\sum_{n=1}^{\infty}\left(1-\cos\frac{1}{n}\right)$收敛.

（3）由于

$$\lim_{n\to\infty}\frac{\frac{5}{\sqrt{n}}\ln\frac{n+1}{n}}{\frac{1}{n^{\frac{3}{2}}}}=\lim_{n\to\infty}\frac{\frac{5}{\sqrt{n}}\ln\left(1+\frac{1}{n}\right)}{\frac{1}{\sqrt{n}}\cdot\frac{1}{n}}=\lim_{n\to\infty}5n\cdot\ln\left(1+\frac{1}{n}\right)=5\lim_{n\to\infty}\ln\left(1+\frac{1}{n}\right)^n=5.$$

由于级数$\sum_{n=1}^{\infty}\frac{1}{n^{\frac{3}{2}}}$收敛，根据比较法的极限形式可知级数$\sum_{n=1}^{\infty}\frac{5}{\sqrt{n}}\ln\frac{n+1}{n}$收敛.

使用比较审敛定理或其极限形式，需要找到一个已知级数作参考，有时很困难. 我们还可以利用级数自身的特点，来判断级数的敛散性.

定理 12.2.3（比值审敛法） 设$\sum_{n=1}^{\infty}u_n$是正项级数，如果$\lim_{n\to\infty}\left|\frac{u_{n+1}}{u_n}\right|=\rho$，则

（1）当$\rho<1$时，级数收敛；

（2）当$\rho>1$（或$\lim_{n\to\infty}\frac{u_{n+1}}{u_n}=\infty$）时，级数发散；

（3）当$\rho=1$时，级数可能收敛也可能发散.

例 12.2.4 判断下列级数的敛散性：

（1）$\sum_{n=1}^{\infty}\frac{1}{(n-1)!}$；（2）$\sum_{n=1}^{\infty}\frac{n!}{7^n}$；

（3）$\sum_{n=1}^{\infty}\frac{1}{n(n+1)(2n+1)}$；（4）$\sum_{n=1}^{\infty}\frac{n^3}{3^n}$；

（5）$\sum_{n=1}^{\infty}\frac{n!}{n^n}$；（6）$\sum_{n=1}^{\infty}n!\left(\frac{a}{n}\right)^n\ (a\geqslant 0)$.

解：（1）$\lim_{n\to\infty}\frac{u_{n+1}}{u_n}=\lim_{n\to\infty}\frac{\frac{1}{n!}}{\frac{1}{(n-1)!}}=\lim_{n\to\infty}\frac{1}{n}=0<1$，故级数$\sum_{n=1}^{\infty}\frac{1}{n!}$收敛.

（2）$\lim_{n\to\infty}\frac{u_{n+1}}{u_n}=\lim_{n\to\infty}\frac{(n+1)!}{7^{n+1}}\cdot\frac{7^n}{n!}=+\infty$，故级数$\sum_{n=1}^{\infty}\frac{n!}{10^n}$发散.

（3）$\lim_{n\to\infty}\frac{u_{n+1}}{u_n}=\lim_{n\to\infty}\frac{n(n+1)(2n+1)}{(n+1)(n+2)(2n+3)}=1$，比值审敛定理失效，改用比较审敛定理.

因为$\frac{1}{(n+1)(n+2)(2n+3)}<\frac{1}{n^3}$，而级数$\sum_{n=1}^{\infty}\frac{1}{n^3}$收敛，所以$\sum_{n=1}^{\infty}\frac{1}{n(n+1)(2n+1)}$收敛.

（4）$\lim_{n\to\infty}\frac{u_{n+1}}{u_n}=\lim_{n\to\infty}\frac{(n+1)^3}{3^{n+1}}\cdot\frac{3^n}{n^3}=\lim_{n\to\infty}\frac{1\cdot(n+1)^3}{3\cdot n^3}=\frac{1}{3}<1$，因此级数$\sum_{n=1}^{\infty}\frac{n^3}{3^n}$收敛.

（5）$\lim_{n\to\infty}\frac{u_{n+1}}{u_n}=\lim_{n\to\infty}\frac{\frac{(n+1)!}{(n+1)^{n+1}}}{\frac{n!}{n^n}}=\lim_{n\to\infty}\frac{1}{\left(1+\frac{1}{n}\right)^n}=\frac{1}{e}<1$，因此级数$\sum_{n=1}^{\infty}\frac{n!}{n^n}$收敛.

（6）$\lim_{n\to\infty}\frac{u_{n+1}}{u_n}=\lim_{n\to\infty}\frac{(n+1)!\left(\frac{a}{n+1}\right)^{n+1}}{n!\left(\frac{a}{n}\right)^n}=\lim_{n\to\infty}\frac{a}{\left(1+\frac{1}{n}\right)^n}=\frac{a}{e}$，当$\frac{a}{e}<1$即$0\leqslant a<e$时，级数收敛；当$a>e$时，级数发散；当$a=e$时，$\frac{u_{n+1}}{u_n}=\frac{e}{\left(1+\frac{1}{n}\right)^n}>1$，故级数发散.

定理 12.2.4（根值审敛法） 设$\sum_{n=1}^{\infty}u_n$为正项级数，且$\lim_{n\to\infty}\sqrt[n]{u_n}=l$，则

（1）$l<1$时，原级数收敛；

（2）$l>1$时，原级数发散；

（3）$l=1$时，级数可能收敛也可能发散.

根值审敛法适用于通项中含有以n作为指数的式子.

例 12.2.5 研究下列级数的敛散性：

（1）$\sum_{n=1}^{\infty}\left(\frac{n}{2n+1}\right)^n$；（2）$\sum_{n=1}^{\infty}\left(\frac{2n+100}{3n+1}\right)^n$；（3）$\sum_{n=1}^{\infty}\frac{a^n}{n^b}(a>0,b>0)$.

解：（1）因为$\lim_{n\to\infty}\sqrt[n]{u_n}=\lim_{n\to\infty}\sqrt[n]{\left(\frac{n}{2n+1}\right)^n}=\lim_{n\to\infty}\frac{n}{2n+1}=\frac{1}{2}<1$，所给级数收敛.

（2）$\lim_{n\to\infty}\sqrt[n]{u_n}=\lim_{n\to\infty}\frac{2n+100}{3n+1}=\frac{2}{3}<1$. 由根值审敛法可知该级数绝对收敛.

（3）$\lim_{n\to\infty}\sqrt[n]{u_n}=\lim_{n\to\infty}\sqrt[n]{\frac{a^n}{n^b}}=\lim_{n\to\infty}\frac{a}{(\sqrt[n]{n})^b}=a$，当$0<a<1$时，级数收散；当$a>1$时，级数发散；当$a=1$时，$\sum_{n=1}^{\infty}\frac{1}{n^b}$当$0<b\leqslant 1$时，该级数发散，当$b>1$时，该级数收敛.

12.2.2 交错级数及其判别法

所谓**交错级数**是指它的各项是正负交错的，即形如

$$\sum_{n=1}^{\infty}(-1)^{n-1}u_n=u_1-u_2+u_3-u_4+\cdots$$

或

$$\sum_{n=1}^{\infty}(-1)^n u_n=-u_1+u_2-u_3+u_4-\cdots$$

称为交错级数，其中$u_n>0$.

定理 12.2.5（莱布尼茨定理） 若交错级数$\sum_{n=1}^{\infty}(-1)^{n-1}u_n$满足：

（1）$u_n\geqslant u_{n+1}$（$n=1, 2, \cdots$）;

（2）$\lim_{n\to\infty}u_n=0$.

则级数$\sum_{n=1}^{\infty}(-1)^{n-1}u_n$收敛，且其和$s\leqslant u_1$，其余项$r_n$的绝对值$|r_n|\leqslant u_{n+1}$.

证：
$$\begin{aligned}s_{2(n+1)}&=(u_1-u_2)+(u_3-u_4)+\cdots+(u_{2n-1}-u_{2n})+(u_{2n+1}-u_{2n+2})\\&\geqslant(u_1-u_2)+(u_3-u_4)+\cdots+(u_{2n-1}-u_{2n})=s_{2n}\end{aligned}$$

故$\{s_{2n}\}$单调递增；

又
$$s_{2n}=u_1-(u_2-u_3)-\cdots-(u_{2n-2}-u_{2n-1})-u_{2n}\leqslant u_1$$

即数列 $\{s_{2n}\}$ 有界.

由单调有界原理，数列 $\{s_{2n}\}$ 收敛. 设 $\{s_{2n}\}$ 收敛于 s，又

$$s_{2n+1}=s_{2n}+u_{2n+1}\text{，}\quad \lim_{n\to\infty}s_{2n+1}=\lim_{n\to\infty}s_{2n}+\lim_{n\to\infty}u_{2n+1}=s+0=s$$

故 $\{s_{2n+1}\}$ 收敛于 s，所以 $\lim\limits_{n\to\infty}s_n=s$.

由数列 $\{s_{2n}\}$ 有界性的证明可知，$0\leqslant s=\sum\limits_{n=1}^{\infty}(-1)^{n-1}u_n\leqslant u_1$，且余项 $\sum\limits_{m=n}^{\infty}(-1)^m u_{m+1}$ 也为莱布尼茨型级数，故 $|r_n|\leqslant u_{n+1}$.

例 12.2.6　判别下列级数的敛散性：

（1）$\sum\limits_{n=1}^{\infty}(-1)^n(\sqrt{n+1}-\sqrt{n})$；　　（2）$\sum\limits_{n=1}^{\infty}(-1)^{n-1}\dfrac{1}{n}$；

（3）$\sum\limits_{n=2}^{\infty}\dfrac{(-1)^n}{\sqrt{n}+(-1)^n}$；　　（4）$\sum\limits_{n=1}^{\infty}(-1)^n\dfrac{\ln(1+n)}{1+n}$.

解：（1）该交错级数满足下列条件：

① $$\lim_{n\to\infty}u_n=\lim_{n\to\infty}(\sqrt{n+1}-\sqrt{n})=\lim_{n\to\infty}\frac{(\sqrt{n+1}-\sqrt{n})(\sqrt{n+1}+\sqrt{n})}{\sqrt{n+1}+\sqrt{n}}=\lim_{n\to\infty}\frac{1}{\sqrt{n+1}+\sqrt{n}}=0$$

② $$u_n=\sqrt{n+1}-\sqrt{n}=\frac{1}{\sqrt{n+1}+\sqrt{n}}>\frac{1}{\sqrt{n+2}+\sqrt{n+1}}=\frac{\sqrt{n+2}-\sqrt{n+1}}{(\sqrt{n+2}+\sqrt{n+1})(\sqrt{n+2}-\sqrt{n+1})}$$
$$=\sqrt{n+2}-\sqrt{n+1}=u_{n+1}.$$

据莱布尼茨判别法，知原级数收敛.

（2）该交错级数满足下列条件：

① $$\lim_{n\to\infty}u_n=\lim_{n\to\infty}\frac{1}{n}=0$$

② $$u_{n+1}=\frac{1}{n+1}<\frac{1}{n}=u_n\quad(n=1,2,\cdots)$$

据莱布尼茨判别法，知原级数收敛.

（3）$\sum\limits_{n=2}^{\infty}\dfrac{(-1)^n}{\sqrt{n}+(-1)^n}$ 为交错级数，虽然 $\lim\limits_{n\to\infty}u_n=\dfrac{1}{\sqrt{n}+(-1)^n}=0$，但 u_n 与 u_{n+1} 的大小无法直接判别. 由于 $\dfrac{(-1)^n}{\sqrt{n}+(-1)^n}=\dfrac{(-1)^n\left[\sqrt{n}-(-1)^n\right]}{n-1}=\dfrac{(-1)^n\sqrt{n}}{n-1}-\dfrac{1}{n-1}$，而 $\sum\limits_{n=2}^{\infty}\dfrac{(-1)^n\sqrt{n}}{n-1}$ 收敛，$\sum\limits_{n=2}^{\infty}\dfrac{1}{n-1}$ 发散，故 $\sum\limits_{n=2}^{\infty}\dfrac{(-1)^n}{\sqrt{n}+(-1)^n}$ 发散.

（4）设 $f(x)=\dfrac{\ln(1+x)}{1+x}$，当 $x>3$ 时，$f'(x)=\dfrac{1-\ln(1+x)}{(1+x)^2}<0$，所以 $u_n=\dfrac{\ln(1+n)}{1+n}$ 单调递减，又 $\lim\limits_{n\to\infty}u_n=\lim\limits_{n\to\infty}\dfrac{\ln(1+n)}{1+n}=0$，故 $\sum\limits_{n=1}^{\infty}(-1)^n\dfrac{\ln(1+n)}{1+n}$ 收敛.

注：在使用莱布尼茨判别法判别交错级数敛散性时，判别 $u_n\geqslant u_{n+1}$ 时，常见的方法有三种：

（1）比值法，即考查 $\frac{u_n}{u_{n-1}}$ 是否大于等于 1；

（2）差值法，即考查 $u_n - u_{n+1}$ 是否大于等于 0；

（3）求导法，找一个可导函数 $f(x)$，使 $f(n)=u_n, n=1,2,\cdots$，考查 $f'(x)$ 是否小于零.

12.2.3 绝对收敛和条件收敛

现在我们讨论一般的级数 $u_1+u_2+u_3+\cdots+u_n+\cdots$，它的各项为任意实数，则称 $\sum_{n=1}^{\infty}u_n$ 为任意项级数. 如果级数 $\sum_{n=1}^{\infty}u_n$ 各项的绝对值所构成的正项级数 $\sum_{n=1}^{\infty}|u_n|$ 收敛，则称级数 $\sum_{n=1}^{\infty}u_n$ **绝对收敛**；如果级数 $\sum_{n=1}^{\infty}u_n$ 收敛，而级数 $\sum_{n=1}^{\infty}|u_n|$ 发散，则称级数 $\sum_{n=1}^{\infty}u_n$ **条件收敛**.

定理 12.2.6 如果级数 $\sum_{n=1}^{\infty}|u_n|$ 收敛，则级数 $\sum_{n=1}^{\infty}u_n$ 必收敛.

证：设
$$v_n=\frac{1}{2}(|u_n|+u_n),\quad w_n=\frac{1}{2}(|u_n|-u_n)\quad (n=1,2,\cdots)$$

则
$$v_n=\begin{cases}|u_n|, & u_n\geqslant 0\\ 0, & u_n<0\end{cases},\quad w_n=\begin{cases}0, & u_n\geqslant 0\\ |u_n|, & u_n<0\end{cases}$$

所以 $0\leqslant v_n\leqslant |u_n|$，$0\leqslant w_n\leqslant |u_n|$，故级数 $\sum_{n=1}^{\infty}v_n$ 和 $\sum_{n=1}^{\infty}w_n$ 都收敛. 又 $u_n=v_n-w_n$，故

$$\sum_{n=1}^{\infty}u_n=\sum_{n=1}^{\infty}v_n-\sum_{n=1}^{\infty}w_n$$

收敛.

根据此定理，我们可以将许多一般常数项级数的收敛性判别问题转化为正项级数的收敛性判别问题.

例 12.2.7 判断下列级数的敛散性：

（1）$\sum_{n=1}^{\infty}\frac{\sin na}{2^n}$；（2）$\sum_{n=1}^{\infty}(-1)^n\frac{b^n}{n}, (b>0)$；

（3）$\sum_{n=2}^{\infty}\frac{(-1)^n}{\ln n}$；（4）$\sum_{n=1}^{\infty}\frac{(-1)^n}{1+a^n}, (a>0)$.

解：（1）考虑级数 $\sum_{n=1}^{\infty}\left|\frac{\sin na}{2^n}\right|$，由于 $|\sin na|\leqslant 1$，所以 $\left|\frac{\sin na}{2^n}\right|\leqslant\frac{1}{2^n}\ (n=1,2,\cdots)$，而 $\sum_{n=1}^{\infty}\frac{1}{2^n}$ 是公比 $q=\frac{1}{2}<1$ 时的等比级数，它是收敛的，所以，由比较审敛法知，正项级数 $\sum_{n=1}^{\infty}\left|\frac{\sin na}{2^n}\right|$ 收敛，则级数 $\sum_{n=1}^{\infty}\frac{\sin na}{2^n}$ 绝对收敛.

故原级数收敛，且绝对收敛.

（2）$\lim\limits_{n\to\infty}\left|\dfrac{u_{n+1}}{u_n}\right|=\lim\limits_{n\to\infty}\left|\dfrac{b^{n+1}}{n+1}\cdot\dfrac{n}{b^n}\right|=b\lim\limits_{n\to\infty}\dfrac{n}{n+1}=b$.

当$0<b<1$时，据比值判别法，原级数绝对收敛；$b>1$时，原级数发散；当$b=1$时，原级数为$\sum\limits_{n=1}^{\infty}(-1)^n\dfrac{1}{n}$，收敛；而$\sum\limits_{n=1}^{\infty}|u_n|=\sum\limits_{n=1}^{\infty}\dfrac{1}{n}$，发散，故$b=1$时，原级数条件收敛.

（3）先判断级数$\sum\limits_{n=2}^{\infty}\left|\dfrac{(-1)^n}{\ln n}\right|=\sum\limits_{n=2}^{\infty}\dfrac{1}{\ln n}$的敛散性，显然级数$\sum\limits_{n=2}^{\infty}\dfrac{1}{\ln n}$是正项级数，因为$\dfrac{1}{\ln n}>\dfrac{1}{n}$，而级数$\sum\limits_{n=2}^{\infty}\dfrac{1}{n}$发散，由比较判别法知级数$\sum\limits_{n=2}^{\infty}\dfrac{1}{\ln n}$发散. 又因为级数$\sum\limits_{n=2}^{\infty}\dfrac{(-1)^n}{\ln n}$是一交错级数，$\lim\limits_{n\to\infty}\dfrac{1}{\ln n}=0$且$\dfrac{1}{\ln n}>\dfrac{1}{\ln(n+1)}$，由莱布尼茨判别法知，级数$\sum\limits_{n=2}^{\infty}\dfrac{(-1)^n}{\ln n}$收敛，故此级数条件收敛.

（4）当$0<a\leqslant 1$时，$\lim\limits_{n\to\infty}\dfrac{1}{1+a^n}\neq 0$，由级数收敛的必要条件知级数$\sum\limits_{n=1}^{\infty}\dfrac{(-1)^n}{1+a^n}$发散.

当$a>1$时，先判断级数$\sum\limits_{n=1}^{\infty}\left|\dfrac{(-1)^n}{1+a^n}\right|=\sum\limits_{n=1}^{\infty}\dfrac{1}{1+a^n}$的敛散性，因为$\lim\limits_{n\to\infty}\dfrac{1+a^n}{1+a^{n+1}}=\lim\limits_{n\to\infty}\dfrac{1+\dfrac{1}{a^n}}{a+\dfrac{1}{a^n}}=\dfrac{1}{a}<1$，由比值判别法知，级数$\sum\limits_{n=1}^{\infty}\dfrac{(-1)^n}{1+a^n}$绝对收敛.

注意：判别数项级数敛散性时，一般可按如下顺序进行.

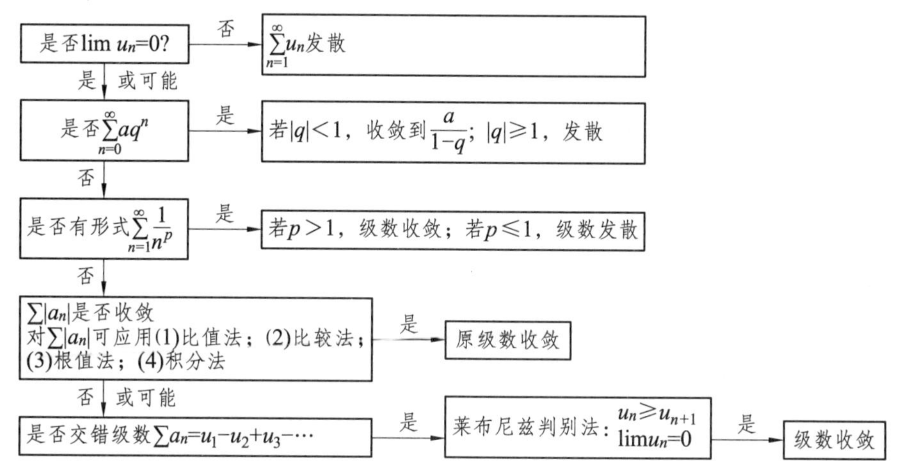

习题 12.2

基础练习

1. 选择题.

（1）若级数$\sum\limits_{n=1}^{\infty}u_n$收敛，则（　　）.

A. $\sum_{n=1}^{\infty}|u_n|$必收敛　　B. $\sum_{n=1}^{\infty}u_n^2$必收敛

C. 数列$\{S_n\}$有界　　D. 以上都不正确

（2）交错级数$\sum_{n=1}^{\infty}(-1)^n u_n$若满足（　　）则交错级数收敛.

A. $u_n \geqslant u_{n+1}(n=1,2,3,\cdots)$　　B. $u_n \geqslant u_{n+1}(n=1,2,3,\cdots)$且$\lim\limits_{n\to\infty}u_n=0$

C. $\lim\limits_{n\to\infty}u_n=0$　　D. $\lim\limits_{n\to\infty}\frac{u_{n+1}}{u_n}\leqslant 1$

（3）设$\sum_{n=1}^{\infty}u_n$为任意项级数，那么（　　）.

A. 如果$\sum_{n=1}^{\infty}|u_n|$收敛，则$\sum_{n=1}^{\infty}u_n$条件收敛

B. 如果$\sum_{n=1}^{\infty}u_n$收敛，则$\sum_{n=1}^{\infty}|u_n|$条件收敛

C. 如果$\sum_{n=1}^{\infty}|u_n|$收敛，则$\sum_{n=1}^{\infty}u_n$收敛

D. 如果$\sum_{n=1}^{\infty}u_n$条件收敛，则$\sum_{n=1}^{\infty}u_n$绝对收敛

（4）若级数$\sum_{n=1}^{\infty}u_n^2$收敛，则级数$\sum_{n=1}^{\infty}u_n$（　　）.

A. 一定绝对收敛　　B. 可能收敛也可能发散

C. 一定发散　　D. 一定条件收敛

（5）若级数$\sum_{n=1}^{\infty}u_n$收敛，则（　　）.

A. 必有$\lim\limits_{n\to\infty}\left|\frac{u_{n+1}}{u_n}\right|=\rho<1$　　B. 必有$\lim\limits_{n\to\infty}\sqrt[n]{|u_n|}=\rho<1$

C. $u_n \geqslant u_{n+1}(n=1,2,3,\cdots)$　　D. 以上都不正确

（6）下列级数发散的是（　　）.

A. $\sum_{n=1}^{\infty}\frac{2^n}{4^n}$　　B. $\sum_{n=2}^{\infty}\frac{1}{\sqrt{2n^5-3}}$　　C. $\sum_{n=1}^{\infty}\frac{6^n}{n^2\cdot 5^n}$　　D. $\sum_{n=1}^{\infty}\frac{\sin 2n}{8^n}$

（7）设α为常数，则$\sum_{n=1}^{\infty}\left(\frac{\sin n\alpha}{n^2}-\frac{1}{\sqrt{n}}\right)$（　　）.

A. 绝对收敛　　B. 条件收敛

C. 发散　　D. 收敛性与α的取值有关

（8）下列级数收敛的是（　　）.

A. $\sum_{n=1}^{\infty}\ln\left(1+\frac{1}{n}\right)$　　B. $\sum_{n=1}^{\infty}\frac{2}{n^{\frac{2}{3}}}\ln\left(1+\frac{1}{n^{\frac{1}{3}}}\right)$

C. $\sum_{n=1}^{\infty}\ln\left(1+\frac{1}{\sqrt{n}}\right)$　　D. $\sum_{n=1}^{\infty}(-1)^n\frac{1}{n}$

（9）级数 $\sum_{n=1}^{\infty}\left(\frac{n}{2n+1}\right)^n$（　　）.

A. 不能确定　　B. 条件收敛　　C. 发散　　D. 收敛

（10）设 $u_n=\frac{a_n+|a_n|}{2},v_n=\frac{a_n-|a_n|}{2}$，则下列结论正确的是（　　）.

A. $\sum_{n=1}^{\infty}a_n$ 条件收敛 $\Rightarrow\sum_{n=1}^{\infty}u_n$ 和 $\sum_{n=1}^{\infty}v_n$ 均收敛

B. $\sum_{n=1}^{\infty}a_n$ 条件收敛 $\Rightarrow\sum_{n=1}^{\infty}u_n$ 和 $\sum_{n=1}^{\infty}v_n$ 敛散性不定

C. $\sum_{n=1}^{\infty}a_n$ 绝对收敛 $\Rightarrow\sum_{n=1}^{\infty}u_n$ 和 $\sum_{n=1}^{\infty}v_n$ 均收敛

D. $\sum_{n=1}^{\infty}a_n$ 绝对收敛 $\Rightarrow\sum_{n=1}^{\infty}u_n$ 和 $\sum_{n=1}^{\infty}v_n$ 敛散性不定

2. 利用比较审敛法判断下列级数的敛散性：

（1）$\sum_{n=1}^{\infty}\frac{1}{2n-1}$；　　（2）$\sum_{n=1}^{\infty}\frac{1}{n(n+1)}$；

（3）$\sum_{n=1}^{\infty}\frac{2^n}{n^2+1}$；　　（4）$\sum_{n=1}^{\infty}\frac{1}{n\sqrt{n+1}}$；

（5）$\sum_{n=1}^{\infty}\frac{n}{n^3+1}$；　　（6）$\sum_{n=1}^{\infty}\frac{1}{(n+1)(n+4)}$.

3. 利用比值审敛法判断下列级数的敛散性：

（1）$\sum_{n=1}^{\infty}\frac{n+2}{2^n}$；　　（2）$\sum_{n=1}^{\infty}\frac{n^2}{3^n}$；

（3）$\sum_{n=1}^{\infty}\frac{5^n}{n!}$；　　（4）$\sum_{n=1}^{\infty}\frac{3^n}{n\cdot 2^n}$；

（5）$\sum_{n=1}^{\infty}\frac{(1000)^n}{n!}$；　　（6）$\sum_{n=1}^{\infty}\frac{(n!)^2}{(2n)!}$.

4. 设级数 $\sum_{n=1}^{\infty}u_n$ 的部分和 $S_n=\frac{3^n-1}{3^{n-1}}$.

（1）求 u_n；　　（2）判别级数 $\sum_{n=1}^{\infty}u_n$ 的敛散性，若收敛求其和.

提高练习

5. 利用根值审敛法判断下列级数的敛散性：

（1）$\sum_{n=1}^{\infty}\left(\frac{n}{3n+1}\right)^n$；　　（2）$\sum_{n=1}^{\infty}\frac{1}{[\ln(n+1)]^n}$；

（3）$\sum_{n=1}^{\infty}\frac{\left(\frac{n+1}{n}\right)^n}{2^n}$；（4）$\sum_{n=1}^{\infty}\frac{3^n}{1+e^n}$.

6. 判断下列交错级数的敛散性：

（1）$\sum_{n=1}^{\infty}(-1)^{n-1}\frac{1}{\sqrt{n}}$；（2）$\sum_{n=1}^{\infty}(-1)^{n-1}\frac{n}{2n-1}$；

（3）$\sum_{n=1}^{\infty}(-1)^{n-1}\frac{n}{n+1}$；（4）$\sum_{n=1}^{\infty}(-1)^{n}\frac{n}{3^{n-1}}$.

7. 判别下列级数是否收敛，如果收敛是绝对收敛还是条件收敛：

（1）$\sum_{n=1}^{\infty}(-1)^{n-1}\frac{1}{(2n-1)^2}$；（2）$\sum_{n=1}^{\infty}(-1)^{n-1}\frac{1}{2n-1}$；

（3）$\sum_{n=1}^{\infty}(-1)^{n-1}\frac{1}{\ln(n+1)}$；（4）$\sum_{n=1}^{\infty}(-1)^{n-1}\frac{1}{3\cdot 2^n}$.

8. 计算下列极限：

（1）$\lim\limits_{n\to\infty}\frac{3^n}{n!2^n}$；（2）$\lim\limits_{n\to\infty}\frac{n^n}{(n!)^2}$；（3）$\lim\limits_{n\to\infty}\left(\frac{n}{1+2n}\right)^n$.

9. 讨论级数 $\sum_{n=1}^{\infty}\left(\frac{b}{a_n}\right)^n$ 的收敛性，其中 $a_n\to a(n\to\infty), a_n, b, a$ 均为正数.

拓展练习

10. 设正项数列 $\{a_n\}$ 单调减少且级数 $\sum_{n=1}^{\infty}(-1)^n a_n$ 发散，试问级数 $\sum_{n=1}^{\infty}\left(\frac{1}{a_n+1}\right)^n$ 是否收敛?并说明理由.

11. 设级数 $\sum_{n=1}^{\infty}a_n\,(a_n\geqslant 0)$ 收敛，则 $\sum_{n=1}^{\infty}\frac{\sqrt{a_n}}{n}$ 收敛.

12. 阅读理解：

积分审敛定理 若 $f(x)(x>0)$ 为非负的不增函数，则 $\sum_{n=1}^{\infty}f(n)$ 与 $\int_1^{+\infty}f(x)\mathrm{d}x$ 同敛散.

讨论下列正项级数的敛散性.

（1）$\sum_{n=2}^{\infty}\frac{1}{n\ln^p n}(p>0)$；（2）$\sum_{n=2}^{\infty}\frac{1}{\ln n!}$.

12.3 幂级数

12.3.1 函数项级数的概念

定义 12.3.1 如果给定一个定义在区间 I 上的函数列

$$u_1(x), u_2(x), u_3(x), \cdots, u_n(x), \cdots$$

则有该函数列构成的表达式

$$u_1(x)+u_2(x)+u_3(x)+\cdots+u_n(x)+\cdots \tag{12.3.1}$$

称为定义在区间 I 上的**（函数项）无穷级数，**简称**（函数项）级数**.

对于每一个确定的值 $x_0\in I$，函数项级数（12.3.1）变成了常数项级数

$$u_1(x_0)+u_2(x_0)+u_3(x_0)+\cdots+u_n(x_0)+\cdots \tag{12.3.2}$$

这个级数可能收敛，也可能发散. 如果级数（12.3.2）收敛，则称 x_0 是函数项级数（12.3.1）的**收敛点**；如果级数（12.3.2）发散，则称 x_0 是函数项级数（12.3.1）的**发散点**. 函数项级数（12.3.1）的所有收敛点的全体组成的集合称为它的**收敛域**，所有发散点的全体组成的集合称为它的**发散域**.

对于函数项级数（12.3.1）的收敛域内的任意点 x，级数 $u_1(x)+u_2(x)+u_3(x)+\cdots+u_n(x)+\cdots$ 的和为 s，s 为定义在函数项级数（12.3.1）的收敛域上的函数，称为函数项级数（12.3.1）的**和函数**，实际上，该函数的定义域就是级数的收敛域，并有

$$s=u_1(x)+u_2(x)+u_3(x)+\cdots+u_n(x)+\cdots$$

设函数项级数（12.3.1）的前 n 项和为 $s_n(x)$，则同常数项级数一样，在收敛域上有，$\sum\limits_{n=1}^{\infty}u_n(x)$ 的部分和为 $S_n(x)$，当 $x\in I$ 时，有 $\lim\limits_{n\to\infty}S_n(x)=S(x), r_n(x)=S(x)-S_n(x)$ 为 $\sum\limits_{n=1}^{\infty}u_n(x)$ 的余项，且有 $\lim\limits_{n\to\infty}r_n(x)=0$.

定理 12.3.1　幂级数的敛散性（Abel 定理）

（1）若幂级数 $\sum\limits_{n=0}^{\infty}a_nx^n$ 在 $x=x_0\,(x_0\neq 0)$ 处收敛，则对满足不等式 $|x|<|x_0|$ 的一切 x，幂级数 $\sum\limits_{n=0}^{\infty}a_nx^n$ 绝对收敛.

（2）若幂级数 $\sum\limits_{n=0}^{\infty}a_nx^n$ 在 $x=x_0$ 处发散，则对满足不等式 $|x|>|x_0|$ 的一切 x，幂级数 $\sum\limits_{n=0}^{\infty}a_nx^n$ 发散.

例 12.3.1　求级数 $\sum\limits_{n=1}^{\infty}(-1)^{n+1}\dfrac{(x-2)^n}{n}$ 的收敛域.

解：由 $u_n(x)=(-1)^{n+1}\dfrac{(x-2)^n}{n}$，可得

$$\lim_{n\to\infty}\left|\frac{u_{n+1}(x)}{u_n(x)}\right|=\lim_{n\to\infty}\left|\frac{(-1)^{n+2}\dfrac{(x-2)^{n+1}}{n+1}}{(-1)^{n+1}\dfrac{(x-2)^n}{n}}\right|=\lim_{n\to\infty}\left|\frac{(x-2)^{n+1}}{n+1}\frac{n}{(x-2)^n}\right|=|x-2|\lim_{n\to\infty}\frac{n}{n+1}=|x-2|$$

当 $|x-2|<1$ 时，即 $1<x<3$ 时，级数收敛；

当 $x=1$ 时，级数 $\sum\limits_{n=1}^{\infty}(-1)^{n+1}\dfrac{(-1)^n}{n}=\sum\limits_{n=1}^{\infty}-\dfrac{1}{n}$ 发散；

当 $x=3$ 时，级数 $\sum\limits_{n=1}(-1)^{n+1}\frac{(1)^n}{n}=\sum\limits_{n=1}^{\infty}(-1)^{n+1}\frac{1}{n}$ 收敛，所以幂级数的收敛域为 $[-1,1)$.

12.3.2 幂级数的收敛半径、收敛区间和收敛域

定义 12.3.2 形如 $\sum\limits_{n=0}^{\infty}a_nx^n=a_0+a_1x+a_2x^2+\cdots+a_nx^n+\cdots$ 的级数称为 x 的幂级数. 其中 $a_0,a_1,a_2,\cdots,a_n,\cdots$ 都是常数，称为幂级数的系数.

将幂级数 $\sum\limits_{n=0}^{\infty}a_nx^n$ 的各项取绝对值，得正项级数

$$\sum_{n=0}^{\infty}a_nx^n=|a_0|+|a_1x|+|a_2x^2|+\cdots+|a_nx^n|+\cdots$$

设 $\lim\limits_{n\to\infty}\left|\frac{a_{n+1}}{a_n}\right|=\rho$，则 $\lim\limits_{n\to\infty}\left|\frac{u_{n+1}}{u_n}\right|=\lim\limits_{n\to\infty}\left|\frac{a_{n+1}x^{n+1}}{a_nx^n}\right|=\lim\limits_{n\to\infty}\left|\frac{a_{n+1}}{a_n}\right|\cdot|x|=\rho|x|$. 于是，由比值审敛法知：

（1）若 $\rho|x|<1(\rho\neq0)$，即 $|x|<\frac{1}{\rho}=R$，则级数 $\sum\limits_{n=0}^{\infty}a_nx^n$ 绝对收敛；

（2）若 $\rho|x|>1(\rho\neq0)$，即 $|x|>\frac{1}{\rho}=R$，则级数 $\sum\limits_{n=0}^{\infty}a_nx^n$ 发散；

（3）若 $\rho|x|=1(\rho\neq0)$，即 $|x|=\frac{1}{\rho}=R$，则比值审敛法无效，需另行判断；

（4）若 $\rho=0$，即 $\rho|x|=0<1$，则级数 $\sum\limits_{n=0}^{\infty}a_nx^n$ 对任何 x 都收敛.

由以上分析可得，$R=\frac{1}{\rho}$ 叫作幂级数 $\sum\limits_{n=0}^{\infty}a_nx^n$ 的**收敛半径**，开区间 $(-R,R)$ 叫做幂级数 $\sum\limits_{n=0}^{\infty}a_nx^n$ 的**收敛区间**. 再由幂级数在 $x=\pm R$ 处的收敛性就可以决定它的收敛域是 $(-R,R)$、$[-R,R)$、$(-R,R]$ 或 $[-R,R]$ 这四个区间之一.

综上所述得到求幂级数收敛半径的方法.

定理 12.3.2 若幂级数 $\sum\limits_{n=0}^{\infty}a_nx^n$ 的系数满足 $\lim\limits_{n\to\infty}\left|\frac{a_{n+1}}{a_n}\right|=\rho$，而 $R=\frac{1}{\rho}$（R 为大于 0 的常数或 $+\infty$），则

（1）若 $R=0$，级数仅当 $x=0$ 时收敛；

（2）若 R 为大于 0 的常数，级数当 $|x|<R$ 收敛；当 $|x|>R$ 时发散；当 $|x|=R$ 时可能收敛，也可能发散；

（3）若 $R=+\infty$，级数对任意 x 都收敛.

由定理可得求幂级数收敛域的步骤：

（1）求收敛半径 R；

（2）若 $0<R<+\infty$，则再判断 $x=\pm R$ 时级数的敛散性，最后写出收敛域.

例 12.3.2 求下列幂级数的收敛半径与收敛域：

（1）$\sum_{n=1}^{\infty}(-1)^{n-1}\frac{x^n}{n}$；　（2）$\sum_{n=1}^{\infty}n!x^n$；　（3）$\sum_{n=1}^{\infty}\frac{x^n}{n^n}$；　（4）$\sum_{n=1}^{\infty}2^n(x+3)^{2n}$.

解：（1）由 $\rho=\lim\limits_{n\to\infty}\left|\frac{a_{n+1}}{a_n}\right|=\lim\limits_{n\to\infty}\frac{\frac{1}{n+1}}{\frac{1}{n}}=\lim\limits_{n\to\infty}\frac{n}{n+1}=1$得，收敛半径 $R=\frac{1}{\rho}=1$.

当 $x=-1$时，幂级数为$\sum_{n=1}^{\infty}(-1)^{n-1}\frac{(-1)^n}{n}=\sum_{n=1}^{\infty}\frac{(-1)^{2n-1}}{n}=-\sum_{n=1}^{\infty}\frac{1}{n}$，该级数是发散的；

当 $x=1$时，幂级数为交错级数$\sum_{n=1}^{\infty}(-1)^{n-1}\frac{1^n}{n}=\sum_{n=1}^{\infty}\frac{(-1)^{n-1}}{n}$，由 12.2 节，例 12.2.7 可知，该级数收敛.

所以幂级数$\sum_{n=1}^{\infty}(-1)^{n-1}\frac{x^n}{n}$的收敛域为$(-1,1]$

（2）由 $\rho=\lim\limits_{n\to\infty}\left|\frac{a_{n+1}}{a_n}\right|=\lim\limits_{n\to\infty}\frac{(n+1)!}{n!}=\lim\limits_{n\to\infty}(n+1)=+\infty$得，收敛半径 $R=\frac{1}{\rho}=0$.

所以幂级数$\sum_{n=1}^{\infty}n!x^n$仅在 $x=0$处收敛.

（3）因为 $\rho=\lim\limits_{n\to\infty}\left|\frac{a_{n+1}}{a_n}\right|=\lim\limits_{n\to\infty}\frac{\frac{1}{(n+1)^{n+1}}}{\frac{1}{n^n}}=\lim\limits_{n\to\infty}\frac{n^n}{(n+1)^{n+1}}=\lim\limits_{n\to\infty}\frac{n^n}{(n+1)^n}\cdot\frac{1}{n+1}$

$$=\lim_{n\to\infty}\frac{1}{n+1}\cdot\left(\frac{n}{n+1}\right)^n=\lim_{n\to\infty}\frac{1}{n+1}\cdot\left(\frac{1}{1+\frac{1}{n}}\right)^n=\lim_{n\to\infty}\frac{1}{n+1}\cdot\frac{1}{\left(1+\frac{1}{n}\right)^n}=0\cdot\frac{1}{\mathrm{e}}=0$$

所以收敛半径 $R=+\infty$，从而收敛域为$(-\infty,+\infty)$.

（4）由 $u_n(x)=2^n(x+3)^{2n}$ 可得

$$\lim_{n\to\infty}\left|\frac{u_{n+1}(x)}{u_n(x)}\right|=\lim_{n\to\infty}\left|\frac{2^{n+1}(x+3)^{2n+2}}{2^n(x+3)^{2n}}\right|=2|x+3|^2$$

当$2|x+3|^2<1$，即$|x+3|<\frac{1}{\sqrt{2}}$，可得$-3-\frac{1}{\sqrt{2}}<x<-3+\frac{1}{\sqrt{2}}$时，级数收敛；当$|x+3|=\frac{1}{\sqrt{2}}$时，即 $x=-3-\frac{1}{\sqrt{2}}$时，级数$\sum_{n=1}^{\infty}2^n\frac{1}{2^n}=\sum_{n=1}^{\infty}1$发散；$x=-3+\frac{1}{\sqrt{2}}$时，级数$\sum_{n=1}^{\infty}2^n\frac{1}{2^n}=\sum_{n=1}^{\infty}1$发散；所以无穷级数的收敛域为$\left(-3-\frac{1}{\sqrt{2}},-3+\frac{1}{\sqrt{2}}\right)$，收敛半径为 $R=\frac{1}{\sqrt{2}}$.

12.3.3　幂级数的运算与和函数

关于幂级数的运算和性质，我们下面几个定理.

定理 12.3.3（代数运算）　设幂级数

$$a_0+a_1x+a_2x^2+\cdots+a_nx^n+\cdots,$$
$$b_0+b_1x+b_2x^2+\cdots+b_nx^n+\cdots$$

的收敛区间分别为 $(-R_1,R_1)$ 及 $(-R_2,R_2)$，其和函数分别为 $f(x)$ 与 $g(x)$，即

$$\sum_{n=0}^{\infty}a_nx^n=f(x),x\in(-R_1,R_1),$$
$$\sum_{n=0}^{\infty}a_nx^n=g(x),x\in(-R_2,R_2),$$

设 $R=\min\{R_1,R_2\}$，则在 $(-R,R)$ 上，两个幂级数可以作加法、减法及乘法运算：

$$\sum_{n=0}^{\infty}a_nx^n\pm\sum_{n=0}^{\infty}b_nx^n=\sum_{n=0}^{\infty}(a_n\pm b_n)x^n=f(x)\pm g(x),x\in(-R,R),$$
$$\left(\sum_{n=0}^{\infty}a_nx^n\right)\left(\sum_{n=0}^{\infty}b_nx^n\right)=a_0b_0+(a_0b_1+a_1b_0)x+(a_0b_2+a_1b_1+a_2b_0)x^2$$
$$+\cdots+(a_0b_n+a_1b_{n-1}+\cdots+a_nb_0)x^n+\cdots,x\in(-R,R).$$

可以看出，两个幂级数的加减乘运算与两个多项式的相应运算完全相同. 除了代数运算外，幂级数在收敛域内还可以进行微分和积分运算.

定理 12.3.4（和函数的连续性）　设幂级数 $\sum_{n=0}^{\infty}a_nx^n$ 的收敛域为区间 I，则它的和函数 $S(x)$ 在收敛域 I 上是连续的.

例如，幂函数 $\sum_{n=0}^{\infty}x^n$ 的收敛域为 $|x|<1$，且和函数 $S(x)=\dfrac{1}{1-x}$，即

$$\frac{1}{1-x}=1+x+x^2+\cdots+x^n+\cdots,x\in(-1,1) \tag{12.3.3}$$

显然，和函数 $S(x)=\dfrac{1}{1-x}$ 在收敛域 $(-1,1)$ 上是连续的.

定理 12.3.5（和函数的可导性）　设幂级数 $\sum_{n=0}^{\infty}a_nx^n$ 的收敛半径为 $R(R>0)$，则其和函数 $S(x)$ 在收敛区间 $(-R,R)$ 内可导，且有逐项求导公式

$$S'(x)=\left(\sum_{n=0}^{\infty}a_nx^n\right)'=\sum_{n=0}^{\infty}(a_nx^n)'=\sum_{n=1}^{\infty}na_nx^{n-1},x\in(-R,R).$$

逐项求导后所得到的幂级数的收敛半径仍为 R.

把式（12.3.3）两端逐项求导，得

$$\frac{1}{(1-x)^2}=1+2x+3x^2+\cdots+nx^{n-1}+\cdots$$

易知右端级数的收敛半径 $R=1$，在 $x=\pm1$ 处级数发散，故收敛域为 $(-1,1)$.

定理 12.3.6（和函数的可积性）　设幂级数 $\sum_{n=0}^{\infty}a_nx^n$ 的收敛半径为 $R(R>0)$，则其和函数

$S(x)$ 在收敛区间 $(-R,R)$ 内可积，且有逐项求积公式

$$\int_0^x S(x)\mathrm{d}x=\int_0^x\left(\sum_{n=0}^{\infty}a_nx^n\right)\mathrm{d}x=\sum_{n=0}^{\infty}\int_0^x a_nx^n\mathrm{d}x=\sum_{n=0}^{\infty}\frac{a_n}{n+1}x^{n+1},x\in(-R,R).$$

把式（12.3.3）两端逐项积分，得

$$\int_0^x\frac{1}{1-x}\mathrm{d}x=\int_0^x\left(1+x+x^2+\cdots+x^n+\cdots\right)\mathrm{d}x,$$

即 $-\ln(1-x)=x+\dfrac{x^2}{2}+\dfrac{x^3}{3}+\cdots+\dfrac{x^{n+1}}{n+1}+\cdots$，从而级数 $\sum\limits_{n=0}^{\infty}\dfrac{x^{n+1}}{n+1}$ 的和函数为 $-\ln(1-x)$.

例 12.3.3　求下列幂级数的收敛域及和函数：

（1）$\sum\limits_{n=0}^{\infty}\dfrac{x^n}{n!}$；　（2）$\sum\limits_{n=1}^{\infty}nx^n$；　（3）$\sum\limits_{n=1}^{\infty}(-1)^{n-1}\dfrac{x^n}{n}$.

解：（1）$\rho=\lim\limits_{n\to\infty}\left|\dfrac{a_{n+1}}{a_n}\right|=\lim\limits_{n\to\infty}\dfrac{\frac{1}{(n+1)!}}{\frac{1}{n!}}=\lim\limits_{n\to\infty}\dfrac{1}{n+1}=0$，所以 $R=+\infty$. 所以其收敛域为 $(-\infty,+\infty)$.

设和函数为 $S(x)$，则

$$S(x)=\sum_{n=0}^{\infty}\frac{x^n}{n!}=1+x+\frac{x^2}{2!}+\cdots+\frac{x^n}{n!}+\cdots,x\in(-\infty,+\infty).$$

逐项求导可得，

$$S'(x)=1+x+\frac{x^2}{2!}+\cdots+\frac{x^n}{n!}+\cdots,x\in(-\infty,+\infty).$$

即有　$S'(x)=S(x)$，解这个微分方程可得，$S(x)=C\mathrm{e}^x$

又由于 $S(0)=1$，得 $C=1$，所以 $S(x)=\mathrm{e}^x$，即

$$\mathrm{e}^x=\sum_{n=0}^{\infty}\frac{x^n}{n!}=1+x+\frac{x^2}{2!}+\cdots+\frac{x^n}{n!}+\cdots,x\in(-\infty,+\infty).$$

（2）$\rho=\lim\limits_{n\to\infty}\left|\dfrac{a_{n+1}}{a_n}\right|=\lim\limits_{n\to\infty}\dfrac{n+1}{n}=1$，所以 $R=1$.

易知在 $x=-1$ 和 $x=1$ 处，级数均发散，故级数的收敛域为 $(-1,1)$.

设和函数为 $S(x)$，则

$$S(x)=\sum_{n=1}^{\infty}nx^n=x\sum_{n=1}^{\infty}nx^{n-1}=x\sum_{n=1}^{\infty}\left(x^n\right)'=x\left(\sum_{n=1}^{\infty}x^n\right)'=x\left(\frac{x}{1-x}\right)'=\frac{x}{(1-x)^2},x\in(-1,1).$$

（3）$\rho=\lim\limits_{n\to\infty}\left|\dfrac{a_{n+1}}{a_n}\right|=\lim\limits_{n\to\infty}\dfrac{n}{n+1}=1$，所以 $R=1$.

易知在 $x=-1$ 处，级数发散；在 $x=1$ 处，级数收知，故级数的收知域为 $(-1,1]$.

设和函数为 $S(x)$，即 $S(x)=x-\dfrac{x^2}{2}+\dfrac{x^3}{3}-\dfrac{x^4}{4}+\cdots+(-1)^{n-1}\dfrac{x^n}{n}+\cdots$

显然 $S(0)=0$，且

$$S'(x)=1-x+x^2-x^3+\cdots+(-1)^{n-1}x^{n-1}+\cdots=\frac{1}{1+x}(-1<x<1),$$

由积分公式 $\int_0^x S'(x)\mathrm{d}x=S(x)-S(0)$，得

$$S(x)=S(0)+\int_0^x S'(x)\mathrm{d}x=\int_0^x \frac{1}{1+x}\mathrm{d}x=\ln(1+x),$$

因题设级数在 $x=1$ 时收敛，所以

$$\sum_{n=1}^{\infty}(-1)^{n-1}\frac{x^n}{n}=\ln(1+x), x\in(-1,1].$$

习题 12.3

基础练习

1. 填空题.

（1）级数 $\sum_{n=0}^{\infty}\frac{x^n}{5^n}$ 的收敛半径 $R=$__________.

（2）幂级数 $\sum_{n=1}^{\infty}\frac{x^n}{n^2}$ 的收敛半径为 $R=$__________.

（3）幂级数 $\sum_{n=0}^{\infty}n!x^n$ 的收敛半径为 $R=$__________.

（4）幂级数 $\sum_{n=1}^{\infty}\frac{x^n}{n}$ 的收敛区间是__________.

（5）$\sum_{n=1}^{\infty}nx^n$ 的收敛域为__________.

（6）幂级数 $\sum_{n=1}^{\infty}\frac{n}{3^n}x^n$ 的收敛域是__________.

2. 求下列级数的收敛半径、收敛区间及收敛域：

（1）$\sum_{n=1}^{\infty}\frac{x^n}{n\cdot 2^n}$；（2）$\sum_{n=1}^{\infty}\frac{x^n}{2n(2n-1)}$；（3）$\sum_{n=1}^{\infty}\frac{2^n}{n^2+1}x^n$；

（4）$\sum_{n=1}^{\infty}(-1)^n\frac{x^{2n+1}}{2n+1}$；（5）$\sum_{n=1}^{\infty}\frac{1}{n\cdot 4^n}x^n$；（6）$\sum_{n=1}^{\infty}\frac{(-1)^n}{n}x^n$；

（7）$\sum_{n=0}^{\infty}\frac{x^n}{(n-1)(2n+1)}$；（8）$\sum_{n=0}^{\infty}\frac{(x-6)^n}{n}$；（9）$\sum_{n=0}^{\infty}\frac{\sqrt{n}}{(x-2)^n}$.

3. 设幂级数 $\sum_{n=0}^{\infty}a_nx^n$ 在 $x_1=1$ 时收敛，在 $x_2=-1$ 时发散，求该幂级数的收敛半径.

提高练习

4. 求下列幂级数的收敛半径与收敛域：

（1）$\sum_{n=1}^{\infty}\frac{1}{n}(x-4)^{2n}(a>0)$；（2）$\sum_{n=1}^{\infty}\frac{3^{2n-1}}{n\sqrt{n}}(x-2)^{n}$；

（3）$\sum_{n=1}^{\infty}\frac{(x+2)^{2n-1}}{\sqrt{n}}$；（4）$\sum_{n=0}^{\infty}\frac{(x+a)^{n}}{n^{2}}$；

（5）$\sum_{n=0}^{\infty}\frac{(x-a)^{2n}}{(2n)!}$；（6）$\sum_{n=1}^{\infty}\frac{3^{n}+(-2)^{n}}{n}(x+1)^{n}$；

（7）$\sum_{n=1}^{\infty}\frac{(2x+1)^{n}}{n}$；（8）$\sum_{n=1}^{\infty}\frac{(x+3)^{2n+1}}{n^{3}}$.

5. 若$\sum_{n=1}^{\infty}a_{n}(x-1)^{n}$在$x=-3$处发散，在$x=5$处收敛，求级数的收敛半径.

6. 设幂级数$\sum_{n=0}^{\infty}a_{n}x^{n}$的收敛半径为$R$，求$\sum_{n=0}^{\infty}a_{n}\frac{1}{2^{n}}x^{2n+1}$的收敛半径.

7. 若$\sum_{n=1}^{\infty}a_{n}(x-1)^{n}$在$x=-1$处收敛，求在$x=2$处敛散性.

8. 若$\sum_{n=0}^{\infty}a_{n}(x-2)^{n}$在$x=2$收敛，求此级数在$x=5$处的敛散性.

拓展练习

9. 求下列幂级数的和函数：

（1）$\sum_{n=0}^{\infty}\frac{x^{2n-1}}{2n-1}$；（2）$\sum_{n=1}^{\infty}nx^{n-1}$；（3）$\sum_{n=1}^{\infty}\frac{x^{n}}{n\cdot 4^{n}}$.

10. 求级数$\sum_{n=1}^{\infty}\frac{n}{(n+1)!}$的和.

12.4　函数展开成幂级数

12.4.1　泰勒级数

上一节我们学习了幂级数的收敛半径、收敛域求法及和函数的求法，从讨论知幂级数在收敛域内具有连续性、逐项可导性、逐项可积性，而很多实际问题是研究给定函数$f(x)$，考虑其是否在某个区间内展成幂级数，也就是说，是否能找到这样一个幂级数，它在某区间内收敛，且其和恰好就是给定的函数$f(x)$. 如果能找到这样的幂级数，我们就说，函数$f(x)$在该区间内能展开成幂级数，而这个幂级数在该区间内就表达了函数$f(x)$.

若函数$f(x)$在点x_0的某一邻域内具有直到$(n+1)$阶的导数，则在该邻域内$f(x)$的n阶泰勒公式

$$f(x)=f(x_0)+f'(x_0)(x-x_0)+\frac{f''(x_0)}{2!}(x-x_0)^2+\cdots+\frac{f^{(n)}(x_0)}{n!}(x-x_0)^n+R_n(x)\quad(12.4.1)$$

成立，其中 $R_n(x)$ 为拉格朗日型余项：

$$R_n(x)=\frac{f^{(n+1)}(\xi)}{(n+1)!}(x-x_0)^{n+1}$$

ξ 是 x 与 x_0 之间的某个值. 这时，在该邻域内 $f(x)$ 可以用 n 次多项式

$$p_n(x)=f(x_0)+f'(x_0)(x-x_0)+\frac{f''(x_0)}{2!}(x-x_0)^2+\cdots+\frac{f^{(n)}(x_0)}{n!}(x-x_0)^n \quad (12.4.2)$$

来近似表达，并且误差等于余项的绝对值 $|R_n(x)|$. 显然，如果 $|R_n(x)|$ 随着 n 的增大而减少，那么我们就可以用增加多项式的项数的办法来提高精确度.

如果 $f(x)$ 在点 x_0 的某邻域内具有各阶导数 $f'(x),f''(x),\cdots,f^{(n)}(x),\cdots$, 这时我们可以设想多项式（12.4.2）的项数趋向无穷而成为幂级数

$$f(x_0)+f'(x_0)(x-x_0)+\frac{f''(x_0)}{2!}(x-x_0)^2+\cdots+\frac{f^{(n)}(x_0)}{n!}(x-x_0)^n+\cdots \quad (12.4.3)$$

幂级数（12.4.3）称为函数 $f(x)$ 的泰勒级数. 显然，当 $x=x_0$ 时，$f(x)$ 的泰勒级数收敛于 $f(x_0)$，但除了 $x=x_0$ 外，它是否一定收敛？如果它收敛，它是否一定收敛于 $f(x)$？关于这些问题，有下述定理.

定理 12.4.1 设函数 $f(x)$ 在点 x_0 的某一邻域 $U(x_0)$ 内具有各阶导数，则 $f(x)$ 在该邻域内能展开成泰勒级数的充分必要条件是 $f(x)$ 的泰勒公式中的余项 $R_n(x)$ 当 $n\to\infty$ 时的极限为零，即

$$\lim_{n\to\infty}R_n(x)=0,\quad (x\in U(x_0))$$

证：先证必要性. 设 $f(x)$ 在 $U(x_0)$ 内能展开为泰勒级数，即

$$f(x)=f(x_0)+f'(x_0)(x-x_0)+\frac{f''(x_0)}{2!}(x-x_0)^2+\cdots+\frac{f^{(n)}(x_0)}{n!}(x-x_0)^n+\cdots \quad (12.4.4)$$

对一切 $x\in U(x_0)$ 成立. 我们把 $f(x)$ 的 n 阶泰勒公式（12.4.4）写成

$$f(x)=s_{n+1}(x)+R_n(x) \quad (12.4.5)$$

其中 $s_{n+1}(x)$ 是 $f(x)$ 的泰勒级数（12.4.3）的前 $(n+1)$ 项之和，因为由（12.4.4）式有

$$\lim_{n\to\infty}s_{n+1}(x)=f(x)$$

所以

$$\lim_{n\to\infty}R_n(x)=\lim_{n\to\infty}[f(x)-s_{n+1}(x)]=f(x)-f(x)=0$$

这就证明了条件是必要的.

再证充分性. 设 $\lim\limits_{n\to\infty}R_n(x)=0$ 对一切 $x\in U(x_0)$ 成立，由 $f(x)$ 的 n 阶泰勒公式（12.4.5）有

$$s_{n+1}(x)=f(x)-R_n(x)$$

令 $n\to\infty$ 取上式的极限，得

$$\lim_{n\to\infty}s_{n+1}(x)=\lim_{n\to\infty}[f(x)-R_n(x)]=f(x)$$

即 $f(x)$ 的泰勒级数（12.4.3）在 $U(x_0)$ 内收敛，并且收敛于 $f(x)$，因此条件是充分的. 定理证毕.

在（12.4.3）式中取 $x_0=0$，得

$$f(0)+f'(0)x+\frac{f''(0)}{2!}x^2+\cdots+\frac{f^{(n)}(0)}{n!}x^n+\cdots \tag{12.4.6}$$

级数（12.4.6）称为函数 $f(x)$ 的麦克劳林级数.

函数 $f(x)$ 的麦克劳林级数是 x 的幂级数，现在我们证明，如果 $f(x)$ 能展开成 x 的幂级数，那么这种展开式是唯一的，它一定与 $f(x)$ 的麦克劳林级数（12.4.6）一致.

事实上，如果 $f(x)$ 在点 $x_0=0$ 的某邻域 $(-R,R)$ 内能展开成 x 的幂级数，即

$$f(x)=a_0+a_1x+a_2x^2+\cdots+a_nx^n\cdots$$

对一切 $x\in(-R,R)$ 成立，那么根据幂级数在收敛区间内可以逐项求导，有

$$f'(x)=a_1+2a_2x+3a_3x^2+\cdots+na_nx^{n-1}+\cdots$$

$$f''(x)=2!a_2+3\cdot 2a_3x+\cdots+n(n-1)a_nx^{n-2}+\cdots$$

$$f'''(x)=3!a_3+\cdots+n(n-1)(n-2)a_nx^{n-3}+\cdots$$

$$\cdots$$

$$f^{(n)}(x)=n!a_n+(n+1)n(n-1)\cdots 2a_{n+1}x+\cdots$$

$$\cdots$$

把 $x=0$ 代入以上各式，得

$$a_0=f(0),\ a_1=f'(0),\ a_2=\frac{f''(0)}{2!},\ \cdots,\ a_n=\frac{f^{(n)}(0)}{n!},\ \cdots$$

这就是所要证明的.

由函数 $f(x)$ 的展开式的唯一性可知，如果 $f(x)$ 能展开成 x 的幂级数，那么这个幂级数就是 $f(x)$ 的麦克劳林级数. 但是，反过来如果 $f(x)$ 的麦克劳林级数在点 $x_0=0$ 的某邻域内收敛，它却不一定收敛于 $f(x)$. 因此，如果 $f(x)$ 在 $x_0=0$ 处具有各阶导数，则 $f(x)$ 的麦克劳林级数（12.4.6）虽能作出来，但这个级数是否能在某个区间内收敛，以及是否收敛于 $f(x)$ 却需要进一步考察. 下面将具体讨论把函数 $f(x)$ 展开为 x 的幂级数的方法.

12.4.2　函数展开成幂级数

要把函数 $f(x)$ 展开成 x 的幂级数，可以按照下列步骤进行：

第一步　求出 $f(x)$ 的各阶导数 $f'(x),f''(x),\cdots f^{(n)}(x),\cdots$，如果在 $x=0$ 处某阶导数不存在，就停止进行，例如在 $x=0$ 处，$f(x)=x^{7/3}$ 的三阶导数不存在，它就不能展开为 x 的幂级数.

第二步　求函数及其各阶导数在 $x=0$ 处的值：

$$f(0),\ f'(0),\ f''(0),\ \cdots,\ f^{(n)}(0),\ \cdots$$

第三步　写出幂级数

$$f(0)+f'(0)x+\frac{f''(0)}{2!}x^2+\cdots+\frac{f^{(n)}(0)}{n!}x^n+\cdots$$

并求出收敛半径 R .

第四步　考察当 x 在区间 $(-R,\ R)$ 内时余项 $R_n(x)$ 的极限

$$\lim_{n\to\infty}R_n(x)=\lim_{n\to\infty}\frac{f^{(n+1)}(\xi)}{(n+1)!}x^{n+1}\qquad (\xi\text{在 0 与 } x \text{ 之间})$$

是否为零. 如果为零，则函数 $f(x)$ 在区间 $(-R,\ R)$ 内的幂级数展开式为

$$f(x)=f(0)+f'(0)x+\frac{f''(0)}{2!}x^2+\cdots+\frac{f^{(n)}(0)}{n!}x^n+\cdots\qquad (-R<x<R)$$

例 12.4.1　将函数 $f(x)=\mathrm{e}^x$ 展开成 x 的幂级数.

解：因 $f^{(n)}(x)=\mathrm{e}^x\ (n=1,\ 2,\ \cdots)$, $f^{(n)}(0)=1\,(n=0,\ 1,\ 2,\ \cdots)$, 这里 $f^{(0)}(0)=f(0)$. 于是得级数

$$1+x+\frac{x^2}{2!}+\cdots+\frac{x^n}{n!}+\cdots$$

它的收敛半径 $R=+\infty$.

对于任何有限的数 x、 ξ(ξ 在 0 与 x 之间)，余项的绝对值为

$$|R_n(x)|=\left|\frac{\mathrm{e}^{\xi}}{(n+1)!}x^{n+1}\right|<\mathrm{e}^{|x|}\cdot\frac{|x|^{n+1}}{(n+1)!}$$

因 $\mathrm{e}^{|x|}$ 有限，而 $\dfrac{|x|^{n+1}}{(n+1)!}$ 是收敛级数 $\displaystyle\sum_{n=0}^{\infty}\frac{|x|^{n+1}}{(n+1)!}$ 的一般项，所以当 $n\to\infty$ 时，$\mathrm{e}^{|x|}\cdot\dfrac{|x|^{n+1}}{(n+1)!}\to 0$，即当 $n\to\infty$ 时，有 $|R_n(x)|\to 0$． 于是得展开式

$$\mathrm{e}^x=1+x+\frac{x^2}{2!}+\cdots+\frac{x^n}{n!}+\cdots\qquad(-\infty<x<+\infty)\qquad(12.4.7)$$

如果在 $x=0$ 处附近，用级数的部分和（即多项式）来近似代替 e^x，那么随着项数的增加，它们就越来越接近于 e^x，如图 12.4.1 所示.

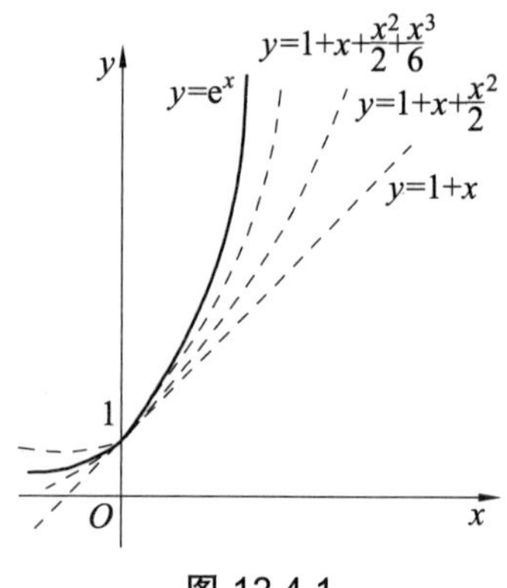

图 12.4.1

例 12.4.2　将函数 $f(x)=\sin x$ 展开成 x 的幂级数.

解：因

$$f^{(n)}(x)=\sin\left(x+n\cdot\frac{\pi}{2}\right)\quad(n=1,2,\cdots)$$

$f^{(n)}(0)$ 顺序循环地取 0, 1, 0, -1, $\cdots(n=0,\ 1,\ 2,\ 3,\ \cdots)$, 于是得级数

$$x-\frac{x^3}{3!}+\frac{x^5}{5!}-\cdots+(-1)^{n-1}\frac{x^{2n-1}}{(2n-1)!}+\cdots$$

它的收敛半径 $R=+\infty$.

对于任何有限的数 x、ξ（ξ在 0 与 x 之间），余项的绝对值当 $n\to\infty$ 时的极限为零：

$$|R_n(x)|=\left|\frac{\sin\left[\xi+\frac{(n+1)\pi}{2}\right]}{(n+1)!}x^{n+1}\right|\leqslant\frac{|x|^{n+1}}{(n+1)!}\to 0\quad(n\to\infty)$$

因此得展开式

$$\sin x=x-\frac{x^3}{3!}+\frac{x^5}{5!}-\cdots+(-1)^{n-1}\frac{x^{2n-1}}{(2n-1)!}+\cdots\quad(-\infty<x<+\infty)\qquad(12.4.8)$$

以上将函数展开成幂级数的例子，是直接按公式 $a_n=\dfrac{f^{(n)}(0)}{n!}$ 计算幂级数的系数，最后考察余项 $R_n(x)$ 是否趋于零．这种**直接展开的方法**计算量较大，而且研究余项即使在初等函数中也不是一件容易的事．下面，我们用**间接展开的方法**，即利用一些已知的函数展开式、幂级数的运算（如四则运算，逐项求导，逐项积分）以及变量代换等，将所给函数展开成幂级数．这样做不但计算简单，而且可以避免研究余项．

例 12.4.3　将函数 $\cos x$ 展开成 x 的幂级数．

解：本题当然可以应用直接方法，但如果应用间接方法，则比较简单．事实上，对展开式（12.4.8）逐项求导就得

$$\cos x=1-\frac{x^2}{2!}+\frac{x^4}{4!}-\cdots+(-1)^n\frac{x^{2n}}{(2n)!}+\cdots\quad(-\infty<x<+\infty)\qquad(12.4.9)$$

例 12.4.4　将函数 $\dfrac{1}{1+x^2}$ 展开成 x 的幂级数．

解：因为

$$\frac{1}{1-x}=1+x+x^2+\cdots+x^n+\cdots\quad(-1<x<1)$$

把 x 换成 $-x^2$，得

$$\frac{1}{1+x^2}=1-x^2+x^4-\cdots+(-1)^n x^{2n}+\cdots\quad(-1<x<1)$$

必须指出，假定函数 $f(x)$ 在开区间 $(-R,\ R)$ 内的展开式

$$f(x)=\sum_{n=0}^{\infty}a_n x^n\quad(-R<x<R)$$

已经得到，如果上式的幂级数在该区间的端点 $x=R$（或 $x=-R$）仍收敛，而函数 $f(x)$ 在 $x=R$（或 $x=-R$）处有定义且连续，那么根据幂级数的和函数的连续性，该展开式对 $x=R$（或 $x=-R$）也成立．

例 12.4.5　将函数 $f(x)=\ln(1+x)$ 展开成 x 的幂级数．

解：因为

$$f'(x)=\frac{1}{1+x}$$

而 $\frac{1}{1+x}$ 是收敛的等比级数 $\sum_{n=0}^{\infty}(-1)^n x^n$ 的和函数：

$$\frac{1}{1+x}=1-x+x^2-x^3+\cdots+(-1)^n x^n+\cdots \quad (-1<x<1)$$

所以将上式从 0 到 x 逐项积分，得

$$\ln(1+x)=x-\frac{x^2}{2}+\frac{x^3}{3}-\frac{x^4}{4}+\cdots+(-1)^n\frac{x^{n+1}}{n+1}+\cdots \quad (-1<x\leqslant 1) \qquad (12.4.10)$$

上述展开式对 $x=1$ 也成立，这是因为上式右端的幂级数当 $x=1$ 时收敛，而 $\ln(1+x)$ 在 $x=1$ 处有定义且连续.

例 12.4.6 将函数 $f(x)=(1+x)^m$ 展开成 x 的幂级数，其中 m 为任意常数.

解：$f(x)$ 的各阶导数为

$$\begin{aligned}&f'(x)=m(1+x)^{m-1}\\&f''(x)=m(m-1)(1+x)^{m-2}\\&\cdots\\&f^{(n)}(x)=m(m-1)(m-2)\cdots(m-n+1)(1+x)^{m-n}\\&\cdots\end{aligned}$$

所以 $f(0)=1, f'(0)=m, f''(0)=m(m-1),\cdots, f^{(n)}(0)=m(m-1)\cdots(m-n+1)\cdots$

于是得级数

$$1+mx+\frac{m(m-1)}{2!}x^2+\cdots+\frac{m(m-1)\cdots(m-n+1)}{n!}x^n+\cdots$$

这级数相邻两项的系数之比的绝对值

$$\left|\frac{a_{n+1}}{a_n}\right|=\left|\frac{m-n}{n+1}\right|\to 1 \quad (n\to\infty)$$

因此，对于任何常数 m 该级数在开区间 $(-1, 1)$ 内收敛.

为了避免直接研究余项，设这级数在开区间 $(-1, 1)$ 内收敛到函数 $F(x)$：

$$F(x)=1+mx+\frac{m(m-1)}{2!}x^2+\cdots+\frac{m(m-1)\cdots(m-n+1)}{n!}x^n+\cdots \quad (-1<x<1)$$

我们来证明 $F(x)=(1+x)^m \quad (-1<x<1)$.

逐项求导，得

$$F'(x)=m\left[1+\frac{m-1}{1}x+\cdots+\frac{(m-1)\cdots(m-n+1)}{(n-1)!}x^{n-1}+\cdots\right]$$

两边各乘以 $(1+x)$，并把含有 $x^n(n=1,\ 2,\ \cdots)$ 的两项合并起来．根据恒等式

$$\frac{(m-1)\cdots(m-n+1)}{(n-1)!}+\frac{(m-1)\cdots(m-n)}{n!}=\frac{m(m-1)\cdots(m-n+1)}{n!}\quad (n=1,\ 2,\ \cdots)$$

我们有

$$(1+x)F'(x)=m\left[1+mx+\frac{m(m-1)}{2!}x^2+\cdots+\frac{m(m-1)\cdots(m-n+1)}{n!}x^n+\cdots\right]=mF(x)\qquad(-1<x<1)$$

现在令
$$\varphi(x)=\frac{F(x)}{(1+x)^m}$$

于是 $\varphi(0)=F(0)=1$，且

$$\varphi'(x)=\frac{(1+x)^m F'(x)-m(1+x)^{m-1}F(x)}{(1+x)^{2m}}=\frac{(1+x)^{m-1}[(1+x)F'(x)-mF(x)]}{(1+x)^{2m}}=0$$

所以 $\varphi(x)=c$（常数）．但是 $\varphi(0)=1$，从而 $\varphi(x)=1$，即

$$F(x)=(1+x)^m$$

因此在区间 $(-1,\ 1)$ 内，我们有展开式

$$(1+x)^m=1+mx+\frac{m(m-1)}{2!}x^2+\cdots+\frac{m(m-1)\cdots(m-n+1)}{n!}x^n+\cdots\quad(-1<x<1)\text{（12.4.11）}$$

在区间的端点，展开式是否成立要看 m 的数值而定．

公式（12.4.11）叫作二项展开式．特殊地，当 m 为正整数时，级数为 x 的 m 次多项式，这就是代数学中的二项式定理．

对应于 $m=\frac{1}{2},-\frac{1}{2}$ 的二项展开式分别为

$$\sqrt{1+x}=1+\frac{1}{2}x-\frac{1}{2\cdot 4}x^2+\frac{1\cdot 3}{2\cdot 4\cdot 6}x^3-\frac{1\cdot 3\cdot 5}{2\cdot 4\cdot 6\cdot 8}x^4+\cdots\qquad(-1\leqslant x\leqslant 1)$$

$$\frac{1}{\sqrt{1+x}}=1-\frac{1}{2}x+\frac{1\cdot 3}{2\cdot 4}x^2-\frac{1\cdot 3\cdot 5}{2\cdot 4\cdot 6}x^3+\frac{1\cdot 3\cdot 5\cdot 7}{2\cdot 4\cdot 6\cdot 8}x^4-\cdots\qquad(-1<x\leqslant 1)$$

关于 $\frac{1}{1-x},\mathrm{e}^x,\sin x,\cos x,\ln(1+x)$ 和 $(1+x)^m$ 的幂级数展开式，以后可以直接引用．

最后再举一个用间接法将函数展开成 $(x-x_0)$ 的幂级数的例子．

例 12.4.7　将函数 $f(x)=\frac{1}{x^2+4x+3}$ 展开成 $(x-1)$ 的幂级数．

解： 因为

$$f(x)=\frac{1}{x^2+4x+3}=\frac{1}{(x+1)(x+3)}=\frac{1}{2(1+x)}-\frac{1}{2(3+x)}=\frac{1}{4\left(1+\frac{x-1}{2}\right)}-\frac{1}{8\left(1+\frac{x-1}{4}\right)}$$

而

$$\frac{1}{4\left(1+\frac{x-1}{2}\right)}=\frac{1}{4}\sum_{n=0}^{\infty}\frac{(-1)^n}{2^n}(x-1)^n \qquad (-1<x<3)$$

$$\frac{1}{8\left(1+\frac{x-1}{4}\right)}=\frac{1}{8}\sum_{n=0}^{\infty}\frac{(-1)^n}{4^n}(x-1)^n \qquad (-3<x<5)$$

所以

$$f(x)=\frac{1}{x^2+4x+3}=\sum_{n=0}^{\infty}(-1)^n\left(\frac{1}{2^{n+2}}-\frac{1}{2^{2n+3}}\right)(x-1)^n \qquad (-1<x<3)$$

习题 12.4

基础练习

1. 将下列函数展开成 x 的幂级数，并指出其收敛域：

（1）$e^{-\frac{x}{3}}$； （2）$\ln\left(1+\frac{1}{3}x\right)$；

（3）$\frac{x}{\sqrt{1-2x}}$； （4）$\arctan x$ ；

（5）$\cos^2 x$ ； （6）$x^2\cos x$；

（7）$\frac{1}{(1+x)^2}$； （8）a^x.

2. 把 $f(x)=\frac{1}{x^2+4x+3}$ 展开成 $x-2$ 的幂级数，并指出收敛区间.

提高练习

3. 利用已知展开式把下列函数展开为 $x-2$ 的幂级数，并确定收敛域.

（1）$f(x)=\frac{1}{4-x}$； （2）$f(x)=\ln x$；

（3）$f(x)=e^x$； （4）$f(x)=\ln\frac{1}{5-4x+x^2}$.

拓展练习

4. 把 $f(x)=\cos x$ 展开成 $x+\frac{\pi}{3}$ 的幂级数.

5. 求函数 $f(x)=\frac{d}{dx}\left(\frac{\cos x-1}{x}\right)$ 的幂级数展开式，指出其收敛范围，并求出级数 $\sum_{n=1}^{\infty}(-1)^n\frac{2n-1}{(2n)!}\left(\frac{\pi}{2}\right)^{2n}$ 的和.

12.5 傅里叶级数

在前几节中，我们研究了一类特殊的函数项级数，即幂级数. 从本节开始，我们讨论由三角函数组成的函数项级数，即所谓的**三角级数**. 并着重研究如何把函数展开成三角级数.

12.5.1 三角级数和三角函数系的正交性

定义 12.5.1 形如

$$\frac{1}{2}a_0+\sum_{n=1}^{\infty}(a_n\cos nx+b_n\sin nx)$$

的级数称为三角级数，其中 a_0， a_n， $b_n(n=1,2,3,\cdots)$ 都是常数，称为三角级数的系数. 而 $1,\cos x,\sin x,\cos 2x,\sin 2x,\cdots,\cos nx,\sin nx,\cdots$ 称为三角函数系.

三角函数系的正交性：三角函数系中任何两个不同的函数的乘积在区间[−π, π]上的积分等于零，即

$$\int_{-\pi}^{\pi}\cos nx\mathrm{d}x=0\quad(n=1,\ 2,\ \cdots),$$

$$\int_{-\pi}^{\pi}\sin nx\mathrm{d}x=0\quad(n=1,\ 2,\ \cdots),$$

$$\int_{-\pi}^{\pi}\sin kx\cos nx\mathrm{d}x=0\quad(k,\ n=1,\ 2,\ \cdots,\ k\neq n),$$

$$\int_{-\pi}^{\pi}\sin kx\sin nx\mathrm{d}x=0\quad(k,\ n=1,\ 2,\ \cdots,\ k\neq n),$$

$$\int_{-\pi}^{\pi}\cos kx\cos nx\mathrm{d}x=0\quad(k,\ n=1,\ 2,\ \cdots,\ k\neq n).$$

三角函数系中任何两个相同的函数的乘积在区间[−π,π]上的积分不等于零，即

$$\int_{-\pi}^{\pi}1^2\mathrm{d}x=2\pi,$$

$$\int_{-\pi}^{\pi}\cos^2 nx\mathrm{d}x=\pi\quad(n=1,\ 2,\ \cdots),$$

$$\int_{-\pi}^{\pi}\sin^2 nx\mathrm{d}x=\pi\quad(n=1,\ 2,\ \cdots).$$

12.5.2 函数展开成傅里叶级数

设 $f(x)$ 是周期为 2π 的周期函数，且能展开成三角级数：

$$f(x)=\frac{a_0}{2}+\sum_{k=1}^{\infty}(a_k\cos kx+b_k\sin kx)$$

那么系数 $a_0,a_1,b_1,\cdots$ 与函数 $f(x)$ 之间存在着怎样的关系？换句话说，如何利用 $f(x)$ 把 $a_0,a_1,b_1,\cdots$ 表达出来？

假定三角级数可逐项积分，则

$$\int_{-\pi}^{\pi} f(x)\cos nx\mathrm{d}x = \int_{-\pi}^{\pi} \frac{a_0}{2}\cos nx\mathrm{d}x + \sum_{k=1}^{\infty}[a_k\int_{-\pi}^{\pi}\cos kx\cos nx\mathrm{d}x + b_k\int_{-\pi}^{\pi}\sin kx\cos nx\mathrm{d}x].$$

类似地 $\int_{-\pi}^{\pi} f(x)\sin nx\mathrm{d}x = b_n\pi$.

傅里叶系数：

$$a_0 = \frac{1}{\pi}\int_{-\pi}^{\pi} f(x)\mathrm{d}x,$$

$$a_n = \frac{1}{\pi}\int_{-\pi}^{\pi} f(x)\cos nx\mathrm{d}x\text{，}(n=1, 2, \cdots),$$

$$b_n = \frac{1}{\pi}\int_{-\pi}^{\pi} f(x)\sin nx\mathrm{d}x\text{，}(n=1, 2, \cdots).$$

系数 $a_0, a_1, b_1, \cdots$ 叫做函数 $f(x)$ 的傅里叶系数.

傅里叶级数：三角级数

$$\frac{a_0}{2} + \sum_{n=1}^{\infty}(a_n\cos nx + b_n\sin nx)$$

称为傅里叶级数，其中 $a_0, a_1, b_1, \cdots$ 是傅里叶系数.

问题：一个定义在$(-\infty, +\infty)$上周期为 2π的函数 $f(x)$，如果它在一个周期上可积，则一定可以作出 $f(x)$ 的傅里叶级数. 然而，函数 $f(x)$ 的傅里叶级数是否一定收敛？如果它收敛，它是否一定收敛于函数 $f(x)$ 一般来说，这两个问题的答案都不是肯定的.

定理 12.5.1（收敛定理，狄利克雷充分条件） 设 $f(x)$ 是周期为 2π的周期函数，如果它满足：在一个周期内连续或只有有限个第一类间断点，在一个周期内至多只有有限个极值点，则 $f(x)$ 的傅里叶级数收敛，并且

当 x 是 $f(x)$ 的连续点时，级数收敛于 $f(x)$；

当 x 是 $f(x)$ 的间断点时，级数收敛于 $\frac{1}{2}[f(x-0)+f(x+0)]$.

例 12.5.1 设 $f(x)$ 是周期为 2π的周期函数，它在$[-\pi, \pi)$上的表达式为

$$f(x)=\begin{cases}-1 & -\pi\leqslant x<0\\ 1 & 0\leqslant x<\pi\end{cases}$$

将 $f(x)$ 展开成傅里叶级数.

解：所给函数满足收敛定理的条件，它在点 $x=k\pi$ $(k=0, \pm1, \pm2, \cdots)$处不连续，在其他点处连续，从而由收敛定理知道 $f(x)$ 的傅里叶级数收敛，并且当 $x=k\pi$ 时收敛于

$$\frac{1}{2}[f(x-0)+f(x+0)] = \frac{1}{2}(-1+1) = 0,$$

当 $x\neq k\pi$ 时级数收敛于 $f(x)$.

傅里叶系数计算如下：

$$a_n=\frac{1}{\pi}\int_{-\pi}^{\pi}f(x)\cos nx\mathrm{d}x=\frac{1}{\pi}\int_{-\pi}^{0}(-1)\cos nx\mathrm{d}x+\frac{1}{\pi}\int_{0}^{\pi}1\cdot\cos nx\mathrm{d}x=0\quad(n=0,1,2,\cdots);$$

$$b_n=\frac{1}{\pi}\int_{-\pi}^{\pi}f(x)\sin nx\mathrm{d}x=\frac{1}{\pi}\int_{-\pi}^{0}(-1)\sin nx\mathrm{d}x+\frac{1}{\pi}\int_{0}^{\pi}1\cdot\sin nx\mathrm{d}x$$

$$=\frac{1}{\pi}\left[\frac{\cos nx}{n}\right]_{-\pi}^{0}+\frac{1}{\pi}\left[-\frac{\cos nx}{n}\right]_{0}^{\pi}=\frac{1}{n\pi}[1-\cos n\pi-\cos n\pi+1]$$

$$=\frac{2}{n\pi}[1-(-1)^n]=\begin{cases}\dfrac{4}{n\pi} & n=1,\ 3,\ 5,\ \cdots\\ 0 & n=2,4,6,\ \cdots\end{cases}$$

于是 $f(x)$ 的傅里叶级数展开式为

$$f(x)=\frac{4}{\pi}\left[\sin x+\frac{1}{3}\sin 3x+\cdots+\frac{1}{2k-1}\sin(2k-1)x+\cdots\right](-\infty<x<+\infty;\ x\neq 0,\pm\pi,\ \pm 2\pi,\ \cdots).$$

例 12.5.2 设 $f(x)$ 是周期为 2π 的周期函数，它在 $[-\pi,\pi)$ 上的表达式为

$$f(x)=\begin{cases}x & -\pi\leqslant x<0\\ 0 & 0\leqslant x<\pi\end{cases}$$

将 $f(x)$ 展开成傅里叶级数.

解： 所给函数满足收敛定理的条件，它在点 $x=(2k+1)\pi$ $(k=0,\pm1,\pm2,\ \cdots)$ 处不连续，因此，$f(x)$ 的傅里叶级数在 $x=(2k+1)\pi$ 处收敛于

$$\frac{1}{2}[f(x-0)+f(x+0)]=\frac{1}{2}(0-\pi)=-\frac{\pi}{2}.$$

在连续点 x $(x\neq(2k+1)\pi)$ 处级数收敛于 $f(x)$.

傅里叶系数计算如下：

$$a_0=\frac{1}{\pi}\int_{-\pi}^{\pi}f(x)\mathrm{d}x=\frac{1}{\pi}\int_{-\pi}^{0}x\mathrm{d}x=-\frac{\pi}{2};$$

$$a_n=\frac{1}{\pi}\int_{-\pi}^{\pi}f(x)\cos nx\mathrm{d}x=\frac{1}{\pi}\int_{-\pi}^{0}x\cos nx\mathrm{d}x=\frac{1}{\pi}\left(\frac{x\sin nx}{n}+\frac{\cos nx}{n^2}\right)_{-\pi}^{0}=\frac{1}{n^2\pi}(1-\cos n\pi)$$

$$=\begin{cases}\dfrac{2}{n^2\pi} & n=1,\ 3,\ 5,\cdots\\ 0 & n=2,4,6,\ \cdots\end{cases}$$

$$b_n=\frac{1}{\pi}\int_{-\pi}^{\pi}f(x)\sin nx\mathrm{d}x=\frac{1}{\pi}\int_{-\pi}^{0}x\sin nx\mathrm{d}x=\frac{1}{\pi}\left(-\frac{x\cos nx}{n}+\frac{\sin nx}{n^2}\right)_{-\pi}^{0}=-\frac{\cos n\pi}{n}$$

$$=\frac{(-1)^{n+1}}{n}(n=1,2,\cdots).$$

$f(x)$ 的傅里叶级数展开式为

$$f(x)=-\frac{\pi}{4}+\left(\frac{2}{\pi}\cos x+\sin x\right)-\frac{1}{2}\sin 2x+\left(\frac{2}{3^2\pi}\cos 3x+\frac{1}{3}\sin 3x\right)-\frac{1}{4}\sin 4x+\left(\frac{2}{5^2\pi}\cos 5x+\frac{1}{5}\sin 5x\right)-\cdots$$

$$(-\infty<x<+\infty;\ x\neq\pm\pi,\ \pm3\pi,\ \cdots).$$

周期延拓：设 $f(x)$ 只在$[-\pi,\pi]$上有定义，我们可以在$[-\pi,\pi)$或$(-\pi,\pi]$外补充函数 $f(x)$ 的定义，使它拓广成周期为 2π 的周期函数 $F(x)$，在$(-\pi,\pi)$内，$F(x)=f(x)$.

例 12.5.3 将函数

$$f(x)=\begin{cases}-x & -\pi\leqslant x<0\\ x & 0\leqslant x\leqslant\pi\end{cases}$$

展开成傅里叶级数.

解：所给函数在区间$[-\pi,\pi]$上满足收敛定理的条件，并且拓广为周期函数时，它在每一点 x 处都连续，因此拓广的周期函数的傅里叶级数在$[-\pi,\pi]$上收敛于 $f(x)$.

傅里叶系数为：

$$a_0=\frac{1}{\pi}\int_{-\pi}^{\pi}f(x)\mathrm{d}x=\frac{1}{\pi}\int_{-\pi}^{0}(-x)\mathrm{d}x+\frac{1}{\pi}\int_{0}^{\pi}x\mathrm{d}x=\pi\,;$$

$$\begin{aligned}a_n&=\frac{1}{\pi}\int_{-\pi}^{\pi}f(x)\cos nx\mathrm{d}x=\frac{1}{\pi}\int_{-\pi}^{0}(-x)\cos nx\mathrm{d}x+\frac{1}{\pi}\int_{0}^{\pi}x\cos nx\mathrm{d}x\\&=\frac{2}{n^2\pi}(\cos n\pi-1)=\begin{cases}-\dfrac{4}{n^2\pi} & n=1,\ 3,\ 5,\ \cdots\\ 0 & n=2,4,6,\ \cdots\end{cases}\end{aligned}$$

$$b_n=\frac{1}{\pi}\int_{-\pi}^{\pi}f(x)\sin nx\mathrm{d}x=\frac{1}{\pi}\int_{-\pi}^{0}(-x)\sin nx\mathrm{d}x+\frac{1}{\pi}\int_{0}^{\pi}x\sin nx\mathrm{d}x=0\ (n=1,\ 2,\ \cdots).$$

于是 $f(x)$ 的傅里叶级数展开式为

$$f(x)=\frac{\pi}{2}-\frac{4}{\pi}\left(\cos x+\frac{1}{3^2}\cos 3x+\frac{1}{5^2}\cos 5x+\cdots\right)(-\pi\leqslant x\leqslant\pi).$$

例 12.5.4 设 $f(x)$ 是周期为 2π的周期函数，它在$[-\pi,\pi)$上的表达式为 $f(x)=x$. 将 $f(x)$ 展开成傅里叶级数.

解：首先，所给函数满足收敛定理的条件，它在点 $x=(2k+1)\pi(k=0,\ \pm1,\ \pm2,\ \cdots)$不连续，因此$f(x)$的傅里叶级数在函数的连续点 $x\neq(2k+1)\pi$收敛于 $f(x)$，在点 $x=(2k+1)\pi(k=0,\pm1,\pm2,\ \cdots)$收敛于 $\frac{1}{2}[f(\pi-0)+f(-\pi-0)]=\frac{1}{2}[\pi+(-\pi)]=0$.

其次，若不计 $x=(2k+1)\pi(k=0,\pm1,\pm2,\ \cdots)$，则 $f(x)$ 是周期为 2π的奇函数. 于是 $a_n=0(n=0,1,2,\ \cdots)$，而

$$\begin{aligned}b_n&=\frac{2}{\pi}\int_{0}^{\pi}f(x)\sin nx\mathrm{d}x=\frac{2}{\pi}\int_{0}^{\pi}x\sin nx\mathrm{d}x\\&=\frac{2}{\pi}\left[-\frac{x\cos nx}{n}+\frac{\sin nx}{n^2}\right]_0^{\pi}=-\frac{2}{n}\cos nx=\frac{2}{n}(-1)^{n+1}(n=1,2,3,\cdots)\end{aligned}$$

$f(x)$ 的傅里叶级数展开式为

$$f(x)=2(\sin x-\frac{1}{2}\sin 2x+\frac{1}{3}\sin 3x-\cdots+(-1)^{n+1}\frac{1}{n}\sin nx+\cdots\quad(-\infty<x<+\infty,\ x\neq\pm\pi,\ \pm3\pi,\ \cdots).$$

12.5.3 周期为 2*l* 的周期函数的傅里叶级数

到目前为止，我们讨论的周期函数都是以 2π为周期的. 但是实际问题中所遇到的周期函数，它的周期不一定是 2π. 怎样把周期为 $2l$ 的周期函数 $f(x)$ 展开成三角级数呢?

问题：我们希望能把周期为 $2l$ 的周期函数 $f(x)$ 展开成三角级数，为此我们先把周期为 $2l$ 的周期函数 $f(x)$ 变换为周期为 2π的周期函数.

令 $x=\frac{l}{\pi}t$ 及 $f(x)=f\left(\frac{l}{\pi}t\right)=F(t)$，则 $F(t)$是以 2π为周期的函数.

这是因为 $F(t+2\pi)=f\left[\frac{l}{\pi}(t+2\pi)\right]=f\left(\frac{l}{\pi}t+2l\right)=f\left(\frac{l}{\pi}t\right)=F(t)$.

于是当 $F(t)$满足收敛定理的条件时，$F(t)$可展开成傅里叶级数：

$$F(t)=\frac{a_0}{2}+\sum_{n=1}^{\infty}(a_n\cos nt+b_n\sin nt),$$

其中

$$a_n=\frac{1}{\pi}\int_{-\pi}^{\pi}F(t)\cos nt\mathrm{d}t\text{，}(n=0,\ 1,\ 2,\ \cdots)\text{，}\quad b_n=\frac{1}{\pi}\int_{-\pi}^{\pi}F(t)\sin nt\mathrm{d}t\ (n=1,\ 2,\ \cdots).$$

从而有如下定理：

定理 12.5.2 设周期为 $2l$ 的周期函数 $f(x)$ 满足收敛定理的条件,则它的傅里叶级数展开式为

$$f(x)=\frac{a_0}{2}+\sum_{n=1}^{\infty}\left(a_n\cos\frac{n\pi x}{l}+b_n\sin\frac{n\pi x}{l}\right),$$

其中系数 a_n，b_n 为

$$a_n=\frac{1}{l}\int_{-l}^{l}f(x)\cos\frac{n\pi x}{l}\mathrm{d}x\ (n=0,\ 1,\ 2,\ \cdots),$$

$$b_n=\frac{1}{l}\int_{-l}^{l}f(x)\sin\frac{n\pi x}{l}\mathrm{d}x\ (n=1,\ 2,\ \cdots).$$

当 $f(x)$ 为奇函数时，

$$f(x)=\sum_{n=1}^{\infty}b_n\sin\frac{n\pi x}{l},$$

其中 $b_n=\frac{2}{l}\int_0^l f(x)\sin\frac{n\pi x}{l}\mathrm{d}x\ (n=1,\ 2,\ \cdots)$.

当 $f(x)$ 为偶函数时，

$$f(x)=\frac{a_0}{2}+\sum_{n=1}^{\infty}a_n\cos\frac{n\pi x}{l},$$

其中 $a_n=\frac{2}{l}\int_0^l f(x)\cos\frac{n\pi x}{l}\mathrm{d}x\ (n=0,\ 1,\ 2,\ \cdots)$.

例 12.5.5 设 $f(x)$ 是周期为 4 的周期函数，它在$[-2,2)$上的表达式为

$$f(x)=\begin{cases}0, & -2\leqslant x<0\\ k, & 0\leqslant x<2\end{cases}\ (\text{常数 } k\neq 0).$$

将 $f(x)$ 展开成傅里叶级数.

解：这里 l=2.，按公式得

$$a_n=\frac{1}{2}\int_0^2 k\cos\frac{n\pi x}{2}\mathrm{d}x=\left[\frac{k}{n\pi}\sin\frac{n\pi x}{2}\right]_0^2=0\,(n\neq 0);$$

$$a_0=\frac{1}{2}\int_{-2}^0 0\mathrm{d}x+\frac{1}{2}\int_0^2 k\mathrm{d}x=k\,;$$

$$b_n=\frac{1}{2}\int_0^2 k\sin\frac{n\pi x}{2}\mathrm{d}x=\left[-\frac{k}{n\pi}\cos\frac{n\pi x}{2}\right]_0^2=\frac{k}{n\pi}(1-\cos n\pi)=\begin{cases}\dfrac{2k}{n\pi}, & n=1,\ 3,\ 5,\ \cdots\\ 0, & n=2, 4, 6, \cdots\end{cases}$$

于是

$$f(x)=\frac{k}{2}+\frac{2k}{\pi}\left(\sin\frac{\pi x}{2}+\frac{1}{3}\sin\frac{3\pi x}{2}+\frac{1}{5}\sin\frac{5\pi x}{2}+\cdots\right)$$

($-\infty<x<+\infty$，$x\neq 0, \pm 2, \pm 4$，…；在 x=0, ±2, ±4，…收敛于 $\frac{k}{2}$).

例 12.5.6　将函数 $M(x)=\begin{cases}\dfrac{px}{2} & 0\leqslant x<\dfrac{1}{2}\\ \dfrac{p(l-x)}{2} & \dfrac{1}{2}\leqslant x\leqslant l\end{cases}$ 展开成正弦级数.

解：对 $M(x)$ 进行奇延拓. 则

$$a_n=0(n=0,\ 1,\ 2,\ 3,\ \cdots),$$

$$b_n=\frac{2}{l}\int_0^l M(x)\sin\frac{n\pi x}{l}\mathrm{d}x=\frac{2}{l}\left[\int_0^{\frac{l}{2}}\frac{px}{2}\sin\frac{n\pi x}{l}\mathrm{d}x+\int_{\frac{l}{2}}^l\frac{p(l-x)}{2}\sin\frac{n\pi x}{l}\mathrm{d}x\right].$$

对上式右边的第二项，令 $t=l-x$ ，则

$$\begin{aligned}b_n&=\frac{2}{l}\left[\int_0^{\frac{l}{2}}\frac{px}{2}\sin\frac{n\pi x}{l}\mathrm{d}x+\int_{\frac{l}{2}}^0\frac{pt}{2}\sin\frac{n\pi(l-t)}{l}(-\mathrm{d}t)\right]\\&=\frac{2}{l}\left[\int_0^{\frac{l}{2}}\frac{px}{2}\sin\frac{n\pi x}{l}\mathrm{d}x+(-1)^{n+1}\int_0^{\frac{l}{2}}\frac{pt}{2}\sin\frac{n\pi t}{l}\mathrm{d}t\right].\end{aligned}$$

当 n=2, 4, 6, …时，b_n=0；当 n=1, 3, 5, …时，

$$b_n=\frac{4p}{2l}\int_0^{\frac{l}{2}}x\sin\frac{n\pi x}{l}\mathrm{d}x=\frac{2pl}{n^2\pi^2}\sin\frac{n\pi}{2}.$$

于是得

$$M(x)=\frac{2pl}{\pi^2}\left[\sin\frac{\pi x}{l}-\frac{1}{3^2}\sin\frac{3\pi x}{l}+\frac{1}{5^2}\sin\frac{5\pi x}{l}-\cdots\right](0\leqslant x\leqslant l).$$

习题 12.5

基础练习

1. 函数 $f(x)$ 的周期是 2π，它在 $[-\pi,\pi)$ 上的表达式如下，试将 $f(x)$ 展成傅里叶级数.

（1）$f(x)=\sin ax$；（2）$f(x)=\cos\dfrac{x}{3}$；

（3）$f(x)=\dfrac{\pi}{4}-\dfrac{x}{2}$；（4）$f(x)=\begin{cases}0, & -\pi\leqslant x<0\\ \sin x, & 0\leqslant x<\pi\end{cases}$.

提高练习

2. 将下列函数展开成傅里叶级数：

（1）$f(x)=\begin{cases}\pi+x, & -\pi\leqslant x<0\\ \pi-x & 0\leqslant x<\pi\end{cases}$；（2）$f(x)=\begin{cases}-\dfrac{\pi}{2}, & -\pi\leqslant x<-\dfrac{\pi}{2}\\ x, & -\dfrac{\pi}{2}\leqslant x<\dfrac{\pi}{2}\\ \dfrac{\pi}{2}, & \dfrac{\pi}{2}\leqslant x<\pi\end{cases}$；

（3）$f(x)=x\cos x\left(-\dfrac{\pi}{2}\leqslant x\leqslant\dfrac{\pi}{2}\right)$；（4）$f(x)=-\sin\dfrac{x}{2}+1, x\in[0,\pi]$.

3. 将函数 $f(x)=\begin{cases}2x+1, & -3\leqslant x<0\\ 1, & 0\leqslant x<3\end{cases}$ 在一个周期内展开成傅立叶弦级数.

拓展练习

4. 将 $f(x)=\arcsin(\sin x)$ 展开成傅里叶级数.

5. 将 $f(x)=\pi^2-x^2(-\pi\leqslant x\leqslant\pi)$ 展开成傅里叶级数.

6. 将函数 $f(x)=2+|x|(-1\leqslant x\leqslant 1)$ 展开成以 2 为周期的傅立叶级数,并求级数 $\sum\limits_{n=1}^{\infty}\dfrac{1}{n^2}$ 的和.

本章小结

一、知识框图

请读者自己画出本章知识结构图，从整体结构上去理解本章内容.

二、复习要点

1. 无穷级数的定义：________________

2. 部分和：________________

3. 收敛与发散：________________

____

4. 无穷级数的性质：________________

____

____

____

____

5. 几个重要级数：________________

____

____

____

____

6. 正项级数：________________

7. 正项级数部分和基本定理：________________

8. 比较审敛法及极限形式：________________

____

____

____

____

____

____

9. 比值审敛法：________________

____

____

10. 根值审敛法：________________

____

____

11. 交错级数：________________

12. 交错级数审敛法：________________

____

13. 绝对收敛与条件收敛：________________

____

14. 判断级数敛散性的一般步骤：________________

____

____

15. 函数项级数：____

____

16. 幂级数：____

____

17. 幂级数的收敛半径、区间、收敛域：________________________

____

____

18. 幂级数的展开：________________________________

____

19. 和函数及性质：________________________________

____

20. 傅立叶级数及展开：________________________________

____

____

____

____

三、思维运用

通过本章级数的学习，了解到函数项级数求和，通过无穷量级上的累加，可以成为另一个函数，从另一方面来讲，也可以对应到哲学上所说的**量变到质变**原理，你对这一思维方式有什么体会？请举例说明你在生活、工作、学习中是怎么运用这一方法的.

本章复习题

一、选择题

1. 若 $\lim\limits_{n\to\infty}u_n=0$，则常数项级数 $\sum\limits_{n=1}^{\infty}u_n$（　　）.

A. 发散　　B. 条件收敛　　C. 绝对收敛　　D. 不一定收敛

2. 级数 $\sum\limits_{n=1}^{\infty}(u_{2n-1}+u_{2n})$ 是收敛的，则（　　）.

A. $\sum\limits_{n=1}^{\infty}u_n$ 必收敛　　B. $\sum\limits_{n=1}^{\infty}u_n$ 未必收敛　　C. $\lim\limits_{n\to\infty}u_n=0$　　D. $\sum\limits_{n=1}^{\infty}u_n$ 发散

3. $\sum\limits_{n=1}^{\infty}u_n$ 收敛，则下结论列不正确的是（　　）.

A. $\sum\limits_{n=1}^{\infty}(u_{2n-1}+u_{2n})$ 收敛　　B. $\sum\limits_{n=1}^{\infty}ku_n$ 收敛

C. $\sum\limits_{n=1}^{\infty}|u_n|$ 收敛　　D. $\lim\limits_{n\to\infty}u_n=0$

4. 下列级数中一定收敛的是（　　）.

A. $\sum_{n=5}^{\infty}\frac{1}{n-4}$　　B. $\sum_{n=10}^{\infty}\frac{2^n-4^n}{5^n}$

C. $\sum_{n=1}^{\infty}\left(\frac{n}{1+n}\right)^n$　　D. $\frac{1}{\sqrt{2}}+\frac{1}{\sqrt{3}}+\cdots\frac{1}{\sqrt{n}}+\cdots$

5. 下列级数中收敛的级数是（　　）.

A. $\sum_{n=1}^{\infty}\frac{1}{n+10}$　　B. $\sum_{n=1}^{\infty}\frac{n}{2n+1}$

C. $\sum_{n=1}^{\infty}(-1)^n\frac{n}{n+1}$　　D. $\sum_{n=1}^{\infty}(-1)^n\frac{1}{3n}$

6. 下列级数中为收敛级数的是（　　）.

A. $\sum_{n=1}^{+\infty}\frac{1}{\sqrt[3]{n^4}}$　　B. $\sum_{n=1}^{+\infty}\frac{(n-1)(n+1)}{(2n-1)(3n+5)}$

C. $\sum_{n=1}^{+\infty}\frac{2n}{n^2+1}$　　D. $\sum_{n=1}^{+\infty}(-1)^n\frac{n}{n^2+1}$

7. 幂级数 $\sum_{n=1}^{\infty}\frac{(n+1)!}{(2n)!}x^n$ 的收敛半径为（　　）.

A. 0　　B. 1　　C. 2　　D. ＋∞

8. 幂级数 $\sum_{n=1}^{+\infty}\frac{x^n}{n}$ 的收敛域为（　　）.

A. $(-1,1)$　　B. $[-1,1]$　　C. $(-1,1]$　　D. $[-1,1)$

9. 级数 $\sum_{n=1}^{\infty}(-1)^n\ln\frac{n+1}{n}$ 为（　　）.

A. 发散　　B. 条件收敛　　C. 绝对收敛　　D. 以上都不对

10. 若幂级数 $\sum_{n=0}^{\infty}a_nx^n$ 在 $x=-2$ 处收敛，则该级数在 $x=1$ 处（　　）.

A. 发散　　B. 条件收敛　　C. 绝对收敛　　D. 敛散性无法确定

11. 下列级数条件收敛的是 （　　）.

A. $\sum_{n=1}^{\infty}(-1)^n\frac{n}{n+1}$　　B. $\sum_{n=1}^{\infty}\frac{(-1)^n}{n^2}$

C. $\sum_{n=1}^{\infty}\frac{(-1)^n}{\sqrt{n}}$　　D. $\sum_{n=1}^{\infty}(-1)^n\left(\frac{5}{4}\right)^n$

12. 级数 $\sum_{n=1}^{\infty}(-1)^n\left(1-\cos\frac{k}{n}\right)$（$k>0$）（　　）.

A. 发散　　B. 绝对收敛　　C. 条件收敛　　D. 敛散性与 K 相关

13. 设正项极数 $\sum_{n=1}^{\infty}u_n$,若 $\lim_{n\to\infty}\frac{u_{n+1}}{u_n}=p$ 则（　　）.

A. 当 $0<p<+\infty$ 时，级数收敛

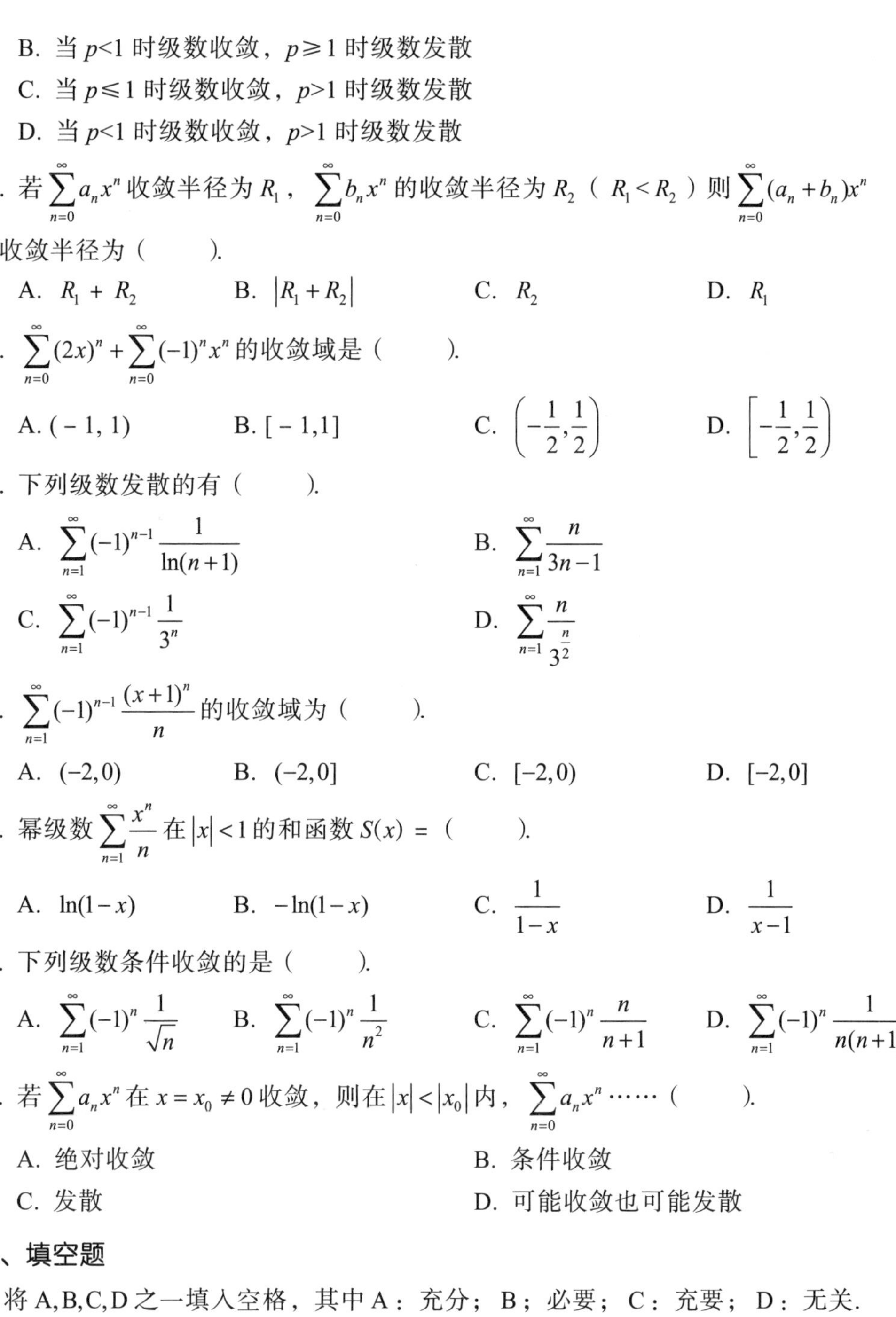

B. 当 $p<1$ 时级数收敛，$p\geqslant 1$ 时级数发散

C. 当 $p\leqslant 1$ 时级数收敛，$p>1$ 时级数发散

D. 当 $p<1$ 时级数收敛，$p>1$ 时级数发散

14. 若 $\sum_{n=0}^{\infty}a_nx^n$ 收敛半径为 R_1，$\sum_{n=0}^{\infty}b_nx^n$ 的收敛半径为 R_2（$R_1<R_2$）则 $\sum_{n=0}^{\infty}(a_n+b_n)x^n$ 的收敛半径为（　　）.

A. R_1+R_2　　B. $|R_1+R_2|$　　C. R_2　　D. R_1

15. $\sum_{n=0}^{\infty}(2x)^n+\sum_{n=0}^{\infty}(-1)^nx^n$ 的收敛域是（　　）.

A. $(-1, 1)$　　B. $[-1,1]$　　C. $\left(-\frac{1}{2},\frac{1}{2}\right)$　　D. $\left[-\frac{1}{2},\frac{1}{2}\right)$

16. 下列级数发散的有（　　）.

A. $\sum_{n=1}^{\infty}(-1)^{n-1}\frac{1}{\ln(n+1)}$　　B. $\sum_{n=1}^{\infty}\frac{n}{3n-1}$

C. $\sum_{n=1}^{\infty}(-1)^{n-1}\frac{1}{3^n}$　　D. $\sum_{n=1}^{\infty}\frac{n}{3^{\frac{n}{2}}}$

17. $\sum_{n=1}^{\infty}(-1)^{n-1}\frac{(x+1)^n}{n}$ 的收敛域为（　　）.

A. $(-2,0)$　　B. $(-2,0]$　　C. $[-2,0)$　　D. $[-2,0]$

18. 幂级数 $\sum_{n=1}^{\infty}\frac{x^n}{n}$ 在 $|x|<1$ 的和函数 $S(x)=$（　　）.

A. $\ln(1-x)$　　B. $-\ln(1-x)$　　C. $\frac{1}{1-x}$　　D. $\frac{1}{x-1}$

19. 下列级数条件收敛的是（　　）.

A. $\sum_{n=1}^{\infty}(-1)^n\frac{1}{\sqrt{n}}$　　B. $\sum_{n=1}^{\infty}(-1)^n\frac{1}{n^2}$　　C. $\sum_{n=1}^{\infty}(-1)^n\frac{n}{n+1}$　　D. $\sum_{n=1}^{\infty}(-1)^n\frac{1}{n(n+1)}$

20. 若 $\sum_{n=0}^{\infty}a_nx^n$ 在 $x=x_0\neq 0$ 收敛，则在 $|x|<|x_0|$ 内，$\sum_{n=0}^{\infty}a_nx^n$ ……（　　）.

A. 绝对收敛　　B. 条件收敛

C. 发散　　D. 可能收敛也可能发散

二、填空题

1. 将 A,B,C,D 之一填入空格，其中 A：充分；B；必要；C：充要；D：无关.

（1）$\sum_{n=1}^{\infty}u_n$ 是正项级数，则部分和数列 $\{s_n\}$ 有界是 $\sum_{n=1}^{\infty}u_n$ 收敛________的条件；

（2）级数 $\sum_{n=1}^{\infty}u_n$ 收敛是级数 $\sum_{n=1}^{\infty}|u_n|$ 收敛的__________条件；

（3）$\sum_{n=1}^{\infty}u_n$ 按某一方式经加括弧后所得的级数收敛是原级数收敛的________条件；

（4）已知 $\lim\limits_{n\to\infty}\dfrac{u_n}{v_n}=3$，则级数 $\sum\limits_{n=1}^{\infty}u_n$ 收敛是级数 $\sum\limits_{n=1}^{\infty}v_n$ 收敛的________条件；

（5）已知 $\lim\limits_{n\to\infty}\dfrac{u_{n+1}}{u_n}=1$，则 $\sum\limits_{n=1}^{\infty}u_n$ 收敛是 $\sum\limits_{n=1}^{\infty}|u_n|$ 收敛的______条件；

2. 级数 $\sum\limits_{n=1}^{\infty}\dfrac{1}{n^p}(p>0)$，当________时收敛；当________时发散.

3. 级数 $\sum\limits_{n=1}^{\infty}(-1)^{n-1}u_n(u_n>0)$ 满足________，________时收敛.

4. 级数 $\sum\limits_{n=0}^{\infty}\dfrac{n^2}{2^n}x^n$ 的收敛半径为_______.

5. 级数 $\sum\limits_{n=1}^{\infty}\dfrac{x^n}{n^n}$ 的收敛区间为____________.

二、计算题

1. 判断下列级数的敛散性. 若级数收敛，求其和.

（1）$0.001+\sqrt{0.001}+\sqrt[3]{0.001}+\cdots+\sqrt[n]{0.001}+\cdots$；

（2）$\dfrac{4}{5}-\dfrac{4^2}{5^2}+\dfrac{4^3}{5^3}-\dfrac{4^4}{5^4}+\cdots+(-1)^{n-1}\dfrac{4^n}{5^n}+\cdots$；

（3）$\dfrac{1}{2}+\dfrac{3}{4}+\dfrac{5}{6}+\dfrac{7}{8}+\cdots$；

（4）$\left(\dfrac{1}{2}+\dfrac{1}{3}\right)+\left(\dfrac{1}{4}+\dfrac{1}{9}\right)+\left(\dfrac{1}{8}+\dfrac{1}{27}\right)+\cdots$.

2. 证明下列各级数收敛，并求它们的和：

（1）$\left(\dfrac{1}{2}+\dfrac{1}{3}\right)+\left(\dfrac{1}{2^2}+\dfrac{1}{3^2}\right)+\cdots\left(\dfrac{1}{2^n}+\dfrac{1}{3^n}\right)+\cdots$；

（2）$\dfrac{1}{1\cdot 4}+\dfrac{1}{4\cdot 7}+\dfrac{1}{7\cdot 10}+\cdots\dfrac{1}{(3n-2)(3n+1)}+\cdots$.

3. 用适当方法判定下列级数的敛散性：

（1）$\sum\limits_{n=1}^{\infty}\left(\dfrac{n}{2n+1}\right)^n$；　（2）$\sum\limits_{n=1}^{\infty}\dfrac{1}{(2n-1)^2}$；　（3）$\sum\limits_{n=1}^{\infty}\dfrac{3^n\cdot n!}{n^n}$；　（4）$\sum\limits_{n=1}^{\infty}2^n\sin\dfrac{1}{3^n}$；

（5）$\sum\limits_{n=1}^{\infty}\dfrac{1}{(2n-1)(2n+1)}$；　（6）$\sum\limits_{n=1}^{\infty}\left(\sqrt{n^4+1}-\sqrt{n^4-1}\right)$；　（7）$\sum\limits_{n=1}^{\infty}\left(\dfrac{2+(-1)^n}{4}\right)$.

4. 求下列各个幂级数的收敛半径和收敛域：

（1）$1+\dfrac{x}{2!}+\dfrac{x^2}{4!}+\dfrac{x^3}{6!}+\cdots$；　（2）$\dfrac{1}{2}+\dfrac{x}{2^2}+\dfrac{x^2}{2^3}+\dfrac{x^3}{2^4}+\cdots$；

（3）$\sum\limits_{n=1}^{\infty}(-1)^{n-1}\dfrac{(x+1)^n}{n}$；　（4）$\sum\limits_{n=1}^{\infty}(x-1)^n n!$.

5. 求下列各幂级数的收敛区域与和函数：

（1）$1+2x+3x^2+4x^3+\cdots$；　（2）$\sum\limits_{n=1}^{\infty}(-1)^{n-1}nx^{n-1}$；

（3）$\sum_{n=1}^{\infty}\frac{x^{4n+1}}{4n+1}$；（4）$\sum_{n=1}^{\infty}\frac{x^{n+1}}{(n+1)n}$.

6. 求下列函数的麦克劳林公式：

（1）$f(x)=xe^x$；（2）$f(x)=\cos 2x$；

（3）$f(x)=\tan x$（展开到含有 x^3 项为止）.

7. 展开下列函数为 x 的幂级数：

（1）$y=\ln(10+x)$；（2）$y=\sqrt[3]{8-x^3}$；

（3）$f(x)=(1+x)\mathrm{e}^x$；（4）$f(x)=\frac{1}{2x^2-3x+1}$.

8. （1）将 $f(x)=x^4$ 展开为 $x+1$ 幂级数；

（2）将 $f(x)=\frac{1}{x+2}$ 分别在 $x=0$ 和 $x=2$ 展开为幂级数；

（3）将 $f(x)=\cos x$ 在点 $x_0=-\frac{\pi}{3}$ 处展开成幂级数.

9. 设 $f(x)=x^2, x\in[0,\pi]$，则

（1）将 $f(x)$ 展开成以π为周期的傅里叶级数；

（2）求傅里叶级数的和函数 $S(x)$ 和 $S(2\pi), S\left(2\pi+\frac{\pi}{4}\right)$；

（3）求 $\sum_{n=1}^{\infty}\frac{1}{n^2}$ 的和.

本章学习自测题

一、选择题（每小题 3 分，共 30 分）

1. 如果级数 $\sum_{n=1}^{\infty}u_n$ 发散，k 为不为 0 的常数，则级数 $\sum_{n=1}^{\infty}ku_n$（　　）.

A. 发散　　B. 可能收敛

C. 收敛　　D. 无界.

2. 若级数 $\sum_{n=1}^{\infty}u_n$ 收敛，s_n 是它前 n 项部分和，则该级数的和 $s=$（　　）.

A. s_n　　B. u_n　　C. $\lim\limits_{x\to\infty}u_n$　　D. $\lim\limits_{x\to\infty}s_n$

3. 级数 $1+\left(\frac{1}{2}\right)^2+\left(\frac{1}{3}\right)^2+\left(\frac{1}{4}\right)^2+\cdots$ 是（　　）.

A. 幂级数　　B. 调和级数

C. p 级数　　D. 等比级数

4. 设常数 $a\neq 0$，几何级数 $\sum_{n=1}^{\infty}aq^n$ 收敛，则 q 应满足（　　）.

A. $q<1$　　B. $-1<q<1$

C. $q<1$　　　　D. $q>1$

5. 交错级数 $\sum_{n=1}^{\infty}(-1)^{n-1}(\sqrt{n+1}-\sqrt{n})$ （　　）.

A. 绝对收敛　　B. 发散　　C. 条件收敛　　D. 敛散性不能判定

6. 级数 $\sum_{n=1}^{\infty}\frac{1}{(n+4)(n+5)}$ 的和是（　　）.

A. 1　　B. $\frac{1}{4}$　　C. $\frac{1}{5}$　　D. $\frac{1}{9}$

7. 幂级数 $\sum_{n=1}^{\infty}\frac{3^n}{n+3}(x+3)^n$ 的收敛半径 $R=$（　　）.

A. 1　　B. 3　　C. $\frac{1}{3}$　　D. $+\infty$

8. 下列级数绝对收敛的是（　　）.

A. $\sum_{n=2}^{\infty}\frac{(-1)^n}{n\sqrt{n}}$　　B. $\sum_{n=2}^{\infty}(-1)^{n-1}\frac{1}{n}$

C. $\sum_{n=1}^{\infty}\frac{(-1)^n}{\ln n}$　　D. $\sum_{n=2}^{\infty}\frac{(-1)^{n-1}}{\sqrt[3]{n^2}}$

9. 下列级数中，发散的是（　　）.

A. $1-\frac{1}{3^2}+\frac{1}{5^2}-\frac{1}{7^2}+\cdots$　　B. $\sum_{n=1}^{\infty}(-1)^{n-1}\frac{1}{\sqrt{n}}$

C. $\sum_{n=1}^{\infty}(-1)^n\frac{1}{n}$　　D. $\sum_{n=1}^{\infty}(-1)^n n^{-\frac{2}{3}}$

10. 级数 $\sum_{n=1}^{\infty}(-1)^{n-1}\frac{x^n}{n}$ 的收敛区间是（　　）.

A. $(-1,1)$　　B. $[-1,1]$　　C. $[-1,1)$　　D. $(-1,1]$

二、填空题(每空 3 分，共 15 分)

1. 幂级数 $\sum_{n=1}^{\infty}\frac{(-1)^n}{(2n)^2}x^n$ 的收敛半径为__________，收敛区间为__________.

2. 函数 $f(x)$ 的周期是 2π，它在 $[-\pi,\pi)$ 上的表达式为 $f(x)=\mathrm{e}^x+1$，则它的傅里叶系数 $a_n=$__________，$b_n=$__________.

3. 幂级数 $\sum_{n=1}^{\infty}x^n$ 和函数为__________.

三、判别以下级数的敛散性（每小题 5 分，共 30 分）

1. $\sum_{n=1}^{\infty}\left(\frac{1}{2^n}-\frac{1}{\sqrt{n}}\right)$；　　2. $1^2+\left(\frac{2}{3}\right)^2+\left(\frac{3}{5}\right)^2+\cdots+\left(\frac{n}{2n-1}\right)^2+\cdots$；

3. $\sum_{n=1}^{\infty}\frac{n^4}{4^n}$；　　4. $\sum_{n=1}^{\infty}\frac{2+(-1)^n}{3^n}$；

5. $1-\frac{1}{2!}+\frac{1}{3!}-\frac{1}{4!}+\cdots$；　　6. $1-\frac{1}{\sqrt{2}}+\frac{1}{\sqrt{3}}-\frac{1}{\sqrt{4}}+\cdots$.

四、求级数 $\sum_{n=1}^{\infty}\frac{(-1)^{n-1}}{n\cdot 4^n}x^n$ 的收敛半径和收敛域（7 分）

五、判定下列级数的收敛性，并指出是绝对收敛还是条件收敛（每小题 9 分，共 18 分）

1. $\sum_{n=1}^{\infty}(-1)^{n-1}\frac{1}{\sqrt[3]{n}}$；　　2. $\sum_{n=1}^{\infty}(-1)^n\left(\frac{2n+23}{5n+1}\right)^n$.

提升模块

13 二重积分

我们知道，一元函数的定积分，定义为某种确定形式的和的极限，应用非常广泛．但仍有许多问题无法处理．就需要将这种方法推广到定义在平面区域、空间区域、曲线及曲面上多元函数的情形，这就引出了重积分、曲线积分及曲面积分的概念．需要用二重积分或三重积分来解决此类问题．本章主要研讨二重积分与三重积分的概念、性质、计算方法及其应用．

【学习能力目标】

（1）理解二重积分的概念．

（2）掌握二重积分的性质．

（3）熟练掌握二重积分的计算方法．

13.1 二重积分的概念与性质

13.1.1 引例 曲顶柱体的体积

曲顶柱体，是指这样一类柱体，它的底是 xOy 面上的有界闭区域 D，它的侧面是以 D 的边界曲线为准线而母线平行于 z 轴的柱面，它的顶是曲面 $z=f(x,y)$，这里 $f(x,y)\geqslant 0$ 且在 D 上连续（见图 13.1.1）．现在我们来计算曲顶柱体的体积．

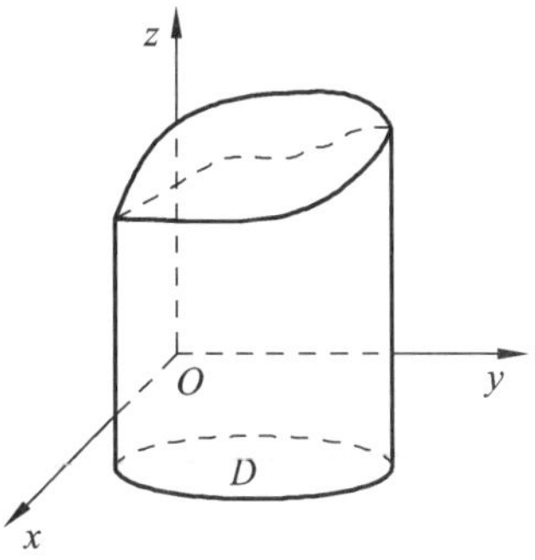

我们知道，高不变的平顶柱体的体积为

$$体积=高\times底面积$$

但对曲顶柱体，当点 (x,y) 在闭区域 D 上变动时，高 $f(x,y)$ 是个变量，所以其体积不能用平顶柱体的体积来计算．联想到曲边梯形的面积问题，而曲顶柱体又类似于曲边梯形，顶部曲面也与曲边梯形的曲边特点相同，因此可以想到可以用同样的方法来解决这类问题．

图 13.1.1

第一步，分割．用任意曲线网把闭区域 D 分割成 n 个小区域

$$\Delta\sigma_1,\quad \Delta\sigma_2,\quad \cdots,\quad \Delta\sigma_n$$

分别以这些小闭区域的边界曲线为准线，作母线平行于 z 轴的柱面，这些柱面把原来的曲顶柱体分为 n 个小曲顶柱体．

第二步，取近似．由于 $f(x,y)$ 连续，因此对同一个小闭区域来说，$f(x,y)$ 变化很小．在每个小闭区域（其面积记作 $\Delta\sigma_i$）上任取一点 (ξ_i,η_i)，这时小曲顶柱体可近似看作以 $f(\xi_i,\eta_i)$ 为高而底为 $\Delta\sigma_i$ 的平顶柱体（见图 13.1.2）．其体积 ΔV_i 的近似值为

$$\Delta V_i\approx f(\xi_i,\eta_i)\Delta\sigma_i\qquad (i=1,2,\cdots,n)$$

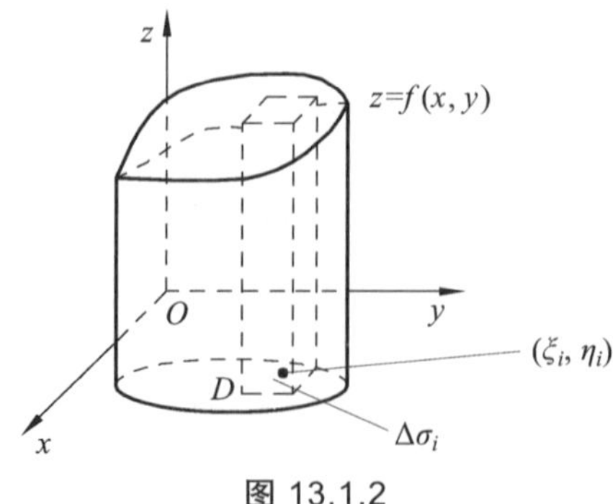

图 13.1.2

第三步，求和．这 n 个小平顶柱体体积之和可以认为是整个曲顶柱体体积的近似值，即

$$V=\sum_{i=1}^{n}\Delta V_i\approx\sum_{i=1}^{n}f(\xi_i,\eta_i)\Delta\sigma_i$$

第四步，取极限．当对闭区域 D 的分割无限变细，即当各个小闭区域的直径（小区域中任意两点间的最大距离）中的最大值 λ 趋于零时，前述和式的极限就是所求曲顶柱体的体积，即

$$V=\lim_{\lambda\to 0}\sum_{i=1}^{n}f(\xi_i,\eta_i)\Delta\sigma_i$$

13.1.2　二重积分的概念

定义 13.1.1　设 $f(x,y)$ 是有界闭区域 D 上的有界函数，将闭区域 D 任意分成 n 个小闭区域

$$\Delta\sigma_1,\Delta\sigma_2,\cdots,\Delta\sigma_n,$$

其中 $\Delta\sigma_i$ 表示第 i 个小闭区域，也表示它的面积，在每个 $\Delta\sigma_i$ 上任取一点 (ξ_i,η_i)（见图 13.1.3），

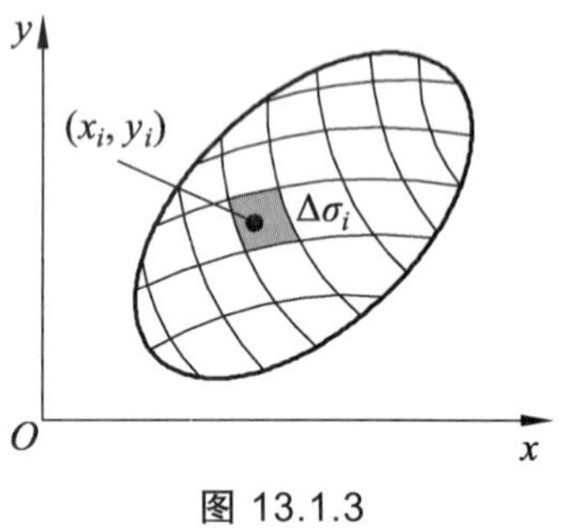

图 13.1.3

作乘积 $f(\xi_i,\eta_i)\Delta\sigma_i\ (i=1,2,\cdots,n)$，并作和 $\sum_{i=1}^{n}f(\xi_i,\eta_i)\Delta\sigma_i$，如果各小闭区域的直径中的最大值 λ 趋近于零时，这和式的极限存在，则称此极限为函数 $f(x,y)$ 在闭区域 D 上的二重积分，记为 $\iint\limits_D f(x,y)\mathrm{d}\sigma$，即

$$\iint\limits_D f(x,y)\mathrm{d}\sigma=\lim_{\lambda\to 0}\sum_{i=1}^{n}f(\xi_i,\eta_i)\Delta\sigma_i \tag{13.1.1}$$

其中 $f(x,y)$ 称为被积函数，$f(x,y)\mathrm{d}\sigma$ 称为被积表达式，$\mathrm{d}\sigma$ 称为面积微元，x,y 称为积分变量，D 称为积分区域，$\sum_{i=1}^{n}f(\xi_i,\eta_i)\Delta\sigma_i$ 称为积分和.

说明：

（1）在二重积分的定义中，对闭区域的划分是任意的.

（2）当 $f(x,y)$ 在闭区域上连续时，定义中和式的极限必存在，即二重积分必存在.

于是我们有如下定理：

定理 13.1.1 在区域 D 上的连续函数一定是 D 上的可积函数.

二重积分的几何意义：

当被积函数大于零时，即 $f(x,y)\geqslant 0$ 时，二重积分是柱体的体积 $V=\iint\limits_D f(x,y)\mathrm{d}\sigma$；当被积函数小于零时，即 $f(x,y)<0$ 时，对应的二重积分是负值，故曲顶柱体的体积 $V=-\iint\limits_D f(x,y)\mathrm{d}\sigma$.

在直角坐标系下用平行于坐标轴的直线网来划分区域 D，则面积元素 $\mathrm{d}\sigma$ 为 $\mathrm{d}x\mathrm{d}y$，故二重积分可写为

$$\iint\limits_D f(x,y)\mathrm{d}\sigma=\iint\limits_D f(x,y)\mathrm{d}x\mathrm{d}y$$

由二重积分的定义可知，曲顶柱体的体积是函数 $f(x,y)$ 在底 D 上的二重积分

$$V=\iint\limits_D f(x,y)\mathrm{d}\sigma$$

例 13.1.1 设有一平面薄片，占有 xOy 面上的闭区域 D，在点 (x,y) 处的面密度为 $\rho(x,y)$，假定 $\rho(x,y)$ 在 D 上连续，平面薄片的质量为多少？

解：将薄片分割成若干小块，取典型小块，将其近似看作均匀薄片，所有小块质量之和近似等于薄片总质量（见图 13.1.4），

$$M=\sum_{i=1}^{n}\Delta M_i\approx\sum_{i=1}^{n}\rho(\xi_i,\eta_i)\Delta\sigma_i$$

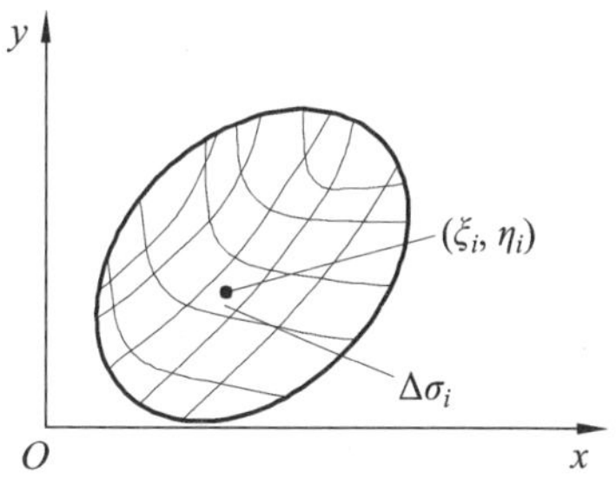

图 13.1.4

当对闭区域 D 的分割无限变细，即当各个小闭区域的直径（小区域中任意两点间的最大距离）中的最大值 λ 趋于零时，前述和式的极限就是所求平面薄片的质量，即

$$M=\lim_{\lambda\to 0}\sum_{i=1}^{n}\rho(\xi_i,\eta_i)\Delta\sigma_i=\iint\limits_D \rho(x,y)d\sigma$$

13.1.3 二重积分的性质

假设以下所出现的被积函数都是可积的，由二重积分的定义可知，它与定积分有类似的性质.

性质 13.1.1 设 k 为常数，则

$$\iint\limits_D kf(x,y)\mathrm{d}\sigma=k\iint\limits_D f(x,y)\mathrm{d}\sigma$$

性质 13.1.2 函数和（或差）的二重积分等于各个函数二重积分的和（或差），即

$$\iint\limits_D [f(x,y)\pm g(x,y)]\mathrm{d}\sigma=\iint\limits_D f(x,y)\mathrm{d}\sigma\pm\iint\limits_D g(x,y)\mathrm{d}\sigma$$

性质 13.1.3（积分区域可加性） 如果闭区域 D 被有限条曲线分为有限个部分闭区域，

则在 D 上的二重积分等于在各部分闭区域上的二重积分的和.

例如，D 分为两个闭区域 D_1 与 D_2 时有

$$\iint\limits_{D} f(x,y)\mathrm{d}\sigma=\iint\limits_{D_1} f(x,y)\mathrm{d}\sigma+\iint\limits_{D_2} f(x,y)\mathrm{d}\sigma$$

此性质表明二重积分对于积分区域具有可加性.

性质 13.1.4 如果在 D 上，$f(x,y)=1$，σ 为 D 的面积，则

$$\sigma=\iint\limits_{D} 1\cdot\mathrm{d}\sigma=\iint\limits_{D}\mathrm{d}\sigma$$

此性质的几何意义：高为 1 的平顶柱体的体积在数值上等于柱体的底面面积.

性质 13.1.5 如果在 D 上，$f(x,y)\leqslant\varphi(x,y)$，则有不等式

$$\iint\limits_{D} f(x,y)\mathrm{d}\sigma\leqslant\iint\limits_{D}\varphi(x,y)\mathrm{d}\sigma$$

特殊地，由于

$$-|f(x,y)|\leqslant f(x,y)\leqslant|f(x,y)|$$

因此，有不等式

$$\left|\iint\limits_{D} f(x,y)\mathrm{d}\sigma\right|\leqslant\iint\limits_{D}|f(x,y)|\,\mathrm{d}\sigma$$

性质 13.1.6 设 M,m 分别是 $f(x,y)$ 在闭区域 D 上的最大值和最小值，σ 是 D 的面积，则有

$$m\sigma\leqslant\iint\limits_{D} f(x,y)\mathrm{d}\sigma\leqslant M\sigma$$

应用上述不等式可以对二重积分估值. 因为 $m\leqslant f(x,y)\leqslant M$，所以由性质 13.1.5 有

$$\iint\limits_{D} m\mathrm{d}\sigma\leqslant\iint\limits_{D} f(x,y)\mathrm{d}\sigma\leqslant\iint\limits_{D} M\mathrm{d}\sigma$$

再应用性质 13.1.1 和性质 13.1.4，便是此估值不等式.

性质 13.1.7（二重积分中值定理） 设函数 $f(x,y)$ 在闭区域 D 上连续，σ 是 D 的面积，则在 D 上至少存在一点 (ξ,η)，使得下式成立：

$$\iint\limits_{D} f(x,y)\mathrm{d}\sigma=f(\xi,\eta)\cdot\sigma$$

证： 因 $f(x,y)$ 在闭区域 D 上连续，故 $f(x,y)$ 必取得最小值 m 和最大值 M. 显然 $\sigma\neq0$，所以把性质 6 中不等式各除以 σ，有

$$m\leqslant\frac{1}{\sigma}\iint\limits_{D} f(x,y)\mathrm{d}\sigma\leqslant M$$

这表明，$\frac{1}{\sigma}\iint\limits_{D} f(x,y)\mathrm{d}\sigma$ 是介于函数 $f(x,y)$ 的最大值 M 和最小值 m 之间的确定的数值. 根据

闭区域上连续函数的介值定理，在 D 上至少存在一点 (ξ,η)，使得函数在该点的值与这个确定的数值相等，即

$$\frac{1}{\sigma}\iint_D f(x,y)\mathrm{d}\sigma = f(\xi,\eta)$$

上式两端各乘以 σ，就得所要证明的公式.

这性质表明，当曲顶的竖坐标连续变化时，曲顶柱体的体积等于以某一竖坐标为高的同底平顶柱体的体积. $f(\xi,\eta)$ 称为连续函数 $f(x,y)$ 在 D 上的平均值.

例 13.1.2 不计算，比较二重积分的大小：$\iint\limits_D (x+y)^2\mathrm{d}\sigma$ 与 $\iint\limits_D (x+y)^3\mathrm{d}\sigma$，其中积分区域 D 是由 x 轴、y 轴与直线 $x+y=1$ 所围成;

解： 积分域相同，但在 D 上，

$$(x+y)^3 \leqslant (x+y)^2,$$

故必有

$$\iint_D (x+y)^3\mathrm{d}\sigma \leqslant \iint_D (x+y)^2\mathrm{d}\sigma,$$

实际上，是

$$\iint_D (x+y)^3\mathrm{d}\sigma < \iint_D (x+y)^2\mathrm{d}\sigma.$$

例 13.1.3 利用二重积分的性质估计下列积分的值：

（1）$I=\iint\limits_D xy(x+y)\mathrm{d}\sigma$，其中 $D=\{(x,y)\,|\,0\leqslant x\leqslant 1, 0\leqslant y\leqslant 1\}$；

（2）$I=\iint\limits_D (x+y)\mathrm{d}\sigma$，其中 $D=\{(x,y)\,|\,1\leqslant x\leqslant 2, 0\leqslant y\leqslant 3\}$.

解：（1）由于在积分域 D 上, $0\leqslant x\leqslant 1, 0\leqslant y\leqslant 1, 0\leqslant xy\leqslant 1, 0\leqslant x+y\leqslant 2$，所以 $0\leqslant xy(x+y)\leqslant 2$，且 D 的面积 $\sigma=1$，从而

$$0\leqslant \iint_D xy(x+y)\mathrm{d}\sigma \leqslant 2.$$

（2）由于在积分域 D 上, $1\leqslant x\leqslant 2, 0\leqslant y\leqslant 3$，所以 $1\leqslant x+y\leqslant 5$，且 D 的面积 $\sigma=3$，从而

$$3\leqslant \iint_D (x+y)\mathrm{d}\sigma \leqslant 15.$$

习题 13.1

基础练习

1. 判断题.

（1）$\iint\limits_D 5(x+y)^2\,\mathrm{d}\sigma = 5\iint\limits_D (x+y)^2\,\mathrm{d}\sigma$.（　　）

（2）二重积分$\iint\limits_D \mathrm{d}\sigma$表示以 D 为底，高为 1 的柱体的体积.（　　）

（3）D 分为两个闭区域 D_1 与 D_2 时，有 $\iint\limits_D f(x,y)\mathrm{d}\sigma=\iint\limits_{D_1} f(x,y)\mathrm{d}\sigma+\iint\limits_{D_2} f(x,y)\mathrm{d}\sigma$.（　　）

（4）若 $D_1\subset D_2$，则 $\iint\limits_{D_1} f(x,y)\mathrm{d}\sigma\geqslant\iint\limits_{D_2} f(x,y)\mathrm{d}\sigma$.（　　）

（5）若在 D 有 $f(x,y)\geqslant g(x,y)$，则 $\iint\limits_D f(x,y)\mathrm{d}\sigma\leqslant\iint\limits_D g(x,y)\mathrm{d}\sigma$.（　　）

（6）二重积分 $\iint\limits_D f(x,y)\mathrm{d}x\mathrm{d}y$ $(f(x,y)>0)$ 的几何意义为圆柱体的体积.（　　）

2. 计算 $\iint\limits_D \mathrm{d}\sigma$，其中 D：

（1）$\{(x,y)\,|\,|x|\leqslant 2,|y|\leqslant 4\}$；　　（2）由 $y+x=1,x-y=1,x=0$ 所围成的区域；

（3）$\left\{(x,y)\,|\,4\leqslant x^2+y^2\leqslant 16\right\}$.

3. 由二重积分的几何意义计算 $\iint\limits_D \sqrt{R^2-x^2-y^2}\,\mathrm{d}\sigma$，$D:x^2+y^2\leqslant R^2$.

4. 比较 $I_1=\iint\limits_D (x^2+y^2)\mathrm{d}\sigma$ 与 $I_2=\iint\limits_D (x^2+y^2)^2\mathrm{d}\sigma$ 的大小，其中 $D:x^2+y^2\leqslant 1$.

提高练习

5. 由平面 $x+y+z=1$，$x=0$，$y=0$，$z=0$ 围成的四面体的体积为 V，试用二重积分表示 V.

6. 比较积分的大小.

（1）$\iint_D \ln(x+y)\mathrm{d}\sigma$ 与 $\iint_D [\ln(x+y)]^2\mathrm{d}\sigma$，其中区域 $D:2\leqslant x\leqslant 5,1\leqslant y\leqslant 2$.

（2）$I_1=\iint\limits_D (x+y+1)^2\mathrm{d}\sigma$ 与 $I_2=\iint\limits_D (x+y+1)^3\mathrm{d}\sigma$，其中 D 是由 x 轴与直线 $x+y=0,x=-1$ 围成的区域.

7. 用估值不等式估计下列二重积分的值.

（1）$I=\iint\limits_D (x+y+1)\mathrm{d}\sigma$ 其中 D 是矩形闭区域：$0\leqslant x\leqslant 1,0\leqslant y\leqslant 2$；

（2）$I=\iint\limits_D (x^2+y+1)\mathrm{d}\sigma$ 其中 $D=[0,1]\times[0,1]$；

（3）$\iint\limits_{x^2+y^2\leqslant 1} (x^2+4y^2+1)\mathrm{d}\sigma$；

（4）$\iint\limits_{\substack{0\leqslant x\leqslant 1\\ 0\leqslant y\leqslant 1}} xy(x^2+y^2)\mathrm{d}\sigma$.

8. 求函数 $z=\sqrt{25-x^2-y^2}$ 在圆域 $x^2+y^2\leqslant 25$ 上的平均值.

拓展练习

9. 用二重积分的定义证明：

（1）设 k 为常数，则

$$\iint_D kf(x,y)\mathrm{d}\sigma = k\iint_D f(x,y)\mathrm{d}\sigma$$

（2）函数和（或差）的二重积分等于各个函数二重积分的和（或差），即

$$\iint_D [f(x,y)\pm g(x,y)]\mathrm{d}\sigma = \iint_D f(x,y)\mathrm{d}\sigma \pm \iint_D g(x,y)\mathrm{d}\sigma$$

（3）如果闭区域 D 被分成 D_1, D_2 两个闭区域，则在 D 上的二重积分等于在 D_1, D_2 两个闭区域上的二重积分的和.

$$\iint_D f(x,y)\mathrm{d}\sigma = \iint_{D_1} f(x,y)\mathrm{d}\sigma + \iint_{D_2} f(x,y)\mathrm{d}\sigma$$

（4）如果在 D 上，$f(x,y)=1$，σ 为 D 的面积，则

$$\sigma = \iint_D 1\cdot \mathrm{d}\sigma = \iint_D \mathrm{d}\sigma$$

10. 证明不等式 $1 \leqslant \iint_D (\cos y^2 + \sin x^2)\mathrm{d}x\mathrm{d}y \leqslant \sqrt{2}$，其中 $D: 0 \leqslant x \leqslant 1, 0 \leqslant y \leqslant 1$.

13.2 二重积分的计算法

通过上节的学习，我们发现，如果按二重积分定义来计算，往往都很复杂，因此本节就来讨论二重积分的计算方法，其基本思路是把二重积分化为累次积分来计算.

13.2.1 利用直角坐标计算二重积分

根据重积分的几何意义：当 $f(x,y)$ 在有界闭区域 D 上连续且 $f(x,y) \geqslant 0$ 时，二重积分 $\iint_D (x,y)\mathrm{d}\sigma$ 的值就是以 D 为底、曲面 $z=f(x,y)$ 为顶的曲顶柱体的体积，即

$$V = \iint_D (x,y)\mathrm{d}\sigma$$

可以把二重积分化为两次定积分.

1. X 型区域

设积分区域 D 可以用不等式

$$\varphi_1(x) \leqslant y \leqslant \varphi_2(x), \quad a \leqslant x \leqslant b$$

表示（见图 13.2.1），其中函数 $\varphi_1(x)$，$\varphi_2(x)$ 在区间 $[a,b]$ 上连续. 将这种积分区域称为 X 型区域. X 型区域的特点是：穿过区域内部且垂直于 x 轴的直线与区域边界相交不多于两个交点.

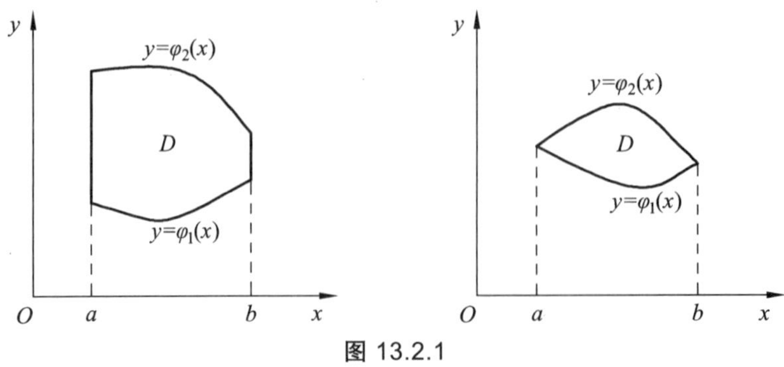

图 13.2.1

关于曲顶柱体的体积我们可应用“平行截面面积为已知的立体的体积”的计算方法求得：先求截面面积. 在区间 $[a,b]$ 上任取一点 x_0，过点 $(x_0,0,0)$ 作垂直于 x 轴的平面，此平面截曲顶柱体得一个曲边梯形（见图 13.2.2），其截面面积 $A(x_0)$ 为

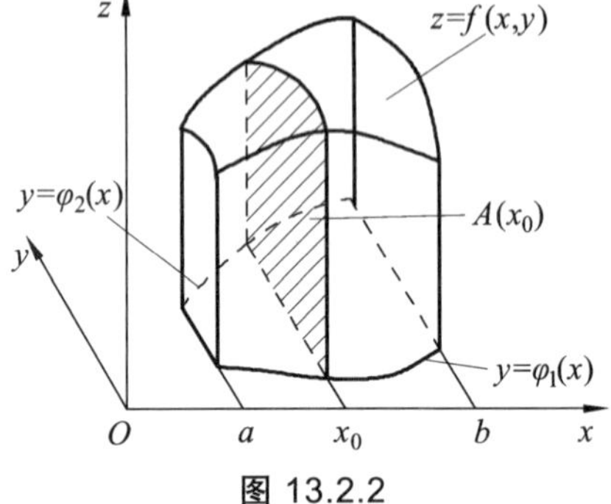

图 13.2.2

$$A(x_0)=\int_{\varphi_1(x_0)}^{\varphi_2(x_0)} f(x_0,y)\mathrm{d}y$$

一般地，过区间 $[a,b]$ 上任一点 x 且垂直于 x 轴的平面截曲顶柱体所得截面的面积为

$$A(x)=\int_{\varphi_1(x)}^{\varphi_2(x)} f(x,y)\mathrm{d}y$$

于是曲顶柱体的体积为

$$V=\int_a^b A(x)\mathrm{d}x=\int_a^b\left[\int_{\varphi_1(x)}^{\varphi_2(x)} f(x,y)\mathrm{d}y\right]\mathrm{d}x$$

从而得到等式

$$\iint_D f(x,y)\mathrm{d}\sigma=\int_a^b\left[\int_{\varphi_1(x)}^{\varphi_2(x)} f(x,y)\mathrm{d}y\right]\mathrm{d}x \tag{13.2.1}$$

式（13.2.1）把 $f(x,y)$ 在 D 上的二重积分化为先对 y、后对 x 的二次积分. 也就是说，先把 x 看作常数，把 $f(x,y)$ 只看作 y 的函数，并对 y 计算从 $\varphi_1(x)$ 到 $\varphi_2(x)$ 的定积分，然后把所得的结果（不含 y，只含 x 的函数）再对 x 计算从 a 到 b 的定积分.

式（13.2.1）也可写成

$$\iint_D f(x,y)\mathrm{d}\sigma=\int_a^b \mathrm{d}x\int_{\varphi_1(x)}^{\varphi_2(x)} f(x,y)\mathrm{d}y \tag{13.2.1′}$$

这就是把二重积分化为先对 y、后对 x 的二次积分的公式.

在上述讨论中，我们假定了 $f(x,y)\geqslant 0$，但实际上式（13.2.1′）对任意连续函数 $f(x,y)$ 都成立.

例 13.2.1 将下列区域（见图 13.2.3）写成 X 型区域的表达式.

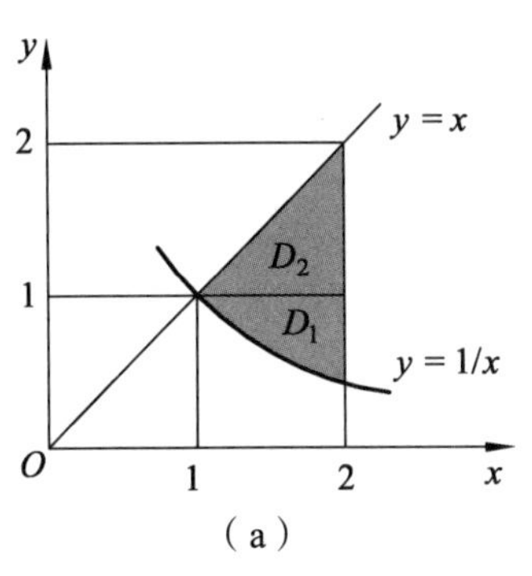

（a）

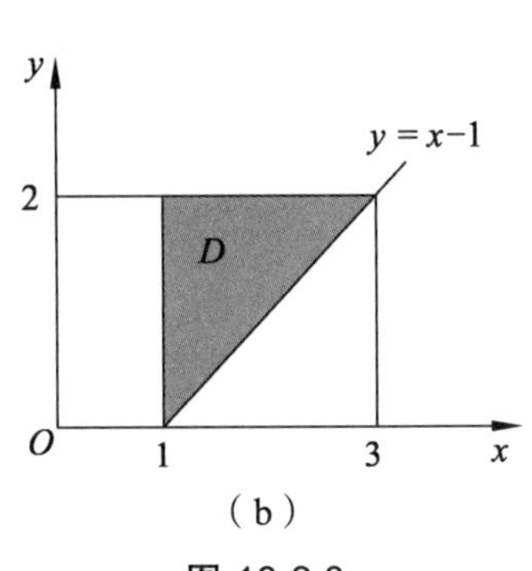

（b）

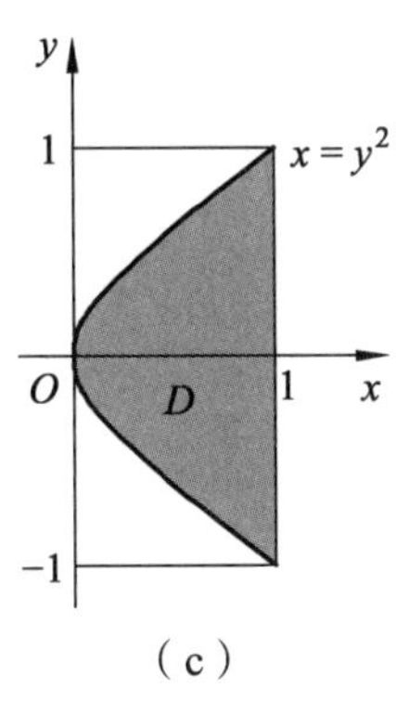

（c）

图 13.2.3

解：（1）直线方程为 $y=x$，曲线方程为 $y=\dfrac{1}{x}$，故区域的 X 型表达式为

$$\left\{(x,y)\left|\frac{1}{x}\leqslant y\leqslant x,1\leqslant x\leqslant 2\right.\right\}.$$

（2）直线的方程为 $y=x-1, y=2$，故区域的 X 型表达式为

$$\{(x,y)\mid x-1\leqslant y\leqslant 2,1\leqslant x\leqslant 3\}.$$

（3）抛物线的方程为 $y=\sqrt{x}, y=-\sqrt{x}$，故区域的 X 型表达式为

$$\{(x,y)\mid -\sqrt{x}\leqslant y\leqslant \sqrt{x},0\leqslant x\leqslant 1\}.$$

例 13.2.2　计算累次积分 $\int_0^1 \mathrm{d}x\int_0^x \mathrm{e}^{x^2}\mathrm{d}y$.

解：可以先把 x 看成常数，y 作为积分变量，被积函数的原函数为 $\mathrm{e}^{x^2}\cdot y$，则

$$\int_0^1 \mathrm{d}x\int_0^x \mathrm{e}^{x^2}\mathrm{d}y=\int_0^1 \left(y\mathrm{e}^{x^2}\Big|_0^x\right)\mathrm{d}x=\int_0^1 x\mathrm{e}^{x^2}\mathrm{d}x=\frac{1}{2}\mathrm{e}^{x^2}\Big|_0^1=\frac{\mathrm{e}-1}{2}.$$

注意：在计算第一个定积分 $\int_0^x \mathrm{e}^{x^2}\mathrm{d}y$ 时，y 是自变量，x 看成常数；而计算第二个定积分 $\int_0^1 x\mathrm{e}^{x^2}\mathrm{d}x$ 时，x 是积分变量.

例 13.2.3　计算下列二重积分.

（1）$I=\iint\limits_D \dfrac{x^2}{y^2}\mathrm{d}x\mathrm{d}y$，其中 D 由 $x=2, y=x$ 及双曲线 $xy=1$ 所为成.

（2）$\iint\limits_D xy^2\mathrm{d}\sigma$，$D$ 是由抛物线 $y^2=2px$ 和直线 $x=\dfrac{p}{2}(p>0)$ 围成的区域.

解：（1）因为 D 由 $x=2, y=x$ 及双曲线 $y=\dfrac{1}{x}$ 所为成，将积分域化成 x 型区域[见图 13.2.3（a）]，则有

$$D:\frac{1}{x}\leqslant y\leqslant x,1\leqslant x\leqslant 2,$$

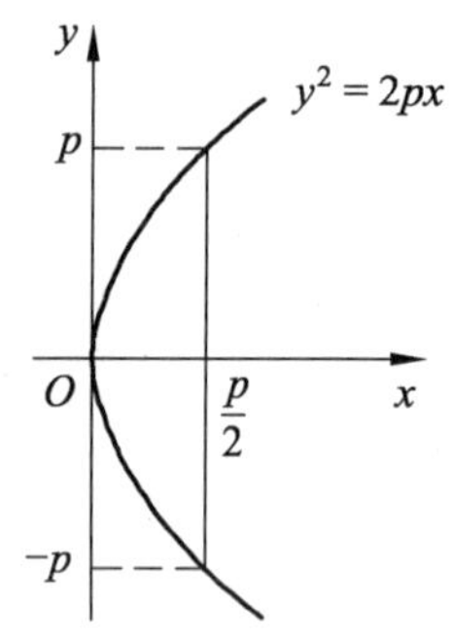

图 13.2.4

则

$$I=\iint_D \frac{x^2}{y^2}\mathrm{d}x\mathrm{d}y=\int_1^2\mathrm{d}x\int_{\frac{1}{x}}^{x}\frac{x^2}{y^2}\mathrm{d}y$$

$$=\int_1^2\left[-\frac{x^2}{y}\right]_{\frac{1}{x}}^{x}\mathrm{d}x=\int_1^2(x^3-x)\mathrm{d}x=\frac{9}{4}.$$

（2）如图 13.2.4 所示，把区域写成 X 型表达式，则有

$$D:-\sqrt{2px}\leqslant y\leqslant\sqrt{2px},0\leqslant x\leqslant\frac{p}{2}$$

于是

$$\iint_D xy^2\,\mathrm{d}\sigma=\int_0^{\frac{p}{2}}\mathrm{d}x\int_{-\sqrt{2px}}^{\sqrt{2px}}xy^2\mathrm{d}y=2\int_0^{\frac{p}{2}}\mathrm{d}x\int_0^{\sqrt{2px}}xy^2\mathrm{d}y$$

$$=2\int_0^{\frac{p}{2}}\left[\frac{1}{3}\left(xy^3\right)\Big|_0^{\sqrt{2px}}\right]\mathrm{d}x=\frac{4\sqrt{2p}\cdot p}{3}\int_0^{\frac{p}{2}}x^{\frac{5}{2}}\mathrm{d}x=\frac{4\sqrt{2p}\cdot p}{3}\cdot\frac{2}{7}x^{\frac{7}{2}}\Bigg|_0^{\frac{p}{2}}=\frac{p^5}{21}.$$

2. *Y* 型区域

类似地，如果积分区域 D 可以用不等式表示为（见图 13.2.5）.

$$\phi_1(y)\leqslant x\leqslant\phi_2(y),\quad c\leqslant y\leqslant d$$

其中函数 $\phi_1(y),\phi_2(y)$ 在区间 $[c,d]$ 上连续. 将这种积分区域称为 Y 型区域. Y 型区域的特点是：穿过区域内部且垂直于 y 轴的直线与区域边界相交不多于两个交点.

因此有

$$\iint_D f(x,y)\mathrm{d}\sigma=\int_c^d[\int_{\phi_1(y)}^{\phi_2(y)}f(x,y)\mathrm{d}x]\mathrm{d}y=\int_c^d\mathrm{d}y\int_{\phi_1(y)}^{\phi_2(y)}f(x,y)\mathrm{d}x \qquad (13.2.2)$$

上式就把二重积分化为先对 x 、后对 y 的二次积分来计算.

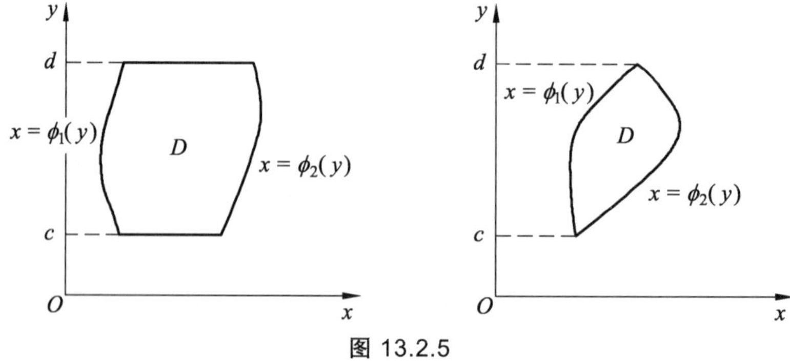

图 13.2.5

说明：在计算二重积分时，如果积分区域为多边形或直线与一般曲线围成时，经常用直角坐标来计算，将其化为累次积分进行计算．然而，确定累次积分的顺序和积分上下限最为关键．上下限是由区域 D 的形状决定的．一般可以先画积分区域草图，然后根据区域的类型和被积函数的特点确定二次积分的次序，再定出相应的积分限．

（1）如果区域 D 为 X 型区域，那么是先对 y 进行积分． y 的积分上下限是 x 的表达式或者常数，即过区域 D 的内部，做一条垂线垂直于 x 轴，垂线与区域 D 的交点即为 y 的积分上下限； x 的积分上下限均为常数，区域 D 的边界 x 的最大值和最小值即为 x 的积分上下限．

（2）如果区域 D 为 Y 型区域，那么是先对 x 进行积分． x 的积分上下限是 y 的表达式或者常数，即过区域 D 的内部，做一条垂线垂直于 y 轴，垂线与区域 D 的交点即为 x 的积分上下限； y 的积分上下限均为常数，区域 D 的边界 y 的最大值和最小值即为 y 的积分上下限．

（3）如果积分区域既是 X 型区域、也是 Y 型区域，将二重积分化为两种不同顺序的累次积分，但这两种不同顺序的累次积分的计算结果是相同的．但实际计算时，可能会遇到计算过程繁琐麻烦，因此要根据被积函数的特点以及积分区域来结合选择积分次序．

（4）如果积分区域既不是 X 型区域、也不是 Y 型区域，通常就将积分区域分成若干部分，使每个部分成为 X 型区域或 Y 型区域，从而在各个小区域上能够利用上述两个公式之一进行计算；然后，利用二重积分对区域的可加性，将这些小区域上的二重积分的计算结果相加，就得到在原来整个积分区域上的二重积分．

例 13.2.4 计算下列二重积分．

（1） $\iint\limits_D y\sqrt{1+x^2-y^2}\,\mathrm{d}\sigma$，其中 D 是由直线 $y=x, x=-1$ 和 $y=1$ 所围成的闭区域．

（2） $\iint\limits_D 2xy\,\mathrm{d}\sigma$，其中 D 是圆周 $x^2+(y-1)^2=4$ 及 y 轴围成的右半闭区域．

（3） $\iint\limits_D 15x(y-1)^2\,\mathrm{d}x\mathrm{d}y$，其中 D 为平行四边形区域，它的四个顶点是 $(1,0),(2,1),(1,2)$ 和 $(0,1)$．

（4） $\iint\limits_D \mathrm{e}^{y^2}\,\mathrm{d}x\mathrm{d}y$，其中 D 由 $y=x, y=1$ 及 y 轴所围成．

解：（1）如图 13.2.6 所示，把 D 写成 X 型表达式，即

$$D=\{(x,y)\mid x\leqslant y\leqslant 1,-1\leqslant x\leqslant 1\},$$

$$\iint\limits_D y\sqrt{1+x^2-y^2}\,\mathrm{d}\sigma=\int_{-1}^{1}\mathrm{d}x\int_x^1 y\sqrt{1+x^2-y^2}\,\mathrm{d}y=-\frac{1}{3}\int_{-1}^{1}\left[\left(1+x^2-y^2\right)^{\frac{3}{2}}\right]_x^1\mathrm{d}x$$

$$=-\frac{1}{3}\int_{-1}^{1}(|x|^3-1)\mathrm{d}x=-\frac{2}{3}\int_0^1(x^3-1)\mathrm{d}x=\frac{1}{2}.$$

（2）如图 13.2.7 所示，由圆周 $x^2+(y-1)^2=4$ 及 y 轴围成的右半闭区域可以写成 Y 型表达式，即

$$D=\{(x,y)\mid -1\leqslant y\leqslant 3, 0\leqslant x\leqslant\sqrt{4-(y-1)^2}\},$$

$$\iint\limits_D 2xy\,\mathrm{d}\sigma=\int_{-1}^{3}\mathrm{d}y\int_0^{\sqrt{4-(y-1)^2}}2xy\,\mathrm{d}x=\int_{-1}^{3}\left(x^2y\Big|_0^{\sqrt{4-(y-1)^2}}\right)\mathrm{d}y=\int_{-1}^{3}((4-(y-1)^2)y)\mathrm{d}y=\frac{32}{3}.$$

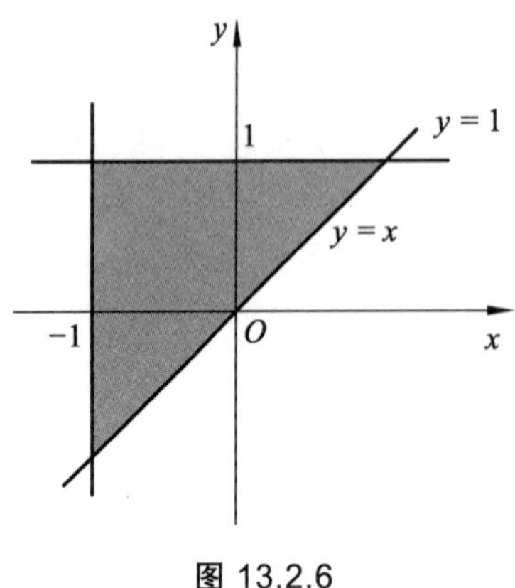

图 13.2.6

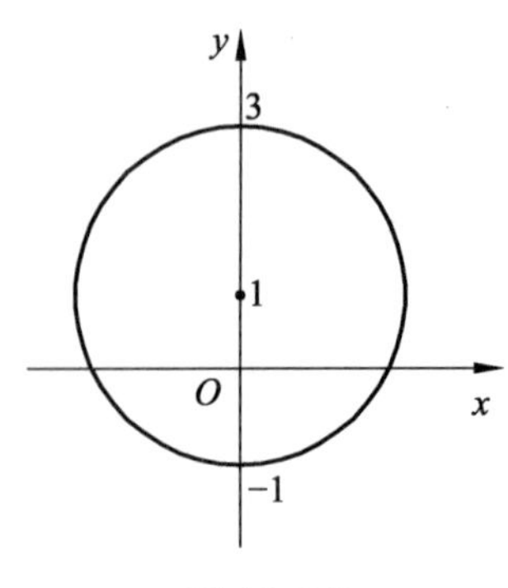

图 13.2.7

（3）如图 13.2.8 所示，把 D 分成两部分的 X 型表达式，即

$$A=\{(x,y)\mid -x+1\leqslant y\leqslant x+1,0\leqslant x\leqslant 1\},\quad B=\{(x,y)\mid x-1\leqslant y\leqslant -x+3,1\leqslant x\leqslant 2\},$$

$$\iint_D 15x(y-1)^2\mathrm{d}x\mathrm{d}y=\int_0^1\mathrm{d}x\int_{-x+1}^{x+1}15x(y-1)^2\mathrm{d}y+\int_1^2\mathrm{d}x\int_{x-1}^{-x+3}15x(y-1)^2\mathrm{d}y=5.$$

（4）如图 13.2.9 所示，将 D 看成 X 型区域，得 $D=\{(x,y)\mid 0\leqslant x\leqslant 1,x\leqslant y\leqslant 1\}$，则二重积分为

$$\iint_D \mathrm{e}^{y^2}\mathrm{d}x\mathrm{d}y=\int_0^1\mathrm{d}x\int_x^1\mathrm{e}^{y^2}\mathrm{d}y.$$

因 $\int\mathrm{e}^{y^2}\mathrm{d}y$ 的原函数不能用初等函数表示，所以我们要变换积分次序.

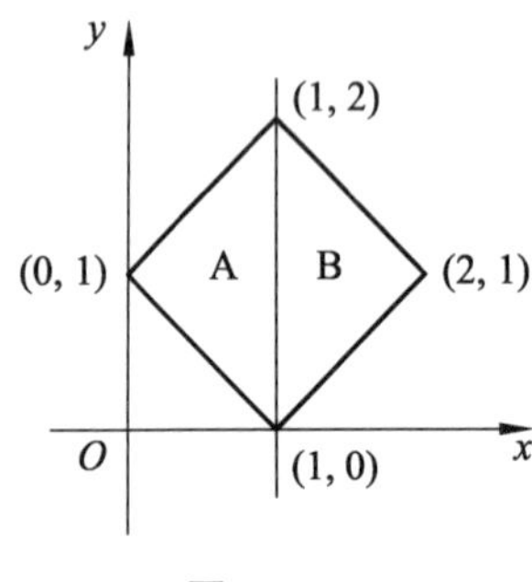

图 13.2.8

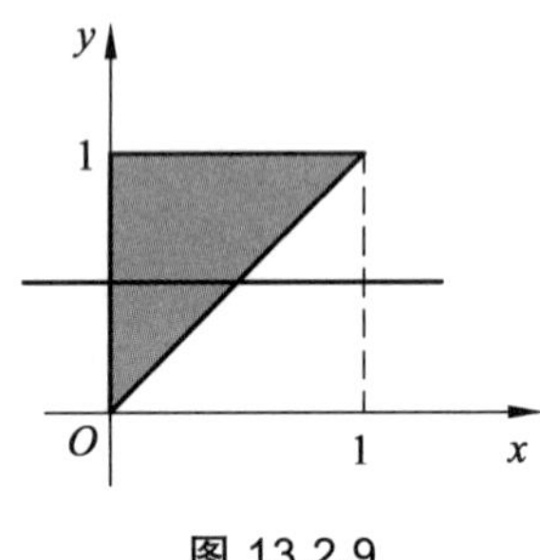

图 13.2.9

将 D 表示成 Y 型区域，得

$$D=\{(x,y)\mid 0\leqslant y\leqslant 1,0\leqslant x\leqslant y\},$$

故二重积分为

$$\iint_D \mathrm{e}^{y^2}\mathrm{d}x\mathrm{d}y=\int_0^1\mathrm{d}y\int_0^y\mathrm{e}^{y^2}\mathrm{d}x=\int_0^1\mathrm{e}^{y^2}\cdot[x]_0^y\mathrm{d}y$$

$$=\int_0^1 y\mathrm{e}^{y^2}\mathrm{d}y=\frac{1}{2}\int_0^1\mathrm{e}^{y^2}\mathrm{d}(y^2)=\frac{1}{2}(\mathrm{e}-1).$$

例 13.2.5 交换二次积分的次序：$\int_0^1 \mathrm{d}y\int_0^y f(x,y)\mathrm{d}x+\int_1^2 \mathrm{d}y\int_0^{2-y} f(x,y)\mathrm{d}x$.

解： 相应二重积分的积分区域 D 由 D_1 与 D_2 两部分组成，其中

$$D_1:0\leqslant y\leqslant 1,0\leqslant x\leqslant y;D_2:1\leqslant y\leqslant 2,0\leqslant x\leqslant 2-y.$$

由图 13.2.10 可知，D 亦可表示为：$0\leqslant x\leqslant 1,x\leqslant y\leqslant 2-x$，则

$$\int_0^1 \mathrm{d}y\int_0^y f(x,y)\mathrm{d}x+\int_1^2 \mathrm{d}y\int_0^{2-y} f(x,y)\mathrm{d}x=\int_0^1 \mathrm{d}x\int_x^{2-x} f(x,y)\mathrm{d}y$$

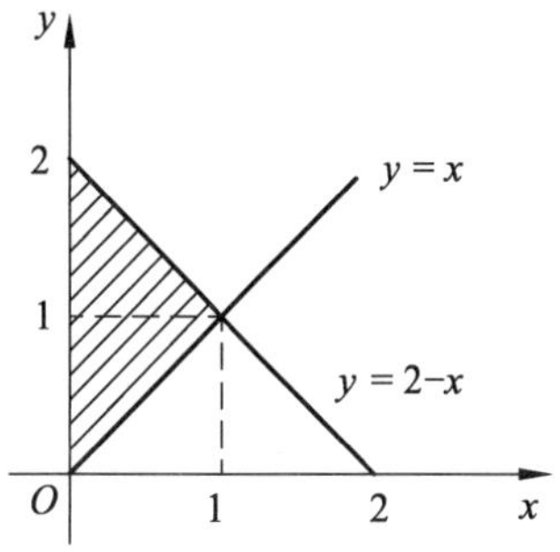

图 13.2.10

13.2.2 利用极坐标计算二重积分

在计算二重积分时，在一些情况下，比如当积分区域 D 是圆域、环形域、扇形域，即 D 的边界曲线用极坐标表示时比较简洁，且被积函数在极坐标系下的表达式也比较简单，就可以用极坐标来计算.

极坐标与直角坐标之间的关系为

$$\begin{cases}x=\rho\cos\theta\\ y=\rho\sin\theta\end{cases}$$

根据二重积分的定义有

$$\iint\limits_D f(x,y)\mathrm{d}\sigma=\lim_{\lambda\to 0}\sum_{i=1}^n f(\xi_i,\eta_i)\Delta\sigma_i$$

假设从极点 O 出发且穿过闭区域 D 内部的射线与 D 的边界曲线不多于两个交点. 可以用一组同心圆：$\rho=$常数，以及一族射线：$\theta=$常数，把 D 分成 n 个小区域（见图 13.2.11）.

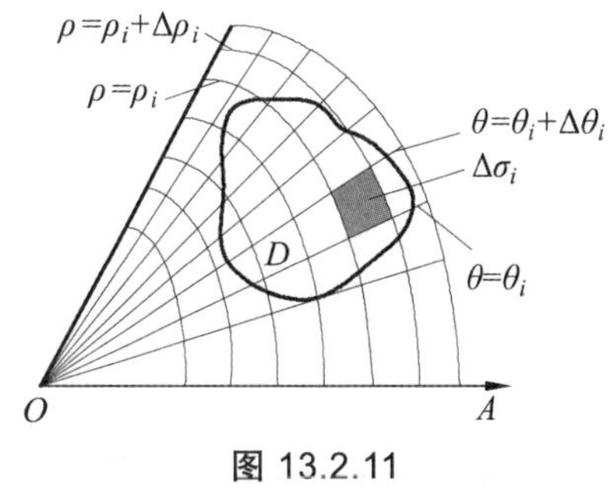

图 13.2.11

除了包含边界点的一些小闭区域外，小闭区域的面积为

$$\begin{aligned}\Delta\sigma_i&=\frac{1}{2}(\rho_i+\Delta\rho_i)^2\Delta\theta_i-\frac{1}{2}\rho_i^2\Delta\theta_i\\&=\rho_i\Delta\rho_i\ \Delta\theta_i+\frac{1}{2}(\Delta\rho_i)^2\Delta\theta_i\end{aligned}$$

当 $\Delta\rho_i\Delta\theta_i$ 充分小时，$\Delta\sigma_i\approx\rho_i\Delta\rho_i\Delta\theta_i$；记 $\xi_i=\rho_i\cos\theta_i$，$\eta_i=\rho_i\sin\theta_i$，点 $(\xi_i,\eta_i)\in\Delta\sigma_i$，则由二重积分的定义可得

$$\begin{aligned}\iint\limits_D f(x,y)\mathrm{d}\sigma&=\lim_{\lambda\to 0}\sum_{i=1}^n f(\xi_i,\eta_i)\Delta\sigma_i=\lim_{\lambda\to 0}\sum_{i=1}^n f(\rho_i\cos\theta_i,\rho_i\sin\theta_i)\cdot\rho_i\Delta\rho_i\Delta\theta_i\\&=\iint\limits_D f(\rho\cos\theta,\rho\sin\theta)\rho\mathrm{d}\rho\mathrm{d}\theta\end{aligned}$$

若已知直角坐标系下的二重积分 $\iint\limits_D f(x,y)\mathrm{d}\sigma$，则把其变为极坐标系下的二重积分步骤如下：

（1）将积分区域 D 的边界曲线用极坐标方程表示.

（2）利用变换 $x=r\cos\theta,y=r\sin\theta$ 将被积函数 $f(x,y)$ 转化成 r、θ 的函数：

$$f(x,y)=f(r\cos\theta,r\sin\theta).$$

（3）将面积微元 $\mathrm{d}\sigma$ 转化为极坐标下的面积微元 $r\mathrm{d}r\mathrm{d}\theta$.

则二重积分的极坐标系下的表达式为

$$\iint\limits_D f(x,y)\mathrm{d}\sigma=\iint\limits_D f(r\cos\theta,r\sin\theta)r\mathrm{d}r\mathrm{d}\theta.$$

在极坐标系中，二重积分同样可以化为二次积分来计算：

（1）区域特征（见图 13.2.12）. $D:\alpha\leqslant\theta\leqslant\beta$，$\phi_1(\theta)\leqslant\rho\leqslant\phi_2(\theta)$，则

$$\iint\limits_D f(\rho\cos\theta,\rho\sin\theta)\rho\mathrm{d}\rho\mathrm{d}\theta=\int_\alpha^\beta\mathrm{d}\theta\int_{\phi_1(\theta)}^{\phi_2(\theta)}f(\rho\cos\theta,\rho\sin\theta)\rho\mathrm{d}\rho$$

（2）区域特征（见图 13.2.13）. $D:\alpha\leqslant\theta\leqslant\beta$，$\phi_1(\theta)\leqslant\rho\leqslant\phi_2(\theta)$，则

$$\iint\limits_D f(\rho\cos\theta,\rho\sin\theta)\rho\mathrm{d}\rho\mathrm{d}\theta=\int_\alpha^\beta\mathrm{d}\theta\int_{\phi_1(\theta)}^{\phi_2(\theta)}f(\rho\cos\theta,\rho\sin\theta)\rho\mathrm{d}\rho$$

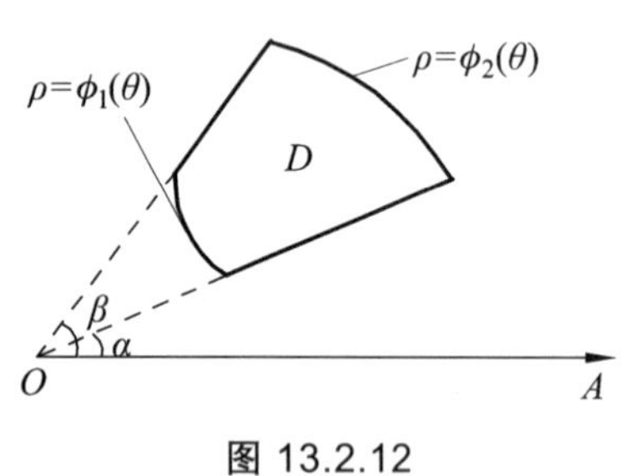

图 13.2.12

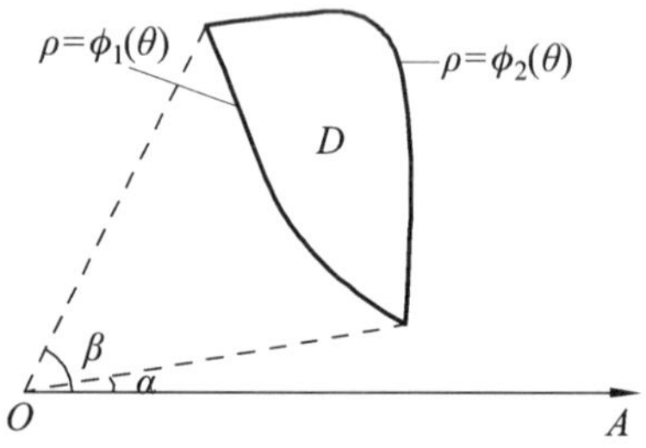

图 13.2.13

（3）区域特征（见图 13.2.14）. $D:\alpha\leqslant\theta\leqslant\beta$，$0\leqslant\rho\leqslant\phi(\theta)$，则

$$\iint\limits_D f(\rho\cos\theta,\rho\sin\theta)\rho\mathrm{d}\rho\mathrm{d}\theta=\int_\alpha^\beta\mathrm{d}\theta\int_0^{\phi(\theta)}f(\rho\cos\theta,\rho\sin\theta)\rho\mathrm{d}\rho$$

（4）区域特征（见图 13.2.15）. $D:0\leqslant\theta\leqslant2\pi$，$0\leqslant\rho\leqslant\phi(\theta)$，则

$$\iint\limits_D f(\rho\cos\theta,\rho\sin\theta)\rho\mathrm{d}\rho\mathrm{d}\theta=\int_0^{2\pi}\mathrm{d}\theta\int_0^{\phi(\theta)}f(\rho\cos\theta,\rho\sin\theta)\rho\mathrm{d}\rho$$

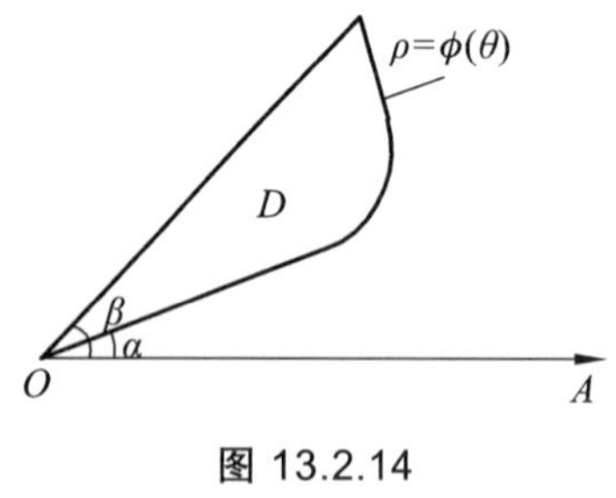

图 13.2.14

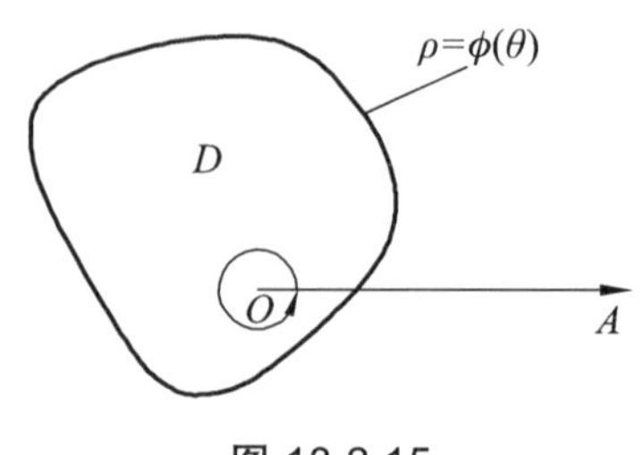

图 13.2.15

当被积函数为 1 时，所求二重积分为积分区域的面积，因为在极坐标系下区域 D 的面积 σ 为

$$\sigma=\iint\limits_D r\mathrm{d}r\mathrm{d}\theta$$

例 13.2.6　用极坐标计算下列二重积分.

（1）$\iint\limits_D \ln(1+x^2+y^2)\mathrm{d}\sigma$，其中 $D=\{(x,y)\big|x^2+y^2\leqslant 1\}$.

（2）$\iint\limits_D x^2\mathrm{d}x\mathrm{d}y$，其中 D 是两圆 $x^2+y^2=1$ 和 $x^2+y^2=4$ 之间的环形区域.

（3）$\iint\limits_D x\mathrm{d}x\mathrm{d}y$，其中 D 是 $(x-1)^2+y^2\leqslant 1$ 与 $x^2+(y-1)^2\leqslant 1$ 的公共部分.

（4）$\iint\limits_D y\mathrm{d}x\mathrm{d}y$，其中 D：$x^2+y^2\leqslant 2Rx$，$y\geqslant 0$.

解:（1）令 $x=r\cos\theta, y=r\sin\theta$，则由图 13.2.16，$D$ 可表为：

$$\begin{cases}0\leqslant r\leqslant 1\\ 0\leqslant\theta\leqslant 2\pi\end{cases}$$

从而

$$\begin{aligned}\iint\limits_D \ln(1+x^2+y^2)\mathrm{d}\sigma&=\int_0^{2\pi}\mathrm{d}\theta\int_0^1\ln(1+r^2)\cdot r\mathrm{d}r\\&=\pi\cdot\frac{1}{2}[(1+r^2)\ln(1+r^2)-r^2]\Big|_0^1=\pi(2\ln 2-1).\end{aligned}$$

（2）画出积分区域 D，如图 13.2.17 所示，可用极坐标表示为

$$0\leqslant\theta\leqslant 2\pi，\quad 1\leqslant r\leqslant 2$$

则

$$\begin{aligned}\iint\limits_D x^2\mathrm{d}x\mathrm{d}y&=\int_0^{2\pi}\mathrm{d}\theta\int_1^2(r\cos\theta)^2r\mathrm{d}r=\int_0^{2\pi}\cos^2\theta\cdot\frac{r^4}{4}\Big|_1^2\mathrm{d}\theta\\&=\frac{15}{4}\int_0^{2\pi}\cos^2\theta\mathrm{d}\theta=\frac{15}{4}\pi.\end{aligned}$$

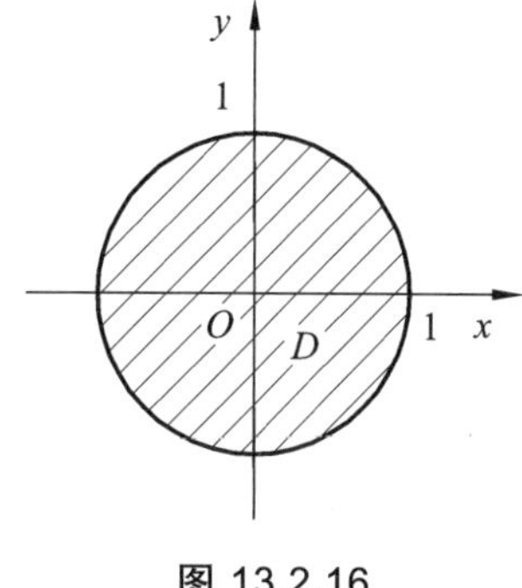

图 13.2.16

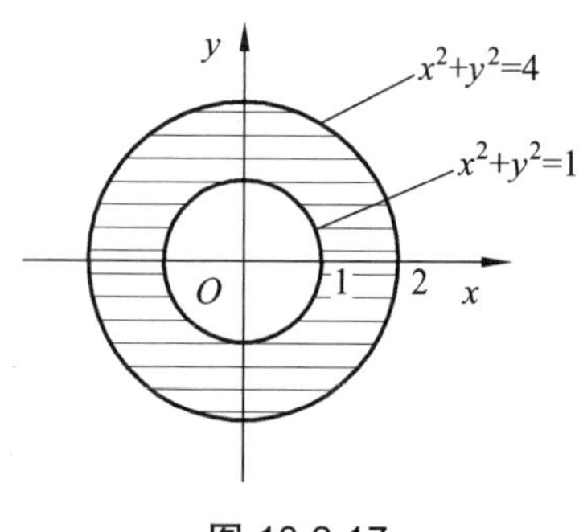

图 13.2.17

（3）由已知，积分区域如图 13.2.18 所示．在极坐标系下可分为两部分，即

$$D = D_1 \cup D_2, D_1: 0 \leqslant r \leqslant 2\sin\theta, 0 \leqslant \theta \leqslant \frac{\pi}{4}; D_2: 0 \leqslant r \leqslant 2\cos\theta, \frac{\pi}{4} \leqslant \theta \leqslant \frac{\pi}{2};$$

则有

$$\iint_D \mathrm{d}x\mathrm{d}y = \int_0^{\frac{\pi}{4}} \mathrm{d}\theta \int_0^{2\sin\theta} r\cos\theta \cdot r\mathrm{d}r + \int_{\frac{\pi}{4}}^{\frac{\pi}{2}} \mathrm{d}\theta \int_0^{2\cos\theta} r\cos\theta \cdot r\mathrm{d}r$$

$$= \frac{8}{3}\int_0^{\frac{\pi}{4}} \sin^3\theta\cos\theta\mathrm{d}\theta + \frac{2}{3}\int_{\frac{\pi}{4}}^{\frac{\pi}{2}} \left(\frac{3}{2} + 2\cos\theta + \frac{1}{2}\cos 4\theta\right)\mathrm{d}\theta = \frac{1}{6} + \frac{\pi}{4} - \frac{2}{3} = \frac{\pi}{4} - \frac{1}{2}.$$

（4）画出区域 D，如图 13.2.19 阴影部分，由解析几何知该半圆周可用极坐标方程表示为

$$r = 2R\cos\theta \left(0 \leqslant \theta \leqslant \frac{\pi}{2}\right),$$

故区域 D 可表示为：

$$0 \leqslant \theta \leqslant \frac{\pi}{2},\quad 0 \leqslant r \leqslant 2R\cos\theta$$

则

$$\iint_D y\mathrm{d}x\mathrm{d}y = \int_0^{\frac{\pi}{2}} \mathrm{d}\theta \int_0^{2R\cos\theta} (r\sin\theta) r\mathrm{d}r = \int_0^{\frac{\pi}{2}} \sin\theta \cdot \left.\frac{r^3}{3}\right|_0^{2R\cos\theta} \mathrm{d}\theta$$

$$= \frac{8R^3}{3}\int_0^{\frac{\pi}{2}} \cos^3\theta\sin\theta\mathrm{d}\theta = -\frac{8R^3}{3} \cdot \left.\frac{\cos^4\theta}{4}\right|_0^{\frac{\pi}{2}} = \frac{2R^3}{3}$$

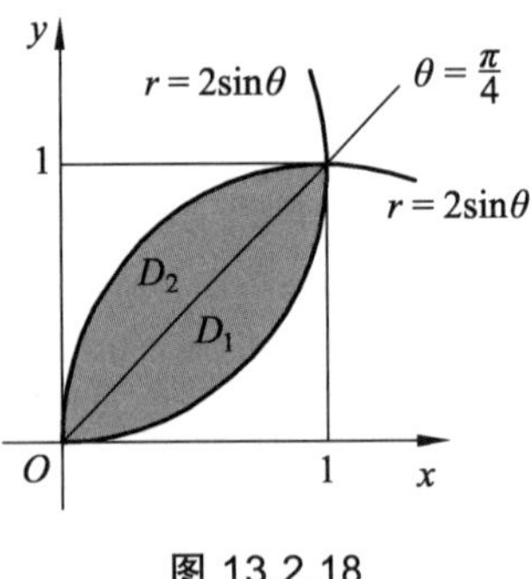

图 13.2.18

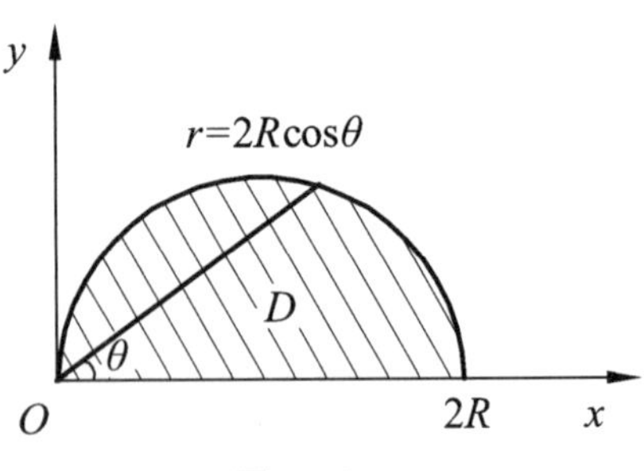

图 13.2.19

例 13.2.7　写出二重积分 $\iint_D f(x,y)\mathrm{d}x\mathrm{d}y$ 在极坐标系下的二次积分，其中区域

$$D = \{(x,y) \mid 1 - x \leqslant y \leqslant \sqrt{1-x^2}, 0 \leqslant x \leqslant 1\}.$$

解：利用极坐标变换 $x = r\cos\theta, y = r\sin\theta$，直线方程 $x + y = 1$ 的极坐标形式为 $r = \dfrac{1}{\sin\theta + \cos\theta}$，故积分区域 D（见图 13.2.20）的积分限为

$$0\leqslant\theta\leqslant\frac{\pi}{2},\frac{1}{\sin\theta+\cos\theta}\leqslant r\leqslant 1,$$

所以

$$\iint_D f(x,y)\mathrm{d}x\mathrm{d}y=\int_0^{\frac{\pi}{2}}\mathrm{d}\theta\int_{\frac{1}{\sin\theta+\cos\theta}}^{1}f(r\cos\theta,r\sin\theta)r\mathrm{d}r.$$

例 13.2.8 求曲线 $y=x^2, y=x+2$ 所围成的平面图形的面积：

解： 曲线 $y=x^2, y=x+2$ 所围成的平面区域如图 13.2.21 所示，曲线交点坐标分别为 $(-1,1),(2,4)$，所求面积为

$$S=\iint_D\mathrm{d}\sigma=\int_{-1}^{2}\mathrm{d}x\int_{x^2}^{x+2}\mathrm{d}y=\int_{-1}^{2}(x+2-x^2)\mathrm{d}x=\left(\frac{1}{2}x^2+2x-\frac{1}{3}x^3\right)\Bigg|_{-1}^{1}=\frac{9}{2}.$$

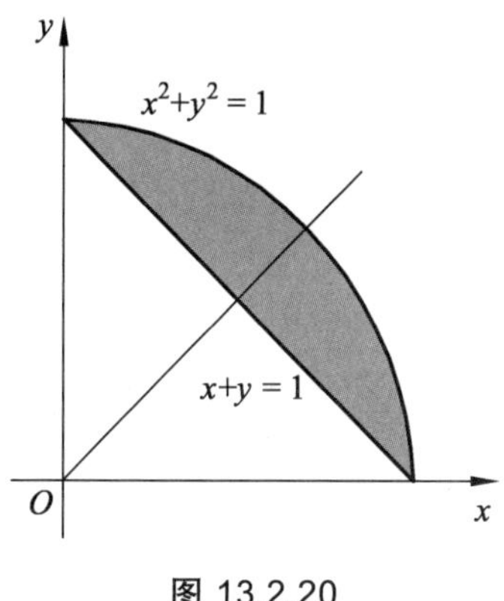

图 13.2.20

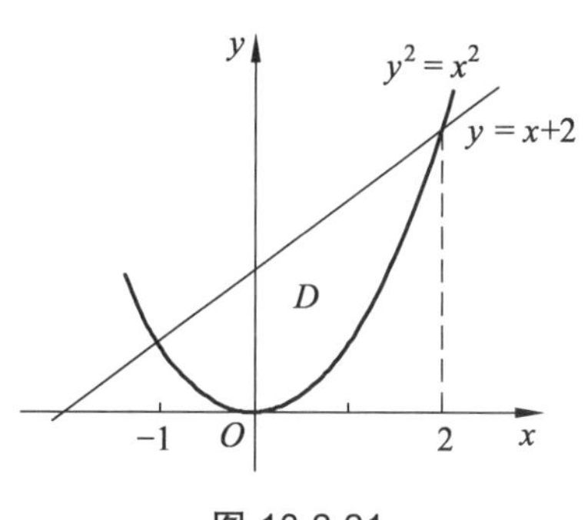

图 13.2.21

习题 13.2

基础练习

1. 填空题.

（1）$\int_0^3\mathrm{d}x\int_0^2\mathrm{d}y=$____________________.

（2）设函数 $f(x,y)$ 连续，交换积分次序 $\int_1^2\mathrm{d}y\int_0^{\mathrm{e}^y}f(x,y)\mathrm{d}x=$____________________.

（3）设 D 是由坐标轴与直线 $x+y=1$ 围成的区域，则 $\iint_D(6x^2+2y)\mathrm{d}\sigma=$____________________.

（4）设 $D=\{(x,y)\,|\,1\leqslant x^2+y^2\leqslant 25\}$，则 $\iint_D\mathrm{d}\sigma=$____________________.

（5）设 $D=\{(x,y)\,|\,x^2+y^2\leqslant 1, y\geqslant 0\}$，则 $\iint_D(x^2+y^2)\mathrm{d}\sigma=$____________________.

2. 根据下列区域，把 $\iint_D f(x,y)\mathrm{d}x\mathrm{d}y$ 化成累次积分.

（1）$D: 0 \leqslant x \leqslant 3, 0 \leqslant y \leqslant 2$；（2）$D$： $4 \leqslant x \leqslant 6, 3 \leqslant y \leqslant 5$；

（3）D： $(x-1)^2 + y^2 = 1$；（4）D： $y = 1, x = -1$ 及 $y = x^3$；

（5）D： $y = \ln x, y = 1, x = 6$；（6）D： $4 \leqslant x^2 + y^2 \leqslant 9, y = x, y = \sqrt{3}x$：

（7）D： $|x| \leqslant 1, |y| \leqslant 2$；（8）$D$： $x = y^2, xy = 1, y = 2, x = 0$.

3. 改变下列二次积分的次序：

（1）$\int_0^2 dx \int_{x^2}^{2x} f(x,y)dy$；（2）$\int_0^2 dy \int_{y^2}^{3y} f(x,y)dx$；（3）$\int_0^4 dx \int_{\sqrt{x}}^{2} f(x,y)dy$；

（4）$\int_1^2 dy \int_1^y f(x,y)dx + \int_2^4 dy \int_{\frac{y}{2}}^{2} f(x,y)dx$；

（5）$\int_0^1 dx \int_0^{x^2} f(x,y)dy + \int_1^3 dx \int_0^{\frac{1}{2}(3-x)} f(x,y)dy$.

（6）$\int_0^1 dx \int_0^{\sqrt{2x-x^2}} f(x,y)dy + \int_1^2 dx \int_0^{2-x} f(x,y)dy$；

4. 计算下列二重积分.

（1）$\iint\limits_D 2xe^{-y}dxdy$，其中 D 是由 $|x| = 2, |y| = 1$ 所围闭区域；

（2）$\iint\limits_D y\cos(xy)dxdy$，其中 D 是由 $0 \leqslant x \leqslant 1, 0 \leqslant y \leqslant \pi$ 所确定的闭区域；

（3）$\iint\limits_D (x^2 + y^2)d\sigma$，其中 D 为直线 $y = 2, y = x, y = 2x$ 围成的闭区域.

（4）$\iint\limits_D (1-x)d\sigma$，其中 D 为抛物线 $y^2 = x$ 与直线 $x + y = 2$ 围成的闭区域.

（5）$\iint\limits_D \frac{1}{\sqrt{x^2 + y^2}}dxdy$，$D$ 是由曲线 $y = x^2$ 与直线 $y = x$ 围成的区域；

（6）$\iint\limits_D \ln(1 + x^2 + y^2)d\sigma$，$D$ 是四分之一圆域 $x^2 + y^2 \leqslant 1, x \geqslant 0, y \geqslant 0$.

提高练习

5. 计算以 xOy 面上的圆周 $x^2 + y^2 = 2x$ 围成的区域为底，而以曲面 $z = x^2 + y^2$ 为顶的曲顶柱体的体积.

6. 计算积分 $I = \int_{\frac{1}{4}}^{\frac{1}{2}} dy \int_{\frac{1}{2}}^{\sqrt{y}} e^{\frac{y}{x}} dx + \int_{\frac{1}{2}}^{1} dy \int_y^{\sqrt{y}} e^{\frac{y}{x}} dx$.

7. 化下列直角坐标系下的二次积分为极坐标系下的二次积分.

（1）$\int_0^4 dx \int_0^{\sqrt{4x-x^2}} (x^2 + y^2)dy$；（2）$\int_{-2}^2 dy \int_0^{\sqrt{4-y^2}} f(x^2 + y^2)dx$；

（3）$\iint\limits_D f(x,y)d\sigma, D = \{(x,y) \mid x^2 + y^2 \leqslant 36, x \geqslant 0, y \leqslant 0\}$；

（4）$\iint\limits_D e^{-x^2-y^2}d\sigma, D = \{(x,y) \mid 1 \leqslant x^2 + y^2 \leqslant 4\}$；

（5）$\iint\limits_D f(x,y)d\sigma, D = \{(x,y) \mid x^2 + y^2 \leqslant 4y, x \geqslant 0\}$；

（6）$\iint\limits_D (x^2 + y^2)d\sigma, D = \{(x,y) \mid 1 \leqslant x^2 + y^2 \leqslant 4, x \leqslant y \leqslant \sqrt{3}x, x > 0\}$.

8. 计算下列二重积分：

（1）$\iint\limits_{D}\sin\sqrt{x^2+y^2}\mathrm{d}x\mathrm{d}y$，$D$是圆环$\pi^2\leqslant x^2+y^2\leqslant 4\pi^2$；

（2）$\iint\limits_{D}\sin(x+y)\mathrm{d}x\mathrm{d}y$，其中$D$是由$x=0,y=\pi,y=x$所确定的闭区域；

（3）$\iint\limits_{D}\sqrt{x^2+y^2}\mathrm{d}\sigma$，其中$D$是由$1\leqslant x^2+y^2\leqslant 4$围成的圆环形区域；

（4）$\iint\limits_{D}(4-x^2)\mathrm{d}x\mathrm{d}y$，其中$D$是由$x=0,y=0,2x+y=4$所确定的闭区域；

（5）$\iint\limits_{D}2x\mathrm{d}x\mathrm{d}y$，其中$D$是由$y=x,y=2x,y=1$围成的闭区域；

（6）$\iint\limits_{D}x\mathrm{d}x\mathrm{d}y$，其中$D$是由$x^2+y^2=16$和两坐标轴所围成的第一象限的闭区域；

（7）$\iint\limits_{D}\frac{y}{x}\mathrm{d}x\mathrm{d}y$，其中$D$是由$y=3x,y=x,x=1,x=3$所确定的闭区域；

（8）$\iint\limits_{D}(x+y)\mathrm{d}x\mathrm{d}y$，$D$是半圆域$x^2+y^2\leqslant 6y,x\leq 0$；

（9）$\iint\limits_{D}\frac{\mathrm{d}x\mathrm{d}y}{\sqrt{4-x^2-y^2}}$，其中$D$是由$1\leqslant x^2+y^2\leqslant 2,y\geqslant 0$所围成的闭区域；

(10) $\iint\limits_{D}\arctan\frac{y}{x}\mathrm{d}x\mathrm{d}y$，其中$D$是由$x^2+y^2=2$与直线$y=x$及$y$轴所围成的闭区域.

(11) $\iint\limits_{D}\frac{\sin y}{y}\mathrm{d}x\mathrm{d}y$，其中$D$是由$y=x,x=y^2$所围闭区域.

拓展练习

9. 计算$\iint\limits_{D}(x^2+y^2)\mathrm{d}x\mathrm{d}y$，其中$D$为圆$x^2+y^2=2y,x^2+y^2=4y$及直线$x-\sqrt{3}y=0$，$y-\sqrt{3}x=0$所围成的平面闭区域.

10. 证明：$\int_0^1\mathrm{d}y\int_0^{\sqrt{y}}\mathrm{e}^y f(x)\mathrm{d}x=\int_0^1(\mathrm{e}-\mathrm{e}^{x^2})f(x)\mathrm{d}x$.

11. 求$z=x^2+y^2$与$z=9$所围立体的体积.

12. 阅读理解：

（1）三重积分的概念.

定义　设$f(x,y,z)$是空间有界闭区域Ω上的有界函数，将闭区域Ω任意分成n个小闭区域$\Delta v_1,\Delta v_2,\cdots,\Delta v_n$，其中$\Delta v_i$表示第$i$个小闭区域，也表示它的体积，在每个$\Delta v_i$上任取一点$(\xi_i,\eta_i,\zeta_i)$作乘积$f(\xi_i,\eta_i,\zeta_i)\cdot\Delta v_i,(i=1,2,\cdots,n)$，并作和，如果当各小闭区域的直径中的最大值$\lambda$趋近于零时，这和式的极限存在，则称此极限为函数$f(x,y,z)$在闭区域$\Omega$上的三重积分，记为$\iiint\limits_{\Omega}f(x,y,z)\mathrm{d}v$，即

$$\iiint\limits_{\Omega}f(x,y,z)\mathrm{d}v=\lim_{\lambda\to 0}\sum_{i=1}^{n}f(\xi_i,\eta_i,\zeta_i)\Delta v_i \tag{1}$$

其中 $f(x,y,z)$ 称为被积函数，Ω 称为积分区域，$\mathrm{d}v$ 称为体积元素.

在直角坐标系中，如果用平行于坐标面的平面来划分 Ω，则 $\Delta v_i = \Delta x_j \cdot \Delta y_k \cdot \Delta z_l$，所以三重积分记为

$$\iiint_{\Omega} f(x,y,z)\mathrm{d}x\mathrm{d}y\mathrm{d}z = \lim_{\lambda\to 0}\sum_{i=1}^{n} f(\xi_i,\eta_i,\zeta_i)\Delta v_i$$

其中 $\mathrm{d}x\mathrm{d}y\mathrm{d}z$ 称为直角坐标系中的体积元素.

当函数 $f(x,y,z)$ 在闭区域 Ω 上连续时，函数 $f(x,y,z)$ 在闭区域 Ω 上的三重积分必定存在. 三重积分的性质与二重积分的性质类似，这里不再重复.

如果 $\rho(x,y,z)$ 表示 Ω 闭区域物体的点 (x,y,z) 处的密度，并且 $\rho(x,y,z)$ 为 Ω 闭区域的连续函数，那么我们可以得到该物体的质量

$$M = \iiint_{\Omega} \rho(x,y,z)\mathrm{d}v$$

由三重积分的定义，当 $f(x,y,z)=1$ 时，$\iiint\limits_{\Omega}\mathrm{d}v$ 为闭区域 Ω 的体积.

（2）三重积分的计算.

投影法（先一后二法）.

如图 13.2.16 所示，闭区域 Ω 在 xOy 平面的投影为闭区域 D_{xy}，区域 Ω 的下边界面和上边界面方程分别为 $S_1: z = z_1(x,y)$，$S_2: z = z_2(x,y)$. 过点 $(x,y)\in D$ 作直线从 z_1 穿入，从 z_2 穿出，其中 $z_1(x,y)$ 与 $z_2(x,y)$ 都是 D_{xy} 上的连续函数，此时积分区域 Ω 可以表示为

$$\Omega = \{(x,y,z) \mid z_1(x,y) \leqslant z \leqslant z_2(x,y),(x,y)\in D_{xy}\}$$

先把 x,y 看作定值，将 $f(x,y,z)$ 看作 z 的函数，则

$$F(x,y) = \int_{z_1(x,y)}^{z_2(x,y)} f(x,y,z)\mathrm{d}z$$

计算 $F(x,y)$ 在闭区间 D 上的二重积分

$$\iint_{D} F(x,y)\mathrm{d}\sigma = \iint_{D}\left[\int_{z_1(x,y)}^{z_2(x,y)} f(x,y,z)\mathrm{d}z\right]\mathrm{d}\sigma$$

因为 $D_{xy}: y_1(x)\leqslant y\leqslant y_2(x),\ a\leqslant x\leqslant b$，所以

$$\iiint_{\Omega} f(x,y,z)\mathrm{d}v = \int_a^b \mathrm{d}x\int_{y_1(x)}^{y_2(x)}\mathrm{d}y\int_{z_1(x,y)}^{z_2(x,y)} f(x,y,z)\mathrm{d}z \tag{2}$$

式（2）把三重积分化为先对 z、次对 y、最后对 x 的三次积分.

如果平行于 x 轴或 y 轴且穿过闭区域 Ω 内部的直线与 Ω 的边界面 S 之间有两个交点，那么也可以把 Ω 投影到 yOz 面或 zOx 面上，这样可以完全类似地把三重积分化为首先对 x 或对 y 的按其他顺序的三次积分. 这种计算三重积分的方法称为投影法或先一后二法.

在把三重积分化为三次积分中，关键是确定各次积分的上、下限. 确定上、下限的步骤是：

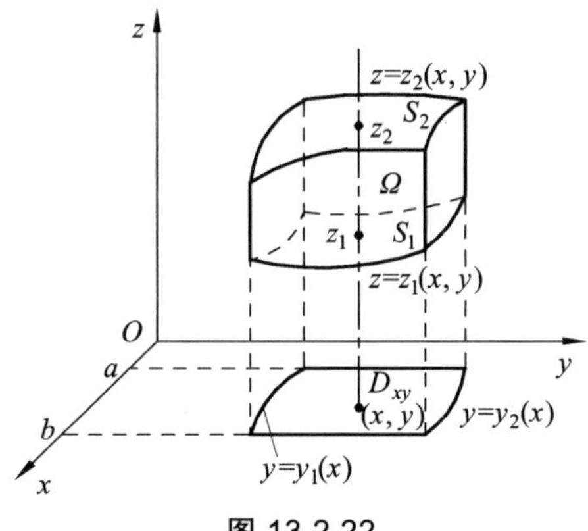

图 13.2.22

（i）画出空间闭区域 Ω 及 Ω 在 xOy 面上的投影区域 D_{xy} 的图形；

（ii）过 D_{xy} 内任一点，作 z 轴的平行线，若该直线上 Ω 内的点的竖坐标从 $z_1(x,y)$ 变到 $z_2(x,y)$，则它们就是先对 z 积分的下限与上限；

（iii）后对 x,y 积分的积分上下限由 D_{xy} 确定（参考二重积分化二次积分的方法）.

完成下列各题：

1. 在直角坐标系下化三重积分 $I=\iiint\limits_{\Omega} f(x,y,z)\mathrm{d}v$ 为三次积分，其中积分区域 Ω 分别是：由坐标面 xOy 与上半球面 $z=\sqrt{9-x^2-y^2}$ 所围成的区域；

2. $\iiint\limits_{\Omega} x\mathrm{d}x\mathrm{d}y\mathrm{d}z$，其中 Ω 为三个坐标面及平面 $x+y+z=1$ 所围成的闭区域.

*13.3　二重积分的应用

在前面的学习研讨中，我们可以用二重积分计算曲顶柱体的体积和平面薄片的质量，在这里，我们可以推广到一些其他的应用.

13.3.1　曲面的面积

设曲面方程为 $z=f(x,y)$，在 xOy 面上的投影区域为 D，函数 $f(x,y)$ 在 D 上具有连续的一阶偏导数，则由方程 $z=f(x,y),(x,y)\in D$ 所确定的曲面 S 的面积公式为：

$$A=\iint\limits_{D}\sqrt{1+f_x^2+f_y^2}\,\mathrm{d}\sigma$$

上式也可写成

$$A=\iint\limits_{D_{xy}}\sqrt{1+\left(\frac{\partial z}{\partial x}\right)^2+\left(\frac{\partial z}{\partial y}\right)^2}\,\mathrm{d}x\mathrm{d}y$$

例 13.3.1　求半径为 R 的球面的面积.

解： 平行于 z 轴的直线穿过球面时，与球面有两个交点，则可以将球面分成上、下两部分，根据对称性，只需求出上半球面面积乘 2 即可．上半球面在坐标面 xOy 上投影为圆面 $x^2+y^2\leqslant R^2$.

上半球面方程：$z=\sqrt{R^2-x^2-y^2},(x,y)\in D,D=\left\{(x,y)\mid x^2+y^2\leqslant R^2\right\}$

$$\frac{\partial z}{\partial x}=\frac{-x}{\sqrt{R^2-x^2-y^2}},\frac{\partial z}{\partial y}=\frac{-y}{\sqrt{R^2-x^2-y^2}},\sqrt{1+z_x^2+z_y^2}=\frac{R}{\sqrt{R^2-x^2-y^2}},$$

故

$$S=2\iint_D\sqrt{1+z_x^2+z_y^2}\mathrm{d}\sigma=2\iint_D\frac{R}{\sqrt{R^2-x^2-y^2}}\mathrm{d}\sigma$$
$$=2R\int_0^{2\pi}\mathrm{d}\theta\int_0^R\frac{1}{\sqrt{R^2-r^2}}r\mathrm{d}r=\lim_{b\to R}4\pi R\left(R-\sqrt{R^2-b^2}\right)=4\pi R^2.$$

这就是球面表面积公式.

13.3.2 空间立体体积

我们知道，若 $z=f(x,y)$ 在有界闭区域 D 上连续，且 $f(x,y)\geqslant 0$，则二重积分 $\iint_D f(x,y)\mathrm{d}\sigma$ 的几何意义就是以 $z=f(x,y)$ 为顶的曲顶柱体的体积，因此，可以利用二重积分计算立体的体积.

例 13.3.2 计算以 xOy 面上的圆周 $x^2+y^2=ax$ 围成的闭区域为底，而以曲面 $z=x^2+y^2$ 为顶的曲顶柱体的体积.

解： 设所求立体的体积为 V，在极坐标中，积分区域 $D:-\frac{\pi}{2}\leqslant\theta\leqslant\frac{\pi}{2},0\leqslant\rho\leqslant a\cos\theta$，则

$$V=\iint_D(x^2+y^2)\mathrm{d}\sigma=2\int_0^{\frac{\pi}{2}}\mathrm{d}\theta\int_0^{a\cos\theta}\rho^2\cdot\rho\mathrm{d}\rho$$
$$=\frac{a^4}{2}\int_0^{\frac{\pi}{2}}\cos^4\theta\mathrm{d}\theta=\frac{a^4}{2}\times\frac{3}{4}\times\frac{1}{2}\times\frac{\pi}{2}=\frac{3}{32}\pi a^4.$$

13.3.3 平面区域面积

例 13.3.3 求曲线 $y=\sin x,y=\cos x,x=0$（位于第一象限内的部分）所围成的平面图形的面积.

解： 曲线 $y=\sin x,y=\cos x,x=0$ 所围成的平面区域如图 13.3.1 所示，曲线交点坐标为 $\left(\frac{\pi}{4},\frac{\sqrt{2}}{2}\right)$，所求面积为

$$S=\iint_D\mathrm{d}\sigma=\int_0^{\frac{\pi}{4}}\mathrm{d}x\int_{\sin x}^{\cos x}\mathrm{d}y$$
$$=\int_0^{\frac{\pi}{4}}(\cos x-\sin x)\mathrm{d}x=(\sin x+\cos x)\Big|_0^{\frac{\pi}{4}}=\sqrt{2}-1$$

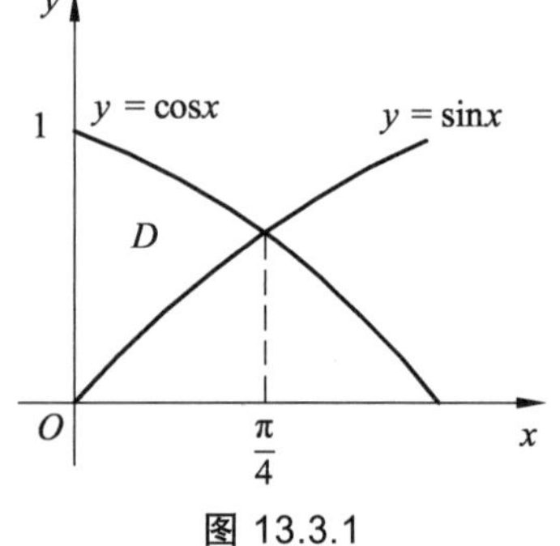

图 13.3.1

13.3.4　求平面薄片的质量

例 13.3.4　设平面薄片所在的闭区域 D 由螺线 $r=2\theta$ 上一段弧 $\left(0\leqslant\theta\leqslant\dfrac{\pi}{2}\right)$ 与直线 $\theta=\dfrac{\pi}{2}$ 所围成，它的面密度为 $\mu(x,y)=x^2+y^2$．求这薄片的质量（见图 13.3.2）.

解：设薄板质量为 M，则

$$M=\iint_D \mu(x,y)\mathrm{d}\sigma=\iint_D (x^2+y^2)\mathrm{d}\sigma=\int_0^{\frac{\pi}{2}}\mathrm{d}\theta\int_0^{2\theta} r^2\cdot r\mathrm{d}r=4\int_0^{\frac{\pi}{2}}\theta^4\mathrm{d}\theta=\frac{\pi^5}{40}.$$

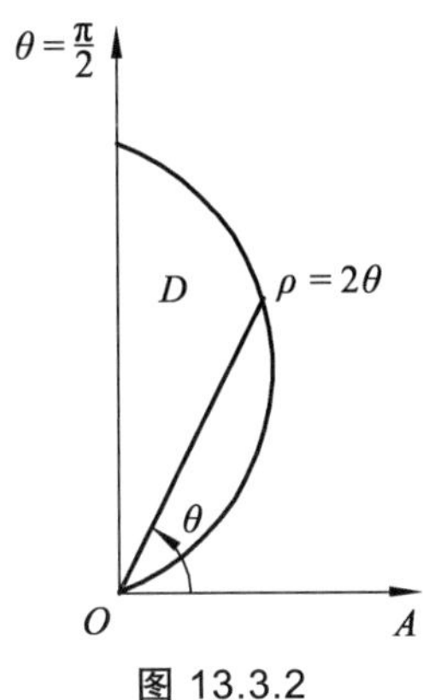

图 13.3.2

习题 13.3

基础练习

1. 求曲线 $y=x^3$ 与 $x=y^2$ 围成的面积.

2. 计算曲面 $z=1+x+y, z=0, x+y=1, x=0, y=0$ 所围成的立体的体积.

3. 求由平面 $x=0, y=0, x=1$ 及 $y=1$ 所围成的柱体被平面 $z=0$ 与 $z=6-2x-3y$ 截得的立体体积.

4. 求曲线 $y=x^2$ 与 $x=y^2$ 围成的平面薄片的质为 M，它的面密度为 $\mu(x,y)=x^2+y^2$.

提升练习

5. 求曲线 $(x^2+y^2)^2=2a^2(x^2-y^2)$ 和 $x^2+y^2\geqslant a$ 所围成区域 D 的面积.

6. 计算曲面 $z=x^2+y^2, y=1, z=0, y=x^2$ 所围成的立体的体积：

7. 求曲线 $y=\ln x, x=2, y=0$ 围成的平面薄片的质为 M，它的面密度为 $\mu(x,y)=xy$.

拓展练习

8. 一圆环薄片由半径为 4 和 8 的两个同心圆所围成，其上任一点处的面密度与该点到圆心的距离成反比，已知在内圆周上各点处的面密度为 1，求圆环薄片的质量.

9. 证明：若球的半径为 R，则球的体积公式为 $\dfrac{4}{3}\pi R^3$.

本章小结

一、知识框图

请读者自己画出本章知识结构图，从整体结构上去理解本章内容.

二、复习要点

1. 二重积分的定义：
2. 二重积分的几何意义：
3. 二重积分的性质：
4. 直角坐标系下二重积分的计算，化为累次积分：
5. 计算二重积分的步骤：
6. 交换积分次序：
7. 极坐标系下二重积分的计算：
8. 二重积分的应用：

三、思维运用

通过本章二重积分的学习，了解到二重积分是由定积分的累加取极限的方法发展而来，不仅如此，同样可以由此拓展到三重积分，甚至还可以发展到曲面积分、曲线积分. 我们可以认识到，任何事物都是发展变化的，是一个动态的过程. 你对“**事物是发展变化的一个动态过程**”这一思维方式有什么体会？请举例说明你在生活、工作、学习中是怎么运用这一方法的.

本章复习题

一、判断题

(　　) 1. 已知函数 $f(x,y)$ 在 $[a,b]$ 上连续，则 $f(x,y)$ 在 $[a,b]$ 上可积.

(　　) 2. 二重积分就是二次积分，即重积分也称累次积分.

(　　) 3. 当二次积分的上下限均为常数时，该二次积分可看作是两个定积分的乘积. (　　)

(　　) 4. 当积分区域为 y -型区域时，是先对 y 进行积分，后对 x 进行积分.

(　　) 5. 从几何上看，二重积分就是曲顶柱体的体积.

(　　) 6. 当 $f(x,y)\geqslant 0$ 时，二重积分的中值定理的几何解释是：至少存在一个以 D 为底的平顶柱体，其体积与曲顶柱体的体积相等.

(　　) 7. 二重积分的符号 $\iint_D f(x,y)\mathrm{d}\sigma$ 中的 $\mathrm{d}\sigma$ 称为面积元素，它依赖于区域 D 的分割.

(　　) 8. 若在区域 D 上，$f(x,y)\leqslant g(x,y)$，则 $\iint\limits_D f(x,y)\mathrm{d}\sigma \geqslant \iint\limits_D g(x,y)\mathrm{d}\sigma$.

(　　) 9. 利用二重积分的几何意义可以计算曲顶柱体的体积，也可计算平面图形的面积.

(　　) 10. 在积分区域 D 是圆或圆的一部分和被积函数具有 $f(x^2+y^2)$ 的形式可以采用极坐标计算二重积分.

二、选择题

1. $\iint\limits_D f(x,y)\mathrm{d}\sigma=\lim\limits_{\lambda\to 0}\sum\limits_{i=1}^{n} f(\xi_i,\eta_i)\Delta\sigma_i$ 中的 λ 是（　　）.

   A. 最大区间长度　　　　B. 小区域最大面积

   C. 小区域直径　　　　D. 小区域最大直径

2. $\int_0^1\mathrm{d}x\int_0^{1-x} f(x,y)\mathrm{d}y=$（　　）.

   A. $\int_0^{1-x}\mathrm{d}y\int_0^1 f(x,y)\mathrm{d}x$　　　　B. $\int_0^1\mathrm{d}y\int_0^{1-x} f(x,y)\mathrm{d}x$

   C. $\int_0^1\mathrm{d}y\int_0^1 f(x,y)\mathrm{d}x$　　　　D. $\int_0^1\mathrm{d}y\int_0^{1-y} f(x,y)\mathrm{d}x$

3. $I_1=\iint\limits_D (x+y)^3\mathrm{d}x\mathrm{d}y$ 与 $I_2=\iint\limits_D (x+y)^2\mathrm{d}x\mathrm{d}y$，其中 $D:(x-2)^2+(y-1)^2\leqslant 2$ 的大小关系为（　　）.

   A. $I_1=I_2$　　B. $I_1>I_2$　　C. $I_1<I_2$　　D. 无法判断

4. 已知 $F(x,y)=f(x)f(y)$，且 $f(t)$ 在 $[a,b]$ 上连续，$a<b$，则二次积分 $\int_a^b\mathrm{d}x\int_a^b F(x,y)\mathrm{d}y=$（　　）.

A. $2\int_a^b f(x)\mathrm{d}x$　　B. $2\int_a^b f(y)\mathrm{d}y$　　C. $2\int_a^b f(t)\mathrm{d}t$　　D. $\left[\int_a^b f(x)\mathrm{d}x\right]^2$

5. 设 D 为 $x^2+y^2\leqslant a^2$，当 $a=$（　　）时，$\iint\limits_D\sqrt{a^2-x^2-y^2}\mathrm{d}x\mathrm{d}y=\pi$.

A. 1　　B. $\sqrt[3]{\frac{3}{2}}$　　C. $\sqrt[3]{\frac{3}{4}}$　　D. $\sqrt[3]{\frac{1}{2}}$

6. 设区域 $D_1:-1\leqslant x\leqslant 1,-2\leqslant y\leqslant 2$；$D_2:0\leqslant x\leqslant 1,0\leqslant y\leqslant 2$，且 $I_1=\iint_{D_1}(x^2+y^2)^3\mathrm{d}\sigma$，$I_2=\iint_{D_2}(x^2+y^2)^3\mathrm{d}\sigma$ 则正确的是（　　）.

A. $I_1>4I_2$　　B. $I_1<4I_2$　　C. $I_1=4I_2$　　D. $I_1=2I_2$

7. 不计算，估值 $I=\iint_D\sin^2 x\sin^2 y\mathrm{d}\sigma, D=\{(x,y)\,|\,0\leqslant x\leqslant\pi,0\leqslant y\leqslant\pi\}$ 估值为（　　）.

A. $[0,\pi^2]$　　B. $[0,\pi]$　　C. $[-\pi,\pi^2]$　　D. $[-\pi,\pi]$

8. 设 $I=\iint\limits_D(x^2+y^2)\mathrm{d}x\mathrm{d}y$，其中 D 由 $x^2+y^2=a^2$ 所围成，则 $I=$（　　）.

A. $\int_0^{2\pi}\mathrm{d}\theta\int_0^a a^2r\mathrm{d}r=\pi a^4$　　B. $\int_0^{2\pi}\mathrm{d}\theta\int_0^a r^2\cdot r\mathrm{d}r=\frac{1}{2}\pi a^4$

C. $\int_0^{2\pi}\mathrm{d}\theta\int_0^a r^2\mathrm{d}r=\frac{2}{3}\pi a^3$　　D. $\int_0^{2\pi}\mathrm{d}\theta\int_0^a a^2\cdot a\mathrm{d}r=2\pi a^4$

9. 由直线 $x+y=2,\ x=2,\ y=2$ 所围成的质量分布均匀（设面密度为 μ）的平面薄板，密度函数为 $\rho=2xy$，则质量为（　　）.

A. $\frac{30}{3}$　　B. $\frac{20}{3}$　　C. $\frac{10}{3}$　　D. $-\frac{20}{3}$

10. 设函数 $f(x,y)$ 连续，则 $\int_0^1\mathrm{d}x\int_0^{x^2}f(x,y)\mathrm{d}y+\int_1^2\mathrm{d}x\int_0^{2-x}f(x,y)\mathrm{d}y=$（　　）.

A. $\int_0^2\mathrm{d}y\int_{x^2}^{2-y}f(x,y)\mathrm{d}x$　　B. $\int_0^1\mathrm{d}y\int_{\sqrt{y}}^{2-y}f(x,y)\mathrm{d}x$

C. $\int_0^2\mathrm{d}x\int_{x^2}^{2-x}f(x,y)\mathrm{d}y$　　D. $\int_1^2\mathrm{d}y\int_{2-y}^{\sqrt{y}}f(x,y)\mathrm{d}x$

三、作出积分区域图形，并交换下列二次积分的次序

1. $\int_0^1\mathrm{d}y\int_0^{2y}f(x,y)\mathrm{d}x+\int_1^3\mathrm{d}y\int_0^{3-y}f(x,y)\mathrm{d}x$；　　2. $\int_0^1\mathrm{d}x\int_{\sqrt{x}}^{1+\sqrt{1-x^2}}f(x,y)\mathrm{d}y$；

3. $\int_0^a\mathrm{d}\theta\int_0^\theta f(r\cos\theta,r\sin\theta)r\mathrm{d}r$；　　4. $\int_0^2\mathrm{d}x\int_x^{\sqrt{3}x}f(x^2+y^2)\mathrm{d}y$；

5. $\int_1^2\mathrm{d}x\int_{2-x}^{\sqrt{2x-x^2}}f(x,y)\mathrm{d}y$；　　6. $\int_0^2\mathrm{d}y\int_{\frac{y}{2}}^{y}f(x,y)\mathrm{d}x+\int_2^4\mathrm{d}y\int_{\frac{y}{2}}^{2}f(x,y)\mathrm{d}x$.

四、计算下列二重积分

1. $\iint\limits_D 3xy^2\mathrm{d}\sigma$，其中区域 D 是曲线 $y=\frac{1}{x}$，$x=2$ 及 $y=x$ 所围成的区域.

2. $\iint\limits_D(y^2-x^2)\mathrm{d}\sigma$，其中 D 是闭区域：$0\leqslant y\leqslant\cos x,\ 0\leqslant x\leqslant\frac{\pi}{2}$.

3. $\iint\limits_D (x+y)\mathrm{d}\sigma$，其中区域 D：$|x|+|y|\leqslant 1$.

4. $\iint\limits_D \arctan\dfrac{y}{x}\mathrm{d}\sigma$，其中 D 是由直线 $y=0$ 及圆周 $x^2+y^2=4,\ x^2+y^2=1,\ y=x$ 所围成的在第一象限内的闭区域.

5. $\iint\limits_D 3xy\mathrm{d}\sigma$，其中区域 D 是曲线 $y^2=4x$ 及 $y=x$ 所围成的区域.

6. $\iint\limits_D \mathrm{e}^{\frac{x}{y}}\mathrm{d}x\mathrm{d}y$，其中区域 D 是由曲线 $y^2=x,\ x=0, y=1$ 所围；

7. $\iint\limits_D (y^2+3x-6y+9)\mathrm{d}\sigma$，其中 D 是闭区域：$x^2+y^2\leqslant 49$.

8. $\iint\limits_D \mathrm{e}^{-x^2-y^2}\mathrm{d}\sigma$，其中积分区域 D 为中心在原点，半径为 a 的圆周所围成的闭区域.

9. $\iint\limits_D \sqrt{x^2+y^2}\mathrm{d}\sigma$，其中积分区域为 D：$x^2+y^2\geqslant 1$，$x^2+y^2\leqslant 2x$，$y\geqslant 0$.

10. $\iint\limits_D \left|x^2+y^2-2\right|\mathrm{d}\sigma$，其中 D：$x^2+y^2\leqslant a^2\ (a>0)$.

五、完成下列各题

1. 求球面 $x^2+y^2+z^2=64$ 被平面 $z=2$ 与 $z=4$ 所夹部分的面积.

2. 求平面 $x+y+z=1$ 被三坐标面所割出的有限部分的面积.

3. 设平面薄片所占的闭区域 D 由抛物线 $y=x^2$ 及直线 $y=x$ 所围成，它在点 (x,y) 处的面密度 $\mu(x,y)=x^2y$，求该薄片的质量.

4. 求半球体 $x^2+y^2+z^2\leqslant 16\ (z\geqslant 0)$ 的体积.

5. 如下图所示，求两个底面圆半径相等的直角圆柱即 $x^2+y^2=a^2$ 与 $x^2+z^2=a^2$ 围成的在第一卦限内的立体体积.

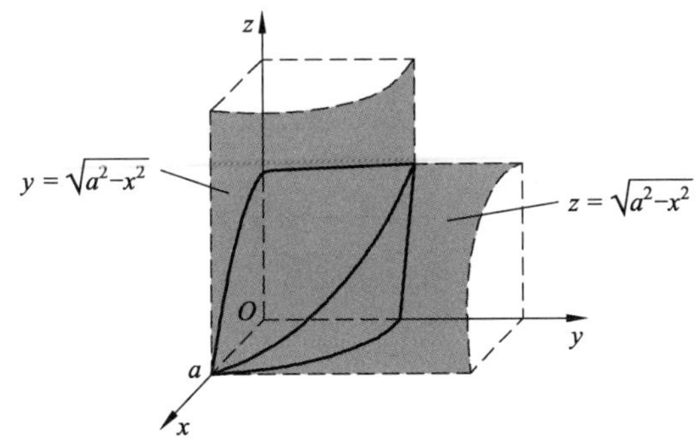

本章学习自测题

一、选择题（每小题 3 分，共计 30 分）

1. 设 $D=\{(x,y)|2\leqslant x\leqslant 3, 4\leqslant y\leqslant 6\}$，则 $\iint\limits_D \mathrm{d}\sigma=$（　　）.

A. 1　　B. 2　　C. 3　　D. 4

2. $f(x,y)$ 在平面有界闭区域 D 上连续是二重积分 $\iint\limits_D f(x,y)\mathrm{d}x\mathrm{d}y$ 存在的（　　）.

A. 必要条件　　B. 充分条件

C. 充分必要条件　　D. 无关条件

3. 设 D：$x^2+y^2\leqslant 4$，则 $\iint\limits_D (xy^2+1)\mathrm{d}\sigma=$（　　）.

A. 2π　　B. 4π　　C. 6π　　D. 8π

4. 设区域 D 是由 $y=kx(k>0), y=0$ 和 $x=1$ 围成，且 $\iint\limits_D xy^2\mathrm{d}x\mathrm{d}y=\dfrac{1}{15}$，则 $k=$（　　）.

A. 1　　B. $\sqrt[3]{\dfrac{4}{5}}$　　C. $\sqrt[3]{\dfrac{1}{15}}$　　D. $\sqrt[3]{\dfrac{2}{15}}$

5. 设区域 D 由 $x^2+y^2=2x$ 围成，则 $\iint\limits_D f(x,y)\mathrm{d}\sigma$ 化成极坐标下的累次积分为（　　）.

A. $\int_0^{\frac{\pi}{2}}\mathrm{d}\theta\int_0^{2\sin\theta} f(r\cos\theta, r\sin\theta)r\mathrm{d}r$　　B. $\int_{-\frac{\pi}{2}}^{\frac{\pi}{2}}\mathrm{d}\theta\int_0^{2\cos\theta} f(r\cos\theta, r\sin\theta)r\mathrm{d}r$

C. $2\int_0^{\frac{\pi}{2}}\mathrm{d}\theta\int_0^{2\sin\theta} f(r\cos\theta, r\sin\theta)r\mathrm{d}r$　　D. $2\int_0^{\frac{\pi}{2}}\mathrm{d}\theta\int_0^{2\cos\theta} f(r\cos\theta, r\sin\theta)r\mathrm{d}r$

6. 设 D 由 $x^2+y^2=4, y=x, y=0$ 在一象限围成的闭区域，则 $\iint\limits_D (x^2+y^2)\mathrm{d}x\mathrm{d}y=$（　　）.

A. 0　　B. 2π　　C. π　　D. 3π

7. 累次积分 $\int_0^1\mathrm{d}y\int_0^y f(x,y)\mathrm{d}x$ 改变积分次序为（　　）.

A. $\int_0^1\mathrm{d}x\int_0^1 f(x,y)\mathrm{d}y$　　B. $\int_0^1\mathrm{d}x\int_0^{\sqrt{x}} f(x,y)\mathrm{d}y$

C. $\int_0^1\mathrm{d}x\int_0^{x^2} f(x,y)\mathrm{d}y$　　D. $\int_0^1\mathrm{d}x\int_x^1 f(x,y)\mathrm{d}y$

8. $I_1=\iint_D \sin\sqrt{x^2+y^2}\mathrm{d}x\mathrm{d}y, I_2=\iint_D \sin(x^2+y^2)\mathrm{d}x\mathrm{d}y$，$I_3=\iint_D \sin(x^2+y^2)^2\mathrm{d}x\mathrm{d}y$，其中 $D=\{(x,y)\mid x^2+y^2\leqslant 1\}$，则（　　）.

A. $I_1<I_2<I_3$　　B. $I_1>I_2>I_3$

C. $I_2<I_1<I_3$　　D. $I_3<I_1<I_2$

9. 设 $D=\{(x,y)\big| x^2+y^2\leqslant 1, x\geqslant 0,\ y\geqslant 0\}$ 则在极坐标系下 $\iint\limits_D \mathrm{e}^{\sqrt{x^2+y^2}}\mathrm{d}x\mathrm{d}y=$（　　）.

A. $\dfrac{\pi}{2}$　　B. 3π　　C. π　　D. 4π

10. 累次积分 $\int_0^{\frac{\pi}{2}}\mathrm{d}\theta\int_0^{\cos\theta} f(r\cos\theta, r\sin\theta)r\mathrm{d}r$ 可以写成（　　）.

A. $\int_0^1\mathrm{d}y\int_0^{\sqrt{y-y}} f(x,y)\mathrm{d}x$　　B. $\int_0^1\mathrm{d}y\int_0^{\sqrt{1-y}} f(x,y)\mathrm{d}x$

C. $\int_0^1\mathrm{d}x\int_0^1 f(x,y)\mathrm{d}y$　　D. $\int_0^1\mathrm{d}x\int_0^{\sqrt{x-x}} f(x,y)\mathrm{d}y$

二、填空题（每小题 3 分，共计 15 分）

1. 已知 D 由 $1\leqslant x\leqslant 2,1\leqslant y\leqslant 2$ 和 x 轴、y 轴围成，则 $\iint\limits_D x\ln y\mathrm{d}\sigma=$____________.

2. 交换积分次序：$\int_0^{\frac{1}{4}}\mathrm{d}y\int_y^{\sqrt{y}}f(x,y)\mathrm{d}x+\int_{\frac{1}{4}}^{\frac{1}{2}}\mathrm{d}y\int_y^{\frac{1}{2}}f(x,y)\mathrm{d}x=$____________.

3. 设 $D=\{(x,y)|x^2+y^2\leqslant a^2\}$，若 $\iint\limits_D\sqrt{a^2-x^2-y^2}\mathrm{d}\sigma=\dfrac{\pi}{12}$，则 $a=$________.

4. 若 D：$4\leqslant x^2+y^2\leqslant 9$，则 $\iint\limits_D xy\mathrm{d}x\mathrm{d}y=$________.

5. $\int_0^1\mathrm{d}x\int_x^{\sqrt{x}}\dfrac{\sin y}{y}\mathrm{d}y=$________.

三、解答题（每小题 6 分，共计 48 分）

1. 求二重积分 $\iint\limits_D\dfrac{y^2}{x^2}\mathrm{d}\sigma$，其中 D 是由 $xy=1,x=3,y=x$ 所围成.

2. 求二重积分 $\iint\limits_D x^2y\mathrm{d}x\mathrm{d}y$，其中 D 由 $y=x^2,y=4x^2,y=2$ 所围成.

3. 求二重积分 $\iint\limits_D[1-(x^2+y^2)]\mathrm{d}x\mathrm{d}y$，其中 D 是由圆周 $x^2+y^2=2y$ 围成的区域.

4. 求二重积分 $\iint\limits_D\dfrac{1-x^2-y^2}{1+x^2+y^2}\mathrm{d}x\mathrm{d}y$，其中 D 是由 $y=x,x=0,x^2+y^2=1$ 在第一象限所围成的区域.

5. 求积分 $\int_0^1\mathrm{d}x\int_x^{\sqrt{2x-x^2}}\dfrac{xy}{x^2+y^2}\mathrm{d}y$.

6. 求 $I=\int_0^{\frac{R}{\sqrt{2}}}\mathrm{e}^{-y^2}\mathrm{d}y\int_0^y\mathrm{e}^{-x^2}\mathrm{d}x+\int_{\frac{R}{\sqrt{2}}}^R\mathrm{e}^{-y^2}\mathrm{d}y\int_0^{\sqrt{R^2-y^2}}\mathrm{e}^{-x^2}\mathrm{d}x$.

7. 求二重积分 $\iint\limits_D\mathrm{e}^{-y^2}\mathrm{d}x\mathrm{d}y$，其中 D 是由 $y=x,y=1,x=0$ 所围成的区域.

8. 求圆柱面 $x^2+y^2=2x$，旋转抛物面 $z=x^2+y^2$ 及 $z=0$ 所围立体体积.

四、证明题(共 7 分）

证明：$\iint\limits_D(\mathrm{e}^{\sin y}+\mathrm{e}^{-\sin x})\mathrm{d}x\mathrm{d}y\geqslant 2\pi^2$，其中 $D=\{(x,y)\,|\,0\leqslant x\leqslant\pi,0\leqslant y\leqslant\pi\}$.

拓展模块

14 线性代数

在现实生活中，面对一些相对复杂的实际应用问题，通过建模，可以转化为线性方程组的问题. 即可以归结为求线性方程组的解. 行列式与矩阵的研究和运用，就来源于线性方程组. 它是研究线性关系的最基本的数学工具，在概率统计、图论、二元关系等数学分支中都有重要的应用. 它在计算机图形学方面也有着重要的作用. 本章将介绍行列式与矩阵的基本知识，包括矩阵的运算、行列式的运算和求解线性方程组.

【学习能力目标】

（1）理解行列式的概念，掌握行列式的性质.

（2）掌握行列式的计算.

（3）会用克莱姆（Cramer）法则.

（4）熟练掌拄矩阵的线性运算及运算法则、矩阵的乘法及运算法则.

（5）理解方阵可逆的概念和判定法则，掌握求可逆矩阵的方法.

（6）理解矩阵的秩的概念，掌握求矩阵秩的方法.

（7）会解简单的矩阵方程.

（8）熟练掌握矩阵的初等变换.

（9）掌握齐次线性方程组有非零解的判定条件及解的结构，掌握非齐次线性方程组解的判定和结构.

（10）熟练掌握线性方程组的解法.

14.1 行列式

14.1.1 行列式的定义

在初等代数中，用加减消元法求解二元一次方程组

$$\begin{cases} a_{11}x_1 + a_{12}x_2 = b_1 & (14.1.1) \\ a_{21}x_1 + a_{22}x_2 = b_2 & (14.1.2) \end{cases}$$

由（11.1.1）$\times a_{22}$ −（11.1.2）$\times a_{12}$ 可得

$$(a_{11}a_{22} - a_{12}a_{21})x_1 = b_1a_{22} - b_2a_{12}$$

由（11.1.2）$\times a_{11}$ −（11.1.1）$\times a_{21}$ 可得

$$(a_{11}a_{22} - a_{12}a_{21})x_2 = b_2a_{11} - b_1a_{21}$$

如果未知量 x_1、x_2 的系数 $a_{11}a_{22}-a_{12}a_{21}\neq 0$，则该线性方程组的解为

$$\begin{cases} x_1=\dfrac{b_1a_{22}-b_2a_{12}}{a_{11}a_{22}-a_{12}a_{21}} \\ x_2=\dfrac{b_2a_{11}-b_1a_{21}}{a_{11}a_{22}-a_{12}a_{21}} \end{cases}$$

这极不便于记忆，为此引入二阶行列式的概念.

定义 14.1.1　符号 $\begin{vmatrix} a_{11} & a_{12} \\ a_{21} & a_{22} \end{vmatrix}$ 称为二阶行列式，它代表 $a_{11}a_{22}-a_{12}a_{21}$ 这个算式，即

$$\begin{vmatrix} a_{11} & a_{12} \\ a_{21} & a_{22} \end{vmatrix}=a_{11}a_{22}-a_{12}a_{21}.$$

它是由两行两列的 2^2 个元素组成，其中 a_{ij}（$i=1$，2；$j=1$，2）称为这个行列式的元素，i 代表 a_{ij} 所在的行数，称为行标；j 代表 a_{ij} 所在的列数，称为列标. 如 a_{12} 表示这一元素处在第 2 行第 1 列的位置.

类似地，也可以得到三阶行列式的概念.

定义 14.1.2　符号

$$\begin{vmatrix} a_{11} & a_{12} & a_{13} \\ a_{21} & a_{22} & a_{23} \\ a_{31} & a_{32} & a_{33} \end{vmatrix}$$

称为三阶行列式，它代表

$$a_{11}a_{22}a_{33}+a_{12}a_{23}a_{31}+a_{13}a_{21}a_{32}-a_{13}a_{22}a_{31}-a_{12}a_{21}a_{33}-a_{11}a_{23}a_{32}$$

这一算式，即

$$\begin{vmatrix} a_{11} & a_{12} & a_{13} \\ a_{21} & a_{22} & a_{23} \\ a_{31} & a_{32} & a_{33} \end{vmatrix}=a_{11}a_{22}a_{33}+a_{12}a_{23}a_{31}+a_{13}a_{21}a_{32}-a_{13}a_{22}a_{31}-a_{12}a_{21}a_{33}-a_{11}a_{23}a_{32}.$$

它由三行三列的 3^2 个元素组成，其中从左上角到右下角这条对角线称为主对角线，从右上角到左下角这条对角线称为次对角线（或副对角线）.

由此可以看出，对于二阶行列式的值，恰好为主对角线上两元素之积减去次对角线上两元素之积.

三阶行列式如图 14.1.1 所示.

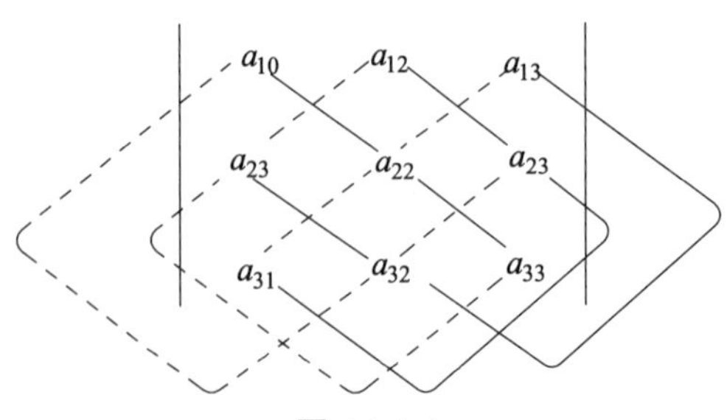

图 14.1.1

每条实线上的 3 个元素之积前加正号，每条虚线上的 3 个元素之积前加负号，最后各项相加就是三阶行列式的值.

这种计算方法称为对角线法，但是，我们要注意该种方法只对二阶、三阶行列式有效，对于 n 阶行列式的展开，等我们学完行列式的性质后再讨论.

例 14.1.1　计算行列式：

（1）$\begin{vmatrix} \sqrt{2}-1 & 2 \\ 1 & \sqrt{2}+1 \end{vmatrix}$，　　（2）$\begin{vmatrix} 3 & 0 & -1 \\ -2 & 1 & 3 \\ 2 & 2 & 1 \end{vmatrix}$.

解：

（1）$\begin{vmatrix} \sqrt{2}-1 & 2 \\ 1 & \sqrt{2}+1 \end{vmatrix} = (\sqrt{2}-1)(\sqrt{2}+1) - 2\times 1 = 1-2 = -1$.

（2）$\begin{vmatrix} 3 & 0 & -1 \\ -2 & 1 & 3 \\ 2 & 2 & 1 \end{vmatrix} = 3\times 1\times 1 + 0\times 3\times 2 + (-1)\times(-2)\times 2 - (-1)\times 1\times 2 - 0\times(-2)\times 1 - 3\times 3\times 2 = -9$.

14.1.2　行列式的性质

n 阶行列式：我们记

$$D = \begin{vmatrix} a_{11} & a_{12} & \cdots & a_{1n} \\ a_{21} & a_{22} & \cdots & a_{2n} \\ \vdots & \vdots & & \vdots \\ a_{n1} & a_{n2} & \cdots & a_{nn} \end{vmatrix}$$

它由 n 行、n 列元素（共 n^2 个元素）组成，称之为 n 阶行列式. 其中，每一个数 a_{ij} 称为行列式的一个元素，它的前一个下标 i 称为行标，它表示这个数 a_{ij} 在第 i 行上；后一个下标 j 称为列标，它表示这个数 a_{ij} 在第 j 列上，所以 a_{ij} 在行列式第 i 行和第 j 列的交叉位置上. n 阶行列式 D_n 通常也简记作 $\left|a_{ij}\right|_n$. 类似二、三阶行列式，n 阶行列式也表示的是一个算式.

接下来，我们看三种特殊的行列式：

（1）称形如 $D = \begin{vmatrix} a_{11} & 0 & \cdots & 0 \\ 0 & a_{22} & \cdots & 0 \\ \vdots & \vdots & & \vdots \\ 0 & 0 & \cdots & a_{nn} \end{vmatrix}$ 为对角行列式；

（2）称形如 $D = \begin{vmatrix} a_{11} & a_{12} & \cdots & a_{1n} \\ 0 & a_{22} & \cdots & a_{2n} \\ \vdots & \vdots & & \vdots \\ 0 & 0 & \cdots & a_{nn} \end{vmatrix}$ 为上三角行列式；

（3）称形如 $D=\begin{vmatrix} a_{11} & 0 & \cdots & 0 \\ a_{12} & a_{22} & \cdots & 0 \\ \vdots & \vdots & & \vdots \\ a_{1n} & a_{2n} & \cdots & a_{nn} \end{vmatrix}$ 为上三角行列式.

定义 14.1.3　设有 n 阶行列式

$$D=\begin{vmatrix} a_{11} & a_{12} & \cdots & a_{1n} \\ a_{21} & a_{22} & \cdots & a_{2n} \\ \vdots & \vdots & & \vdots \\ a_{n1} & a_{n2} & \cdots & a_{nn} \end{vmatrix},$$

将 D 的第 1，2，…，n 行依次变为第 1，2，…，n 列，得到的新行列式称为 D 的转置行列式，记为 D^{T}，即

$$D=\begin{vmatrix} a_{11} & a_{21} & \cdots & a_{n1} \\ a_{12} & a_{22} & \cdots & a_{n2} \\ \vdots & \vdots & & \vdots \\ a_{1n} & a_{2n} & \cdots & a_{nn} \end{vmatrix},$$

显然 $(D^{\mathrm{T}})^{\mathrm{T}}=D$.

性质 14.1.1　行列式经转置以后其值不变，即 $D^{\mathrm{T}}=D$.

此性质说明在行列式中行与列具有相同的地位. 因此，下面的性质，凡是有关行的性质，对于列也同样成立.

性质 14.1.2　交换行列式中任意两行（列）的位置，行列式改变符号.

推论　如果行列式中有两行（列）的对应元素完全相同，那么该行列式等于零.

性质 14.1.3　把行列式的某一行（列）的所有元素同乘以数 k，等于以数 k 乘以该行列式. 即

$$\begin{vmatrix} a_{11} & a_{12} & \cdots & a_{1n} \\ \vdots & \vdots & & \vdots \\ ka_{i1} & ka_{i2} & \cdots & ka_{in} \\ \vdots & \vdots & & \vdots \\ a_{n1} & a_{n2} & \cdots & a_{nn} \end{vmatrix}=k\begin{vmatrix} a_{11} & a_{12} & \cdots & a_{1n} \\ \vdots & \vdots & & \vdots \\ a_{i1} & a_{i2} & \cdots & a_{in} \\ \vdots & \vdots & & \vdots \\ a_{n1} & a_{n2} & \cdots & a_{nn} \end{vmatrix}$$

由性质 14.1.3 可得以下推论：

推论　行列式中某一行（列）的所有元素的公因子，可以提到行列式符号外面.

当性质 14.1.3 中的 $k=0$ 时，就有如下推论：

推论　如果行列式中有一行（列）全为零，那么该行列式等于零.

推论　如果行列式中有两行（列）的元素对应成比例，那么该行列式等于零.

性质 14.1.4　如果行列式的某一行（列）的元素为两组数的和，那么该行列式可以分成两个行列式之和. 而且这两个行列式除这一行（列）以外的其他元素与原行列式的对应元素一样. 即

$$\begin{vmatrix} a_{11} & a_{12} & \cdots & a_{1n} \\ \vdots & \vdots & & \vdots \\ x_1+y_1 & x_2+y_2 & \cdots & x_n+y_n \\ \vdots & \vdots & & \vdots \\ a_{n1} & a_{n2} & \cdots & a_{nn} \end{vmatrix} = \begin{vmatrix} a_{11} & a_{12} & \cdots & a_{1n} \\ \vdots & \vdots & & \vdots \\ x_1 & x_2 & \cdots & x_n \\ \vdots & \vdots & & \vdots \\ a_{n1} & a_{n2} & \cdots & a_{nn} \end{vmatrix} + \begin{vmatrix} a_{11} & a_{12} & \cdots & a_{1n} \\ \vdots & \vdots & & \vdots \\ y_1 & y_2 & \cdots & y_n \\ \vdots & \vdots & & \vdots \\ a_{n1} & a_{n2} & \cdots & a_{nn} \end{vmatrix}$$

性质 14.1.5　如果以数 k 乘以行列式中的某一行（列）的所有元素然后加到另一行（列）的对应元素上去，所得行列式的值不变. 即

$$\begin{vmatrix} a_{11} & a_{12} & \cdots & a_{1n} \\ \vdots & \vdots & & \vdots \\ a_{i1} & a_{i2} & \cdots & a_{in} \\ \vdots & \vdots & & \vdots \\ a_{j1} & a_{j2} & \cdots & a_{jn} \\ \vdots & \vdots & & \vdots \\ a_{n1} & a_{n2} & \cdots & a_{nn} \end{vmatrix} = \begin{vmatrix} a_{11} & a_{12} & \cdots & a_{1n} \\ \vdots & \vdots & & \vdots \\ a_{i1}+ka_{j1} & a_{i2}+ka_{j2} & \cdots & a_{in}+ka_{jn} \\ \vdots & \vdots & & \vdots \\ a_{j1} & a_{j2} & \cdots & a_{jn} \\ \vdots & \vdots & & \vdots \\ a_{n1} & a_{n2} & \cdots & a_{nn} \end{vmatrix}$$

说明：今后在进行行列式计算时，为了简明地表达解题过程，也为了便于检查，我们约定，用

（1）r_i 表示第 i 行.

（2）c_j 表示第 j 列.

（3）$kr_i+r_j(kc_i+c_j)$ 表示将第 i 行（列）乘以 k 加到第 j 行（列）上去.

（4）$r_i \leftrightarrow r_j(c_i \leftrightarrow c_j)$ 表示将第 i 行（列）与第 j 行（列）交换位置.

例 14.1.2　计算行列式 $D=\begin{vmatrix} 4 & 2 & -4 \\ 0 & 3 & -6 \\ 3 & 6 & -12 \end{vmatrix}$.

解　通过观察发现行列式的第 2 列与第 3 列对应元素成比例，由推论 14.1.4 可知

$$D=\begin{vmatrix} 4 & 2 & -4 \\ 0 & 3 & -6 \\ 3 & 6 & -12 \end{vmatrix}=0.$$

例 14.1.3　计算行列式 $D=\begin{vmatrix} 1 & -1 & 2 & 3 \\ 0 & 3 & 4 & 8 \\ -1 & 4 & 2 & 5 \\ 6 & 2 & 5 & 4 \end{vmatrix}$.

解：通过观察发现行列式的第 2 行恰为第 1 行与第 3 行之和，所以

$$D=\begin{vmatrix} 1 & -1 & 2 & 3 \\ 0 & 3 & 4 & 8 \\ -1 & 4 & 2 & 5 \\ 6 & 2 & 5 & 4 \end{vmatrix} \xlongequal{r_1+r_3} \begin{vmatrix} 1 & -1 & 2 & 3 \\ 0 & 3 & 4 & 8 \\ 0 & 3 & 4 & 8 \\ 6 & 2 & 5 & 4 \end{vmatrix}=0$$

14.1.3 行列式的计算

1. 行列式的展开

定义 14.1.4 在 n 阶行列式中，划去元素 a_{ij} 所在的行和列，余下的元素按原来的相对位置不变构成的行列式称为 a_{ij} 的余子式，记作 M_{ij}.

在 M_{ij} 前面冠以符号 $(-1)^{i+j}$ 后，称为 a_{ij} 的代数余子式，记作 A_{ij}，即 $A_{ij}=(-1)^{i+j}M_{ij}$.

例 14.1.4 设 $D=\begin{vmatrix}4&3&6\\5&2&1\\7&2&8\end{vmatrix}$，求出元素 a_{21}、a_{32} 的余子式和代数余子式.

解 元素 a_{21} 的余子式和代数余子式分别为

$$M_{21}=\begin{vmatrix}3&6\\2&8\end{vmatrix}=12,\qquad A_{21}=(-1)^{2+1}\begin{vmatrix}3&6\\2&8\end{vmatrix}=-12$$

元素 a_{32} 的余子式和代数余子式分别为

$$M_{32}=\begin{vmatrix}4&6\\5&1\end{vmatrix}=-26,\qquad A_{32}=(-1)^{3+2}\begin{vmatrix}4&6\\5&1\end{vmatrix}=-\begin{vmatrix}4&6\\5&1\end{vmatrix}=26$$

定理 14.1.1（拉普拉斯展开定理） n 阶行列式 D 等于其任意一行（列）中的各元素与其代数余子式的乘积之和. 即

$$D=a_{i1}A_{i1}+a_{i2}A_{i2}+\cdots+a_{in}A_{in}\ （i=1,2,\cdots,n）$$

或

$$D=a_{1j}A_{1j}+a_{2j}A_{2j}+\cdots+a_{nj}A_{nj}\ （j=1,2,\cdots,n）$$

这个定理称为拉普拉斯定理，利用此定理可以进行降阶运算.

说明：

（1）n 阶行列式 D 等于它的任意一行(列)的各元素与其对应的代数余子式乘积的和.

（2）n 阶行列式 D 它的任意一行(列)的各元素与另一行(列)对应的代数余子式乘积的和等于零. 即：

$$a_{i1}A_{j1}+a_{i2}A_{j2}+\cdots+a_{in}A_{jn}=\sum_{k=1}^{n}a_{ik}A_{jk}=\begin{cases}D,i=j\\0,i\neq j\end{cases};$$

$$a_{1i}A_{1j}+a_{2i}A_{2j}+\cdots+a_{ni}A_{nj}=\sum_{k=1}^{n}a_{ki}A_{kj}=\begin{cases}D,i=j\\0,i\neq j\end{cases}.$$

但在计算行列式时，直接利用此定理进行行列式展开并不一定能简化运算，而当行列式中某一行或某一列中含有较多零时，运用此定理将会非常简便.

推论 当 n 阶行列式 D 的第 i 行（或第 j 列）中只有一个非零元素 a_{ij} 时 $D=a_{ij}A_{ij}$.

例如：

$$\begin{vmatrix}3&0&0&2\\2&5&0&6\\7&6&5&3\\1&0&0&8\end{vmatrix}=5\times\begin{vmatrix}3&0&2\\2&5&6\\1&0&8\end{vmatrix}=5\times5\times\begin{vmatrix}3&2\\1&8\end{vmatrix}=550.$$

2. 行列式的计算

行列式的计算方法主要有以下几种：

（1）对二阶、三阶行列式通常应用对角线法直接求值.

（2）对于高阶行列式可以利用行列式的性质，将其转化为三角形行列式，再求其值.

（3）利用行列式的展开，可以使行列式的阶数降低，从而简化其运算过程，特别是当某行（列）中含有较多个零元素时常用此法.

例 14.1.5　求下列行列式的值.

（1）$D=\begin{vmatrix}2 & -1 & 3 & -2\\ 1 & 2 & -1 & 3\\ 0 & 3 & -1 & 1\\ 1 & -1 & 1 & 4\end{vmatrix}$；　（2）$D=\begin{vmatrix}1 & -1 & 0\\ 1 & 0 & 9\\ -3 & 1 & 5\end{vmatrix}$；　（3）$D=\begin{vmatrix}5 & 1 & 1 & 1\\ 1 & 5 & 1 & 1\\ 1 & 1 & 5 & 1\\ 1 & 1 & 1 & 5\end{vmatrix}$.

解：

（1）$$D\xlongequal{r_1\leftrightarrow r_2}-\begin{vmatrix}1 & 2 & -1 & 3\\ 2 & -1 & 3 & -2\\ 0 & 3 & -1 & 1\\ 1 & -1 & 1 & 4\end{vmatrix}\xlongequal{r_2-2r_1,r_4-r_1}-\begin{vmatrix}1 & 2 & -1 & 3\\ 0 & -5 & 5 & -8\\ 0 & 3 & -1 & 1\\ 0 & -3 & 2 & 1\end{vmatrix}.$$

$$\xlongequal{r_2+2r_3}-\begin{vmatrix}1 & 2 & -1 & 3\\ 0 & 1 & 3 & -6\\ 0 & 3 & -1 & 1\\ 0 & -3 & 2 & 1\end{vmatrix}\xlongequal{r_3-3r_2,r_4+3r_2}-\begin{vmatrix}1 & 2 & -1 & 3\\ 0 & 1 & 3 & -6\\ 0 & 0 & -10 & 19\\ 0 & 0 & 11 & -17\end{vmatrix}$$

$$\xlongequal{r_3+r_4}-\begin{vmatrix}1 & 2 & -1 & 3\\ 0 & 1 & 3 & -6\\ 0 & 0 & 1 & 2\\ 0 & 0 & 11 & -17\end{vmatrix}\xlongequal{r_4-11r_3}-\begin{vmatrix}1 & 2 & -1 & 3\\ 0 & 1 & 3 & -6\\ 0 & 0 & 1 & 2\\ 0 & 0 & 0 & -39\end{vmatrix}$$

$$=-(1\times1\times1\times(-39))=39.$$

（2）由于 D 是三阶行列式，可利用对角线法则计算：

$$D=\begin{vmatrix}1 & -1 & 0\\ 1 & 0 & 9\\ -3 & 1 & 5\end{vmatrix}=0+39+0-0-9-(-5)=35.$$

（3）我们发现除了主对角线外，其他元素都是 1, 另外，每列元素的和都是 8, 因此，将第四行、第三行、第二行同时加到第一行，再提出公因式 8, 即

$$D\xlongequal{r_1+r_2+r_3+r_4}\begin{vmatrix}8 & 8 & 8 & 8\\ 1 & 5 & 1 & 1\\ 1 & 1 & 5 & 1\\ 1 & 1 & 1 & 5\end{vmatrix}\xlongequal{r_1\div 8}8\begin{vmatrix}1 & 1 & 1 & 1\\ 1 & 5 & 1 & 1\\ 1 & 1 & 5 & 1\\ 1 & 1 & 1 & 5\end{vmatrix}$$

$$\xlongequal{r_2-r_1,r_3-r_1,r_4-r_1}8\begin{vmatrix}1 & 1 & 1 & 1\\ 0 & 4 & 0 & 0\\ 0 & 0 & 4 & 0\\ 0 & 0 & 0 & 4\end{vmatrix}=8\times1\times4\times4\times4=512.$$

例 14.1.6 证明：n 阶下三角行列式（当 $i<j$ 时，$a_{ij}=0$，即主对角线以上元素全为 0）.

$$D_n=\begin{vmatrix} a_{11} & 0 & \cdots & 0 \\ a_{21} & a_{22} & \cdots & 0 \\ \vdots & \vdots & & \vdots \\ a_{n1} & a_{n2} & \cdots & a_{nn} \end{vmatrix}=a_{11}a_{22}\cdots a_{nn}$$

证：对 n 作数学归纳法，当 $n=2$ 时，结论成立.

假设结论对 $n-1$ 阶下三角行列式成立，则由定义得

$$D_n=\begin{vmatrix} a_{11} & 0 & \cdots & 0 \\ a_{21} & a_{22} & \cdots & 0 \\ \vdots & \vdots & & \vdots \\ a_{n1} & a_{n2} & \cdots & a_{nn} \end{vmatrix}=(-1)^{1+1}a_{11}\begin{vmatrix} a_{22} & 0 & \cdots & 0 \\ a_{32} & a_{33} & \cdots & 0 \\ \vdots & \vdots & & \vdots \\ a_{n2} & a_{n3} & \cdots & a_{nn} \end{vmatrix}$$

右端行列式是 $n-1$ 阶下三角行列式，根据归纳假设得

$$D_n=a_{11}a_{22}a_{33}\cdots a_{nn}$$

同理可证，n 阶对角行列式（非主对角线上元素全为 0）

$$\begin{vmatrix} a_{11} & 0 & \cdots & 0 \\ 0 & a_{22} & \cdots & 0 \\ \vdots & \vdots & & \vdots \\ 0 & 0 & \cdots & a_{nn} \end{vmatrix}=a_{11}a_{22}\cdots a_{nn}$$

又根据性质 14.1.1 有 n 阶上三角行列式

$$D_n=\begin{vmatrix} a_{11} & a_{21} & \cdots & a_{n1} \\ 0 & a_{22} & \cdots & a_{n2} \\ \vdots & \vdots & & \vdots \\ 0 & 0 & \cdots & a_{nn} \end{vmatrix}=a_{11}a_{22}\cdots a_{nn}.$$

例 14.1.7 证明下列行列式（次对角线以外的元素都为 0)的等式成立：

$$\begin{vmatrix} & & & \lambda_1 \\ & & \lambda_2 & \\ & \iddots & & \\ \lambda_n & & & \end{vmatrix}=(-1)^{\frac{n(n-1)}{2}}\lambda_1\lambda_2\cdots\lambda_n.$$

证：按行展开可得

$$\begin{vmatrix} & & & \lambda_1 \\ & & \lambda_2 & \\ & \iddots & & \\ \lambda_n & & & \end{vmatrix}=0\cdot A_{11}+0\cdot A_{12}+\cdots+0\cdot A_{1n-1}+\lambda_1 A_{1n}=\lambda_1 A_{1n}$$

$$= \lambda_1 \cdot (-1)^{1+n} \begin{vmatrix} & & & \lambda_2 \\ & & \lambda_3 & \\ & \iddots & & \\ \lambda_n & & & \end{vmatrix}$$

$$= \lambda_1 \cdot (-1)^{1+n} \cdot \lambda_2 \cdot (-1)^{1+(n-1)} \begin{vmatrix} & & & \lambda_3 \\ & & \lambda_4 & \\ & \iddots & & \\ \lambda_n & & & \end{vmatrix}$$

$$= \lambda_1 \cdot (-1)^{1+n} \cdot \lambda_2 \cdot (-1)^{1+(n-1)} \cdots \lambda_{n-2} \cdot (-1)^{1+3} \begin{vmatrix} & \lambda_{n-1} \\ \lambda_n & \end{vmatrix}$$

$$= \lambda_1 \cdot (-1)^{1+n} \cdot \lambda_2 \cdot (-1)^{1+(n-1)} \cdots \lambda_{n-2} \cdot (-1)^{1+3} \cdot \lambda_{n-1} \cdot (-1)^{1+2} \lambda_n$$

$$= (-1)^{n+1+n+\cdots+3} \lambda_1 \lambda_2 \cdots \lambda_n = (-1)^{n+1+n-3+[(n-1)+\cdots+2+1]} \lambda_1 \lambda_2 \cdots \lambda_n$$

$$= (-1)^{2(n-1)+(n-1)+\cdots+2+1} \lambda_1 \lambda_2 \cdots \lambda_n = (-1)^{2(n-1)} \cdot (-1)^{(n-1)+\cdots+2+1} \lambda_1 \lambda_2 \cdots \lambda_n$$

$$= (-1)^{\frac{n(n-1)}{2}} \lambda_1 \lambda_2 \cdots \lambda_n .$$

例题 14.1.6、14.1.7 的结论非常重要，以后对于行列式的计算，主要是利用其性质和本结论来计算的.

14.1.4 克拉默法则

我们已经知道二元线性方程组的解与行列式有着密切相关的联系，下面介绍 n 元线性方程组的解的公式，这是行列式理论的一个非常重要的应用.

设含有 n 个未知量，n 个方程的线性方程组为

$$\begin{cases} a_{11}x_1 + a_{12}x_2 + \cdots + a_{1n}x_n = b_1 \\ a_{21}x_1 + a_{22}x_2 + \cdots + a_{2n}x_n = b_2 \\ \quad \vdots \qquad \quad \vdots \qquad \qquad \quad \vdots \\ a_{n1}x_1 + a_{n2}x_2 + \cdots + a_{nn}x_n = b_n \end{cases} \tag{14.1.3}$$

其中方程组（14.1.3）中的未知量系数在保持原来的相对位置不变的情况下构成的 n 阶行列式 $D = \begin{vmatrix} a_{11} & a_{12} & \cdots & a_{1n} \\ a_{21} & a_{22} & \cdots & a_{2n} \\ \vdots & \vdots & & \vdots \\ a_{n1} & a_{n2} & \cdots & a_{nn} \end{vmatrix}$ 称为方程组（14.1.3）的系数行列式，记作 $\det D$.

定理 14.1.2（克拉默法则） 若 n 元线性方程组（14.1.3）的系数行列式 $D \neq 0$，那么此方程组有唯一解，且 $x_1 = \frac{D_1}{D}$，$x_2 = \frac{D_2}{D}$，…，$x_n = \frac{D_n}{D}$，其中 D_j 是把系数行列式 D 的第 j 列的元素用方程组的常数项 $b_1, b_2, \cdots$，b_n 替换而得到的 n 阶行列式.

例 14.1.8　用克拉默法则解线性方程组$\begin{cases}2x_1+x_2-5x_3=8\\x_1-3x_2=9\\2x_2-x_3=-5\end{cases}$.

解：该方程组的系数行列式为

$$D=\begin{vmatrix}2&1&-5\\1&-3&0\\0&2&-1\end{vmatrix}=-3$$

因为$D\neq 0$，所以该方程组有唯一解. 又由于

$$D_1=\begin{vmatrix}8&1&-5\\9&-3&0\\-5&2&-1\end{vmatrix}=18，\quad D_2=\begin{vmatrix}2&8&-5\\1&9&0\\0&-5&-1\end{vmatrix}=15，\quad D_3=\begin{vmatrix}2&1&8\\1&-3&9\\0&2&-5\end{vmatrix}=15$$

所以

$$x_1=\frac{D_1}{D}=-6，\quad x_2=\frac{D_2}{D}=-5，\quad x_3=\frac{D_3}{D}=-5.$$

克拉默法则给出了线性方程组的解与其系数、常数项之间的重要关系. 但它只适用于**方程个数与未知量个数相等**，且系数行列式不等于零的线性方程组.

当线性方程组（14.1.3）的常数项全为零时，有

$$\begin{cases}a_{11}x_1+a_{12}x_2+\cdots+a_{1n}x_n=0\\a_{21}x_1+a_{22}x_2+\cdots+a_{2n}x_n=0\\\cdots\\a_{n1}x_1+a_{n2}x_2+\cdots+a_{nn}x_n=0\end{cases}\qquad(14.1.4)$$

称方程组（14.1.4）为**齐次线性方程组**，否则，称为**非齐次线性方程组**.

显然，$x_1=x_2=\cdots=x_n=0$就是（14.1.4）式的一个解. 那么，它除了零解以外是否还有其他非零解呢?

由克拉默法则可以得出：若（14.1.4）式的系数行列式$D\neq 0$，则方程组有**唯一零解**；若方程组有**非零解**，则系数行列式D必为零.

推论　齐次线性方程组有非零解的充分必要条件是$D=0$.

例 14.1.9　讨论方程组$\begin{cases}\lambda x_1+x_2+x_3=0\\x_1+\lambda x_2+x_3=0\\3x_1-x_2+x_3=0\end{cases}$解的情况.

解：因为$D=\begin{vmatrix}\lambda&1&1\\1&\lambda&1\\3&-1&1\end{vmatrix}=(\lambda-1)^2$，所以，当$\lambda=1$时，$D=0$，此时方程组有非零解；当$\lambda\neq 1$时，$D\neq 0$，此时方程组有唯一的零解.

习题 14.1

基础练习

1. 选择题.

（1）3 阶行列式 $D=\begin{vmatrix} 0 & -1 & 1 \\ 1 & 0 & -1 \\ -1 & 1 & 0 \end{vmatrix}$ 中元素 a_{21} 的代数余子式 A_{21}=（　　）.

A. 2　　B. 1　　C. 1　　D. 2

（2）已知 $\begin{vmatrix} a_{11} & a_{12} & a_{13} \\ a_{21} & a_{22} & a_{23} \\ a_{31} & a_{32} & a_{33} \end{vmatrix}=3$，那么 $\begin{vmatrix} 2a_{11} & 2a_{12} & 2a_{13} \\ a_{21} & a_{22} & a_{23} \\ -2a_{31} & -2a_{32} & -2a_{33} \end{vmatrix}=$（　　）.

A. 24　　B.　2　　C. 6　　D. 12

（3）已知行列式 $\begin{vmatrix} 1 & 2 & 5 \\ 1 & 3 & -2 \\ 2 & 5 & a \end{vmatrix}=0$，则数 $a=$（　　）.

A. 3　　B. 2　　C. 2　　D. 3

（4）设有行列式 $\begin{vmatrix} x & 2 & 3 \\ -1 & x & 0 \\ 0 & x & 1 \end{vmatrix}=0$，则 $x=$（　　）.

A. 1　　B. 2　　C. 1 或 2　　D. 3

（5）$\begin{vmatrix} 1 & 2 & 0 & 0 \\ 0 & 1 & 2 & 0 \\ 0 & 0 & 1 & 2 \\ 2 & 0 & 0 & 1 \end{vmatrix}=$（　　）.

A. 15　　B. 3　　C. 1 或 2　　D. 3

2. 填空题.

（1）设 3 阶行列式 D_3 的第 2 列元素分别为 1, −2, 3，对应的代数余子式分别为 −3, 2, 1，则 D_3=________.

（2）$\begin{vmatrix} 0 & 0 & 0 & a \\ b & 0 & 0 & 0 \\ 0 & c & 0 & 0 \\ 0 & 0 & d & 0 \end{vmatrix}=$________.

（3）已知行列 $\begin{vmatrix} a_1 & b_1 & c_1 \\ a_2 & b_2 & c_2 \\ a_3 & b_3 & c_3 \end{vmatrix}=1$，则 $\begin{vmatrix} a_1 & a_1-b_1 & a_1-b_1+c_1 \\ a_2 & a_2-b_2 & a_2-b_2+c_2 \\ a_3 & a_3-b_3 & a_3-b_3+c_3 \end{vmatrix}=$________.

（4）如果 $\begin{vmatrix} a & 3 & 1 \\ b & 0 & 1 \\ c & 2 & 1 \end{vmatrix}=2$，则 $\begin{vmatrix} a-3 & b-3 & c-3 \\ 5 & 2 & 4 \\ 1 & 1 & 1 \end{vmatrix}=$__________.

（5）$\begin{vmatrix} 2 & 0 & 1 \\ 1 & 1 & 0 \\ 1 & 1 & 9 \end{vmatrix}=$__________.

提高练习

3. 用对角线算法计算下列行列式：

（1）$\begin{vmatrix} 2 & 6 \\ 5 & 3 \end{vmatrix}$；（2）$\begin{vmatrix} \sin\alpha & \cos\alpha \\ \sin\beta & \cos\beta \end{vmatrix}$；

（3）$\begin{vmatrix} 1 & 2 & 3 \\ 2 & 3 & 1 \\ 3 & 1 & 2 \end{vmatrix}$；（4）$\begin{vmatrix} 1 & 2 & 2 \\ 3 & 7 & 4 \\ 2 & 3 & 5 \end{vmatrix}$；

（5）$\begin{vmatrix} 2 & 0 & 2 \\ 0 & 3 & 1 \\ 1 & 0 & 3 \end{vmatrix}$；（6）$\begin{vmatrix} 1 & 1 & 1 \\ a & b & c \\ a^2 & b^2 & c^2 \end{vmatrix}$；

（7）$\begin{vmatrix} x & y & x+y \\ y & x+y & x \\ x+y & x & y \end{vmatrix}$；（8）$\begin{vmatrix} 3 & 2 & 2 \\ 3 & 2 & 3 \\ 2 & 3 & 2 \end{vmatrix}$.

4. 计算下列行列式：

（1）$\begin{vmatrix} 5 & 0 & 4 & 2 \\ 1 & -1 & 2 & 1 \\ 4 & 1 & 2 & 0 \\ 1 & 1 & 1 & 1 \end{vmatrix}$；（2）$\begin{vmatrix} 1 & 2 & 3 & 4 \\ 2 & 1 & 2 & 3 \\ 3 & 2 & 1 & 2 \\ 4 & 3 & 2 & 1 \end{vmatrix}$；

（3）$D=\begin{vmatrix} 1 & 1 & 1 & 1 \\ 1 & 2 & 0 & 0 \\ 1 & 0 & 3 & 0 \\ 1 & 0 & 0 & 4 \end{vmatrix}$；（4）$\begin{vmatrix} 0 & 0 & 0 & 0 & 2 & 3 \\ 0 & 0 & 0 & 0 & 5 & 6 \\ 1 & 0 & 0 & 8 & 0 & 0 \\ 2 & 3 & 0 & 0 & 0 & 0 \\ 0 & 4 & 5 & 0 & 0 & 0 \\ 0 & 0 & 6 & 7 & 0 & 0 \end{vmatrix}$；

（5）$\begin{vmatrix} 0 & 1 & 0 & \cdots & 0 \\ 0 & 0 & 2 & \cdots & 0 \\ \vdots & \vdots & \vdots & & \vdots \\ 0 & 0 & 0 & \cdots & n-1 \\ n & 0 & 0 & \cdots & 0 \end{vmatrix}$；（6）$\begin{vmatrix} 1 & 2 & 3 & \cdots & n \\ -1 & 1 & 0 & \cdots & 0 \\ -1 & 0 & 1 & \cdots & 0 \\ \vdots & \vdots & \vdots & & \vdots \\ -1 & 0 & 0 & \cdots & 1 \end{vmatrix}$.

5. 证明下列等式：

（1）$\begin{vmatrix} a & b & b \\ b & a & b \\ b & b & a \end{vmatrix}=(a+2b)(a-b)^2$　（2）$\begin{vmatrix} a & b & c \\ d & e & f \\ g & h & k \end{vmatrix}=\begin{vmatrix} e & b & h \\ d & a & g \\ f & c & k \end{vmatrix}$

拓展练习

6. 求解方程 $\begin{vmatrix} 1 & 1 & 1 & 1 \\ 1 & 1-x & 1 & 1 \\ 1 & 1 & 2-x & 1 \\ 1 & 1 & 1 & 3-x \end{vmatrix} = 0$.

7. 求解下列线性方程组：

（1）$\begin{cases} x_1 - x_2 + x_3 = 1 \\ x_1 + x_2 - 2x_3 = 1 \\ x_1 + x_2 = 2 \end{cases}$；（2）$\begin{cases} x_1 - x_2 = -5 \\ 3x_1 + 2x_2 + x_3 = 6 \\ 4x_1 + x_2 + 2x_3 = 0 \end{cases}$；

（3）$\begin{cases} x_1 + x_2 + x_3 + x_4 = 5 \\ x_1 + 2x_2 - x_3 + 4x_4 = -2 \\ 2x_1 - 3x_2 - x_3 - 5x_4 = -2 \\ 3x_1 + x_2 + 2x_3 + 11x_4 = 0 \end{cases}$；（4）$\begin{cases} 5x_1 + 6x_2 = 1 \\ x_1 + 5x_2 + 6x_3 = 0 \\ x_2 + 5x_3 + 6x_4 = 0 \\ x_3 + 5x_4 = 1 \end{cases}$.

8. 求解下列题：

（1）当 a 为何值时，齐次线性方程组 $\begin{cases} x_1 + 2x_2 + 5x_3 = 0 \\ x_1 + 3x_2 - 2x_3 = 0 \\ 2x_1 + 5x_2 + ax_3 = 0 \end{cases}$ 有非零解？

（2）问 λ, μ 取何值时，齐次线性方程组 $\begin{cases} \lambda x_1 + x_2 + x_3 = 0 \\ x_1 + \mu x_2 + x_3 = 0 \\ x_1 + 2\mu x_2 + x_3 = 0 \end{cases}$ 有非零解?

14.2 矩阵的概念及矩阵的运算

14.2.1 矩阵的概念

引例 1：如果我们把线性方程组

$$\begin{cases} a_{11}x_1 + a_{12}x_2 + \cdots + a_{1n}x_n = b_1 \\ a_{21}x_1 + a_{22}x_2 + \cdots + a_{2n}x_n = b_2 \\ \cdots \\ a_{m1}x_1 + a_{m2}x_2 + \cdots + a_{mn}x_n = b_m \end{cases} \tag{14.2.1}$$

的系数和常数项按其原有的位置排成 m 行 $n+1$ 列，这就形成一个表达数据的数表：

$$\begin{pmatrix} a_{11} & a_{12} & \cdots & a_{1n} & b_1 \\ a_{21} & a_{22} & \cdots & a_{2n} & b_2 \\ \vdots & \vdots & & \vdots & \vdots \\ a_{m1} & a_{m2} & \cdots & a_{mn} & b_m \end{pmatrix}.$$

显然，该数表决定着方程组（14.2.1）是否有解，以及如果有解，解是什么等问题. 因而研究这个数表就很有必要.

引例 2：假若你是某商店的老板，要了解 3 种商品一周的销售情况，于是店员给你制作了这样一个表格：

	星期一	星期二	星期三	星期四	星期五	星期六	星期日
食品	503	35	96	54	65	800	745
日用品	205	74	68	84	58	945	694
电器	10	0	-3	100	27	347	289

$\begin{pmatrix} 503 & 35 & 96 & 54 & 65 & 800 & 745 \\ 205 & 74 & 68 & 84 & 58 & 945 & 694 \\ 10 & 0 & -3 & 100 & 27 & 347 & 289 \end{pmatrix}$具体描述了这一周的销售情况. 对于一些只讨论数据的问题，可以用数表来表示. 我们把这样的数表称为矩阵. 矩阵就是数字表格的抽象形式.

1. 矩阵的定义

定义 14.2.1　由 $m\times n$ 个数 $a_{ij}\,(i=1,2,\cdots,m;\ j=1,2,\cdots,n)$ 排成的 m 行 n 列的长方形数表，并用括弧“( )”括起来，形如

$$\begin{pmatrix} a_{11} & a_{12} & \cdots & a_{1n} \\ a_{21} & a_{22} & \cdots & a_{2n} \\ \vdots & \vdots & & \vdots \\ a_{m1} & a_{m2} & \cdots & a_{mn} \end{pmatrix}$$

的数表，我们称之为矩阵. 一般用大写英文字母 $\boldsymbol{A}$、$\boldsymbol{B}$、$\boldsymbol{C}$ 等来表示.

上面的矩阵也可以简记为 $\boldsymbol{A}_{m\times n}=(a_{ij})_{m\times n}$，其中 a_{ij} 称为矩阵第 i 行第 j 列的元素.

有些特殊矩阵是我们经常碰见的：

（1）当 $m=1$ 时，矩阵只有一行，形如 $\boldsymbol{A}=(a_{11}\quad a_{12}\quad \cdots\quad a_{1n})$，称为**行矩阵或行向量**.

（2）当 $n=1$ 时，矩阵只有一列，形如 $\boldsymbol{A}=\begin{pmatrix} a_{11} \\ a_{21} \\ \vdots \\ a_{m1} \end{pmatrix}$，称为**列矩阵或列向量**.

（3）当 $m=n$ 时，矩阵的行数等于列数，即

$$\boldsymbol{A}=\begin{pmatrix} a_{11} & a_{12} & a_{13} & \cdots & a_{1n} \\ a_{21} & a_{22} & a_{23} & \cdots & a_{2n} \\ a_{31} & a_{32} & a_{33} & \cdots & a_{3n} \\ \vdots & \vdots & \vdots & & \vdots \\ a_{n1} & a_{n2} & a_{n3} & \cdots & a_{nn} \end{pmatrix},$$

称为 n **阶方阵**，记作 $\boldsymbol{A}_n$.

（4）我们把方阵左上角到右下角的对角线称为**主对角线**，右上角到左下角的对角线称为**次对角线**. 一个方阵除主对角线外其他元素均为零的称为**对角矩阵**；主对角线上方的元素全部为零的方阵称为**下三角矩阵**；主对角线下方的元素全部为零的方阵称为**上三角矩阵**；上三角矩阵和下三角矩阵统称为三角矩阵.

如矩阵 $\boldsymbol{A}=\begin{pmatrix} a_{11} & 0 & \cdots & 0 \\ * & a_{22} & \cdots & 0 \\ \cdots & \cdots & \ddots & \cdots \\ * & * & \cdots & a_{nn} \end{pmatrix}$，就是 n 阶下三角矩阵.

（5）主对角线上元素均为 1 的 n 阶对角矩阵 $\boldsymbol{E}_n=\begin{pmatrix} 1 & & & 0 \\ & 1 & & \\ & & \ddots & \\ 0 & & & 1 \end{pmatrix}$，称为 **$n$ 阶单位矩阵**.

（6）所有元素全为零的矩阵称为**零矩阵**，记作 $\boldsymbol{O}_{m\times n}$，例如 $\boldsymbol{O}_{2\times 3}=\begin{pmatrix} 0 & 0 & 0 \\ 0 & 0 & 0 \end{pmatrix}$.

（7）矩阵中元素全为零的行被称为零行，如果零行均排在矩阵的非零行的下面，且各行首非零元素前的零元素个数随行数增加而增加，这样的矩阵叫做**阶梯形矩阵**. 若每行首非零元素均为 1, 且所在列的其他元素均为 0 的阶梯形矩阵，我们称为**最简阶梯形矩阵**.

例如 $\boldsymbol{A}=\begin{pmatrix} 1 & -2 & 4 & 0 & 2 \\ 0 & 2 & 3 & -1 & 0 \\ 0 & 0 & 0 & 5 & 4 \\ 0 & 0 & 0 & 0 & 0 \end{pmatrix}$ 就是一个梯形矩阵，$\boldsymbol{B}=\begin{pmatrix} 1 & 0 & 0 \\ 0 & 1 & 0 \\ 0 & 0 & 1 \\ 0 & 0 & 0 \\ 0 & 0 & 0 \end{pmatrix}$就是一个最简阶梯形矩阵.

（8）位于主对角线两侧对称位置上的元素对应相等的方阵，即 $a_{ij}=a_{ji}(i,j=1,2,\cdots,n)$，称为**对称矩阵**.

例如，$\boldsymbol{A}=\begin{pmatrix} 4 & 1 & 0 \\ 1 & -3 & 6 \\ 0 & 6 & 2 \end{pmatrix}$是一个三阶对称矩阵.

（9）主对角线上元素全为零，且主对角线两侧对称位置上的元素互为相反数的方阵，即 $a_{ij}=-a_{ji}(i,j=1,2,\cdots,n)$，称为**反对称矩阵**.

例如，$\boldsymbol{A}=\begin{pmatrix} 0 & 1 & 7 \\ -1 & 0 & -6 \\ -7 & 6 & 0 \end{pmatrix}$是一个三阶反对称矩阵.

（10）把行数与列数分别相等的两个矩阵称为**同型矩阵**.

例如，$\boldsymbol{A}=\begin{pmatrix} 1 & 0 \\ 3 & 5 \\ 9 & 6 \end{pmatrix}$与 $\boldsymbol{A}=\begin{pmatrix} -9 & 2 \\ 0 & 7 \\ 9 & 4 \end{pmatrix}$是三行两列的同型矩阵.

2. 矩阵相等

定义 14.2.2　若两个矩阵 $\boldsymbol{A}=(a_{ij})_{m\times n}$ 和 $\boldsymbol{B}=(b_{ij})_{s\times t}$ 满足：

（1）$m=s,\ n=t$

（2）$a_{ij}=b_{ij}(i=1,2,\cdots,m;\ j=1,2,\cdots,n)$

则称矩阵 $\boldsymbol{A}$ 和 $\boldsymbol{B}$ 相等，记为 $\boldsymbol{A}=\boldsymbol{B}$.

例 14.2.1　已知 $\boldsymbol{A}=\boldsymbol{B}$，其中

$$A=\begin{pmatrix}3 & x+y\\ x-3y & a\end{pmatrix},\ B=\begin{pmatrix}b+2a & 7\\ -5 & 2a-b-3\end{pmatrix}$$

试求出 x、y、a、b.

解：由矩阵相等得：

$$\begin{cases}3=b+2a\\ x+y=7\\ x-3y=-5\\ a=2a-b-3\end{cases}\Rightarrow\begin{cases}a=2\\ b=-1\\ x=4\\ y=3\end{cases}.$$

14.2.2 矩阵的运算

1. 矩阵的加（减）法与数乘运算

定义 14.2.3 两个同型矩阵的对应元素相加（减）而得到的矩阵，称为两矩阵的**和**（**差**）.

例 14.2.2 已知 $A=\begin{pmatrix}3 & -2 & 8 & 0\\ -5 & 6 & 1 & -4\end{pmatrix}$，$B=\begin{pmatrix}9 & -2 & 0 & 5\\ 8 & -6 & 2 & 6\end{pmatrix}$，求 $A+B$、$A-B$.

解：

$$A+B=\begin{pmatrix}3 & -2 & 8 & 0\\ -5 & 6 & 1 & -4\end{pmatrix}+\begin{pmatrix}9 & -2 & 0 & 5\\ 8 & -6 & 2 & 6\end{pmatrix}=\begin{pmatrix}12 & -4 & 8 & 5\\ 3 & 0 & 3 & 2\end{pmatrix}$$

$$A-B=\begin{pmatrix}3 & -2 & 8 & 0\\ -5 & 6 & 1 & -4\end{pmatrix}-\begin{pmatrix}9 & -2 & 0 & 5\\ 8 & -6 & 2 & 6\end{pmatrix}=\begin{pmatrix}-6 & 0 & 8 & -5\\ -13 & 12 & -1 & -10\end{pmatrix}$$

注意：只有同型矩阵才能进行加法运算，矩阵的和仍是一个与它们同型的矩阵. 由矩阵加法定义，不难得出矩阵加法运算律：

（1）$A+B=B+A$（交换律）.

（2）$(A+B)+C=A+(B+C)$（结合律）.

（3）$A+O=O+A=A$（零矩阵特性）.

（4）任意矩阵 A，存在唯一一个矩阵 $-A$，使 $A+(-A)=0$，称 $-A$ 为 A 的负矩阵. 若 $A=(a_{ij})_{m\times n}$，则 $-A=(-a_{ij})_{m\times n}$.

（5）$A-B=A+(-B)$

定义 14.2.4 用一个数乘以矩阵的每一个元素而得到的矩阵，称为**数乘矩阵**.

例 14.2.3 已知 $A=\begin{pmatrix}-2 & 4 & 6\\ 6 & -9 & 0\\ 3 & -5 & 1\\ 6 & 8 & 4\end{pmatrix}$，求 $5A$.

解：$5A=5\begin{pmatrix}-2 & 4 & 6\\ 6 & -9 & 0\\ 3 & -5 & 1\\ 6 & 8 & 4\end{pmatrix}=\begin{pmatrix}-10 & 20 & 30\\ 30 & -45 & 0\\ 15 & -25 & 5\\ 30 & 40 & 20\end{pmatrix}$

注意：数乘矩阵的运算律：（其中 A 与 B 为同型矩阵，k、l 是常数）

（1）$(k+l)\boldsymbol{A}=k\boldsymbol{A}+l\boldsymbol{A}$.

（2）$k(\boldsymbol{A}+\boldsymbol{B})=k\boldsymbol{A}+k\boldsymbol{B}$（分配律）.

（3）$k(l\boldsymbol{A})=(kl)\boldsymbol{A}$（结合律）.

（4）$(-1)\boldsymbol{A}=-\boldsymbol{A}$.

2. 矩阵的乘法运算

定义 14.2.5 两个矩阵的乘积是将左边矩阵第 i 行的每一个元素乘以右边矩阵第 j 列的对应元素之积的和作为乘积矩阵中的第 i 行第 j 列元素，左边矩阵的每一行遍乘右边矩阵的每一列即可获得乘积矩阵，即设有 $\boldsymbol{A}=(a_{ik})_{m\times l}$，$\boldsymbol{B}=(b_{kj})_{l\times n}$，则

$$\boldsymbol{AB}=\boldsymbol{A}\times\boldsymbol{B}=(a_{ik})_{m\times l}\times b_{kj\,l\times n}=(c_{ij})_{m\times n}$$

其中

$$c_{ij}=a_{i1}b_{1j}+a_{i2}b_{2j}+\cdots+a_{il}b_{lj}=\sum_{k=1}^{l}a_{ik}b_{kj}\ (i=1,2,\cdots,m;\ j=1,2,\cdots,n).$$

注意：只有当左矩阵 $\boldsymbol{A}$ 的列数与右矩阵 $\boldsymbol{B}$ 的行数相等时，两矩阵才可以依次相乘.

有了矩阵的乘法运算，则线性方程组（1）就可表示为矩阵方程 $\boldsymbol{AX}=\boldsymbol{b}$，其中

$$\boldsymbol{A}=\begin{pmatrix}a_{11}&a_{12}&\cdots&a_{1n}&b_1\\a_{21}&a_{22}&\cdots&a_{2n}&b_2\\\vdots&\vdots&&\vdots&\vdots\\a_{m1}&a_{m2}&\cdots&a_{mn}&b_m\end{pmatrix},\quad \boldsymbol{X}=\begin{pmatrix}x_1\\x_2\\\vdots\\x_n\end{pmatrix},\quad \boldsymbol{b}=\begin{pmatrix}b_1\\b_2\\\vdots\\b_m\end{pmatrix}.$$

例 14.2.4 已知 $\boldsymbol{A}=\begin{pmatrix}1&3&-2\\2&0&5\end{pmatrix}$，$\boldsymbol{B}=\begin{pmatrix}2&-3\\1&-1\\3&6\end{pmatrix}$，计算 $\boldsymbol{AB}$、$\boldsymbol{BA}$.

解：

$$\begin{aligned}\boldsymbol{AB}&=\begin{pmatrix}1&3&-2\\2&0&5\end{pmatrix}\begin{pmatrix}2&-3\\1&-1\\3&6\end{pmatrix}\\&=\begin{pmatrix}1\times2+3\times1+(-2)\times3&1\times(-3)+3\times(-1)+(-2)\times6\\2\times2+0\times1+5\times3&2\times(-3)+0\times(-1)+5\times6\end{pmatrix}=\begin{pmatrix}-1&-18\\19&24\end{pmatrix}.\end{aligned}$$

$$\begin{aligned}\boldsymbol{BA}&=\begin{pmatrix}2&-3\\1&-1\\3&6\end{pmatrix}\begin{pmatrix}1&3&-2\\2&0&5\end{pmatrix}\\&=\begin{pmatrix}2\times1+(-3)\times2&2\times3+(-3)\times0&2\times(-2)+(-3)\times5\\1\times1+(-1)\times2&1\times3+(-1)\times0&1\times(-2)+(-1)\times5\\3\times1+6\times2&3\times3+6\times0&3\times(-2)+6\times5\end{pmatrix}=\begin{pmatrix}-4&6&-19\\-1&3&-7\\15&9&24\end{pmatrix}.\end{aligned}$$

由此例可知 $\boldsymbol{AB}\neq\boldsymbol{BA}$.

一般情况下，矩阵乘法不满足交换律，但矩阵乘法有如下运算律：

（1）结合律：$(\boldsymbol{AB})\boldsymbol{C}=\boldsymbol{A}(\boldsymbol{BC})$

$$k(\boldsymbol{AB})=(k\boldsymbol{A})\boldsymbol{B}=\boldsymbol{A}(k\boldsymbol{B})$$

（2）分配律：$(\boldsymbol{A}+\boldsymbol{B})\boldsymbol{C}=\boldsymbol{AC}+\boldsymbol{BC}$

$$\boldsymbol{C}(\boldsymbol{A}+\boldsymbol{B})=\boldsymbol{CA}+\boldsymbol{CB}$$

（3）单位矩阵特性：$\boldsymbol{AE}=\boldsymbol{EA}=\boldsymbol{A}$

（4）零矩阵特性：$\boldsymbol{AO}=\boldsymbol{OA}=\boldsymbol{O}$

例 14.2.5 已知 $\boldsymbol{A}=\begin{pmatrix}-2 & -1\\ 4 & 2\end{pmatrix},\boldsymbol{B}=\begin{pmatrix}3 & -2\\ -6 & 4\end{pmatrix},\boldsymbol{C}=\begin{pmatrix}1 & -5\\ -2 & 10\end{pmatrix}$，求 $\boldsymbol{AB}$，$\boldsymbol{BA}$，$\boldsymbol{AC}$.

解
$$\boldsymbol{AB}=\begin{pmatrix}-2 & -1\\ 4 & 2\end{pmatrix}\begin{pmatrix}3 & -2\\ -6 & 4\end{pmatrix}=\begin{pmatrix}0 & 0\\ 0 & 0\end{pmatrix}.$$

$$\boldsymbol{BA}=\begin{pmatrix}3 & -2\\ -6 & 4\end{pmatrix}\begin{pmatrix}-2 & -1\\ 4 & 2\end{pmatrix}=\begin{pmatrix}-14 & -7\\ 28 & 14\end{pmatrix}.$$

$$\boldsymbol{AC}=\begin{pmatrix}-2 & -1\\ 4 & 2\end{pmatrix}\begin{pmatrix}1 & -5\\ -2 & 10\end{pmatrix}=\begin{pmatrix}0 & 0\\ 0 & 0\end{pmatrix}.$$

从上述各例可以看出：即使 $\boldsymbol{AB}=\boldsymbol{O}$，一般也不能导出 $\boldsymbol{A}=\boldsymbol{O}$ 或 $\boldsymbol{B}=\boldsymbol{O}$；矩阵乘法一般也不满足消去律，即若 $\boldsymbol{AB}=\boldsymbol{AC}$，且 $\boldsymbol{A}\neq\boldsymbol{O}$，也不能导出 $\boldsymbol{B}=\boldsymbol{C}$.

3. 矩阵的转置

定义 14.2.6 将一个 $m\times n$ 的矩阵 $\boldsymbol{A}=\begin{pmatrix}a_{11} & a_{12} & a_{13} & \cdots & a_{1n}\\ a_{21} & a_{22} & a_{23} & \cdots & a_{2n}\\ a_{31} & a_{32} & a_{33} & \cdots & a_{3n}\\ \vdots & \vdots & \vdots & & \vdots\\ a_{m1} & a_{m2} & a_{m3} & \cdots & a_{mn}\end{pmatrix}$ 的行和列互换得到一个 $n\times m$ 的矩阵，称为 $\boldsymbol{A}$ 的转置矩阵，记作 $\boldsymbol{A}^{\mathrm{T}}$，即

$$\boldsymbol{A}^{\mathrm{T}}=\begin{pmatrix}a_{11} & a_{21} & a_{31} & \cdots & a_{m1}\\ a_{12} & a_{22} & a_{32} & \cdots & a_{m2}\\ a_{13} & a_{23} & a_{33} & \cdots & a_{m3}\\ \vdots & \vdots & \vdots & & \vdots\\ a_{1n} & a_{2n} & a_{3n} & \cdots & a_{mn}\end{pmatrix}.$$

例如，设矩阵 $\boldsymbol{A}=\begin{pmatrix}1 & 3 & -2\\ 2 & 0 & 5\end{pmatrix}$，$\boldsymbol{A}^{\mathrm{T}}=\begin{pmatrix}1 & 2\\ 3 & 0\\ -2 & 5\end{pmatrix}$.

容易验证，矩阵转置运算有如下性质：

（1）$(\boldsymbol{A}+\boldsymbol{B})^{\mathrm{T}}=\boldsymbol{A}^{\mathrm{T}}+\boldsymbol{B}^{\mathrm{T}}$　　（2）$(\boldsymbol{A}^{\mathrm{T}})^{\mathrm{T}}=\boldsymbol{A}$

（3）$(k\boldsymbol{A})^{\mathrm{T}}=k\boldsymbol{A}^{\mathrm{T}}$　　（4）$(\boldsymbol{AB})^{\mathrm{T}}=\boldsymbol{B}^{\mathrm{T}}\boldsymbol{A}^{\mathrm{T}}$

例 14.2.6 矩阵 $\boldsymbol{A}=\begin{pmatrix}1 & 0 & 2\\ 3 & 1 & 0\end{pmatrix}$ 与 $\boldsymbol{B}=\begin{pmatrix}4 & 1\\ 0 & 5\\ 2 & 0\end{pmatrix}$，求转置矩阵 $(\boldsymbol{AB})^{\mathrm{T}}$.

解：法 1　利用转置运算律，$(\boldsymbol{AB})^{\mathrm{T}}=\boldsymbol{B}^{\mathrm{T}}\cdot\boldsymbol{A}^{\mathrm{T}}$.

$$\boldsymbol{A}^{\mathrm{T}}=\begin{pmatrix}1&3\\0&1\\2&0\end{pmatrix},\boldsymbol{B}^{\mathrm{T}}=\begin{pmatrix}4&0&2\\1&5&0\end{pmatrix}.$$

$$(\boldsymbol{AB})^{\mathrm{T}}=\boldsymbol{B}^{\mathrm{T}}\boldsymbol{A}^{\mathrm{T}}=\begin{pmatrix}4&0&2\\1&5&0\end{pmatrix}\begin{pmatrix}1&3\\0&1\\2&0\end{pmatrix}=\begin{pmatrix}8&12\\1&8\end{pmatrix}.$$

法 2　先求 $\boldsymbol{AB}$，再求 $(\boldsymbol{AB})^{\mathrm{T}}$.

$$\boldsymbol{AB}=\begin{pmatrix}8&1\\12&8\end{pmatrix}.\ \text{故}\ (\boldsymbol{AB})^{\mathrm{T}}=\begin{pmatrix}8&12\\1&8\end{pmatrix}.$$

4. 方阵的行列式

所谓 n 阶方阵 A 的行列式，简单一点来讲，就是将其矩阵的符号改成行列式的符号，其余不变，**方阵 A 的行列式**记作 $|\boldsymbol{A}|$ 或 $\det\boldsymbol{A}$.

例如，方阵 $\boldsymbol{A}=\begin{bmatrix}1&4\\2&3\end{bmatrix}$ 的行列式就是 $|\boldsymbol{A}|=\begin{vmatrix}1&4\\2&3\end{vmatrix}=-5$. 单位矩阵 $\boldsymbol{E}$ 的行列式就是 $|\boldsymbol{E}|=1$.

另外，方阵的行列式有如下性质：设 $\boldsymbol{A}$、$\boldsymbol{B}$ 为 n 阶方阵，k 为数，则：

（1）$|\boldsymbol{A}^{\mathrm{T}}|=|\boldsymbol{A}|$

（2）$|k\boldsymbol{A}|=k^n|\boldsymbol{A}|$

（3）$|\boldsymbol{AB}|=|\boldsymbol{BA}|=|\boldsymbol{A}||\boldsymbol{B}|$

例 14.2.7　设二阶矩阵 $\boldsymbol{A}=\begin{pmatrix}1&2\\0&3\end{pmatrix}$，$\boldsymbol{B}=\begin{pmatrix}-2&0\\3&5\end{pmatrix}$，求 $|\boldsymbol{A}|,|\boldsymbol{B}|,|\boldsymbol{AB}|,|\boldsymbol{A}-2\boldsymbol{B}|$.

解：$|\boldsymbol{A}|=\begin{vmatrix}1&2\\0&3\end{vmatrix}=3,|\boldsymbol{B}|=\begin{vmatrix}-2&0\\3&5\end{vmatrix}=-10$，所以 $|\boldsymbol{AB}|=|\boldsymbol{A}||\boldsymbol{B}|=-30,|\boldsymbol{A}-2\boldsymbol{B}|=\begin{vmatrix}5&2\\-6&-7\end{vmatrix}=-23$.

例 14.2.8　设 $\boldsymbol{A}$、$\boldsymbol{B}$ 为 n 阶方矩阵，且 $\boldsymbol{AB}=\boldsymbol{O}$，得出 $\boldsymbol{A}=\boldsymbol{O}$ 或 $\boldsymbol{B}=\boldsymbol{O}$ 吗？你能得到什么样的结果？

解：若 $\boldsymbol{A}$、$\boldsymbol{B}$ 为 n 阶方阵，$\boldsymbol{AB}=\boldsymbol{O}$，一般情况下不能得到 $\boldsymbol{A}=\boldsymbol{O}$ 或 $\boldsymbol{B}=\boldsymbol{O}$，但是 $\boldsymbol{AB}=\boldsymbol{O}$ 可以根据方阵行列式的性质，得到 $|\boldsymbol{AB}|=0\Rightarrow|\boldsymbol{A}||\boldsymbol{B}|=0\Rightarrow|\boldsymbol{A}|=0$ 或 $|\boldsymbol{B}|=0$.

5. 方阵的幂

定义 14.2.6　设 n 阶方阵 $\boldsymbol{A}=(a_{ij})_{n\times n}$，定义 $\boldsymbol{A}^k=\overbrace{\boldsymbol{AA}\cdots\boldsymbol{A}}^{k\text{个}}$，其中 k 为正整数，$\boldsymbol{A}^k$ 称为矩阵 $\boldsymbol{A}$ 的 k 次幂，规定：$\boldsymbol{A}^0=\boldsymbol{E}$.

可以验证，矩阵的幂运算律：$\boldsymbol{A}^m\boldsymbol{A}^n=\boldsymbol{A}^{m+n},(\boldsymbol{A}^m)^n=\boldsymbol{A}^{mn}$.

因为矩阵乘法不满足交换律，因此，一般情况下 $(\boldsymbol{AB})^k\neq\boldsymbol{A}^k\boldsymbol{B}^k$.

例 14.2.9　设 $\boldsymbol{A}=\begin{pmatrix}1&1&0\\0&2&0\\0&0&0\end{pmatrix}$，求 $\boldsymbol{A}^4$.

解： $A^2=\begin{pmatrix}1&1&0\\0&2&0\\0&0&0\end{pmatrix}\begin{pmatrix}1&1&0\\0&2&0\\0&0&0\end{pmatrix}=\begin{pmatrix}1&3&0\\0&4&0\\0&0&0\end{pmatrix}$.

$$A^4=AAAA=(AA)(AA)=A^2A^2=\begin{pmatrix}1&3&0\\0&4&0\\0&0&0\end{pmatrix}\begin{pmatrix}1&3&0\\0&4&0\\0&0&0\end{pmatrix}=\begin{pmatrix}1&15&0\\0&16&0\\0&0&0\end{pmatrix}.$$

14.2.3 矩阵的初等变换

1. 矩阵的初等变换

定义 14.2.7 对矩阵的行实施如下 3 种变换，称为矩阵的**初等行变换**：

（1）互换变换：交换矩阵的两行（用 $r_i \leftrightarrow r_j$ 表示第 i 行与第 j 行互换）.

（2）倍乘变换：用一非零数遍乘矩阵的某一行（用 kr_i 表示用非零数 k 乘以第 i 行）.

（3）倍加变换：将矩阵的某一行遍乘数 k 后加到另一行（用 r_j+kr_i 表示第 i 行的 k 倍加到第 j 行）. 相应地，在初等行变换中将行改为列，称为**初等列变换**. 初等行变换与初等列变换统称为**初等变换**.

从矩阵初等变换的定义不难看出，矩阵的每一种初等变换的逆变换都是同类型的初等变换.
变换 $r_i \leftrightarrow r_j$ 的逆变换是本身；

变换 $r_i\times k$ 的逆变换就是 $r_i\times\dfrac{1}{k}$（或记作 $r_i\div k$）；

变换 r_i+kr_j 的逆变换是 $r_i+(-k)r_j$（或记作 r_i-kr_j）.

如果矩阵 $\boldsymbol{A}$ 经过有限次的初等变换变成矩阵 $\boldsymbol{B}$，我们称 $\boldsymbol{A}$ 与 $\boldsymbol{B}$ 等价，记作：$\boldsymbol{A}\sim\boldsymbol{B}$.

根据消元法可知，我们只需用到矩阵的初等行变换，总可以经过有限次的变换，将任一矩阵化为单位矩阵或从非零行的首个非零元素所在列下边的元素全为 0.

例如，$\begin{pmatrix}1&2&4&1\\3&6&2&0\\2&4&8&2\end{pmatrix}\xrightarrow[r_3-2r_1]{r_2-3r_1}\begin{pmatrix}1&2&4&1\\0&0&-10&-3\\0&0&0&0\end{pmatrix}$.

这是一类特殊的矩阵，我们称为行阶梯形矩阵.

2. 行阶梯形矩阵

定义 14.2.8 称满足下列条件的矩阵为**行阶梯形矩阵**：

（1）零行（元素全为零的行）位于矩阵的下方；

（2）各非零行的首非零元（从左到右的第一个不为零的元素）的列标随着行标的增大而严格增大（或者说其列标一定不小于行标）.

例如，$\boldsymbol{A}=\begin{pmatrix}1&2&3&0\\0&2&1&0\\0&0&1&2\\0&0&0&0\\0&0&0&0\end{pmatrix}$ 就是行阶梯形矩阵.

若 $A=\begin{pmatrix}1&2&3&0\\0&2&1&0\\0&0&1&2\\0&0&0&0\\0&0&0&0\end{pmatrix}\to\begin{pmatrix}1&2&3&0\\0&1&\frac{1}{2}&0\\0&0&1&2\\0&0&0&0\\0&0&0&0\end{pmatrix}$，称这种特殊的行阶梯形矩阵为行最简形矩阵.

定义 14.2.9 称满足下列条件的行阶梯形矩阵为**行最简形矩阵**：

（1）各非零行的首非零元都是 1；

（2）每个首非零元所在列的其余元素都是零.

例 14.2.10 利用矩阵的初等行变换，将矩阵 $\begin{pmatrix}2&2&0\\1&1&-1\\-1&-1&3\\3&3&-3\end{pmatrix}$ 变换为行最简形矩阵.

解： $\begin{pmatrix}2&2&0\\1&1&-1\\-1&-1&3\\3&3&-3\end{pmatrix}\xrightarrow{r_1\leftrightarrow r_2}\begin{pmatrix}1&1&-1\\2&2&0\\-1&-1&3\\3&3&-3\end{pmatrix}\to\begin{pmatrix}1&1&-1\\0&0&2\\0&0&0\\0&0&0\end{pmatrix}\to\begin{pmatrix}1&1&-1\\0&0&1\\0&0&0\\0&0&0\end{pmatrix}$

针对上述矩阵 A，我们还可以再作初等列变换，可得：

$$A=\begin{pmatrix}1&2&3&0\\0&2&1&0\\0&0&1&2\\0&0&0&0\\0&0&0&0\end{pmatrix}\to\begin{pmatrix}1&2&3&0\\0&1&\frac{1}{2}&0\\0&0&1&2\\0&0&0&0\\0&0&0&0\end{pmatrix}\to\begin{pmatrix}1&0&0&0\\0&1&0&0\\0&0&1&0\\0&0&0&0\\0&0&0&0\end{pmatrix}=B$$

我们把 B 称为原矩阵 A 的标准形.

一般地，矩阵 A 的标准形特征：左上角是一个单位矩阵，其余元素全为零.

定理 14.2.1 任何一矩阵 A 经过有限次初等变换，可以化为下列标准形矩阵：

$$D=\begin{bmatrix}1&&&&&\\&\ddots&&&&\\&&1&&&\\&&&0&&\\&&&&\ddots&\\&&&&&0\end{bmatrix}_{m\times n}=\begin{bmatrix}E_r&O_{r\times(n-r)}\\O_{(m-r)\times r}&O_{(m-r)\times(n-r)}\end{bmatrix}$$

注意： 定理 14.2.1 实质上给出了方法：任一矩阵 A 总可以经过有限次初等行变换化为行阶梯形矩阵，从而化为行最简形矩阵.

推论 若矩阵 A 为 n 阶且 $|A|\neq 0$，则其经过有限次初等行变换总可化为单位矩阵 E.

在例 14.2.10 中，$\begin{pmatrix} 2 & 2 & 0 \\ 1 & 1 & -1 \\ -1 & -1 & 3 \\ 3 & 3 & -3 \end{pmatrix} \to \begin{pmatrix} 1 & 1 & -1 \\ 0 & 0 & 1 \\ 0 & 0 & 0 \\ 0 & 0 & 0 \end{pmatrix}$再经过列变换，可化为标准形：

$$\begin{pmatrix} 2 & 2 & 0 \\ 1 & 1 & -1 \\ -1 & -1 & 3 \\ 3 & 3 & -3 \end{pmatrix} \to \begin{pmatrix} 1 & 1 & -1 \\ 0 & 0 & 1 \\ 0 & 0 & 0 \\ 0 & 0 & 0 \end{pmatrix} \to \begin{pmatrix} 1 & 0 & 0 \\ 0 & 1 & 0 \\ 0 & 0 & 0 \\ 0 & 0 & 0 \end{pmatrix}$$

矩阵经过初等变换后，其元素可以发生很大变化，但是其本身所具有的许多特性是保持不变的．比如，一个矩阵的阶梯形矩阵中所含非零行的行数是唯一的．后面我们会把这种特性称为矩阵的秩．

14.2.4 矩阵的秩

1. 矩阵的秩

从矩阵 $\boldsymbol{A}$ 中取 k 行 k 列，位于这些行、列交叉处的元素按原来的次序构成的 k 阶行列式，称为 $\boldsymbol{A}$ 的 **$\boldsymbol{k}$ 阶子式**．$m\times n$ 矩阵 $\boldsymbol{A}$ 的 k 阶子式共有 $\mathrm{C}_m^k\mathrm{C}_n^k$ (组合数)个．

例如，在矩阵 $\begin{pmatrix} 1 & -1 & 3 & 2 \\ 4 & 1 & -5 & 1 \\ 2 & 3 & -11 & -3 \end{pmatrix}$ 中，取第 1、3 行与第 1、4 列交叉处的元素构成的二阶行列式 $\begin{vmatrix} 1 & 2 \\ 2 & -3 \end{vmatrix}$ 为 $\boldsymbol{A}$ 的二阶子式．

定义 14.2.10 设在矩阵 $\boldsymbol{A}$ 中有一个不等于 0 的 r 阶子式 $\boldsymbol{D}$，且所有 $r+1$ 阶子式（如果有的话）全等于 0，那么 $\boldsymbol{D}$ 称为矩阵 $\boldsymbol{A}$ 的最高阶非零子式，数 r 称为矩阵 $\boldsymbol{A}$ 的秩，记作 $R(\boldsymbol{A})=r$．

规定零矩阵的秩等于 0．

根据矩阵的秩的定义，不难验证，其有如下性质：

（1）$R(\boldsymbol{A})$ 就是 $\boldsymbol{A}$ 中非零的子式的最高阶数；

（2）$R(\boldsymbol{A}^{\mathrm{T}})=R(\boldsymbol{A})$；

（3）矩阵 $\boldsymbol{A}$ 的秩唯一确定，且 $0\leqslant R(\boldsymbol{A})\leqslant \min\{m,n\}$；

（4）若矩阵 $\boldsymbol{A}$ 中有一个 r_1 阶子式不为零，则 $R(\boldsymbol{A})\geqslant r_1$；若矩阵 $\boldsymbol{A}$ 的所有 r_1+1 阶子式全等于零，则 $R(\boldsymbol{A})\leqslant r_1$；

（5）$R(\boldsymbol{AB})\leqslant \min\{R(\boldsymbol{A}),R(\boldsymbol{B})\}$，即矩阵乘积的秩不超过每个因子的秩；

（6）设 $\boldsymbol{A},\boldsymbol{B}$ 为 n 阶方阵，则 $R(\boldsymbol{AB})\geqslant R(\boldsymbol{A})+R(\boldsymbol{B})-n$；

（7）若 n 阶方阵 $\boldsymbol{A}$，有 $|\boldsymbol{A}|\neq 0 \Leftrightarrow R(\boldsymbol{A})=n \Leftrightarrow \boldsymbol{A}$ 的标准形为 n 阶单位阵 $\boldsymbol{E}$．

当 $R(\boldsymbol{A})=\min\{m,n\}$，称矩阵 $\boldsymbol{A}$ 为**满秩矩阵**，否则称为**降秩矩阵**．因此，可逆矩阵是满秩矩阵．奇异矩阵是降秩矩阵．

例如，对矩阵 $\boldsymbol{A}=\begin{pmatrix} 1 & 2 & 3 & 4 \\ 0 & 3 & -2 & 6 \\ 0 & 0 & 5 & 8 \end{pmatrix}$，$0\leqslant R(\boldsymbol{A})\leqslant 3$，又存在三阶子式 $\begin{vmatrix} 1 & 2 & 3 \\ 0 & 3 & -2 \\ 0 & 0 & 5 \end{vmatrix}=15\neq 0$，所

以 $R(\boldsymbol{A})=3$，故 $\boldsymbol{A}$ 为满秩矩阵.

2. 初等变换求秩

如果矩阵的元素比较多的情况下，用定义去求矩阵的秩比较麻烦，我们可以考虑用初等变换来求. 我们知道任何一个矩阵都可以通过初等行变换把它变成一个阶梯矩阵，如果我们能够确定在这些变换过程中矩阵的秩如果一直都没有改变的话，那么任何一个矩阵的秩也就很好求了，事实上，在线性代数中，有这样一个结论：矩阵的初等变换不会改变矩阵的秩.

定理 14.2.2　若矩阵 $\boldsymbol{A}$ 通过初等变换得到 $\boldsymbol{B}$，即 $\boldsymbol{A} \sim \boldsymbol{B}$，则有 $R(\boldsymbol{A})=R(\boldsymbol{B})$.

所以，要求一个矩阵的秩，具体步骤：

（1）用矩阵的初等行(列)变换将它化为行（列）阶梯形矩阵，

（2）计算行（列）阶梯形矩阵非零行（列）的行（列）数，就是所求的秩.

例 14.2.11　求矩阵 $\boldsymbol{A}=\begin{pmatrix} 2 & -4 & 3 & -3 & 5 \\ 1 & -2 & 1 & 5 & 3 \\ 1 & -2 & 4 & -34 & 0 \end{pmatrix}$ 的秩.

解：只要将矩阵转换为阶梯矩阵即可找到矩阵的秩.

$$\boldsymbol{A} \xrightarrow{r_1 \leftrightarrow r_2} \begin{pmatrix} 1 & -2 & 1 & 5 & 3 \\ 2 & -4 & 3 & -3 & 5 \\ 1 & -2 & 4 & -34 & 0 \end{pmatrix} \xrightarrow[r_3 - r_1]{r_2 - 2r_1} \begin{pmatrix} 1 & -2 & 1 & 5 & 3 \\ 0 & 0 & 1 & -13 & -1 \\ 0 & 0 & 3 & -39 & -3 \end{pmatrix}$$

$$\xrightarrow{r_3 - 3r_2} \begin{pmatrix} 1 & -2 & 1 & 5 & 3 \\ 0 & 0 & 1 & -13 & -1 \\ 0 & 0 & 0 & 0 & 0 \end{pmatrix} = \boldsymbol{B}$$

所以 $R(\boldsymbol{A})=R(\boldsymbol{B})=2$.

例 14.2.12　求例 14.2.11 中转置矩阵 $\boldsymbol{A}^{\mathrm{T}}$ 的秩.

解：

$$\boldsymbol{A}^{\mathrm{T}} = \begin{pmatrix} 2 & 1 & 1 \\ -4 & -2 & -2 \\ 3 & 1 & 4 \\ -3 & 5 & -34 \\ 5 & 3 & 0 \end{pmatrix} \xrightarrow{\frac{1}{2}r_1} \begin{pmatrix} 1 & \frac{1}{2} & \frac{1}{2} \\ -4 & -2 & -2 \\ 3 & 1 & 4 \\ -3 & 5 & -34 \\ 5 & 3 & 0 \end{pmatrix} \xrightarrow[r_5 - 5r_1]{\substack{r_2 + 4r_1 \\ r_4 + r_3}} \begin{pmatrix} 1 & \frac{1}{2} & \frac{1}{2} \\ 0 & 0 & 0 \\ 3 & 1 & 4 \\ 0 & 6 & -30 \\ 0 & \frac{1}{2} & -\frac{5}{2} \end{pmatrix}$$

$$\xrightarrow{r_3 - 3r_1} \begin{pmatrix} 1 & \frac{1}{2} & \frac{1}{2} \\ 0 & 0 & 0 \\ 0 & -\frac{1}{2} & \frac{5}{2} \\ 0 & 6 & -30 \\ 0 & \frac{1}{2} & -\frac{5}{2} \end{pmatrix} \xrightarrow[r_5 + r_3]{r_4 + 12r_3} \begin{pmatrix} 1 & \frac{1}{2} & \frac{1}{2} \\ 0 & 0 & 0 \\ 0 & -\frac{1}{2} & \frac{5}{2} \\ 0 & 0 & 0 \\ 0 & 0 & 0 \end{pmatrix} \xrightarrow{r_2 \leftrightarrow r_3} \begin{pmatrix} 1 & \frac{1}{2} & \frac{1}{2} \\ 0 & -\frac{1}{2} & \frac{5}{2} \\ 0 & 0 & 0 \\ 0 & 0 & 0 \\ 0 & 0 & 0 \end{pmatrix}$$

所以 $R(\boldsymbol{A}^{\mathrm{T}})=2$.

14.2.5 逆矩阵

1. 逆矩阵的定义

我们知道，当 $m=n$ 时，矩阵 $\boldsymbol{A}=(a_{ij})_{n\times n}$ 被称为方阵. 方阵除了具有一般矩阵的运算外，它还有特殊运算.

一般的矩阵乘法是不满足交换律的，那么特殊情况下矩阵乘法有没有交换律呢？回答是肯定的.

定义 14.2.11 对于 n 阶方阵 $\boldsymbol{A}$，如果存在另一个 n 阶方阵 $\boldsymbol{B}$，使 $\boldsymbol{AB}=\boldsymbol{BA}=\boldsymbol{E}$，则称矩阵 $\boldsymbol{A}$ 可逆，$\boldsymbol{B}$ 为 $\boldsymbol{A}$ 的**逆矩阵**（简称逆阵），记作 $\boldsymbol{B}=\boldsymbol{A}^{-1}$.

于是，当 $\boldsymbol{A}$ 为可逆矩阵时，存在矩阵 $\boldsymbol{A}^{-1}$，满足 $\boldsymbol{AA}^{-1}=\boldsymbol{A}^{-1}\boldsymbol{A}=\boldsymbol{E}$.

由逆矩阵的定义知：

（1）矩阵 $\boldsymbol{A}$ 与矩阵 $\boldsymbol{B}$ 的地位是相同的，即如果 $\boldsymbol{B}$ 为 $\boldsymbol{A}$ 的逆矩阵，则 $\boldsymbol{A}$ 也为 $\boldsymbol{B}$ 的逆矩阵，因此 $\boldsymbol{A}$、$\boldsymbol{B}$ 互为逆矩阵.

（2）单位矩阵 $\boldsymbol{E}$ 的逆矩阵是本身. 这是因为 $\boldsymbol{EE}=\boldsymbol{E}$.

（3）零矩阵不可逆. 事实上，对任意 n 阶方阵 $\boldsymbol{B}$，都有 $\boldsymbol{OB}=\boldsymbol{BO}=\boldsymbol{O}\neq\boldsymbol{E}$.

注意：只有方阵才可能有逆矩阵存在；一个方阵也可能不可逆. 互为逆矩阵的两个矩阵对乘法满足交换律.

例如，设 $\boldsymbol{A}=\begin{pmatrix}1&4\\0&1\end{pmatrix}$, $\boldsymbol{B}=\begin{pmatrix}1&-4\\0&1\end{pmatrix}$，显然 $\boldsymbol{AB}=\boldsymbol{BA}=\boldsymbol{E}$，所以矩阵 $\boldsymbol{A}$、$\boldsymbol{B}$ 互为逆矩阵.

例 14.2.13 已知 $\boldsymbol{A}=\begin{pmatrix}1&2&3\\2&1&2\\1&3&4\end{pmatrix}$, $\boldsymbol{B}=\begin{pmatrix}-2&1&1\\-6&1&4\\5&-1&-3\end{pmatrix}$，验证 $\boldsymbol{B}=\boldsymbol{A}^{-1}$.

证：由

$$\boldsymbol{AB}=\begin{pmatrix}1&2&3\\2&1&2\\1&3&4\end{pmatrix}\begin{pmatrix}-2&1&1\\-6&1&4\\5&-1&-3\end{pmatrix}=\begin{pmatrix}1&0&0\\0&1&0\\0&0&1\end{pmatrix}=\boldsymbol{E}$$

$$\boldsymbol{BA}=\begin{pmatrix}-2&1&1\\-6&1&4\\5&-1&-3\end{pmatrix}\begin{pmatrix}1&2&3\\2&1&2\\1&3&4\end{pmatrix}=\begin{pmatrix}1&0&0\\0&1&0\\0&0&1\end{pmatrix}=\boldsymbol{E}$$

可知 $\boldsymbol{AB}=\boldsymbol{BA}=\boldsymbol{E}$，故 $\boldsymbol{B}=\boldsymbol{A}^{-1}$.

2. 逆矩阵的性质

定理 14.2.3 若方阵 $\boldsymbol{A}$ 可逆，则逆矩阵 $\boldsymbol{A}^{-1}$ 唯一.

证：设矩阵 $\boldsymbol{A}$ 有两个逆矩阵 $\boldsymbol{B}$、$\boldsymbol{C}$，则 $\boldsymbol{AB}=\boldsymbol{BA}=\boldsymbol{E}, \boldsymbol{AC}=\boldsymbol{CA}=\boldsymbol{E}$

因而 $\boldsymbol{B}=\boldsymbol{BE}=\boldsymbol{B}(\boldsymbol{AC})=(\boldsymbol{BA})\boldsymbol{C}=\boldsymbol{EC}=\boldsymbol{C}$，故逆矩阵唯一.

定理 14.2.4 若方阵 $\boldsymbol{A}$ 可逆，则 $|\boldsymbol{A}|\neq 0$.

证：设方阵 $\boldsymbol{A}$ 可逆，则有 $\boldsymbol{AA}^{-1}=\boldsymbol{E}$，它的行列式为 $|\boldsymbol{AA}^{-1}|=|\boldsymbol{E}|=1$，即 $|\boldsymbol{A}||\boldsymbol{A}^{-1}|=1\neq 0$，所以，$|\boldsymbol{A}|\neq 0$.

可逆矩阵具有下列性质：

性质 14.2.1 若矩阵 $\boldsymbol{A}$ 可逆，则 $\boldsymbol{A}^{-1}$ 也可逆，且 $(\boldsymbol{A}^{-1})^{-1}=\boldsymbol{A}$.

证： 因为 $\boldsymbol{A}\boldsymbol{A}^{-1}=\boldsymbol{A}^{-1}\boldsymbol{A}=\boldsymbol{E}$，所以，$\boldsymbol{A}^{-1}$ 为可逆矩阵，$(\boldsymbol{A}^{-1})^{-1}=\boldsymbol{A}$.

性质 14.2.2 若矩阵 $\boldsymbol{A}$ 可逆，数 $k\neq 0$，则 $k\boldsymbol{A}$ 也可逆，且 $(k\boldsymbol{A})^{-1}=k^{-1}\boldsymbol{A}^{-1}$.

证： 对于 $k\boldsymbol{A}$，取 $\boldsymbol{B}=k^{-1}\boldsymbol{A}^{-1}$，有 $(k\boldsymbol{A})\boldsymbol{B}=(k\boldsymbol{A})(k^{-1}\boldsymbol{A}^{-1})=\boldsymbol{A}\boldsymbol{A}^{-1}=\boldsymbol{E}$，故 $(k\boldsymbol{A})^{-1}=k^{-1}\boldsymbol{A}^{-1}$，

性质 14.2.3 若 $\boldsymbol{A}$、$\boldsymbol{B}$ 为同阶可逆矩阵，则 $\boldsymbol{AB}$ 也可逆，且 $(\boldsymbol{AB})^{-1}=\boldsymbol{B}^{-1}\boldsymbol{A}^{-1}$.

证： $(\boldsymbol{AB})\boldsymbol{B}^{-1}\boldsymbol{A}^{-1}=\boldsymbol{A}(\boldsymbol{B}\boldsymbol{B}^{-1})\boldsymbol{A}^{-1}=\boldsymbol{AE}\boldsymbol{A}^{-1}=\boldsymbol{A}\boldsymbol{A}^{-1}=\boldsymbol{E}$，所以 $(\boldsymbol{AB})^{-1}=\boldsymbol{B}^{-1}\boldsymbol{A}^{-1}$.

性质 14.2.3 可以推广到多个矩阵相乘的情形，即当 n 阶矩阵 $\boldsymbol{A}_1,\boldsymbol{A}_2,\cdots,\boldsymbol{A}_n$ 都可逆时，乘积矩阵 $\boldsymbol{A}_1\boldsymbol{A}_2\cdots\boldsymbol{A}_n$ 也可逆，且 $(\boldsymbol{A}_1\boldsymbol{A}_2\cdots\boldsymbol{A}_n)^{-1}=\boldsymbol{A}_n^{-1}\cdots\boldsymbol{A}_2^{-1}\boldsymbol{A}_1^{-1}$.

性质 14.2.4 若矩阵 $\boldsymbol{A}$ 可逆，则 $\boldsymbol{A}^{\mathrm{T}}$ 也可逆，且 $(\boldsymbol{A}^{\mathrm{T}})^{-1}=(\boldsymbol{A}^{-1})^{\mathrm{T}}$.

证： 因为 $\boldsymbol{A}^{\mathrm{T}}(\boldsymbol{A}^{-1})^{\mathrm{T}}=(\boldsymbol{A}^{-1}\boldsymbol{A})^{\mathrm{T}}=\boldsymbol{E}^{\mathrm{T}}=\boldsymbol{E}$，故 $(\boldsymbol{A}^{\mathrm{T}})^{-1}=(\boldsymbol{A}^{-1})^{\mathrm{T}}$.

性质 14.2.5 若矩阵 $\boldsymbol{A}$ 可逆，则 $\left|\boldsymbol{A}^{-1}\right|=|\boldsymbol{A}|^{-1}$.

证： 由 $\boldsymbol{A}\boldsymbol{A}^{-1}=\boldsymbol{E}$，得 $\left|\boldsymbol{A}\boldsymbol{A}^{-1}\right|=|\boldsymbol{E}|=1$，又 $\left|\boldsymbol{A}\boldsymbol{A}^{-1}\right|=|\boldsymbol{A}|\left|\boldsymbol{A}^{-1}\right|$，故 $|\boldsymbol{A}|\left|\boldsymbol{A}^{-1}\right|=1$，所以

$$\left|\boldsymbol{A}^{-1}\right|=\frac{1}{|\boldsymbol{A}|}=|\boldsymbol{A}|^{-1}.$$

例 14.2.14 若 $\boldsymbol{A}$ 是 n 阶矩阵，满足 $\boldsymbol{A}^2+3\boldsymbol{A}-2\boldsymbol{E}=\boldsymbol{O}$，求 $(\boldsymbol{A}+\boldsymbol{E})^{-1}$.

解： 因为

$$(\boldsymbol{A}+\boldsymbol{E})(\boldsymbol{A}+2\boldsymbol{E})-4\boldsymbol{E}=\boldsymbol{A}^2+3\boldsymbol{A}-2\boldsymbol{E}=\boldsymbol{O},$$

于是
$$(\boldsymbol{A}+\boldsymbol{E})(\boldsymbol{A}+2\boldsymbol{E})=4\boldsymbol{E},$$

即
$$(\boldsymbol{A}+\boldsymbol{E})\cdot\frac{1}{4}(\boldsymbol{A}+2\boldsymbol{E})=\boldsymbol{E}$$

故
$$(\boldsymbol{A}+\boldsymbol{E})^{-1}=\frac{1}{4}(\boldsymbol{A}+2\boldsymbol{E}).$$

例 14.2.15 若矩阵 $\boldsymbol{A}$、$\boldsymbol{B}$、$\boldsymbol{C}$、$\boldsymbol{D}$ 均为方阵，且 $\boldsymbol{B}$、$\boldsymbol{C}$、$\boldsymbol{D}$ 均可逆，且有 $\boldsymbol{BAC}=\boldsymbol{D}$，证明 $\boldsymbol{A}$ 可逆，且 $\boldsymbol{A}^{-1}=\boldsymbol{C}\boldsymbol{D}^{-1}\boldsymbol{B}$

证： 因为 $\boldsymbol{BAC}=\boldsymbol{D},\boldsymbol{B}$、$\boldsymbol{C}$、$\boldsymbol{D}$ 均可逆，所以，$\boldsymbol{D}$ 的行列式 $|\boldsymbol{D}|=|\boldsymbol{B}||\boldsymbol{A}||\boldsymbol{C}|\neq 0$，则 $|\boldsymbol{A}|\neq 0$，由性质 14.2.3 得，$\boldsymbol{D}^{-1}=(\boldsymbol{BAC})^{-1}=\boldsymbol{C}^{-1}\boldsymbol{A}^{-1}\boldsymbol{B}^{-1}$，等式两边分别左乘 $\boldsymbol{C}$ 和右乘 $\boldsymbol{B}$ 得

$$\boldsymbol{A}^{-1}=\boldsymbol{C}\boldsymbol{D}^{-1}\boldsymbol{B}.$$

3. 伴随矩阵求逆矩阵

定义 14.2.12 设 n 阶方阵 $\boldsymbol{A}$ 的行列式 $|\boldsymbol{A}|$ 的各个元素的代数余子式 A_{ij} 所构成的方阵如下

$$\boldsymbol{A}^*=\begin{pmatrix} A_{11}A_{21}\cdots A_{n1}\\ A_{12}A_{22}\cdots A_{n2}\\ \cdots\cdots\cdots\cdots\\ A_{1n}A_{2n}\cdots A_{nn}\end{pmatrix},$$

称为 $\boldsymbol{A}$ 的**伴随矩阵**.

例如，设矩阵 $\boldsymbol{A}=\begin{pmatrix}1&2\\3&4\end{pmatrix}$，则 $\boldsymbol{A}$ 的伴随矩阵 $\boldsymbol{A}^*=\begin{pmatrix}A_{11}&A_{21}\\A_{12}&A_{22}\end{pmatrix}=\begin{pmatrix}4&-2\\-3&1\end{pmatrix}$

定理 14.2.5　方阵 $\boldsymbol{A}=(a_{ij})_{n\times n}$ 与它的伴随矩阵 $\boldsymbol{A}^*$ 满足：$\boldsymbol{AA}^*=\boldsymbol{A}^*\boldsymbol{A}=|\boldsymbol{A}|\boldsymbol{E}$，若 $\boldsymbol{A}$ 可逆，则 $\boldsymbol{A}^{-1}=\dfrac{1}{|\boldsymbol{A}|}\boldsymbol{A}^*$.

证：

$$\boldsymbol{AA}^*=\begin{pmatrix}a_{11}a_{12}\cdots a_{1n}\\a_{21}a_{22}\cdots a_{2n}\\\vdots\ \vdots\quad\ \vdots\\a_{n1}a_{n2}\cdots a_{nn}\end{pmatrix}\begin{pmatrix}A_{11}A_{21}\cdots A_{n1}\\A_{12}A_{22}\cdots A_{n2}\\\vdots\ \vdots\quad\ \vdots\\A_{1n}A_{2n}\cdots A_{nn}\end{pmatrix}$$

$$=\begin{pmatrix}\sum\limits_{i=1}^{n}a_{1i}A_{1i}&\sum\limits_{i=1}^{n}a_{1i}A_{2i}&\cdots&\sum\limits_{i=1}^{n}a_{1i}A_{ni}\\\sum\limits_{i=1}^{n}a_{2i}A_{1i}&\sum\limits_{i=1}^{n}a_{2i}A_{2i}&\cdots&\sum\limits_{i=1}^{n}a_{2i}A_{ni}\\\cdots&\cdots&&\cdots\\\sum\limits_{i=1}^{n}a_{ni}A_{1i}&\sum\limits_{i=1}^{n}a_{ni}A_{2i}&\cdots&\sum\limits_{i=1}^{n}a_{ni}A_{ni}\end{pmatrix}=\begin{pmatrix}|\boldsymbol{A}|&&&\\&|\boldsymbol{A}|&&\\&&\ddots&\\&&&|\boldsymbol{A}|\end{pmatrix}=|\boldsymbol{A}|\boldsymbol{E}$$

同理可证 $\boldsymbol{A}^*\boldsymbol{A}=|\boldsymbol{A}|\boldsymbol{E}$.

已知 $\boldsymbol{A}$ 可逆，则有 $|\boldsymbol{A}|\neq 0$，又由 $\boldsymbol{AA}^*=\boldsymbol{A}^*\boldsymbol{A}=|\boldsymbol{A}|\boldsymbol{E}$，可得

$$\left(\frac{1}{|\boldsymbol{A}|}\boldsymbol{A}^*\right)\boldsymbol{A}=\boldsymbol{E},\boldsymbol{A}\left(\frac{1}{|\boldsymbol{A}|}\boldsymbol{A}^*\right)=\boldsymbol{E}\text{，所以 }\boldsymbol{A}^{-1}=\frac{1}{|\boldsymbol{A}|}\boldsymbol{A}^*.$$

实际上，此定理给出了求已知矩阵的逆矩阵的方法，即伴随矩阵法.

例如，前面例子中，若 $\boldsymbol{A}=\begin{pmatrix}1&2\\3&4\end{pmatrix}$，$\boldsymbol{A}^*=\begin{pmatrix}4&-2\\-3&1\end{pmatrix}$，$|\boldsymbol{A}|=-2$，则

$$\boldsymbol{A}^{-1}=\frac{1}{-2}\begin{pmatrix}4&-2\\-3&1\end{pmatrix}=\begin{pmatrix}-2&1\\\dfrac{3}{2}&-\dfrac{1}{2}\end{pmatrix}.$$

归纳起来，n 阶方阵 $\boldsymbol{A}$ 的伴随矩阵 $\boldsymbol{A}^*$ 有如下性质：

性质 14.2.6　$\boldsymbol{AA}^*=\boldsymbol{A}^*\boldsymbol{A}=|\boldsymbol{A}|\boldsymbol{E}$.

性质 14.2.7　若 $\boldsymbol{A}$ 可逆，则 $\boldsymbol{A}^{-1}=\dfrac{1}{|\boldsymbol{A}|}\boldsymbol{A}^*$.

性质 14.2.8　$(\boldsymbol{A}^*)^{\mathrm{T}}=(\boldsymbol{A}^{\mathrm{T}})^*;(k\boldsymbol{A})^*=k^{n-1}\boldsymbol{A}^*$.

性质 14.2.9　若 $\boldsymbol{A}$ 可逆，则 $\boldsymbol{A}^*=|\boldsymbol{A}|\boldsymbol{A}^{-1};|\boldsymbol{A}^*|=|\boldsymbol{A}|^{n-1}$.

证：因为 $\boldsymbol{A}$ 可逆矩阵，由性质 14.2.7 可得 $\boldsymbol{A}^{-1}=\dfrac{1}{|\boldsymbol{A}|}\boldsymbol{A}^*$，故 $\boldsymbol{A}^*=|\boldsymbol{A}|\boldsymbol{A}^{-1}$.

由性质 14.2.6 可得 $\boldsymbol{AA}^*=\boldsymbol{A}^*\boldsymbol{A}=|\boldsymbol{A}|\boldsymbol{E}$，两边取行列式有

$$|\boldsymbol{AA}^*|=||\boldsymbol{A}|\boldsymbol{E}|$$

即

$$|\boldsymbol{AA}^*|=|\boldsymbol{A}||\boldsymbol{A}^*|=|\boldsymbol{A}|^n|\boldsymbol{E}|=|\boldsymbol{A}|^n$$

所以
$$\left|A^*\right| = |A|^{n-1}.$$

性质 14.2.10　若 A 可逆，$(A^*)^{-1} = (A^{-1})^* = \frac{1}{|A|}A$.

证：根据已知，A 是 n 阶可逆矩阵，A^* 是 A 的伴随矩阵，由性质 14.2.6，$AA^* = A^*A = |A|E$，又 $|A| \neq 0$，故有

$$A \cdot \frac{A^*}{|A|} = \frac{A^*}{|A|}A = E \Rightarrow A^{-1} = \frac{A^*}{|A|},$$

$$\frac{A}{|A|} \cdot A^* = A^* \cdot \frac{A}{|A|} = E \Rightarrow (A^*)^{-1} = \frac{A}{|A|}$$

另一方面，因为对于任何 n 阶矩阵 A，公式 $AA^* = A^*A = |A|E$ 恒成立，那么对于 A^{-1} 亦应有 $A^{-1}(A^{-1})^* = \left|A^{-1}\right|E$，从而

$$(AA^{-1})(A^{-1})^* = A\left|A^{-1}\right|E \Rightarrow (A^{-1})^* = \frac{1}{|A|}A$$

综上可得

$$(A^{-1})^* = (A^*)^{-1} = \frac{1}{|A|}A.$$

性质 14.2.11　若 A 可逆，则 $(A^*)^* = |A|^{n-2}A$.

证：由性质 14.2.9 可知，若 A 可逆，$|A| \neq 0$，$\left|A^*\right| = |A|^{n-1} \neq 0$，则 A^* 也可逆，又由 $A^* = |A|A^{-1}$

有 $(A^*)^* = \left|A^*\right|(A^*)^{-1} = |A|^{n-1}\frac{1}{|A|}A = |A|^{n-2}A$.

性质 14.2.12　$r(A^*) = \begin{cases} n, & r(A) = n, \\ 1, & r(A) = n-1, \\ 0, & r(A) < n-1. \end{cases}$

证：若秩 $r(A) = n$，则 $|A| \neq 0$，由于 $AA^* = |A|E$，故 $\left|A^*\right| \neq 0$，所以秩 $r(A^*) = n$.

若秩 $r(A) < n-1$，则 A 中所有 $n-1$ 阶子式均为 0，即行列式 $|A|$ 的所有代数余子式均为 0，即 $A^* = O$，故 $r(A^*) = 0$.

若秩 $r(A) = n-1$，则 $|A| = 0$ 且 A 中存在 $n-1$ 阶子式不为 0．那么，由 $|A| = 0$ 有

$$AA^* = |A|E = O,$$

从而 $r(A) + r(A^*) \leqslant n$，得 $r(A^*) \leqslant 1$.

又因 A 中有 $n-1$ 阶子式非 0，知有 $A_{ij} \neq 0$，即 $A^* \neq O$，得 $r(A^*) \geqslant 1$，故 $r(A^*) = 1$.

例 14.2.16　求矩阵 $A = \begin{pmatrix} 0 & 1 & 3 \\ 1 & -1 & 0 \\ -1 & 2 & 1 \end{pmatrix}$ 的逆矩阵.

解：由于 $|A| = 2 \neq 0$，所以 A 可逆，$A_{11} = -1, A_{12} = -1, A_{13} = 1, A_{21} = 5, A_{22} = 3,$

$$A_{23}=-1, A_{31}=3, A_{32}=3, A_{33}=-1,$$

于是有

$$A^*=\begin{pmatrix}-1 & 5 & 3\\ -1 & 3 & 3\\ 1 & -1 & -1\end{pmatrix},$$

所以

$$A^{-1}=\frac{1}{2}\begin{pmatrix}-1 & 5 & 3\\ -1 & 3 & 3\\ 1 & -1 & -1\end{pmatrix}.$$

定理 14.2.6　若 $AB=E$（或 $BA=E$），则 $B=A^{-1}, A=B^{-1}$.

证： 由 $AB=E$，得 $|A||B|=|E|=1$，则 $|A|\neq 0$，故 A 可逆，且

$$B=EB=(A^{-1}A)B=A^{-1}(AB)=A^{-1}.$$

同理可证得 $A=B^{-1}$.

由此，若 A 可逆，且 $AB=C$，则 $B=A^{-1}C$.(相当于等式两边左乘 A^{-1}).

方阵 A 的行列式 $|A|\neq 0$，称 A 为**非奇异(或非退化)矩阵**；$|A|=0$，称 A 为**奇异(或退化)矩阵**.

4. 初等变换求逆矩阵

设 A 为 n 阶可逆矩阵，根据前面的推论 14.2.1，A 经过有限次初等行变换可化为单位矩阵 E，即存在初等矩阵 $P_1, P_2, \cdots, P_n$，使得

$$P_1P_2\cdots P_nA=E.$$

上式两端同时右乘矩阵 A^{-1}，有

$$P_1P_2\cdots P_nE=A^{-1}.$$

这说明，当 n 阶可逆矩阵 A 经过若干次初等行变换变成单位矩阵 E 的同时，n 阶单位矩阵 E 经过这相同的若干次初等行变换变成 A^{-1}.

于是，求矩阵 A 的逆矩阵时，就可以设计一个 $n\times 2n$ 矩阵 $(A\vdots E)$（或 $2n\times n$ 矩阵 $\begin{pmatrix}A\\ E\end{pmatrix}$），然后对其施以初等行（列）变换，当把矩阵 A 化为单位矩阵 E 时，同时右边（下边）的单位矩阵 E 就化为 A^{-1}，即

$$(A\vdots E)\xrightarrow{\text{初等行变换}}(E\vdots A^{-1}).$$

$$\begin{pmatrix}A\\ E\end{pmatrix}\xrightarrow{\text{初等列变换}}\begin{pmatrix}E\\ A^{-1}\end{pmatrix}$$

从而通过初等变换来求逆矩阵.

例 14.2.17　判断方阵 $A=\begin{pmatrix}5&2&1\\4&1&8\\5&2&3\end{pmatrix}$ 是否有逆矩阵.

解： $A=\begin{pmatrix}5&2&1\\4&1&8\\5&2&3\end{pmatrix}\xrightarrow{r_3-r_1}\begin{pmatrix}5&2&1\\4&1&8\\0&0&2\end{pmatrix}\xrightarrow{r_1-r_2}\begin{pmatrix}1&1&-7\\4&1&8\\0&0&2\end{pmatrix}$

$\xrightarrow{r_2-4r_1}\begin{pmatrix}1&1&-7\\0&-3&36\\0&0&2\end{pmatrix}$

此为阶梯矩阵，故 $R(A)=3=n$，亦即此矩阵有逆矩阵.

如何求逆矩阵呢？我们用宽矩阵的方法：将一可逆矩阵右旁附带一同阶单位方阵，对此宽阵只实施初等行变换，将此矩阵变换为单位矩阵的同时右旁的单位矩阵即变换为原矩阵的逆矩阵，即 $(\boldsymbol{AE})\xrightarrow{\text{初等行变换}}(\boldsymbol{EA}^{-1})$.

例 14.2.18　求例 14.2.17 中矩阵的逆矩阵.

解： $(A,E)=\left(\begin{array}{ccc:ccc}5&2&1&1&0&0\\4&1&8&0&1&0\\5&2&3&0&0&1\end{array}\right)\xrightarrow{r_3-r_1}\left(\begin{array}{ccc:ccc}5&2&1&1&0&0\\4&1&8&0&1&0\\0&0&2&-1&0&1\end{array}\right)$

$\xrightarrow{r_1-r_2}\left(\begin{array}{ccc:ccc}1&1&-7&1&-1&0\\4&1&8&0&1&0\\0&0&2&-1&0&1\end{array}\right)\xrightarrow{r_2-4r_1}\left(\begin{array}{ccc:ccc}1&1&-7&1&-1&0\\0&-3&36&-4&5&0\\0&0&2&-1&0&1\end{array}\right)$

$\xrightarrow[\frac{1}{2}r_3]{-\frac{1}{3}r_2}\left(\begin{array}{ccc:ccc}1&1&-7&1&-1&0\\0&1&-12&\frac{4}{3}&-\frac{5}{3}&0\\0&0&1&-\frac{1}{2}&0&\frac{1}{2}\end{array}\right)\xrightarrow{r_1-r_2}\left(\begin{array}{ccc:ccc}1&0&5&-\frac{1}{3}&\frac{2}{3}&0\\0&1&-12&\frac{4}{3}&-\frac{5}{3}&0\\0&0&1&-\frac{1}{2}&0&\frac{1}{2}\end{array}\right)$

$\xrightarrow[r_2+12r_3]{r_1-5r_3}\left(\begin{array}{ccc:ccc}1&0&0&\frac{13}{6}&\frac{2}{3}&-\frac{5}{2}\\0&1&0&-\frac{14}{3}&-\frac{5}{3}&6\\0&0&1&-\frac{1}{2}&0&\frac{1}{2}\end{array}\right)$

所以 $A^{-1}=\begin{pmatrix}\frac{13}{6}&\frac{2}{3}&-\frac{5}{2}\\-\frac{14}{3}&-\frac{5}{3}&6\\-\frac{1}{2}&0&\frac{1}{2}\end{pmatrix}$.

5. 矩阵方程

我们还可以利用求逆矩阵来解矩阵方程. 设矩阵方程为 $AX=B$，若 $|A|\neq 0$，则 A 可逆，

矩阵方程两边左乘 $\boldsymbol{A}^{-1}$，得 $\boldsymbol{A}^{-1}\boldsymbol{A}\boldsymbol{X}=\boldsymbol{A}^{-1}\boldsymbol{B}$，即

$$\boldsymbol{X}=\boldsymbol{A}^{-1}\boldsymbol{B}=\frac{1}{|\boldsymbol{A}|}\boldsymbol{A}^{*}\boldsymbol{B}.$$

同理，对矩阵方程 $\boldsymbol{XA}=\boldsymbol{B}$（$\boldsymbol{A}$ 可逆），$\boldsymbol{AXB}=\boldsymbol{C}$（$\boldsymbol{A}$、$\boldsymbol{B}$ 均可逆），利用矩阵乘法的运算规律和逆矩阵的运算性质，通过在方程两边左乘或右乘相应矩阵的逆矩阵，可求出其解分别为 $\boldsymbol{X}=\boldsymbol{B}\boldsymbol{A}^{-1},\boldsymbol{X}=\boldsymbol{A}^{-1}\boldsymbol{C}\boldsymbol{B}^{-1}$.

例 14.2.19　已知矩阵方程 $\begin{pmatrix}1 & -2\\ 3 & -7\end{pmatrix}\boldsymbol{X}=\begin{pmatrix}3\\ 1\end{pmatrix}$，求矩阵 $\boldsymbol{X}$.

解： 易得

$$\begin{pmatrix}1 & -2\\ 3 & -7\end{pmatrix}^{-1}=\begin{pmatrix}7 & -2\\ 3 & -1\end{pmatrix},$$

故方程两边同时左乘 $\begin{pmatrix}1 & -2\\ 3 & -7\end{pmatrix}^{-1}$ 得到

$$\begin{pmatrix}1 & -2\\ 3 & -7\end{pmatrix}^{-1}\begin{pmatrix}1 & -2\\ 3 & -7\end{pmatrix}\boldsymbol{X}=\begin{pmatrix}1 & -2\\ 3 & -7\end{pmatrix}^{-1}\begin{pmatrix}3\\ 1\end{pmatrix}\text{（注意：}\boldsymbol{EX}=\boldsymbol{XE}=\boldsymbol{X}\text{）}$$

所以

$$\boldsymbol{X}=\begin{pmatrix}1 & -2\\ 3 & -7\end{pmatrix}^{-1}\begin{pmatrix}3\\ 1\end{pmatrix}=\begin{pmatrix}7 & -2\\ 3 & -1\end{pmatrix}\begin{pmatrix}3\\ 1\end{pmatrix}=\begin{pmatrix}19\\ 8\end{pmatrix}.$$

例 14.2.20　设 $\boldsymbol{A}=\begin{pmatrix}2 & 0 & 1\\ 0 & 3 & 0\\ 2 & 0 & 2\end{pmatrix},\boldsymbol{B}=\begin{pmatrix}1 & 0 & 0\\ 0 & -1 & 0\\ 0 & 0 & 0\end{pmatrix}$，若 $\boldsymbol{X}$ 满足 $\boldsymbol{AX}+2\boldsymbol{B}=\boldsymbol{BA}+2\boldsymbol{X}$，求 $\boldsymbol{X}$.

解： 由矩阵方程，有

$$\boldsymbol{AX}-2\boldsymbol{X}=\boldsymbol{BA}-2\boldsymbol{B}\Rightarrow(\boldsymbol{A}-2\boldsymbol{E})\boldsymbol{X}=\boldsymbol{B}(\boldsymbol{A}-2\boldsymbol{E})$$

又

$$\boldsymbol{A}-2\boldsymbol{E}=\begin{pmatrix}0 & 0 & 1\\ 0 & 1 & 0\\ 2 & 0 & 0\end{pmatrix},$$

显然可逆，所以

$$\boldsymbol{X}=(\boldsymbol{A}-2\boldsymbol{E})^{-1}\boldsymbol{B}(\boldsymbol{A}-2\boldsymbol{E}),$$

从而

$$\boldsymbol{X}=(\boldsymbol{A}-2\boldsymbol{E})^{-1}\boldsymbol{B}(\boldsymbol{A}-2\boldsymbol{E})=\begin{pmatrix}0 & 0 & \frac{1}{2}\\ 0 & 1 & 0\\ 1 & 0 & 0\end{pmatrix}\begin{pmatrix}1 & 0 & 0\\ 0 & -1 & 0\\ 0 & 0 & 0\end{pmatrix}\begin{pmatrix}0 & 0 & 1\\ 0 & 1 & 0\\ 2 & 0 & 0\end{pmatrix}=\begin{pmatrix}0 & 0 & 0\\ 0 & -1 & 0\\ 0 & 0 & 1\end{pmatrix}.$$

习题 14.2

基础练习

1. 选择题.

（1）若 $A=\begin{bmatrix}3&1&-2\\1&5&2\end{bmatrix}$，$B=\begin{bmatrix}4&1\\-2&3\\2&1\end{bmatrix}$，$C=\begin{bmatrix}0&2&-1\\3&-1&2\end{bmatrix}$，则下列矩阵运算的结果为 3×2

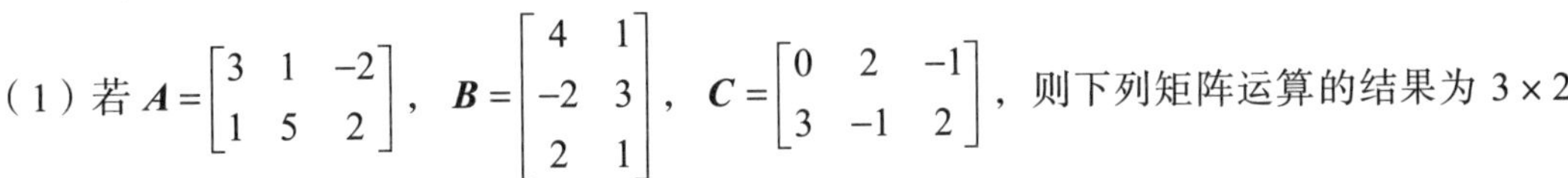

的矩阵是（　　）.

A. $\boldsymbol{ABC}$　　B. $\boldsymbol{AC}^{\mathrm{T}}\boldsymbol{B}^{\mathrm{T}}$　　C. $\boldsymbol{CBA}$　　D. $\boldsymbol{C}^{\mathrm{T}}\boldsymbol{B}^{\mathrm{T}}\boldsymbol{A}^{\mathrm{T}}$

（2）设 n 阶方阵 $\boldsymbol{A}$，$\boldsymbol{B}$，$\boldsymbol{C}$ 均是可逆方阵，则 $(\boldsymbol{ACB}^{\mathrm{T}})^{-1}=$（　　）

A. $(\boldsymbol{B}^{-1})^{-1}\boldsymbol{A}^{-1}\boldsymbol{C}^{-1}$　　B. $\boldsymbol{A}^{-1}\boldsymbol{C}^{-1}(\boldsymbol{B}^{\mathrm{T}})^{-1}$

C. $\boldsymbol{B}^{-1}\boldsymbol{C}^{-1}\boldsymbol{A}^{-1}$　　D. $(\boldsymbol{B}^{-1})^{\mathrm{T}}\boldsymbol{C}^{-1}\boldsymbol{A}^{-1}$

（3）设 $\boldsymbol{A}$ 为 2 阶矩阵，若 $|3\boldsymbol{A}|=3$，则 $|2\boldsymbol{A}|=$（　　）.

A. $\dfrac{1}{2}$　　B. 1　　C. $\dfrac{4}{3}$　　D. 2

（4）设 $\boldsymbol{A}$、$\boldsymbol{B}$ 均为 n 阶方阵，则下面结论正确的是（　　）.

A. 若 $\boldsymbol{A}$ 或 $\boldsymbol{B}$ 可逆，则 $\boldsymbol{AB}$ 必可逆

B. 若 $\boldsymbol{A}$ 或 $\boldsymbol{B}$ 不可逆，则 $\boldsymbol{AB}$ 必不可逆

C. 若 $\boldsymbol{A}$、$\boldsymbol{B}$ 均可逆，则 $\boldsymbol{A}+\boldsymbol{B}$ 必可逆

D. 若 $\boldsymbol{A}$、$\boldsymbol{B}$ 均不可逆，则 $\boldsymbol{A}+\boldsymbol{B}$ 必不可逆

（5）设 $\boldsymbol{A}$、$\boldsymbol{B}$ 都是 n 阶方阵，且 $|\boldsymbol{A}|=3$，$|\boldsymbol{B}|=-1$，则 $|\boldsymbol{A}^{\mathrm{T}}\boldsymbol{B}^{-1}|=$（　　）.

A. -3　　B. $-\dfrac{1}{3}$　　C. $\dfrac{1}{3}$　　D. 3

（6）设 $\boldsymbol{A}$、$\boldsymbol{B}$ 均为 n 阶方阵，且 $\boldsymbol{A}(\boldsymbol{B}-\boldsymbol{E})=\boldsymbol{O}$，则（　　）.

A. $\boldsymbol{A}=\boldsymbol{O}$ 或 $\boldsymbol{B}=\boldsymbol{E}$　　B. $|\boldsymbol{A}|=0$ 或 $|\boldsymbol{B}-\boldsymbol{E}|=0$

C. $|\boldsymbol{A}|=0$ 或 $|\boldsymbol{B}|=1$　　D. $\boldsymbol{A}=\boldsymbol{BA}$

（7）设 $\boldsymbol{A}$、$\boldsymbol{B}$、$\boldsymbol{C}$ 为同阶方阵，下面矩阵的运算中不成立的是（　　）.

A. $(\boldsymbol{A}+\boldsymbol{B})^{\mathrm{T}}=\boldsymbol{A}^{\mathrm{T}}+\boldsymbol{B}^{\mathrm{T}}$　　B. $|\boldsymbol{AB}|=|\boldsymbol{A}||\boldsymbol{B}|$

C. $\boldsymbol{A}(\boldsymbol{B}+\boldsymbol{C})=\boldsymbol{BA}+\boldsymbol{CA}$　　D. $(\boldsymbol{AB})^{\mathrm{T}}=\boldsymbol{B}^{\mathrm{T}}\boldsymbol{A}^{\mathrm{T}}$

（8）设 $\boldsymbol{A}$、$\boldsymbol{B}$ 均为 n 阶方阵，$\boldsymbol{E}+\boldsymbol{AB}$ 可逆，则 $\boldsymbol{E}+\boldsymbol{BA}$ 也可逆，且 $(\boldsymbol{E}+\boldsymbol{BA})^{-1}=$（　　）.

A. $\boldsymbol{E}+\boldsymbol{A}^{-1}\boldsymbol{B}^{-1}$　　B. $\boldsymbol{E}+\boldsymbol{B}^{-1}\boldsymbol{A}^{-1}$

C. $\boldsymbol{E}-\boldsymbol{B}(\boldsymbol{E}+\boldsymbol{AB})^{-1}\boldsymbol{A}$　　C. $\boldsymbol{B}(\boldsymbol{E}+\boldsymbol{AB}^{-1})\boldsymbol{A}$

（9）设 $\boldsymbol{A}$ 是 $m\times n$ 矩阵，$\boldsymbol{B}$ 是 $n\times m$ 矩阵，则（　　）.

A. $m>n$ 时必有 $|\boldsymbol{AB}|=0$　　B. $m<n$ 时必有 $|\boldsymbol{AB}|=0$

C. $m>n$ 时必有 $|\boldsymbol{AB}|\neq0$　　D. $m<n$ 时必有 $|\boldsymbol{AB}|\neq0$

（10）设 n 阶矩阵 $\boldsymbol{A}$ 非奇异 $(n\geqslant2)$，$\boldsymbol{A}^*$ 是 $\boldsymbol{A}$ 的伴随矩阵，则（　　）.

A. $(\boldsymbol{A}^*)^*=|\boldsymbol{A}|^{n-1}\boldsymbol{A}$　　B. $(\boldsymbol{A}^*)^*=|\boldsymbol{A}|^{n+1}\boldsymbol{A}$

C. $(\boldsymbol{A}^*)^*=|\boldsymbol{A}|^{n-2}\boldsymbol{A}$　　D. $(\boldsymbol{A}^*)^*=|\boldsymbol{A}|^{n+2}\boldsymbol{A}$

2. 填空题.

（1）设 $\boldsymbol{A}$=（1, 3, −1），$\boldsymbol{B}$=（2, 1），则 $\boldsymbol{A}^{\mathrm{T}}\boldsymbol{B}$=________.

（2）已知 $\begin{pmatrix} a & 1 & 1 \\ 3 & 0 & 1 \\ 0 & 2 & -1 \end{pmatrix}\begin{pmatrix} 3 \\ a \\ -3 \end{pmatrix}=\begin{pmatrix} b \\ 6 \\ -b \end{pmatrix}$，则 $a==$________；$b=$________.

（3）两个矩阵 $\boldsymbol{A}_{m\times l}$ 与 $\boldsymbol{B}_{k\times n}$ 相乘要求 l________k.

（4）若 $\boldsymbol{A}$，$\boldsymbol{B}$ 均为 3 阶方阵，且 $|\boldsymbol{A}|=2$，$\boldsymbol{B}=-2\boldsymbol{E}$，则 $|\boldsymbol{AB}|=$________.

（5）已知矩阵方程 $X\boldsymbol{A}=\boldsymbol{B}$，其中 $\boldsymbol{A}=\begin{pmatrix} 1 & 0 \\ 2 & 1 \end{pmatrix}$，$\boldsymbol{B}=\begin{pmatrix} 1 & -1 \\ 1 & 0 \end{pmatrix}$，则 $X=$________.

（6）设 $\boldsymbol{A}=\begin{pmatrix} 1 & 0 & 1 \\ 0 & 2 & 0 \\ 2 & 0 & 1 \end{pmatrix}$ 满足 $\boldsymbol{A}^2\boldsymbol{B}-\boldsymbol{A}-\boldsymbol{B}=\boldsymbol{E}$，则 $|\boldsymbol{B}|=$________.

（7）设 $\boldsymbol{A}=\begin{pmatrix} 0 & 1 & 0 \\ 1 & -2 & 0 \\ 0 & 0 & 2 \end{pmatrix}$，则 $\boldsymbol{A}^*=$ ______.

（8）设矩阵 $\boldsymbol{A}=\begin{pmatrix} 1 & -1 \\ 2 & 3 \end{pmatrix}$，$\boldsymbol{B}=\boldsymbol{A}^2-3\boldsymbol{A}+2\boldsymbol{E}$，则 $\boldsymbol{B}^{-1}=$________.

（9）设矩阵 $\boldsymbol{B}=\begin{pmatrix} 1 & 1 & -6 & -10 \\ 2 & 5 & \boldsymbol{a} & 1 \\ 1 & 2 & -1 & -\boldsymbol{a} \end{pmatrix}$ 的秩为 2，则 $a=$__________ .

（10）$\boldsymbol{A}$ 为 6 阶方阵，且 $R(\boldsymbol{A})=3$，则 $R(\boldsymbol{A}^*)=$_________ .

（11）设矩阵 $\boldsymbol{A}=\begin{pmatrix} 1 & 0 & 0 \\ 2 & 2 & 0 \\ 3 & 3 & 3 \end{pmatrix}$，则 $\left(\frac{1}{2}\boldsymbol{A}\right)^{-1}=$____________.

（12）设 n 阶方阵 $\boldsymbol{A}$ 满足 $|\boldsymbol{A}|=2$，则 $|\boldsymbol{A}^T\boldsymbol{A}|=$________，$|\boldsymbol{A}^{-1}|$__________，$|\boldsymbol{A}^*|==$________，$|(\boldsymbol{A}^*)^*|=$________，$|(\boldsymbol{A}^*)^{-1}+\boldsymbol{A}|=$__________，$|\boldsymbol{A}^{-1}(\boldsymbol{A}^*+\boldsymbol{A}^{-1})\boldsymbol{A}|=$__________ .

（13）设三阶方阵 $\boldsymbol{A}\sim\begin{pmatrix} 1 & 2 & 5 \\ 2 & 1 & 0 \\ -5 & 0 & 0 \end{pmatrix}$，则 $R(\boldsymbol{A})=$_________.

（14）当 $\lambda=$_______，线性方程组 $\begin{cases} 2x_1+\lambda x_2+3x_3=0 \\ \lambda x_1+9x_2-4x_3=0 \\ 4x_1+x_2-x_3=0 \end{cases}$ 有非零解.

（15）已知 $\boldsymbol{A}=\begin{pmatrix} 1 & 0 & 1 \\ 0 & 2 & 0 \\ 0 & 0 & 1 \end{pmatrix}$，则 $(\boldsymbol{A}+3\boldsymbol{E})^{-1}(\boldsymbol{A}^2-9\boldsymbol{E})=$____________.

提高练习

3. 设 $\boldsymbol{A}=\begin{pmatrix} 2 & 4 & 1 \\ 0 & 3 & 5 \end{pmatrix}$，$\boldsymbol{B}=\begin{pmatrix} -1 & 3 & 1 \\ 2 & 0 & 5 \end{pmatrix}$，$\boldsymbol{C}=\begin{pmatrix} 0 & 1 & 2 \\ -3 & -1 & 3 \end{pmatrix}$，求 $3\boldsymbol{A}-2\boldsymbol{B}+\boldsymbol{C}$.

4. 设矩阵 $\boldsymbol{A}=\begin{pmatrix}1&1&2\\1&1&-1\\2&-1&1\end{pmatrix}$；$\boldsymbol{B}=\begin{pmatrix}1&2&3\\-1&-2&2\\0&3&-1\end{pmatrix}$，求 $3\boldsymbol{AB}-2\boldsymbol{A}^{\mathrm{T}}$ 及 $(\boldsymbol{AB})^{\mathrm{T}}$.

5. 计算下列矩阵：

（1）$\begin{pmatrix}2\\1\\3\end{pmatrix}(1\quad 3\quad 2)$；

（2）$\begin{pmatrix}1&0&0\\0&1&0\\0&0&1\end{pmatrix}\begin{pmatrix}2&1\\4&3\\7&9\end{pmatrix}$；

（3）$\begin{pmatrix}2&1&3\\0&1&-1\\0&0&5\end{pmatrix}\begin{pmatrix}-1&2&0\\0&1&7\\0&0&-3\end{pmatrix}$；

（4）$\begin{pmatrix}-1&1&4&0\\3&-1&0&4\end{pmatrix}\begin{pmatrix}1&2&1\\0&-1&0\\1&5&1\\4&0&-2\end{pmatrix}$；

（5）$(x_1\quad x_2\quad x_3)\begin{pmatrix}a_{11}&a_{12}&a_{13}\\a_{21}&a_{22}&a_{23}\\a_{31}&a_{32}&a_{33}\end{pmatrix}\begin{pmatrix}x_1\\x_2\\x_3\end{pmatrix}$；

（6）$\begin{pmatrix}\frac{2}{3}&\frac{1}{3}&-\frac{2}{3}\\\frac{2}{3}&-\frac{2}{3}&\frac{1}{3}\\\frac{1}{3}&\frac{2}{3}&\frac{2}{3}\end{pmatrix}\begin{pmatrix}2&0&3\\1&-1&0\\5&3&1\end{pmatrix}$.

6. 用初等行变换把下列矩阵化为行最简形矩阵：

（1）$\begin{pmatrix}1&1&9\\2&5&0\\1&2&2\end{pmatrix}$；

（2）$\begin{pmatrix}1&2&0&1\\4&3&2&6\\2&0&5&0\end{pmatrix}$；

（3）$\begin{pmatrix}2&0&1\\6&1&0\\3&3&6\\4&5&2\end{pmatrix}$；

（4）$\begin{pmatrix}2&3&0&6&1\\1&0&2&0&4\\1&2&1&2&3\\2&0&5&4&1\end{pmatrix}$.

7. 求矩阵的秩：

（1）$\begin{pmatrix}1&1&1&0\\2&-2&0&-1\\1&3&-1&2\end{pmatrix}$；

（2）$\begin{pmatrix}1&-1&0&3&1\\-1&1&1&-3&-1\\4&0&3&-1&3\\1&2&0&6&-1\end{pmatrix}$；

（3）$\begin{pmatrix}3&1&0&2\\1&-1&2&-1\\1&3&-4&4\end{pmatrix}$；

（4）$\begin{pmatrix}1&0&1&1\\1&1&0&1\\0&1&1&1\\1&1&-2&0\end{pmatrix}$；

（5）$\begin{pmatrix}1&2&3&0\\2&-1&1&5\\-1&0&-1&2\\0&1&1&1\\3&-1&2&-7\end{pmatrix}$；

（6）$\begin{pmatrix}1&1&2&2&1\\0&2&1&5&-1\\2&0&3&-1&3\\1&1&0&4&-1\end{pmatrix}$；

（7）$\begin{pmatrix} 1 & -2 & -1 & 0 & 2 \\ -2 & 4 & 2 & 6 & -6 \\ 2 & -1 & 0 & 2 & 3 \\ 3 & 3 & 3 & 3 & 4 \end{pmatrix}$；　　（8）$\begin{pmatrix} 3 & -2 & 0 & -1 \\ 0 & 2 & 2 & 1 \\ 1 & -2 & -3 & -2 \\ 0 & 1 & 2 & 1 \end{pmatrix}$.

8. 求矩阵的逆矩阵：

（1）$\begin{pmatrix} 2 & 0 \\ 0 & 3 \end{pmatrix}$；　　（2）$\begin{pmatrix} 1 & 2 & 3 \\ 1 & 1 & 1 \\ 3 & 1 & 1 \end{pmatrix}$；

（3）$\begin{pmatrix} 1 & 2 & -1 \\ 3 & 4 & -2 \\ 5 & -4 & 1 \end{pmatrix}$；　　（4）$\begin{pmatrix} 3 & -2 & 0 & -1 \\ 0 & 2 & 2 & 1 \\ 1 & -2 & -3 & -2 \\ 0 & 1 & 2 & 1 \end{pmatrix}$；

（5）$\begin{pmatrix} 1 & 0 & 0 & 0 \\ 1 & 2 & 0 & 0 \\ 2 & 1 & 3 & 0 \\ 1 & 2 & 1 & 4 \end{pmatrix}$；　　（6）$\begin{pmatrix} 5 & 2 & 0 & 0 \\ 2 & 1 & 0 & 0 \\ 0 & 0 & 4 & -2 \\ 0 & 0 & 1 & 3 \end{pmatrix}$.

9. 判断下列命题的正误，并说明理由：

（1）若 $\boldsymbol{A}^2=\boldsymbol{O}$，则 $\boldsymbol{A}=\boldsymbol{O}$；

（2）若 $\boldsymbol{A}^2=\boldsymbol{A}$，则 $\boldsymbol{A}=\boldsymbol{O}$ 或 $\boldsymbol{A}=\boldsymbol{E}$；

（3）若 $\boldsymbol{AX}=\boldsymbol{AY}$，且 $\boldsymbol{A}\neq\boldsymbol{O}$，则 $\boldsymbol{X}=\boldsymbol{Y}$.

10. 解下列矩阵方程：

（1）$\begin{pmatrix} 2 & 5 \\ 1 & 3 \end{pmatrix}\boldsymbol{X}=\begin{pmatrix} 4 & -6 \\ 2 & 1 \end{pmatrix}$

（2）$\boldsymbol{A}=\begin{pmatrix} 2 & 1 & 0 \\ 1 & 2 & 1 \\ 0 & 1 & 2 \end{pmatrix}$，$\boldsymbol{C}=\begin{pmatrix} 1 & 2 \\ 3 & 4 \\ 2 & 1 \end{pmatrix}$，$\boldsymbol{AX}=\boldsymbol{X}+\boldsymbol{C}$.

（3）$\begin{pmatrix} 1 & 1 & -1 \\ 0 & 2 & 2 \\ 1 & -1 & 0 \end{pmatrix}\boldsymbol{X}=\begin{pmatrix} 1 & -1 & 1 \\ 1 & 1 & 0 \\ 2 & 1 & 4 \end{pmatrix}$.

9. 设 $\boldsymbol{A}=\begin{pmatrix} 1 & 0 & 1 \\ 0 & 2 & 0 \\ 1 & 0 & 1 \end{pmatrix}$，且 $\boldsymbol{AB}+\boldsymbol{E}=\boldsymbol{A}^2+\boldsymbol{B}$，求 $\boldsymbol{B}$.

10. 设 $\boldsymbol{A}=\begin{pmatrix} 8 & 0 & 2 \\ 0 & 2 & 0 \\ 3 & 0 & 1 \end{pmatrix}$，$\boldsymbol{A}^*$为 $\boldsymbol{A}$ 的伴随矩阵，求 A^*.

拓展练习

13. 已知线性方程组有非零解，求解下列方程中的参数 λ：

（1）$\begin{cases}(3-\lambda)x_1+x_2+x_3=0\\(2-\lambda)x_2-x_3=0\\4x_1-2x_2+(1-\lambda)x_3=0\end{cases}$　（2）$\begin{cases}\lambda x_1+x_2+x_3=0\\x_1+\lambda x_2+x_3=0\\x_1+x_2+\lambda x_3=0\end{cases}$

14. 设 $\boldsymbol{A},\boldsymbol{B}$ 为 n 阶矩阵，且 $\boldsymbol{A}$ 为对称阵，证明 $\boldsymbol{B}^{\mathrm{T}}\boldsymbol{A}\boldsymbol{B}$ 也是对称阵.

15. 设 $\boldsymbol{A},\boldsymbol{B}$ 都是 n 阶对称阵，证明 $\boldsymbol{AB}$ 是对称阵的充要条件是 $\boldsymbol{AB}=\boldsymbol{BA}$.

16. 设 $\boldsymbol{A},\boldsymbol{B}$ 为 n 阶方阵，满足 $\boldsymbol{A}+\boldsymbol{B}=\boldsymbol{AB}$，

（1）证明 $\boldsymbol{A}-\boldsymbol{E}$ 为可逆矩阵；（2）若 $\boldsymbol{B}=\begin{pmatrix}1&-3&0\\2&1&0\\0&0&2\end{pmatrix}$，求矩阵 $\boldsymbol{A}$.

14.3　线性方程组

14.3.1　向量组及其线性相关性

1. n 维向量和向量空间

（1）n 维向量的定义.

我们把空间解析几何中的任何一个 $\boldsymbol{\alpha}$ 称为一个三维向量，即可用坐标表示为 $\boldsymbol{\alpha}=(a_1,a_2,a_3)$. 它具有三个分量. 而在实际问题中，常常需要讨论具有多个甚至 n 个分量的向量，称为 n 维向量.

定义 14.3.1　由 n 个数 $a_1,a_2,\cdots,a_n$ 按一定的顺序排列的有序数组 $\boldsymbol{\alpha}=(a_1,a_2,\cdots,a_n)$ 称为 n **维向量**，其中 a_i 称为向量 $\boldsymbol{\alpha}$ 的第 i 个分量 $(i=1,2,\cdots,n)$. 分量全为实数的 n 维向量称为 n 维实向量，分量为复数的向量 $\boldsymbol{\alpha}$ 称为 n 维复向量. 一个向量所含分量的个数 n 称为它的维数. 所有 n 维实向量构成的集合称为**实 n 维向量空间**，记为 $\mathbf{R}^n$.

在线性代数中，向量一般用希腊字母 $\boldsymbol{\alpha},\boldsymbol{\beta},\boldsymbol{\gamma}$ 等表示；除特别声明外，本书所讨论的向量均为实向量.

（2）几种特殊的 n 维向量.

列向量：$\boldsymbol{\alpha}=\begin{pmatrix}a_1\\a_2\\\vdots\\a_n\end{pmatrix}$，例如，$\boldsymbol{\alpha}=\begin{pmatrix}1\\2\\\vdots\\n\end{pmatrix}$.

行向量：$\boldsymbol{\alpha}=(a_1,a_2,\cdots,a_n)$；例如，$\boldsymbol{\alpha}=(3,6,\cdots,3n)$.

零向量：$\mathbf{0}=(0,0,\cdots,0)$ 或 $\mathbf{0}=\begin{pmatrix}0\\0\\\vdots\\0\end{pmatrix}$.

n 维单位（标准）向量：$\boldsymbol{\varepsilon}_1,\boldsymbol{\varepsilon}_2,\cdots,\boldsymbol{\varepsilon}_n$，其中 $\boldsymbol{\varepsilon}_i=(0,\cdots,0,1,0,\cdots,0)$，第 i 个分量为 1，其余分量全为 0 $(i=1,2,\cdots,n)$.

负向量：若 $\boldsymbol{\alpha}=(a_1,a_2,\cdots,a_n)$，则 $\boldsymbol{\alpha}$ 的负向量为 $\boldsymbol{\beta}=-\boldsymbol{\alpha}=(-a_1,-a_2,\cdots,-a_n)$.

（3）向量的线性运算.

定义 14.3.2　设向量 $\boldsymbol{\alpha}=(a_1,a_2,\cdots,a_n),\boldsymbol{\beta}=(b_1,b_2,\cdots,b_n)$，则定义向量 $\boldsymbol{\alpha}$ 与 $\boldsymbol{\beta}$ 的加法为 $\boldsymbol{\alpha}+\boldsymbol{\beta}=(a_1+b_1,a_2+b_2,\cdots,a_n+b_m)$，
而数 λ 与 $\boldsymbol{\alpha}$ 的乘法为

$$\lambda\boldsymbol{\alpha}=(\lambda a_1,\lambda a_2,\cdots,\lambda a_n).$$

向量的加法和数乘运算统称为向量的**线性运算**. 它们满足以下运算规律（λ,μ 为数，$\boldsymbol{\alpha},\boldsymbol{\beta},\boldsymbol{\gamma}$ 为向量）：

（1）交换律 $\boldsymbol{\alpha}+\boldsymbol{\beta}=\boldsymbol{\beta}+\boldsymbol{\alpha}$；

（2）结合律 $(\boldsymbol{\alpha}+\boldsymbol{\beta})+\gamma=\boldsymbol{\alpha}+(\boldsymbol{\beta}+\boldsymbol{\gamma}),(\boldsymbol{\lambda\mu})\boldsymbol{\alpha}=\lambda(\boldsymbol{\alpha\alpha})=\boldsymbol{\mu}(\lambda\boldsymbol{\alpha})$；

（3）分配律 $\lambda(\boldsymbol{\alpha}+\boldsymbol{\beta})=\lambda\boldsymbol{\alpha}+\lambda\boldsymbol{\beta},(\lambda+\boldsymbol{\mu})\boldsymbol{\alpha}=\lambda\boldsymbol{\alpha}+\boldsymbol{\alpha}$；

2. 向量组的线性相关性

（1）基本概念.

① 设 $\boldsymbol{\beta},\boldsymbol{\alpha}_1,\boldsymbol{\alpha}_2,\cdots,\boldsymbol{\alpha}_m$ 为 $m+1$ 个向量，若存在一组数 $x_1,x_2,\cdots,x_m$，使得

$$\boldsymbol{\beta}=x_1\boldsymbol{\alpha}_1+x_2\boldsymbol{\alpha}_2+\cdots+x_m\boldsymbol{\alpha}_m,$$

则称 $\boldsymbol{\beta}$ 是向量组 $\boldsymbol{\alpha}_1,\boldsymbol{\alpha}_2,\cdots,\boldsymbol{\alpha}_m$ 的线性组合或称 $\boldsymbol{\beta}$ 可由 $\boldsymbol{\alpha}_1,\boldsymbol{\alpha}_2,\cdots,\boldsymbol{\alpha}_m$ 线性表出.

也可记作 $\boldsymbol{AX}=\boldsymbol{\beta}$，其中，$\boldsymbol{A}=(\boldsymbol{\alpha}_1,\boldsymbol{\alpha}_2\cdots\boldsymbol{\alpha}_m),\boldsymbol{X}=(x_1,x_2\cdots x_m)^{\mathrm{T}}$.

② 向量组 $\boldsymbol{B}:\boldsymbol{\beta}_1,\boldsymbol{\beta}_2,\cdots,\boldsymbol{\beta}_l$ 能由向量组 $\boldsymbol{A}:\boldsymbol{\alpha}_1,\boldsymbol{\alpha}_2,\cdots,\boldsymbol{\alpha}_m$ 线性表示 $\Leftrightarrow$ 矩阵方程 $(\boldsymbol{\alpha}_1,\boldsymbol{\alpha}_2,\cdots,\boldsymbol{\alpha}_m)\boldsymbol{X}=(\boldsymbol{\beta}_1,\boldsymbol{\beta}_2,\cdots,\boldsymbol{\beta}_l)$（或记作 $\boldsymbol{AX}=\boldsymbol{B}$）有解.

③ 如果两个向量组可以互相线性表出，则这两个向量组等价，可记为：$\boldsymbol{\alpha}$ □ $\boldsymbol{\beta}$.

等价的向量组满足三个基本性质：

反身性：每一个向量组都与自身等价；

对称性：若向量组 $\boldsymbol{\alpha}_1,\boldsymbol{\alpha}_2,\cdots,\boldsymbol{\alpha}_t$ 与 $\boldsymbol{\beta}_1,\boldsymbol{\beta}_2,\cdots,\boldsymbol{\beta}_c$ 等价，则向量组 $\boldsymbol{\beta}_1,\boldsymbol{\beta}_2,\cdots,\boldsymbol{\beta}_c$ 与 $\boldsymbol{\alpha}_1,\boldsymbol{\alpha}_2,\cdots,\boldsymbol{\alpha}_t$ 等价；

传递性：若向量组 $\boldsymbol{\alpha}_1,\boldsymbol{\alpha}_2,\cdots,\boldsymbol{\alpha}_t$ 与 $\boldsymbol{\beta}_1,\boldsymbol{\beta}_2,\cdots,\boldsymbol{\beta}_2$ 等价，$\boldsymbol{\beta}_1,\boldsymbol{\beta}_2,\cdots,\boldsymbol{\beta}_c$ 与 $\boldsymbol{\gamma}_1,\boldsymbol{\gamma}_2,\cdots,\boldsymbol{\gamma}_\rho$ 等价，则向量组 $\boldsymbol{\alpha}_1,\boldsymbol{\alpha}_2,\cdots,\boldsymbol{\alpha}_t$ 与 $\boldsymbol{\gamma}_1,\boldsymbol{\gamma}_2,\cdots,\boldsymbol{\gamma}_p$ 等价.

例如，已知向量组

$$\boldsymbol{\alpha}_1=[1,0,0]^{\mathrm{T}},\boldsymbol{\alpha}_2=[0,1,0]^{\mathrm{T}},\boldsymbol{\alpha}_3=[0,0,1]^{\mathrm{T}}；\ \boldsymbol{\beta}_1=[1,1,1]^{\mathrm{T}},\boldsymbol{\beta}_2=[1,1,0]^{\mathrm{T}},\boldsymbol{\beta}_3=[1,0,0]^{\mathrm{T}}.$$

由

$$\boldsymbol{\beta}_1=\boldsymbol{\alpha}_1+\boldsymbol{\alpha}_2+\boldsymbol{\alpha}_3,\boldsymbol{\beta}_2=\boldsymbol{\alpha}_1+\boldsymbol{\alpha}_2,\boldsymbol{\beta}_3=\boldsymbol{\alpha}_1,\quad \boldsymbol{\alpha}_1=\boldsymbol{\beta}_3,\boldsymbol{\alpha}_2=\boldsymbol{\beta}_2-\boldsymbol{\beta}_3,\boldsymbol{\alpha}_3=\boldsymbol{\beta}_1-\boldsymbol{\beta}_2,$$

可知向量组 $\boldsymbol{\alpha}_1,\boldsymbol{\alpha}_2,\boldsymbol{\alpha}_3$ 与 $\boldsymbol{\beta}_1,\boldsymbol{\beta}_2,\boldsymbol{\beta}_3$ 可互相线性表出，所以 $\boldsymbol{\alpha}_1,\boldsymbol{\alpha}_2,\boldsymbol{\alpha}_3$ 与 $\boldsymbol{\beta}_1,\boldsymbol{\beta}_2,\boldsymbol{\beta}_3$ 是等价向量组.

已知向量组 $\boldsymbol{\alpha}_1=[1,0,0]^{\mathrm{T}},\boldsymbol{\alpha}_2=[1,2,0]^{\mathrm{T}}$，$\boldsymbol{\beta}_1=[2,1,1]^{\mathrm{T}},\boldsymbol{\beta}_2=[0,1,1]^{\mathrm{T}}$，$\boldsymbol{\beta}_3=[3,1,0]^{\mathrm{T}}$.
由

$$\boldsymbol{\alpha}_1=\frac{1}{2}\boldsymbol{\beta}_1-\frac{1}{2}\boldsymbol{\beta}_2,\boldsymbol{\alpha}_2=-\frac{5}{2}\boldsymbol{\beta}_1+\frac{5}{2}\boldsymbol{\beta}_2+2\boldsymbol{\beta}_3$$

可知向量组 $\boldsymbol{\alpha}_1,\boldsymbol{\alpha}_2$ 可由向量组 $\boldsymbol{\beta}_1,\boldsymbol{\beta}_2,\boldsymbol{\beta}_3$ 线性表出，但向量组 $\boldsymbol{\beta}_1,\boldsymbol{\beta}_2$ 不能由 $\boldsymbol{\alpha}_1,\boldsymbol{\alpha}_2$ 线性表出，所以向量组 $\boldsymbol{\beta}_1,\boldsymbol{\beta}_2,\boldsymbol{\beta}_3$ 不能由向量组 $\boldsymbol{\alpha}_1,\boldsymbol{\alpha}_2$ 线性表出. 这两个向量组不等价.

定义 14.3.3　设 $\alpha_1,\alpha_2,\cdots,\alpha_m$ 为 n 维向量空间的一个向量组，若存在数 $\lambda_1,\lambda_2,\cdots,\lambda_m \in \mathbf{R}$ 且不全为零，使 $\lambda_1\alpha_1+\lambda_2\alpha_2+\cdots+\lambda_m\alpha_m=\mathbf{0}$，则称向量组 $\alpha_1,\alpha_2,\cdots,\alpha_n$ **线性相关**；否则称 $\alpha_1,\alpha_2,\cdots,\alpha_m$ **线性无关**.

上述定义与如下结论是等价的：

① 若关于 $\lambda_1,\lambda_2,\cdots,\lambda_m$ 的方程

$$\lambda_1\alpha_2+\lambda_2\alpha_2+\cdots+\lambda_m\alpha_n=\mathbf{0}$$

有非零解 $\lambda_1,\lambda_2,\cdots,\lambda_m$（不全为零），则 $\alpha_1,\alpha_2,\cdots,\alpha_m$ 线性相关；

② 若上述方程仅有零解，即 $\lambda_1=\lambda_2=\cdots=\lambda_m=0$，则 $\alpha_1,\alpha_2,\cdots,\alpha_m$ 线性无关.

例如，向量组 $\alpha_1=(3,2,4),\alpha_2=(1,1,2),\alpha_3=(5,3,6)$ 线性相关，因为

$$2\alpha_1+(-1)\alpha_2+(-1)\alpha_3=\mathbf{0}.$$

而向量组 $\alpha=(2,0,0),\beta=(0,4,0),\gamma=(0,0,5)$ 线性无关，因为要使必有

$$\lambda_1=\lambda_2=\lambda_3=0.$$

通过这个例子，我们可以观察到，n 维单位向量组 $\varepsilon_1,\varepsilon_2,\cdots,\varepsilon_n$ 也是线性无关的.

（2）线性相关性的判别.

定理 14.3.1　向量组 $\alpha_1,\cdots,\alpha_m(m\geqslant 2)$ 线性相关的充要条件是存在某个向量 $\alpha_j(1\leqslant j\leqslant m)$，使 α_j 能由其余 $m-1$ 个向量线性表示.

定理 14.3.2　设向量组 $A:\alpha_1,\alpha_2,\cdots,\alpha_m$ 线性无关，而向量组 $\alpha_1,\cdots,\alpha_m,\beta$ 线性相关，则向量 β 必能由向量组 A 线性表示，且表示式是唯一.

定理 14.3.3　设 $A:\alpha_1,\alpha_2,\cdots,\alpha_r$ 和 $B:\beta_1,\beta_2,\cdots,\beta_s$ 为 n 维向量空间中的两个向量组，若

① B 组可由 A 组线性表出，

② $s>r$，

那么 B 组向量组 $\beta_1,\beta_2,\cdots,\beta_s$ 线性相关.

推论　设 $A:\alpha_1,\alpha_2,\cdots,\alpha_r$ 和 $B:\beta_1,\beta_2,\cdots,\beta_s$ 为 n 维向量空间中的两个向量组，B 组可由 A 组线性表出，且 B 组线性无关，则 $s\leqslant r$.

定理 14.3.4　若向量组 $\alpha_1,\cdots,\alpha_s$ 线性相关，则向量组 $\alpha_1,\cdots,\alpha_s,\alpha_{s+1},\cdots,\alpha_m$，也线性相关.

定理 14.3.5　$\alpha_i=(a_{i1},a_{i2},\cdots,a_{im})\in\mathbf{R}^m,\beta_i=(a_{i1},a_{i2},\cdots,a_{in},a_{i,m+1})\in\mathbf{R}^{m+1},i=1,2,\cdots,r$. 若 $\alpha_1,\alpha_2,\cdots,\alpha_r$ 线性无关，则 $\beta_1,\beta_2,\cdots,\beta_r$ 也线性无关.

例 14.3.1　已知 n 维向量 $\alpha_1,\alpha_2,\alpha_3$ 线性无关，证明 $3\alpha_1+2\alpha_2,\alpha_2-\alpha_3,4\alpha_3-5\alpha_1$ 线性无关.

证： 设 $k_1(3\alpha_1+2\alpha_2)+k_2(\alpha_2-\alpha_3)+k_3(4\alpha_3-5\alpha_1)=\mathbf{0}$，

即 $(3k_1-5k_3)\alpha_1+(2k_1+k_2)\alpha_2+(-k_2+4k_3)\alpha_3=\mathbf{0}$. 由于 $\alpha_1,\alpha_2,\alpha_3$ 线性无关，故

$$\begin{cases}3k_1-5k_3=0\\2k_1+k_2=0\\-k_2+4k_3=0\end{cases}$$

这是一个 3 元齐次方程组，因为系数行列式 $\begin{vmatrix}3 & 0 & -5\\2 & 1 & 0\\0 & -1 & 4\end{vmatrix}=22\neq 0$，则只有零解.

$$k_1 = 0, k_2 = 0, k_3 = 0.$$

故 向量组 $3\boldsymbol{\alpha}_1 + 2\boldsymbol{\alpha}_2, \boldsymbol{\alpha}_2 - \boldsymbol{\alpha}_3, 4\boldsymbol{\alpha}_3 - 5\boldsymbol{\alpha}_1$ 线性无关.

例 14.3.2 已知向量组 $\boldsymbol{\alpha}_1, \boldsymbol{\alpha}_2, \boldsymbol{\alpha}_3$ 线性无关，向量组 $\boldsymbol{\alpha}_1 + a\boldsymbol{\alpha}_2, \boldsymbol{\alpha}_1 + 2\boldsymbol{\alpha}_2 + \boldsymbol{\alpha}_3, a\boldsymbol{\alpha}_1 - \boldsymbol{\alpha}_3$ 线性相关，求 a 的值.

解： 由已知，向量组 $\boldsymbol{\alpha}_1 + a\boldsymbol{\alpha}_2, \boldsymbol{\alpha}_1 + 2\boldsymbol{\alpha}_2 + \boldsymbol{\alpha}_3, a\boldsymbol{\alpha}_1 - \boldsymbol{\alpha}_3$ 线性相关，则存在不全为零的数 k_1, k_2, k_3，使得等式 $k_1(\boldsymbol{\alpha}_1 + a\boldsymbol{\alpha}_2) + k_2(\boldsymbol{\alpha}_1 + 2\boldsymbol{\alpha}_2 + \boldsymbol{\alpha}_3) + k_3(a\boldsymbol{\alpha}_1 - \boldsymbol{\alpha}_3) = 0$，整理可得

$$(k_1 + k_2 + k_3 a)\boldsymbol{\alpha}_1 + (k_1 a + 2k_2)\boldsymbol{\alpha}_2 + (k_2 - k_3)\boldsymbol{\alpha}_3 = 0,$$

又向量组 $\boldsymbol{\alpha}_1, \boldsymbol{\alpha}_2, \boldsymbol{\alpha}_3$ 线性无关，即

$$\begin{cases} k_1 + k_2 + k_3 a = 0 \\ k_1 a + 2k_2 = 0 \\ k_2 - k_3 = 0 \end{cases}$$

有非零解.

从而

$$\begin{vmatrix} 1 & 1 & a \\ a & 2 & 0 \\ 0 & 1 & -1 \end{vmatrix} = a^2 + a - 2 = 0,$$

故 $a = 1$ 或 $a = -2$.

3. 向量组的极大无关组和向量组的秩

（1）向量组的极大无关组的定义.

定义 14.3.4 若存在同维向量 $\boldsymbol{\alpha}_1, \boldsymbol{\alpha}_2, \cdots, \boldsymbol{\alpha}_m$ 的一个部分组 $\boldsymbol{\alpha}_{i_1}, \boldsymbol{\alpha}_{i_2}, \cdots, \boldsymbol{\alpha}_{i_r}$ 满足

① $\boldsymbol{\alpha}_{i_1}, \boldsymbol{\alpha}_{i_2}, \cdots, \boldsymbol{\alpha}_{i_r}$ 线性无关；

② $\boldsymbol{\alpha}_1, \boldsymbol{\alpha}_2, \cdots, \boldsymbol{\alpha}_m$ 中任意 $r+1$ 个向量（如果有 $r+1$ 个向量的话）都线性相关，

则称向量组 $\boldsymbol{\alpha}_{i_1}, \boldsymbol{\alpha}_{i_2}, \cdots, \boldsymbol{\alpha}_{i_r}$ 为向量组 $\boldsymbol{\alpha}_1, \boldsymbol{\alpha}_2, \cdots, \boldsymbol{\alpha}_m$ 的**一个极大（或最大）无关组**. 而 r 称为向量组 $\boldsymbol{\alpha}_1, \boldsymbol{\alpha}_2, \cdots, \boldsymbol{\alpha}_m$ 的**秩**.

由定义可知，一个向量组中任意一个向量均可由该向量组的一个极大无关组线性表出.

规定：只含零向量的向量组的秩为零.

例如，向量组 $\boldsymbol{\alpha}_1 = \begin{pmatrix} 1 \\ 0 \end{pmatrix}, \boldsymbol{\alpha}_2 = \begin{pmatrix} 0 \\ 0 \end{pmatrix}, \boldsymbol{\alpha}_3 = \begin{pmatrix} 2 \\ 1 \end{pmatrix}, \boldsymbol{\alpha}_4 = \begin{pmatrix} 3 \\ 0 \end{pmatrix}, \boldsymbol{\alpha}_5 = \begin{pmatrix} 0 \\ 4 \end{pmatrix}, \boldsymbol{\alpha}_6 = \begin{pmatrix} 5 \\ 6 \end{pmatrix}$ 中，$\boldsymbol{\alpha}_1, \boldsymbol{\alpha}_3$ 线性无关，再添加向量组中的任一个向量 $\boldsymbol{\alpha}_j$，向量组 $\boldsymbol{\alpha}_1, \boldsymbol{\alpha}_3, \boldsymbol{\alpha}_j$ 必线性相关，所以 $\boldsymbol{\alpha}_1, \boldsymbol{\alpha}_3$ 是向量组 $\boldsymbol{\alpha}_1, \boldsymbol{\alpha}_2, \cdots, \boldsymbol{\alpha}_6$ 的一个极大线性无关组. 因此，向量组的秩 $r(\boldsymbol{\alpha}_1, \boldsymbol{\alpha}_2, \cdots, \boldsymbol{\alpha}_6) = 2$.

注意：向量组的极大线性无关组一般情况下**不唯一**. 例如 $\boldsymbol{\alpha}_1, \boldsymbol{\alpha}_5$ 与 $\boldsymbol{\alpha}_3, \boldsymbol{\alpha}_5$ 也是极大线性无关组.

（2）向量组的性质。

性质 14.3.1 向量组 $\boldsymbol{A}$：$\boldsymbol{\alpha}_1, \boldsymbol{\alpha}_2, \cdots, \boldsymbol{\alpha}_m$ 线性无关 $\Leftrightarrow R(\boldsymbol{A}) = m$.

性质 14.3.2 设向量组 $\boldsymbol{A}$：$\boldsymbol{\alpha}_1, \boldsymbol{\alpha}_2, \cdots, \boldsymbol{\alpha}_m$，和它的极大无关组 $\boldsymbol{\alpha}_{i_1}, \boldsymbol{\alpha}_{i_2}, \cdots, \boldsymbol{\alpha}_{i_r}$，则 $R(\boldsymbol{\alpha}_1, \boldsymbol{\alpha}_2, \cdots, \boldsymbol{\alpha}_m) = R(\boldsymbol{\alpha}_{i_1}, \boldsymbol{\alpha}_{i_2}, \cdots, \boldsymbol{\alpha}_{i_r})$.

性质 14.3.3 向量组 $\boldsymbol{\alpha}_1,\boldsymbol{\alpha}_2,\cdots,\boldsymbol{\alpha}_m$ □ $\boldsymbol{\beta}_1,\boldsymbol{\beta}_2,\cdots,\boldsymbol{\beta}_s$，则 $R(\boldsymbol{\alpha}_1,\boldsymbol{\alpha}_2,\cdots,\boldsymbol{\alpha}_m)=R(\boldsymbol{\beta}_1,\boldsymbol{\beta}_2,\cdots,\boldsymbol{\beta}_s)$.

（3）向量组的秩与矩阵的秩的关系

定义 14.3.5 设矩阵 $\boldsymbol{A}=(a_{ij})_{m\times n}=\begin{pmatrix}\boldsymbol{\alpha}_1\\ \boldsymbol{\alpha}_2\\ \vdots\\ \boldsymbol{\alpha}_m\end{pmatrix}=\left(a_{i1},a_{i2},\cdots,a_{in}\right),i=1,2,\cdots,m$；$\boldsymbol{\beta}_j$ 为 $\boldsymbol{A}$ 的第 j 列构成的列向量 $\boldsymbol{\beta}_j=\begin{pmatrix}a_{1j}\\ a_{2j}\\ \vdots\\ a_{mj}\end{pmatrix},j=1,2,\cdots,n$. 则 $\boldsymbol{A}$ 的行向量组 $\boldsymbol{\alpha}_1,\boldsymbol{\alpha}_2,\cdots,\boldsymbol{\alpha}_m$ 的秩称为矩阵 $\boldsymbol{A}$ 的**行秩**，$\boldsymbol{A}$ 的列向量组 $\boldsymbol{\beta}_1,\boldsymbol{\beta}_2,\cdots,\boldsymbol{\beta}_n$ 的秩称为矩阵 $\boldsymbol{A}$ 的**列秩**.

一般地，$r(\boldsymbol{A})=\boldsymbol{A}$ 的行秩 $=\boldsymbol{A}$ 的列秩.

定理 14.3.6 如果矩阵 $\boldsymbol{A}$ 经初等行(或列)变换化为 $\boldsymbol{B}$，则

① $\boldsymbol{A}$ 与 $\boldsymbol{B}$ 的行(或列)向量组等价；

② $\boldsymbol{A}$ 与 $\boldsymbol{B}$ 对应的列(或行)向量组的线性相关性相同.

例 14.3.3 分别求下列向量组的秩及其一个最大的线性无关组：

① 向量组 1：$\boldsymbol{\alpha}_1=\begin{pmatrix}1\\2\\4\\0\end{pmatrix}$，$\boldsymbol{\alpha}_2=\begin{pmatrix}4\\11\\15\\-1\end{pmatrix}$，$\boldsymbol{\alpha}_3=\begin{pmatrix}1\\7\\8\\4\end{pmatrix}$；

② 向量组 2：$\boldsymbol{\alpha}_1=\begin{pmatrix}1\\8\\0\\-1\end{pmatrix}$，$\boldsymbol{\alpha}_2=\begin{pmatrix}-2\\9\\-5\\-3\end{pmatrix}$，$\boldsymbol{\alpha}_3=\begin{pmatrix}4\\7\\5\\1\end{pmatrix}$，$\boldsymbol{\alpha}_4=\begin{pmatrix}7\\6\\10\\3\end{pmatrix}$，$\boldsymbol{\alpha}_5=\begin{pmatrix}3\\-1\\5\\2\end{pmatrix}$.

解： ① $(\boldsymbol{\alpha}_1\quad\boldsymbol{\alpha}_2\quad\boldsymbol{\alpha}_3)=\begin{pmatrix}1&4&1\\2&11&7\\4&15&8\\0&-1&4\end{pmatrix}\sim\begin{pmatrix}1&4&1\\0&3&5\\0&-1&4\\0&-1&4\end{pmatrix}\sim\begin{pmatrix}1&4&1\\0&1&-4\\0&0&17\\0&0&0\end{pmatrix}$

所以 $R(\boldsymbol{\alpha}_1\quad\boldsymbol{\alpha}_2\quad\boldsymbol{\alpha}_3)=3$，$\boldsymbol{\alpha}_1,\boldsymbol{\alpha}_2,\boldsymbol{\alpha}_3$ 为一个极大无关组.

② $\boldsymbol{\alpha}=(\boldsymbol{\alpha}_1\quad\boldsymbol{\alpha}_2\quad\boldsymbol{\alpha}_3\quad\boldsymbol{\alpha}_4)=\begin{pmatrix}1&-2&4&7\\8&9&7&6\\0&-5&5&10\\-1&-3&1&3\end{pmatrix}\sim\begin{pmatrix}1&-2&4&7\\0&25&-25&-50\\0&-5&5&10\\0&-5&5&10\end{pmatrix}\sim\begin{pmatrix}1&-2&4&7\\0&1&-1&-2\\0&0&0&0\\0&0&0&0\end{pmatrix}$ □ $\boldsymbol{\alpha}'$

所以 $R(\boldsymbol{\alpha})=2$，显然矩阵 $\boldsymbol{\alpha}'$ 的前两个列向量线性无关，所以 $\boldsymbol{\alpha}$ 的前两个列向量线性无关，所以 $\boldsymbol{\alpha}_1,\boldsymbol{\alpha}_2$ 为一个极大无关组.

14.3.2 线性方程组的基本概念

所谓一般线性方程组是指形式为

$$\begin{cases} a_{11}x_1 + a_{12}x_2 + \cdots + a_{1n}x_n = b_1 \\ a_{21}x_1 + a_{22}x_2 + \cdots + a_{2n}x_n = b_2 \\ \cdots \\ a_{m1}x_1 + a_{m2}x_2 + \cdots + a_{mn}x_n = b_m \end{cases} \tag{14.3.1}$$

的方程组，其中 $x_1, x_2, \cdots, x_n$ 代表 n 个未知量，m 是方程的个数，$a_{ij}(i = 1,2,\cdots,m;\quad j = 1,2,\cdots,n)$ 称为线性方程组的系数，$b_j(j = 1,2,\cdots,s)$ 称为常数项. 方程组中未知量的个数 n 与方程的个数 m 不一定相等. 系数 a_{ij} 的第一个指标 i 表示它在第 i 个方程，第二个指标 j 表示它是 x_j 的系数.

若 $b_i(\forall i = 1,2,\cdots,m)$ 不全为零，称此方程组为**非齐次线性方程组**.
如果 $b_i = 0(\forall i = 1,2,\cdots,m)$，则称方程组

$$\begin{cases} a_{11}x_1 + a_{12}x_2 + \cdots + a_{1n}x_n = 0 \\ a_{21}x_1 + a_{22}x_2 + \cdots + a_{2n}x_n = 0 \\ \cdots \\ a_{m1}x_1 + a_{m2}x_2 + \cdots + a_{mn}x_n = 0 \end{cases} \tag{14.3.2}$$

为**齐次线性方程组**. 它是方程组（14.3.1）的导出组，也称为（14.3.1）对应的齐次线性方程组.

方程组（14.3.1）可写成矩阵的形式：

$$\boldsymbol{Ax} = \boldsymbol{b},$$

式中矩阵 $\boldsymbol{x} = \begin{pmatrix} x_1 \\ x_2 \\ \vdots \\ x_n \end{pmatrix}$ 是未知向量，$\boldsymbol{b} = \begin{pmatrix} b_1 \\ b_2 \\ \vdots \\ b_m \end{pmatrix}$ 是常数列向量.

$$\boldsymbol{A} = (\boldsymbol{\alpha}_1,\ \boldsymbol{\alpha}_2 \cdots \boldsymbol{\alpha}_n) = \begin{pmatrix} a_{11} & a_{12} & \cdots & a_{1n} \\ a_{21} & a_{22} & \cdots & a_{2n} \\ \vdots & \vdots & & \vdots \\ a_{m1} & a_{m2} & \cdots & a_{mn} \end{pmatrix}$$

是方程组的**系数矩阵**，矩阵

$$\overline{\boldsymbol{A}} = (\boldsymbol{Ab}) = \begin{pmatrix} a_{11} & a_{12} & \cdots & a_{1n} & b_1 \\ a_{21} & a_{22} & \cdots & a_{2n} & b_2 \\ \vdots & \vdots & & \vdots & \vdots \\ a_{m1} & a_{m2} & \cdots & a_{mn} & b_m \end{pmatrix}$$

称为方程组的**增广矩阵**.

方程组（14.3.2）可写成矩阵的形式：

$$\boldsymbol{Ax} = 0.$$

14.3.3 线性方程组解的判定

1. 齐次线性方程组的解法

我们在前面学习了消元法、当方程组的系数矩阵 $\boldsymbol{A}$ 为方阵时的情形，下面就来介绍如何解一般线性方程组.

若将一组数 $c_1,c_2,\cdots,c_n$ 分别代替方程组（14.3.1）中的 $x_1,x_2,\cdots,x_n$，使式（14.3.1）中 m 个等式都成立，则称有序数组 $(c_1,c_2,\cdots,c_n)$ 是方程组（14.3.1）的一组**解**．解方程就是要找出方程组的全部解．

如果两个方程组有相同的解集合，则称它们是**同解方程组**．

定义 14.3.6 下列三种变换称为**线性方程组的初等变换**．

（1）用一个非零常数乘方程的两边；

（2）把某方程的 k 倍加到为一方程上；

（3）互换两个方程的位置．

线性方程组经初等变换化为阶梯形方程组后，每个方程中的第一个未知量通常称为**主变量**，其余的未知量称为**自由变量**．

定理 14.3.7 线性方程组的初等行变换把线性方程组变成与它同解的方程组．

例如，对增广矩阵做初等行变换，化为

$$\overline{A}\to\cdots\to\begin{pmatrix}1&0&2&5&4&3\\ &2&3&0&4&9\\ & & & &1&7\end{pmatrix},$$

则 x_1,x_2,x_5 为主变量·x_3,x_4 为自由变量．

接下来，我们先来看齐次线性方程组解的情形．

方程组（14.3.2）可写成矩阵的形式：$\boldsymbol{Ax}=0$．也可表示为向量形式

$$\boldsymbol{Ax}=(\boldsymbol{\alpha}_1,\boldsymbol{\alpha}_2,\cdots,\boldsymbol{\alpha}_n)(x_1,x_2,\cdots x_n)^{\mathrm{T}}=\boldsymbol{0}.$$

即 $x_1\boldsymbol{\alpha}_1+x_2\boldsymbol{\alpha}_2+\cdots+x_n\boldsymbol{\alpha}_n=\boldsymbol{0}$．若方程组只有零解的充要条件为 $\boldsymbol{\alpha}_1,\boldsymbol{\alpha}_2,\cdots,\boldsymbol{\alpha}_n$ 线性无关，而 $\boldsymbol{\alpha}_1,\boldsymbol{\alpha}_2,\cdots,\boldsymbol{\alpha}_n$ 线性无关的充要条件为 $r(\boldsymbol{A})=n$．所以方程组只有零解的充要条件为 $r(\boldsymbol{A})=n$．若方程组有非零解，则 $\boldsymbol{\alpha}_1,\boldsymbol{\alpha}_2,\cdots,\boldsymbol{\alpha}_n$ 线性相关，$r(\boldsymbol{A})<n$．

n 元齐次线性方程组只有零解的充要条件为 $r(\boldsymbol{A})=n$，即矩阵 $\boldsymbol{A}$ 的秩等于方程组中未知变量 x 的个数．

于是我们得到如下定理：

定理 14.3.8 齐次方程组（14.2.2）有非零解 $\Leftrightarrow r(\boldsymbol{A})<n\Leftrightarrow A$ 的列向量线性相关；只有零解 $\Leftrightarrow r(\boldsymbol{A})=n\Leftrightarrow A$ 的列向量线性无关．

推论 当 $m<n$（即方程的个数 < 未知数的个数）时，齐次线性方程组（14.2.2）必有非零解．

推论 当 $m=n$ 时，齐次线性方程组（14.2.2）有非零解的充分必要条件是行列式 $|\boldsymbol{A}|=0$．只有零解时，$|\boldsymbol{A}|\neq 0$．

性质 14.3.4 若 ξ_1,ξ_2 为（14.2.2）的解，则 $\xi_1+\xi_2$ 也是（14.2.2）的解．

证： 因为 $\boldsymbol{A}\xi_1=0,\boldsymbol{A}\xi_2=0$，所以 $\boldsymbol{A}(\xi_1+\xi_2)=\boldsymbol{A}\xi_1+\boldsymbol{A}\xi_2=\boldsymbol{0}+\boldsymbol{0}=\boldsymbol{0}$．

性质 14.3.5 若 ξ 为（14.2.2）的解，k 为任意常数，则 $k\xi$ 也是（14.2.2）的解．

证： 因为 $\boldsymbol{A}\xi=\boldsymbol{0}$，所以 $\boldsymbol{A}(k\xi)=k(\boldsymbol{A}\xi)=k\boldsymbol{0}=\boldsymbol{0}$．

定义 14.3.7 向量组 $\boldsymbol{\eta}_1,\boldsymbol{\eta}_2,\cdots,\boldsymbol{\eta}_t$ 称为齐次线性方程组 $\boldsymbol{Ax}=0$ 的**基础解系**，如果

（1）$\boldsymbol{\eta}_1,\boldsymbol{\eta}_2,\cdots,\boldsymbol{\eta}_t$ 是 $\boldsymbol{Ax}=0$ 的解；

（2）$\boldsymbol{\eta}_1,\boldsymbol{\eta}_2,\cdots,\boldsymbol{\eta}_t$ 线性无关；

（3）$\boldsymbol{Ax}=0$ 的任一解都可由 $\boldsymbol{\eta}_1,\boldsymbol{\eta}_2\cdots\cdots\boldsymbol{\eta}_t$ 线性表出.

如果 $\boldsymbol{\eta}_1,\boldsymbol{\eta}_2,\cdots,\boldsymbol{\eta}_t$ 是齐次线性方程组 $\boldsymbol{Ax}=0$ 的一组基础解系，那么，对任意常数 $c_1,c_2,\cdots,c_t$，$c_1\boldsymbol{\eta}_1+c_2\boldsymbol{\eta}_2+\cdots+c_t\boldsymbol{\eta}_t$ 是齐次方程组 $\boldsymbol{Ax}=0$ 的通解.

注意： $\boldsymbol{Ax}=0$ 的基础解系是不唯一的.

要求 n 元齐次线性方程组（14.2.2）的通解，最终化归为求其中一个基础解系. 易知当 $r(\boldsymbol{A})=n$ 时方程组只有零解，没有基础解系，而当 $r(\boldsymbol{A})<n$ 时方程组有非零解，才有基础解系. 接下来我们给出当 $r(\boldsymbol{A})<n$ 时求基础解系的一个方法.

设 $r(\boldsymbol{A})=r<n,\boldsymbol{A}$ 的左上角 r 阶子式不等于零. 由于齐次线性方程组与系数矩阵 $\boldsymbol{A}$ 一一对应，其初等变换与 A 的初等行变换一一对应，所以只要用初等行变换把 $\boldsymbol{A}$ 化为行最简形 $\boldsymbol{B}$，写出 $\boldsymbol{B}$ 对应的齐次线性方程组，它是与（14.2.2）同解的最简方程组，求（14.2.2）的解只要求其最简方程组的解即可. $\boldsymbol{A}$ 的行最简形为

$$\boldsymbol{B}=\begin{pmatrix}1 & 0 & \cdots & 0 & b_{11} & b_{12} & \cdots & b_{1n-r}\\ 0 & 1 & \cdots & 0 & b_{21} & b_{22} & \cdots & b_{2n-r}\\ \vdots & \vdots & & \vdots & \vdots & \vdots & & \vdots\\ 0 & 0 & \cdots & 1 & b_{r1} & b_{r2} & \cdots & b_{rn-r}\\ 0 & 0 & \cdots & 0 & 0 & 0 & \cdots & 0\\ \vdots & \vdots & & \vdots & \vdots & \vdots & & \vdots\\ 0 & 0 & \cdots & 0 & 0 & 0 & \cdots & 0\end{pmatrix} \tag{14.3.3}$$

$\boldsymbol{B}$ 对应的方程组为

$$\begin{cases}x_1=-b_{11}x_{r+1}-b_{12}x_{r+2}-\cdots-b_{1n-r}x_n\\ x_2=-b_{21}x_{r+1}-b_{22}x_{r+2}-\cdots-b_{2n-r}x_n\\ \cdots\\ x_r=-b_{r1}x_{r+1}-b_{r2}x_{r+2}-\cdots-b_{rn-r}x_n\end{cases} \tag{14.3.4}$$

由于 $x_{r+1},x_{r+2},\cdots,x_n$ 任取一组值即可解出 $x_1,x_2,\cdots,x_r$，将它们合在一起得

$$\boldsymbol{x}=\begin{pmatrix}x_1\\ \vdots\\ x_r\\ x_{r+1}\\ \vdots\\ x_n\end{pmatrix},$$

则 $\boldsymbol{x}$ 是(14.2.2)的解. 可知，主变量 $x_1,x_2,\cdots,x_r$ 由自由变量 $x_{r+1},x_{r+2},\cdots,x_n$ 唯一确定令 $x_{r+1},x_{r+2},\cdots,x_n$ 取下列 $n-r$ 组值

$$\begin{pmatrix}x_{r+1}\\ x_{r+2}\\ \vdots\\ x_n\end{pmatrix}=\begin{pmatrix}1\\ 0\\ \vdots\\ 0\end{pmatrix},\begin{pmatrix}0\\ 1\\ \vdots\\ 0\end{pmatrix},\cdots,\begin{pmatrix}0\\ 0\\ \vdots\\ 1\end{pmatrix},$$

代入（14.3.3）求出 $x_1,x_2,\cdots,x_r$，再与 $x_{r+1},x_{r+2},\cdots,x_n$ 合在一起得到（14.3.2）的 $n-r$ 个解.

$$\boldsymbol{\eta}_1=\begin{pmatrix}-b_{11}\\ \vdots\\ -b_{r1}\\ 1\\ 0\\ \vdots\\ 0\end{pmatrix},\boldsymbol{\eta}_2=\begin{pmatrix}-b_{12}\\ \vdots\\ -b_{r2}\\ 0\\ 1\\ \vdots\\ 0\end{pmatrix},\cdots,\boldsymbol{\eta}_{n-r}=\begin{pmatrix}-b_{1,n-r}\\ \vdots\\ -b_{r,n-r}\\ 0\\ 0\\ \vdots\\ 1\end{pmatrix},$$

显然，$\boldsymbol{\eta}_1,\boldsymbol{\eta}_2,\cdots,\boldsymbol{\eta}_{n-r}$ 线性无关. 所以（14.3.2）的任一解可由 $\boldsymbol{\eta}_1,\boldsymbol{\eta}_2,\cdots,\boldsymbol{\eta}_{n-r}$ 线性表出，因此 $\boldsymbol{\eta}_1,\boldsymbol{\eta}_2,\cdots,\boldsymbol{\eta}_{n-r}$ 为方程组（14.3.2）的一个基础解系. 齐次线性方程组的通解为

$\boldsymbol{x}=k_1\boldsymbol{\eta}_1+k_2\boldsymbol{\eta}_2+\cdots+k_{n-r}\boldsymbol{\eta}_{n-r}$，其中 $k_1,k_2,\cdots,k_{n-r}$ 为任意常数.

设 $\boldsymbol{x}=\begin{pmatrix}x_1\\ \vdots\\ x_r\\ k_1\\ \vdots\\ k_{n-r}\end{pmatrix}$ 为（14.3.2）的任一解，则由（14.3.4）得

$$\begin{cases}x_1=-b_{11}k_1-b_{12}k_2-\cdots-b_{1n-r}k_{n-r}\\ x_2=-b_{21}k_1-b_{22}k_2-\cdots-b_{2n-r}k_{n-r}\\ \cdots\\ x_r=-b_{r1}k_1-b_{r2}k_2-\cdots-b_{rn-r}k_{n-r}\end{cases}$$

即

$$\boldsymbol{x}=\begin{pmatrix}-b_{11}k_1-b_{12}k_2-\cdots-b_{1n-r}k_{n-r}\\ -b_{21}k_1-b_{22}k_2-\cdots-b_{2n-r}k_{n-r}\\ \vdots\qquad\quad\vdots\qquad\qquad\quad\vdots\\ -b_{r1}k_1-b_{r2}k_2-\cdots-b_{rn-r}k_{n-r}\\ k_1\\ k_2\\ \vdots\\ k_{n-r}\end{pmatrix}=k_1\begin{pmatrix}-b_{11}\\ -b_{21}\\ \vdots\\ -b_{r1}\\ 1\\ 0\\ \vdots\\ 0\end{pmatrix}+k_2\begin{pmatrix}-b_{12}\\ -b_{22}\\ \vdots\\ -b_{r2}\\ 0\\ 1\\ \vdots\\ 0\end{pmatrix}+\cdots+k_{n-r}\begin{pmatrix}-b_{1n-r}\\ -b_{2n-r}\\ \vdots\\ -b_{rn-r}\\ 0\\ 0\\ \vdots\\ 1\end{pmatrix}$$

$$=k_1\eta_1+k_2\eta_2+\cdots+k_{n-r}\eta_{n-r}$$

其实，求方程组通解，还可以先把方程组化为最简方程组，然后只要令自由未知数 $x_{r+1},x_{r+2},\cdots,x_n$ 取任意常数 $k_1,k_2,\cdots,k_{n-r}$，代入解出 $x_1,x_2,\cdots,x_r$，再与 $x_{r+1},x_{r+2},\cdots,x_n$ 合在一起即可.

例 14.3.4　求齐次线性方程组 $\begin{cases}x_1-x_2+5x_3-x_4=0\\ x_1+x_2-2x_3+3x_4=0\\ 3x_1-x_2+8x_3+x_4=0\\ x_1+3x_2-9x_3+7x_4=0\end{cases}$ 的一个基础解系和通解.

解：先用行初等变换将方程组的系数矩阵变为最简阶梯形矩阵.

$$\begin{pmatrix}1&-1&5&-1\\1&1&-2&3\\3&-1&8&1\\1&3&-9&7\end{pmatrix}\to\begin{pmatrix}1&-1&5&-1\\0&2&-7&4\\0&2&-7&4\\0&4&-14&8\end{pmatrix}\to\begin{pmatrix}1&-1&5&-1\\0&2&-7&4\\0&0&0&0\\0&0&0&0\end{pmatrix}$$

$$\to\begin{pmatrix}1&-1&5&-1\\0&1&-\frac{7}{2}&2\\0&0&0&0\\0&0&0&0\end{pmatrix}\to\begin{pmatrix}1&0&\frac{3}{2}&1\\0&1&-\frac{7}{2}&2\\0&0&0&0\\0&0&0&0\end{pmatrix}$$

然后将它还原成方程组的形式：

$$\begin{cases}x_1=-\dfrac{3}{2}x_3-x_4\\x_2=\dfrac{7}{2}x_3-2x_4\end{cases}$$

并将该方程组整理成如下形式：

$$\begin{cases}x_1=-\dfrac{3}{2}x_3-x_4\\x_2=\dfrac{7}{2}x_3-2x_4\\x_3=1x_3+0x_4\\x_4=0x_3+1x_4\end{cases}\Rightarrow\begin{pmatrix}x_1\\x_2\\x_3\\x_4\end{pmatrix}=x_3\begin{pmatrix}-\frac{3}{2}\\\frac{7}{2}\\1\\0\end{pmatrix}+x_4\begin{pmatrix}-1\\-2\\0\\1\end{pmatrix}$$

列矩阵$\begin{pmatrix}-\frac{3}{2}\\\frac{7}{2}\\1\\0\end{pmatrix}$和$\begin{pmatrix}-1\\-2\\0\\1\end{pmatrix}$就是我们所要求的一组基础解系.

所以该方程组的通解为$\begin{pmatrix}x_1\\x_2\\x_3\\x_4\end{pmatrix}=k_1\begin{pmatrix}-\frac{3}{2}\\\frac{7}{2}\\1\\0\end{pmatrix}+k_2\begin{pmatrix}-1\\-2\\0\\1\end{pmatrix}$.

通过上面的例题，我们可以总结出解方程组的步骤：

（1）先用初等行变换将系数矩阵化成最简阶梯形矩阵.

（2）将最简阶梯形矩阵改写成方程组的形式，并整理成列矩阵的形式.

（3）写出基础解系，并写出其通解.

例 14.3.5 已知 $\boldsymbol{A}=\begin{pmatrix}1&2&3\\-1&3&2\\2&a&1\\1&7&8\end{pmatrix}$，若 $\boldsymbol{Ax}=0$ 有非零解，求其基础解系及通解.

解： $\boldsymbol{Ax}=0$ 有非零解 $\Leftrightarrow r(\boldsymbol{A})<n$.

$$\boldsymbol{A}=\begin{pmatrix}1&2&3\\-1&3&2\\2&a&1\\1&7&8\end{pmatrix}\to\begin{pmatrix}1&2&3\\0&1&1\\0&a-4&-5\\0&5&5\end{pmatrix}\to\begin{pmatrix}1&0&1\\0&1&1\\0&a+1&0\\0&0&0\end{pmatrix},$$

故必有 $a=-1$.
所以同解程组为

$$\begin{cases}x_1+x_3=0\\x_2+x_3=0\end{cases}\Rightarrow\begin{cases}x_1=-x_3\\x_2=-x_3\\x_3=x_3\end{cases},$$

令 $x_3=c$，通解为 $\begin{pmatrix}x_1\\x_2\\x_3\end{pmatrix}=c\begin{pmatrix}-1\\-1\\1\end{pmatrix}$，基础解系是 $\begin{pmatrix}-1\\-1\\1\end{pmatrix}$.

2. 非齐次线性方程组解的判定

对于非齐次线性方程组（14.3.1）我们有

$\boldsymbol{Ax}=\boldsymbol{b}\Leftrightarrow(\boldsymbol{\alpha}_1,\boldsymbol{\alpha}_2,\cdots,\boldsymbol{\alpha}_n)\begin{pmatrix}x_1\\x_2\\\vdots\\x_n\end{pmatrix}=\boldsymbol{\beta}\Leftrightarrow x_1\boldsymbol{\alpha}_1+x_2\boldsymbol{\alpha}_2+\cdots+x_n\boldsymbol{\alpha}_n=\boldsymbol{\beta}$，故 $\boldsymbol{Ax}=\boldsymbol{b}$ 有解 $\Leftrightarrow\boldsymbol{\beta}$ 可由 $\boldsymbol{\alpha}_1,\boldsymbol{\alpha}_2,\cdots,\boldsymbol{\alpha}_n$ 线性表示 $\Leftrightarrow r(\boldsymbol{\alpha}_1,\boldsymbol{\alpha}_2,\cdots,\boldsymbol{\alpha}_n)=r(\boldsymbol{\alpha}_1,\boldsymbol{\alpha}_2,\cdots,\boldsymbol{\alpha}_n,\ \boldsymbol{\beta})$，于是我们得到如下定理：

定理 14.3.9（线性方程组有解判别定理） 已知线性方程组（14.3.1）的系数矩阵 $\boldsymbol{A}=\begin{pmatrix}a_{11}&a_{12}&\cdots&a_{1n}\\a_{21}&a_{22}&\cdots&a_{2n}\\\vdots&\vdots&&\vdots\\a_{s1}&a_{s2}&\cdots&a_{sn}\end{pmatrix}$ 与增广矩阵 $\overline{\boldsymbol{A}}=\begin{pmatrix}a_{11}&a_{12}&\cdots&a_{1n}&b_1\\a_{21}&a_{22}&\cdots&a_{2n}&b_2\\\vdots&\vdots&&\vdots&\vdots\\a_{s1}&a_{s2}&\cdots&a_{sn}&b_s\end{pmatrix}$ 的秩分别为 $R(\boldsymbol{A})$ 和 $R(\overline{\boldsymbol{A}})$，则

（1）当 $R(\boldsymbol{A})=R(\overline{\boldsymbol{A}})=r$ 时方程组有解，此时也称方程组是相容的，且当 $r=n$ 时，方程组有唯一解；当 $r<n$ 时，方程组有无数组解.

（2）当 $R(\boldsymbol{A})\neq R(\overline{\boldsymbol{A}})$ 时方程组无解，此时也称方程组是不相容的.

例 14.3.6 当 λ 取何值时，方程组

$$\begin{cases}x_1+2x_2+\lambda x_3=2\\2x_1+\dfrac{4}{3}\lambda x_2+6x_3=4\\\lambda x_1+6x_2+9x_3=6\end{cases}$$

（1）无解；（2）有唯一解；（3）有无穷多解.

解： 将增广矩阵化为上阶梯形

$$\overline{A}=\left(\begin{array}{ccc|c}1 & 2 & \lambda & 2\\ 2 & \frac{4}{3}\lambda & 6 & 4\\ \lambda & 6 & 9 & 6\end{array}\right)\longrightarrow\left(\begin{array}{ccc|c}1 & 2 & \lambda & 2\\ 0 & \frac{4}{3}\lambda-4 & 6-2\lambda & 0\\ 0 & 6-2\lambda & 9-\lambda^2 & 6-2\lambda\end{array}\right)$$

$$\longrightarrow\left(\begin{array}{ccc|c}1 & 2 & \lambda & 2\\ 0 & \frac{4}{3}\lambda-4 & 6-2\lambda & 0\\ 0 & 0 & (\lambda+6)(3-\lambda) & 2(3-\lambda)\end{array}\right)$$

由定理 14.3.9 可得出如下结论：

（1）当 $\lambda=-6$ 时，$R(\boldsymbol{A})<R(\overline{\boldsymbol{A}})$，故方程组无解.

（2）当 $\lambda\neq-6$, 且 $\lambda\neq3$ 时，$R(\boldsymbol{A})=R(\overline{\boldsymbol{A}})=3$, 方程组有唯一解.

（3）当 $\lambda=3$ 时，$R(\boldsymbol{A})=R(\overline{\boldsymbol{A}})=1$, 有无穷多解.

3. 非齐次线性方程组的解的结构

定理 14.3.10（解的性质）

（1）如果 $\boldsymbol{\alpha},\boldsymbol{\beta}$ 是线性方程组 $\boldsymbol{Ax}=\boldsymbol{b}$ 的两个解，则 $\boldsymbol{\alpha}-\boldsymbol{\beta}$ 是导出组 $\boldsymbol{Ax}=0$ 的解.

（2）如果 $\boldsymbol{\alpha}$ 是线性方程组 $\boldsymbol{Ax}=\boldsymbol{b}$ 的解，$\boldsymbol{\eta}$ 是导出组 $\boldsymbol{Ax}=0$ 的解，则 $\boldsymbol{\alpha}+\boldsymbol{\eta}$ 是 $\boldsymbol{Ax}=\boldsymbol{b}$ 的解.

由上面的定理可知，若 ξ 为 $\boldsymbol{Ax}=0$ 的解，$\boldsymbol{\eta}$ 为 $\boldsymbol{Ax}=\boldsymbol{b}$ 的解，则 $\xi+\boldsymbol{\eta}$ 为 $\boldsymbol{Ax}=\boldsymbol{b}$ 的解. 再若 x 为 $\boldsymbol{Ax}=\boldsymbol{b}$ 的任一解，$\boldsymbol{\eta}$ 为 $\boldsymbol{Ax}=\boldsymbol{b}$ 的一个解，则 $\xi=\boldsymbol{x}-\boldsymbol{\eta}$ 为 $\boldsymbol{Ax}=0$ 的解，所以 $\boldsymbol{x}=\xi+\boldsymbol{\eta}$，因此 $\boldsymbol{Ax}=\boldsymbol{b}$ 的通解为 $\boldsymbol{x}=\xi+\boldsymbol{\eta}$，其中 ξ 为 $\boldsymbol{Ax}=0$ 的通解.

所以当 $\boldsymbol{\eta}_1,\boldsymbol{\eta}_2,\cdots,\boldsymbol{\eta}_{n-r}$ 为 $\boldsymbol{Ax}=0$ 的一个基础解系，ζ_0 是 $\boldsymbol{Ax}=\boldsymbol{b}$ 的一个解，$c_1,c_2,\cdots,c_{n-r}$ 为任意常数，则 $\boldsymbol{Ax}=\boldsymbol{b}$ 的通解为

$$\boldsymbol{x}=\zeta_0+c_1\boldsymbol{\eta}_1+c_2\boldsymbol{\eta}_2+\cdots+c_{n-r}\boldsymbol{\eta}_{n-r}$$

由此，我们可以得出下面的定理.

定理 14.3.11（解的结构） 对非齐次线性方程组 $\boldsymbol{Ax}=\boldsymbol{b}$，若 $r(\boldsymbol{A})=r(\overline{\boldsymbol{A}})=r$，且已知 $\boldsymbol{\eta}_1,\boldsymbol{\eta}_2,\cdots,\boldsymbol{\eta}_{n-r}$ 是导出组 $\boldsymbol{Ax}=0$ 的基础解系，ζ_0 是 $\boldsymbol{Ax}=\boldsymbol{b}$ 的某个已知解，则 $\boldsymbol{Ax}=\boldsymbol{b}$ 的通解为

$$\boldsymbol{x}=\zeta_0+c_1\boldsymbol{\eta}_1+c_2\boldsymbol{\eta}_2+\cdots+c_{n-r}\boldsymbol{\eta}_{n-r}\text{，其中 } c_1,c_2,\cdots,c_{n-r} \text{ 为任意常数.}$$

例 14.3.7 求非齐次线性方程组 $\begin{cases}x_1+2x_2-x_3+2x_4=1\\ 2x_1+4x_2+x_3+x_4=5\\ -x_1-2x_2-2x_3+\ x_4=-4\end{cases}$ 的通解.

解： 先用初等行变换将增广矩阵化成最简阶梯形矩阵.

$$\overline{A}=\begin{pmatrix}1 & 2 & -1 & 2 & 1\\ 2 & 4 & 1 & 1 & 5\\ -1 & -2 & -2 & 1 & -4\end{pmatrix}\to\begin{pmatrix}1 & 2 & -1 & 2 & 1\\ 0 & 0 & 3 & -3 & 3\\ 0 & 0 & -3 & 3 & -3\end{pmatrix}\to\begin{pmatrix}1 & 2 & -1 & 2 & 1\\ 0 & 0 & 1 & -1 & 1\\ 0 & 0 & 0 & 0 & 0\end{pmatrix}$$

$$\to\begin{pmatrix}1 & 2 & 0 & 1 & 2\\ 0 & 0 & 1 & -1 & 1\\ 0 & 0 & 0 & 0 & 0\end{pmatrix}$$

由于 $R(\overline{\boldsymbol{A}})=R(\boldsymbol{A})=2$，所以方程组有解，将上面的最简阶梯形矩阵化成方程组的形式：

$$\begin{cases} x_1=-2x_2-x_4+2 \\ x_3=x_4+1 \end{cases}$$

并将方程组写成如下形式：

$$\begin{cases} x_1=-2x_2-x_4+2 \\ x_2=1x_2+0x_4+0 \\ x_3=0x_2+x_4+1 \\ x_4=0x_2+1x_4+0 \end{cases} \Rightarrow \begin{pmatrix} x_1 \\ x_2 \\ x_3 \\ x_4 \end{pmatrix}=x_2\begin{pmatrix} -2 \\ 1 \\ 0 \\ 0 \end{pmatrix}+x_4\begin{pmatrix} -1 \\ 0 \\ 1 \\ 1 \end{pmatrix}+\begin{pmatrix} 2 \\ 0 \\ 1 \\ 0 \end{pmatrix}$$

列矩阵 $\begin{pmatrix} 2 \\ 0 \\ 1 \\ 0 \end{pmatrix}$ 就是方程组的一个特解，$\begin{pmatrix} -2 \\ 1 \\ 0 \\ 0 \end{pmatrix}$ 和 $\begin{pmatrix} -1 \\ 0 \\ 1 \\ 1 \end{pmatrix}$ 就是方程组对应的齐次线性方程组的基础解系.

所以，该方程组的通解为 $\begin{pmatrix} x_1 \\ x_2 \\ x_3 \\ x_4 \end{pmatrix}=k_1\begin{pmatrix} -2 \\ 1 \\ 0 \\ 0 \end{pmatrix}+k_2\begin{pmatrix} -1 \\ 0 \\ 1 \\ 1 \end{pmatrix}+\begin{pmatrix} 2 \\ 0 \\ 1 \\ 0 \end{pmatrix}$.

例 14.3.8　已知线性方程组

$$\begin{cases} x_1-x_2-2x_3+3x_4=0, \\ x_1-3x_2-5x_3+2x_4=-1, \\ x_1+x_2+ax_3+4x_4=1, \\ x_1+7x_2+10x_3+7x_4=b, \end{cases}$$

讨论参数 a,b 取何值时，方程组有解、无解；当有解时，试用其导出组的基础解系表示通解.

解：对增广矩阵作初等行变换，有

$$\overline{\boldsymbol{A}}=\begin{pmatrix} 1 & -1 & -2 & 3 & 0 \\ 1 & -3 & -5 & 2 & -1 \\ 1 & 1 & a & 4 & 1 \\ 1 & 7 & 10 & 7 & b \end{pmatrix} \to \begin{pmatrix} 1 & -1 & -2 & 3 & 0 \\ 0 & 2 & 3 & 1 & 1 \\ 0 & 0 & a-1 & 0 & 0 \\ 0 & 0 & 0 & 0 & b-4 \end{pmatrix}.$$

当 $b\neq 4$ 时，$r(\boldsymbol{A})\neq r(\overline{\boldsymbol{A}})$，方程组无解.

当 $b=4$ 时，$\forall a$，恒有 $r(\boldsymbol{A})=r(\overline{\boldsymbol{A}})$，方程组有解.

当 $a\neq 1$ 时，$\overline{\boldsymbol{A}}\to\begin{pmatrix} 1 & -1 & -2 & 3 & 0 \\ 0 & 2 & 3 & 1 & 1 \\ 0 & 0 & a-1 & 0 & 0 \\ 0 & 0 & 0 & 0 & 0 \end{pmatrix}\to\begin{pmatrix} 1 & 0 & 0 & \frac{7}{2} & \frac{1}{2} \\ 0 & 1 & 0 & \frac{1}{2} & \frac{1}{2} \\ 0 & 0 & 1 & 0 & 0 \\ 0 & 0 & 0 & 0 & 0 \end{pmatrix}$

$r(\boldsymbol{A})=r(\overline{\boldsymbol{A}})=3$，方程组有无穷多解，通解为

$$x=\begin{pmatrix}x_1\\x_2\\x_3\\x_4\end{pmatrix}=\begin{pmatrix}\frac{1}{2}\\\frac{1}{2}\\0\\0\end{pmatrix}+k\begin{pmatrix}-\frac{7}{2}\\-\frac{1}{2}\\0\\1\end{pmatrix},\ k\text{ 为任意常数.}$$

若 $a=1$，有 $\overline{A}\to\begin{pmatrix}1&-1&-2&3&0\\0&2&3&1&1\\0&0&0&0&0\\0&0&0&0&0\end{pmatrix}\to\begin{pmatrix}1&0&-\frac{1}{2}&\frac{7}{2}&\frac{1}{2}\\0&1&\frac{3}{2}&\frac{1}{2}&\frac{1}{2}\\0&0&0&0&0\\0&0&0&0&0\end{pmatrix}$，

$r(A)=r(\overline{A})=2$，方程组有无穷多解，通解为

$$x=\begin{pmatrix}x_1\\x_2\\x_3\\x_4\end{pmatrix}=\begin{pmatrix}\frac{1}{2}\\\frac{1}{2}\\0\\0\end{pmatrix}+k_1\begin{pmatrix}\frac{1}{2}\\-\frac{3}{2}\\1\\0\end{pmatrix}+k_2\begin{pmatrix}-\frac{7}{2}\\-\frac{1}{2}\\0\\1\end{pmatrix},\ k_1,\ k_2\text{ 为任意常数.}$$

例 14.3.9　已知4元方程组 $\boldsymbol{Ax}=\boldsymbol{b}$ 中，系数矩阵的秩 $r(\boldsymbol{A})=3,\boldsymbol{\alpha}_1,\boldsymbol{\alpha}_2,\boldsymbol{\alpha}_3$ 是方程组的三个解，若 $\boldsymbol{\alpha}_1=[1,1,1,1]^{\mathrm{T}},\boldsymbol{\alpha}_2+\boldsymbol{\alpha}_3=[2,3,4,5]^{\mathrm{T}}$，求方程组通解.

解： 由于 $n-r(\boldsymbol{A})=4-3=1$，故方程组通解形式为 $\boldsymbol{\alpha}+k\boldsymbol{\eta}$.

因为 $\boldsymbol{\alpha}_1$ 是方程组 $\boldsymbol{Ax}=\boldsymbol{b}$ 的解，故 $\boldsymbol{\alpha}$ 可取为 $\boldsymbol{\alpha}_1$.

因为 $\boldsymbol{A}(\boldsymbol{\alpha}_2+\boldsymbol{\alpha}_3)=\boldsymbol{A\alpha}_2+\boldsymbol{A\alpha}_3=2\boldsymbol{b},\boldsymbol{A}(2\boldsymbol{\alpha}_1)=2\boldsymbol{b}$，

由定理 14.3.10 可知，$\xi,\boldsymbol{\eta}$ 是 $\boldsymbol{Ax}=\boldsymbol{b}$ 的解，则有 $\boldsymbol{A}\xi=\boldsymbol{b},\boldsymbol{A\eta}=\boldsymbol{b}$ 可得，$\boldsymbol{A}(\xi-\boldsymbol{\eta})=0$，即 $\xi-\boldsymbol{\eta}$ 是 $\boldsymbol{Ax}=0$ 的解.

所以有 $(\boldsymbol{\alpha}_2+\boldsymbol{\alpha}_3)-2\boldsymbol{\alpha}_1$，是 $\boldsymbol{Ax}=0$ 的解，即 $(0,1,2,3)^{\mathrm{T}}$ 是 $\boldsymbol{Ax}=0$ 的解，所以方程组的通解为 $(1,1,1,1)^{\mathrm{T}}+k(0,1,2,3)^{\mathrm{T}},k$ 为任意常数.

习题 14.3

基础练习

1. 选择题.

（1）若四阶方阵的秩为 3，则（　　）.

A. $\boldsymbol{A}$ 为可逆阵　　B. 齐次方程组 $\boldsymbol{Ax}$=0 有非零解

C. 齐次方程组 $\boldsymbol{Ax}$=0 只有零解　　D. 非齐次方程组 $\boldsymbol{Ax}$=$\boldsymbol{b}$ 必有解

（2）下列向量组中，线性无关的是（　　）.

A. $[1,2,3,4]^{\mathrm{T}},[2,3,4,5]^{\mathrm{T}},[0,0,0,0]^{\mathrm{T}}$

B. $[1,2,-1]^{\mathrm{T}},[3,5,6]^{\mathrm{T}},[0,7,9]^{\mathrm{T}},[1,0,2]^{\mathrm{T}}$

C. $[a,1,2,3]^{\mathrm{T}},[b,1,2,3]^{\mathrm{T}},[c,3,4,5]^{\mathrm{T}},[d,0,0,0]^{\mathrm{T}}$

D. $[1,0,0]^{\mathrm{T}},[0,6,0]^{\mathrm{T}},[0,5,6]^{\mathrm{T}}$

（3）齐次线性方程组 $\boldsymbol{Ax}=0$ 仅有零解的充要条件是（　　）.

A. 矩阵 $\boldsymbol{A}$ 的列向量组线性无关　　B. 矩阵 $\boldsymbol{A}$ 的列向量组线性相关；

C. 矩阵 $\boldsymbol{A}$ 的行向量组线性无关　　D. 矩阵 $\boldsymbol{A}$ 的行向量组线性相关.

（4）设 $\boldsymbol{A}$ 为 $m\times n$ 矩阵，则 n 元齐次线性方程组 $\boldsymbol{Ax}=0$ 有非零解的充分必要条件是（　　）.

A. $r(\boldsymbol{A})=n$　　B. $r(\boldsymbol{A})=m$　　C. $r(\boldsymbol{A})<n$　　D. $r(\boldsymbol{A})<m$

（5）设 $\boldsymbol{\alpha}_1\boldsymbol{\alpha}_2$ 为非齐次线性方程组 $\boldsymbol{Ax}=\boldsymbol{\beta}$ 的两个不同解，则（　　）是 $\boldsymbol{Ax}=\boldsymbol{\beta}$ 的解.

A. $\boldsymbol{\alpha}_1+\boldsymbol{\alpha}_2$　　B. $\dfrac{2}{3}\boldsymbol{\alpha}_1+\dfrac{1}{3}\boldsymbol{\alpha}_2$

C. $\boldsymbol{\alpha}_1-\boldsymbol{\alpha}_2$　　D. $k_1\boldsymbol{\alpha}_1+k_2\boldsymbol{\alpha}_2,\ k_i\in\mathbf{R},i=1,2$

（6）设 $\boldsymbol{\alpha}_1,\boldsymbol{\alpha}_2$ 为齐次线性方程组 $\boldsymbol{Ax}=0$ 的两个不同解，则（　　）是 $\boldsymbol{Ax}=0$ 的解.

A. $\boldsymbol{\alpha}_1+\boldsymbol{\alpha}_2$　　B. $\dfrac{2}{3}\boldsymbol{\alpha}_1+\dfrac{1}{3}\boldsymbol{\alpha}_2$　　C. $\boldsymbol{\alpha}_1-\boldsymbol{\alpha}_2$　　D. 以上三个都是

（7）已知向量组 $\boldsymbol{\alpha}_1=[1,1,1,3]^{\mathrm{T}},\boldsymbol{\alpha}_2=[1,3,-5,-1]^{\mathrm{T}},\boldsymbol{\alpha}_3=[-2,-6,10,a]^{\mathrm{T}},\boldsymbol{\alpha}_4=[4,1,6,a+10]^{\mathrm{T}}$ 线性相关，则向量组 $\boldsymbol{\alpha}_1,\boldsymbol{\alpha}_2,\boldsymbol{\alpha}_3,\boldsymbol{\alpha}_4$ 的极大线性无关组是（　　）.

A. $\boldsymbol{\alpha}_1,\boldsymbol{\alpha}_2,\boldsymbol{\alpha}_3$　　B. $\boldsymbol{\alpha}_2,\boldsymbol{\alpha}_3,\boldsymbol{\alpha}_4$　　C. $\boldsymbol{\alpha}_1,\boldsymbol{\alpha}_3,\boldsymbol{\alpha}_4$　　D. 以上都不对

（8）设 $\boldsymbol{A}=\begin{pmatrix}1&0&3&1&2\\2&1&7&4&3\\-1&2&1&3&0\end{pmatrix}$，则 $\boldsymbol{Ax}=0$ 的基础解系中，所含解向量的个数是（　　）.

A. 1　　B. 2　　C. 3　　D. 4

（9）下列各命题正确的是（　　）.

A. 若向量组 $\boldsymbol{\alpha}_1,\boldsymbol{\alpha}_2,\cdots,\boldsymbol{\alpha}_m$ 线性相关，则 $\boldsymbol{\alpha}_1$ 可由 $\boldsymbol{\alpha}_2,\cdots,\boldsymbol{\alpha}_m$ 线性表示.

B. 若有不全为零的数 $\lambda_1,\lambda_2,\cdots,\lambda_m$，使

$$\lambda_1\boldsymbol{\alpha}_1+\lambda_2\boldsymbol{\alpha}_2+\cdots+\lambda_m\boldsymbol{\alpha}_m+\lambda_1\boldsymbol{\beta}_1+\lambda_2\boldsymbol{\beta}_2+\cdots+\lambda_m\boldsymbol{\beta}_m=0$$

成立，则 $\boldsymbol{\alpha}_1,\boldsymbol{\alpha}_2,\cdots,\boldsymbol{\alpha}_m$ 线性相关，$\boldsymbol{\beta}_1,\boldsymbol{\beta}_2,\cdots,\boldsymbol{\beta}_m$ 亦线性相关.

C. 若只有当 $\lambda_1,\cdots,\lambda_m$ 全为零时，等式

$$\lambda_1\boldsymbol{\alpha}_1+\cdots+\lambda_m\boldsymbol{\alpha}_m+\lambda_1\boldsymbol{\beta}_1+\cdots+\lambda_m\boldsymbol{\beta}_m=\mathbf{0}$$

才能成立，则 $(\boldsymbol{\alpha}_1+\boldsymbol{\beta}_1),\cdots,(\boldsymbol{\alpha}_m+\boldsymbol{\beta}_m)$ 线性无关.

D. 若 $\boldsymbol{\alpha}_1,\cdots,\boldsymbol{\alpha}_m$ 线性相关，$\boldsymbol{\beta}_1,\cdots,\boldsymbol{\beta}_m$ 亦线性相关，则有不全为零的数 $\lambda_1,\cdots,\lambda_m$，使 $\lambda_1\boldsymbol{\alpha}_1+\cdots+\lambda_m\boldsymbol{\alpha}_m=0,\lambda_1\boldsymbol{\beta}_1+\cdots+\lambda_m\boldsymbol{\beta}_m=0$ 同时成立.

（10）设 $\boldsymbol{\beta}_1,\boldsymbol{\beta}_2$ 为非齐次线性方程组 $\boldsymbol{Ax}=\boldsymbol{\beta}$ 的两个不同解，而 $\boldsymbol{\alpha}_1,\boldsymbol{\alpha}_2$ 为对应的齐次线性方程组 $\boldsymbol{Ax}=0$ 的基础解系，k_1,k_2 为任意实数，则 $\boldsymbol{Ax}=\boldsymbol{\beta}$ 的通解为（　　）.

A. $k_1\boldsymbol{\alpha}_1+k_2(\boldsymbol{\alpha}_1+\boldsymbol{\alpha}_2)+\dfrac{\boldsymbol{\beta}_1+\boldsymbol{\beta}_2}{2}$　　B. $k_1\boldsymbol{\alpha}_1+k_2(\boldsymbol{\beta}_1-\boldsymbol{\beta}_2)+\dfrac{\boldsymbol{\beta}_1+\boldsymbol{\beta}_2}{2}$

C. $k_1\boldsymbol{\alpha}_1+k_2(\boldsymbol{\beta}_1+\boldsymbol{\beta}_2)+\dfrac{\boldsymbol{\beta}_1-\boldsymbol{\beta}_2}{2}$　　D. 以上都不对

2. 填空题.

（1）设 $\boldsymbol{A}$ 为 $m\times n$ 矩阵，则非齐次线性方程组 $\boldsymbol{Ax}=\boldsymbol{\beta}$ 有唯一解的充要条件是________.

（2）设 $\boldsymbol{A}$ 为 $n\times n$ 矩阵，则齐次线性方程组 $\boldsymbol{Ax}=0$ 有唯一解的充要条件是________.

（3）已知 3 元非齐次线性方程组的增广矩阵为 $\begin{pmatrix}1 & -1 & 2 & 1\\ 0 & a+1 & 0 & 1\\ 0 & 0 & a+1 & 0\end{pmatrix}$，若该方程组无解，则 a 的取值为________.

（4）若齐次方程组 $\begin{cases}\lambda x_1+x_2+x_3=0\\ x_1+\lambda x_2+x_3=0\\ x_1+x_2+\lambda x_3=0\end{cases}$ 只有零解，则参数 λ 应满足______________.

（5）3 元齐次线性方程组 $\begin{cases}x_1-x_2=0\\ x_2+x_3=0\end{cases}$ 的基础解系中所含解向量的个数为________.

（6）若方程组 $\begin{cases}x_1+x_2=-a_1\\ x_2+x_3=a_2\\ x_3+x_4=-a_3\\ x_1+x_4=a_4\end{cases}$ 有解，则常数 a_1,a_2,a_3,a_4 满足___________.

（7）向量组 $\begin{pmatrix}-1\\3\\1\end{pmatrix},\begin{pmatrix}2\\1\\0\end{pmatrix},\begin{pmatrix}1\\4\\1\end{pmatrix}$ 是线性______（相关/无关）；向量组 $\begin{pmatrix}2\\3\\0\end{pmatrix},\begin{pmatrix}-1\\4\\0\end{pmatrix},\begin{pmatrix}0\\0\\2\end{pmatrix}$ 是线性______（相关/无关）.

（8）若方程组 $\begin{pmatrix}1 & 2 & 1\\ 2 & 3 & a+1\\ 1 & a & -2\end{pmatrix}\begin{pmatrix}x_1\\x_2\\x_3\end{pmatrix}=\begin{pmatrix}1\\3\\0\end{pmatrix}$ 无解，则 $a=$ ____________.

（9）若 $\boldsymbol{\alpha}_1=[1,3,4,-2]^{\mathrm{T}},\boldsymbol{\alpha}_2=[2,1,3,t]^{\mathrm{T}},\boldsymbol{\alpha}_3=[3,-1,2,0]^{\mathrm{T}}$ 线性相关，则 $t=$_____.

（10）若方程组 $\begin{pmatrix}1 & 2 & 0\\ 2 & 3 & 1\\ 3 & 4 & a\end{pmatrix}\begin{pmatrix}x_1\\x_2\\x_3\end{pmatrix}=\begin{pmatrix}2\\3\\b\end{pmatrix}$ 有惟一解，则 a,b 满足______________.

（11）四元齐次线性方程组 $\begin{cases}x_1+x_2=0\\ x_2-x_4=0\end{cases}$ 的一个基础解系为________.

提高练习

3. 判断下列方程组是否有解，若有解，并求出其通解.

（1）$\begin{cases}x_1+x_2+4x_3=-5\\ 2x_1+x_2+2x_3=-1\\ 3x_1-3x_2+x_3=-2\end{cases}$；　　（2）$\begin{cases}x_1+x_2+x_3+x_4=1\\ x_1+x_2-x_3-x_4=1\\ x_1-x_2-x_3-x_4=1\\ x_1-x_2-x_3+x_4=1\end{cases}$；

（3）$\begin{cases}4x_1+2x_2-x_3=2\\ 3x_1-x_2+2x_3=10\\ 11x_1+3x_2=8\end{cases}$；　　（4）$\begin{cases}x_1+2x_2+x_3-x_4=0\\ 3x_1+6x_2-x_3-3x_4=0\\ 5x_1+10x_2+x_3-5x_4=0\end{cases}$；

（5）$\begin{cases} x_1+2x_2+3x_3-x_4=1 \\ 3x_1+2x_2+x_3-x_4=1 \\ 2x_1+3x_3+x_3+x_4=1 \\ 2x_1+2x_2+2x_3-x=1 \\ 5x_1+5x_2+2x_3=2 \end{cases}$；　（6）$\begin{cases} x_1+x_2+3x_4-x_5=0 \\ 2x_2+x_3+4x_4+x_5=0 \\ x_1+3x_2+x_3+4x_4+6x_5=0 \end{cases}$.

（7）$\begin{cases} 2x_1+x_2-x_3+x_4=1 \\ 4x_1+2x_2-2x_3+x_4=2 \\ 2x_1+x_2-x_3-x_4=1 \end{cases}$

4. 求齐次线性方程组$\begin{cases} 3x_1+x_2-x_3=0 \\ 3x_1+2x_2+3x_3=0 \\ x_2+4x_3=0 \end{cases}$的一个基础解系和它的通解.

5. 求参数λ,a,b取何值时，下列方程组有唯一解、无解或有无穷多个解. 当有无穷多个解时，求其一般解.

（1）$\begin{cases} -x_1-4x_2+x_3=1 \\ ax_2-3x_3=3 \\ x_1+3x_2+(a+1)x_3=0 \end{cases}$；　（2）$\begin{cases} -2x_1+x_2+x_3=-2 \\ x_1-2x_2+x_3=\lambda \\ x_1+x_2-2x_3=\lambda^2 \end{cases}$；

（3）$\begin{cases} ax_1+x_2+x_3=4 \\ x_1+bx_2+x_3=3 \\ x_1+2bx_2+x_3=4 \end{cases}$；　（4）$\begin{cases} x_1-x_2-2x_3+3x_4=0 \\ x_1-3x_2-5x_3+2x_4=-1 \\ x_1+x_2+ax_3+4x_4=1 \\ x_1+7x_2+10x_3+7x_4=b \end{cases}$.

6. 对于向量组$\boldsymbol{\alpha}_1=\begin{pmatrix} \lambda+1 \\ 1 \\ 1 \end{pmatrix},\boldsymbol{\alpha}_2=\begin{pmatrix} 1 \\ \lambda+1 \\ 1 \end{pmatrix},\boldsymbol{\alpha}_3=\begin{pmatrix} 1 \\ 1 \\ \lambda+1 \end{pmatrix},\boldsymbol{\beta}=\begin{pmatrix} 0 \\ \lambda \\ \lambda^2 \end{pmatrix}$；试讨论参数$\lambda$满足什么条件时，

（1）β可由$\alpha_1,\alpha_2,\alpha_3$线性表出，且表示方式唯一；

（2）β可由$\alpha_1,\alpha_2,\alpha_3$线性表出，但表示方式不唯一；

（3）β不能由$\alpha_1,\alpha_2,\alpha_3$线性表出.

7. 利用初等行变换求矩阵$\boldsymbol{A}=\begin{pmatrix} 25 & 31 & 17 & 43 \\ 75 & 94 & 53 & 132 \\ 75 & 94 & 54 & 134 \\ 25 & 32 & 20 & 48 \end{pmatrix}$的列向量组的一个最大无关组，并把其余列向量用最大无关组线性表示.

拓展练习

8. 设$\boldsymbol{\eta}_1,\boldsymbol{\eta}_2,\cdots,\boldsymbol{\eta}_s$是非齐次线性方程组$\boldsymbol{Ax}=\boldsymbol{b}$的 s 个解，$k_1,\cdots,k_s$为实数，满足$k_1+k_2+\cdots k+k_s=1$，证明：$x=k_1\boldsymbol{\eta}_1+k_2\boldsymbol{\eta}_2+\cdots+k_s\boldsymbol{\eta}_s$也是方程组$\boldsymbol{Ax}=\boldsymbol{b}$的解.

9. 设$\boldsymbol{\beta}_1=\boldsymbol{\alpha}_1+\boldsymbol{\alpha}_2,\boldsymbol{\beta}_2=\boldsymbol{\alpha}_2+\boldsymbol{\alpha}_3,\boldsymbol{\beta}_3=\boldsymbol{\alpha}_3+\boldsymbol{\alpha}_4,\boldsymbol{\beta}_4=\boldsymbol{\alpha}_4+\boldsymbol{\alpha}_1$，证明：向量组$\boldsymbol{\beta}_1,\boldsymbol{\beta}_2,\boldsymbol{\beta}_3,\boldsymbol{\beta}_4$线性相关.

10. 已知n维向量$\boldsymbol{\alpha}_1,\boldsymbol{\alpha}_2,\boldsymbol{\alpha}_3$ $\boldsymbol{\alpha}_1,\boldsymbol{\alpha}_2,\boldsymbol{\alpha}_3$线性无关，若$\boldsymbol{\beta}_1,\boldsymbol{\beta}_2,\boldsymbol{\beta}_3$可用$\boldsymbol{\alpha}_1,\boldsymbol{\alpha}_2,\boldsymbol{\alpha}_3$线性表出，设$(\boldsymbol{\beta}_1,\boldsymbol{\beta}_2,\boldsymbol{\beta}_3)=(\boldsymbol{\alpha}_1,\boldsymbol{\alpha}_2,\boldsymbol{\alpha}_3)C$，证明：$\boldsymbol{\beta}_1,\boldsymbol{\beta}_2,\boldsymbol{\beta}_3$线性无关的充分必要条件是$|C|\neq 0$.

本章小结

一、知识框图：

请读者自己画出本章知识结构图，从整体结构上去理解本章内容.

二、复习要点

1. 行列式的定义：________
2. 二、三阶行列式的计算：________
3. 行列式的性质：________

____

____

____

4. 行列式按行（列）展开：________
5. 常用的特殊行列式：________

____

6. 克拉默法则：________
7. 矩阵的定义：________
8. 矩阵的线性运算及性质：________

____

____

9. 矩阵的乘法及性质：________

____

____

10. 矩阵的转置、幂、行列式运算及性质：________

____

____

11. 逆矩阵及性质：____

____

____

12. 初等变换：____

13. 矩阵的秩：____

14. 向量组的线性相关及线性无关：____

____

____

15. 向量组的线性相关及线性无关的判定方法：____

____

____

16. n 元线性方程组的定义：____

____

____

17. n 元线性方程组的解的判定：____

____

____

____

三、思维运用

通过本章线性代数的学习，了解到齐次线性方程组与非齐次线性方程组通解之间的关系，就是齐次的通解+非齐次特解．这一特征在解一阶线性微分方程中也有体现．说明很多处理问题的方法、思路都是可以复制、借鉴的，前提是注意到适用条件，具体细节，还要具体分析．你对这一思维方式有什么体会？请举例说明你在生活、工作、学习中是怎么运用这一方法的．

本章复习题

一、选择题

1. 已知行列式$\begin{vmatrix} 1 & 2 & 5 \\ 1 & 3 & -2 \\ 2 & 5 & a \end{vmatrix}=0$，则数 $a=$（　　）．

A. -3　　B. -2　　C. 2　　D. 3

2. 设行列式$\begin{vmatrix} x & y & z \\ 4 & 0 & 3 \\ 1 & 1 & 1 \end{vmatrix}=1$，则行列式$\begin{vmatrix} 2x & 2y & 2z \\ \frac{4}{3} & 0 & 1 \\ 1 & 1 & 1 \end{vmatrix}=$（　　）．

A. $\frac{2}{3}$　　B. 1　　C. 2　　D. $\frac{8}{3}$

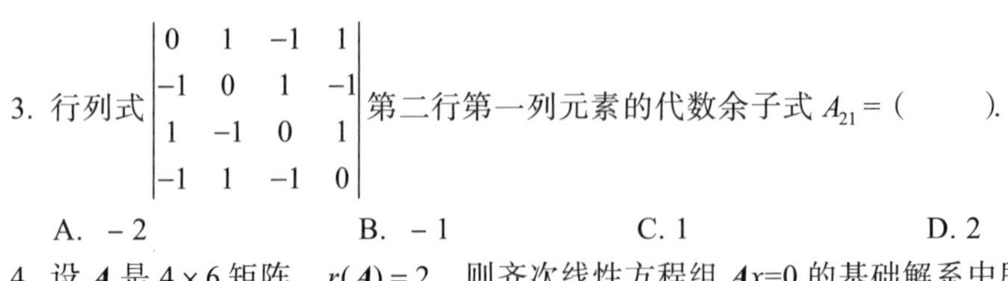

3. 行列式$\begin{vmatrix} 0 & 1 & -1 & 1 \\ -1 & 0 & 1 & -1 \\ 1 & -1 & 0 & 1 \\ -1 & 1 & -1 & 0 \end{vmatrix}$第二行第一列元素的代数余子式$A_{21}=$（　　）.

A. -2　　B. -1　　C. 1　　D. 2

4. 设$\boldsymbol{A}$是4×6矩阵，$r(\boldsymbol{A})=2$，则齐次线性方程组$\boldsymbol{A}x=0$的基础解系中所含向量的个数是（　　）.

A. 1　　B. 2　　C. 3　　D. 4

5. 设$\boldsymbol{A}$为四阶矩阵，且$|\boldsymbol{A}|=\dfrac{1}{2}$，则$\left|\left(\dfrac{1}{3}\boldsymbol{A}\right)^{-1}-2\boldsymbol{A}^*\right|=$（　　）.

A. 16　　B. 32　　C. 33　　D. 44

6. 设$\boldsymbol{A}$与$\boldsymbol{B}$是n阶方阵，下列结论正确的是（　　）.

A. $\boldsymbol{A}^2=0\Leftrightarrow \boldsymbol{A}=0$　　B. $\boldsymbol{A}^2=\boldsymbol{A}\Leftrightarrow \boldsymbol{A}=0$或$\boldsymbol{A}=\boldsymbol{E}$

C. $(\boldsymbol{A}-\boldsymbol{B})(\boldsymbol{A}+\boldsymbol{B})=\boldsymbol{A}^2-\boldsymbol{B}^2$　　D. $(\boldsymbol{A}-\boldsymbol{B})^2=\boldsymbol{A}^2-\boldsymbol{AB}-\boldsymbol{BA}+\boldsymbol{B}^2$

7. 设$\boldsymbol{A}$是n阶矩阵，$\boldsymbol{A}^*$是$\boldsymbol{A}$的伴随矩阵，$k\neq 0, k\neq \pm 1$，则$(k\boldsymbol{A})^*$等于（　　）.

A. $k\boldsymbol{A}^*$　　B. $\dfrac{1}{k}\boldsymbol{A}^*$　　C. $k^{n-1}\boldsymbol{A}^*$　　D. $k^n\boldsymbol{A}^*$

8. 若向量$\boldsymbol{\beta}$可由向量组$\boldsymbol{\alpha}_1,\boldsymbol{\alpha}_2,\cdots,\boldsymbol{\alpha}_s$线性表出，则（　　）.

A. 存在一组不全为零的数$k_1,\cdots,k_s$，使$\boldsymbol{\beta}=k_1\boldsymbol{\alpha}_1+k_2\boldsymbol{\alpha}_2+\cdots+k_s\boldsymbol{\alpha}_s$

B. 存在一组全为零的数$k_1,\cdots,k_s$，使$\boldsymbol{\beta}=k_1\boldsymbol{\alpha}_1+k_2\boldsymbol{\alpha}_2+\cdots+k_s\boldsymbol{\alpha}_s$

C. 向量$\boldsymbol{\beta},\boldsymbol{\alpha}_1,\boldsymbol{\alpha}_2,\cdots,\boldsymbol{\alpha}_s$线性相关

D. 对$\boldsymbol{\beta}$的线性表示不唯一

9. 若n维向量$\boldsymbol{\alpha}_1,\boldsymbol{\alpha}_2,\cdots,\boldsymbol{\alpha}_n$线性无关，则$\boldsymbol{\alpha}_1-\boldsymbol{\alpha}_2,\boldsymbol{\alpha}_2-\boldsymbol{\alpha}_3,\cdots,\boldsymbol{\alpha}_{n-1}-\boldsymbol{\alpha}_n,\boldsymbol{\alpha}_n-\boldsymbol{\alpha}_1$（　　）.

A. 线性相关　　B. 线性无关

C. 不能判断　　D. 以上都不对

10. 设$\boldsymbol{A}$是$m\times n$阶矩阵，$\boldsymbol{Ax}=0$是非齐次线性方程组$\boldsymbol{Ax}=\boldsymbol{b}$对应的齐次线性方程组，下列结论正确的是（　　）.

A. 若$\boldsymbol{Ax}=0$只有零解，则$\boldsymbol{Ax}=\boldsymbol{b}$有唯一解

B. 若$\boldsymbol{Ax}=0$有非零解，则$\boldsymbol{Ax}=\boldsymbol{b}$有无穷多个解

C. 若$\boldsymbol{Ax}=\boldsymbol{b}$有无穷多个解，则$\boldsymbol{Ax}=0$只有零解

D. 若$\boldsymbol{Ax}=\boldsymbol{b}$有无穷多个解，则$\boldsymbol{Ax}=0$有非零解

二、填空题

1. 若$\begin{vmatrix} 2 & 1 & 0 \\ 1 & 3 & 1 \\ k & 2 & 1 \end{vmatrix}=0$，则$k=$________.

2. 行列式$\begin{vmatrix} 1 & 2 & 3 \\ 4 & 5 & 9 \\ 6 & 7 & 13 \end{vmatrix}=$________.

3. 已知行列式 $\begin{vmatrix} a_1+b_1 & a_1-b_1 \\ a_2+b_2 & a_2-b_2 \end{vmatrix}=-4$，则 $\begin{vmatrix} a_1 & b_1 \\ a_2 & b_2 \end{vmatrix}=$________.

4. 设 $\boldsymbol{\alpha}_1$、$\boldsymbol{\alpha}_2$ 是非齐次线性方程组 $\boldsymbol{Ax}=\boldsymbol{b}$ 的解，则 $A(5\boldsymbol{\alpha}_2-4\boldsymbol{\alpha}_1)=$________.

5. 设 $\boldsymbol{\alpha}=(1,1,-1)$，$\boldsymbol{\beta}=(-2,1,0)$，$\boldsymbol{\gamma}=(-1,-2,1)$，则 $3\boldsymbol{\alpha}-\boldsymbol{\beta}+5\boldsymbol{\gamma}=$________.

6. 设齐次线性方程组 $\boldsymbol{Ax}=0$ 的一个基础解系为 $\boldsymbol{\xi}$，而非齐次线性方程且 $\boldsymbol{Ax}=\boldsymbol{b}$ 有解 $\boldsymbol{\eta}$，则方程组 $\boldsymbol{Ax}=\boldsymbol{b}$ 的通解为________.

7. 设 $\boldsymbol{A}=\begin{pmatrix} 1 & -2 \\ 1 & 2 \end{pmatrix}$, $\boldsymbol{B}$ 为二阶矩阵，且 $\boldsymbol{AB}+\boldsymbol{A}=\boldsymbol{B}$，则 $|\boldsymbol{B}|=$________.

8. 齐次线性方程组 $\boldsymbol{Ax}=0$ 有非零解的充要条件为________.

9. 已知 $\boldsymbol{\alpha}_1=(1,0,5,2)^{\mathrm{T}},\boldsymbol{\alpha}_2=(3,-2,3,-4)^{\mathrm{T}},\boldsymbol{\alpha}_3=(-1,1,t,3)^{\mathrm{T}}$ 线性相关，则 $t=$________.

10. 设 $\boldsymbol{A}=\begin{pmatrix} 2 & 0 & 0 \\ 1 & 3 & 0 \\ 0 & 0 & 4 \end{pmatrix},\boldsymbol{E}=\begin{pmatrix} 1 & 0 & 0 \\ 0 & 1 & 0 \\ 0 & 0 & 1 \end{pmatrix}$，则逆矩阵 $(\boldsymbol{A}-\boldsymbol{E})^{-1}=$________.

11. 设 A 是 4×2 矩阵，且 A 的秩为 $r(A)=2$，而 $B=\begin{pmatrix} 2 & 0 \\ 1 & 5 \end{pmatrix}$，则 $r(AB)=$________.

三、计算题

1. 计算下列二阶行列式：

（1）$\begin{vmatrix} 5 & 4 \\ 3 & 2 \end{vmatrix}$；　　（2）$\begin{vmatrix} 3 & 6 \\ -1 & 2 \end{vmatrix}$；

（3）$\begin{vmatrix} \cos x & -\sin x \\ \sin x & \cos x \end{vmatrix}$；　　（4）$\begin{vmatrix} x-1 & x^3 \\ 1 & x^2+x+1 \end{vmatrix}$.

2. 计算下列行列式：

（1）$\begin{vmatrix} 2 & 1 & 3 \\ 3 & -2 & -1 \\ 1 & 4 & 3 \end{vmatrix}$；　　（2）$\begin{vmatrix} x_1 & x_2 & 0 \\ y_1 & y_2 & 0 \\ 0 & 0 & z \end{vmatrix}$；

（3）$\begin{vmatrix} 4 & 3 & 2 & 1 \\ 3 & 2 & 1 & 4 \\ 2 & 1 & 4 & 3 \\ 1 & 4 & 3 & 2 \end{vmatrix}$；　　（4）$\begin{vmatrix} -1 & 2 & -3 & 1 \\ 2 & 0 & 0 & -1 \\ 2 & 3 & 0 & 2 \\ 3 & 1 & 5 & 1 \end{vmatrix}$；

（5）$\begin{vmatrix} 1 & -1 & 8 & -2 \\ 2 & 1 & -2 & 2 \\ 5 & 1 & 1 & -3 \\ -3 & 0 & 4 & 5 \end{vmatrix}$.

3. 用行列式的性质证明：

（1）$\begin{vmatrix} a^2 & ab & b^2 \\ 2a & a+b & 2b \\ 1 & 1 & 1 \end{vmatrix}=(a-b)^3$；

（2）$\begin{vmatrix} a_1+b_1 & b_1+c_1 & c_1+a_1 \\ a_2+b_2 & b_2+c_2 & c_2+a_2 \\ a_3+b_3 & b_3+c_3 & c_3+a_3 \end{vmatrix} = 2\begin{vmatrix} a_1 & b_1 & c_1 \\ a_2 & b_2 & c_2 \\ a_3 & b_3 & c_3 \end{vmatrix}$.

4. 试求下列方程的根：

（1）$\begin{vmatrix} \lambda-6 & 5 & 3 \\ -3 & \lambda+2 & 2 \\ -2 & 2 & \lambda \end{vmatrix} = 0$；　　（2）$\begin{vmatrix} 1 & 1 & 2 & 3 \\ 1 & 2-x^2 & 2 & 3 \\ 2 & 3 & 1 & 5 \\ 2 & 3 & 1 & 9-x^2 \end{vmatrix} = 0$.

5. 计算下列行列式：

（1）$\begin{vmatrix} 3 & -7 & 2 & 4 \\ -2 & 5 & 1 & -3 \\ 1 & -3 & -1 & 2 \\ 4 & -6 & 3 & 8 \end{vmatrix}$；　　（2）$\begin{vmatrix} -ab & ac & ae \\ bd & -cd & de \\ bf & cf & -ef \end{vmatrix}$.

6. 解下列方程组：

（1）$\begin{cases} 5x_1+2x_2+3x_3=-2 \\ 2x_1-2x_2+5x_3=0 \\ 3x_1+4x_2+2x_3=-10 \end{cases}$；　　（2）$\begin{cases} 2x_1-x_2-x_3=4 \\ 3x_1+4x_2-2x_3=11 \\ 3x_1-2x_2+4x_3=11 \end{cases}$.

7. 已知 $2\begin{pmatrix} 2 & 1 & -3 \\ 0 & -2 & 1 \end{pmatrix} + 3\boldsymbol{X} - \begin{pmatrix} 1 & -2 & 2 \\ 3 & 0 & -1 \end{pmatrix} = 0$，求矩阵 $\boldsymbol{X}$.

8. 计算下列矩阵：

（1）$(2 \quad 1 \quad 3)\begin{pmatrix} 1 \\ 3 \\ 2 \end{pmatrix}$；　　（2）$\begin{pmatrix} 2 & 1 & 4 & 3 \\ 1 & -1 & 3 & 4 \end{pmatrix}\begin{pmatrix} 1 & 3 & 1 \\ 0 & -1 & 2 \\ 1 & -3 & 1 \\ 0 & 2 & -2 \end{pmatrix}$；

（3）$\begin{pmatrix} 2 \\ -1 \\ 3 \end{pmatrix}(2 \quad -1)\begin{pmatrix} 1 & -1 \\ 3 & -2 \end{pmatrix}$.

9. 设 $\boldsymbol{A} = \begin{pmatrix} 1 & 1 & 1 \\ -1 & 1 & 1 \\ 1 & -1 & 1 \end{pmatrix}$，$\boldsymbol{B} = \begin{pmatrix} 1 & 2 & 1 \\ 1 & 3 & -1 \\ 2 & 1 & 2 \end{pmatrix}$，求：

（1）$\boldsymbol{AB}-3\boldsymbol{B}$；（2）$\boldsymbol{AB}-\boldsymbol{BA}$；（3）$(\boldsymbol{A}-\boldsymbol{B})(\boldsymbol{A}+\boldsymbol{B})$；（4）$\boldsymbol{A}^2-\boldsymbol{B}^2$.

10. 设 $\boldsymbol{A} = \begin{pmatrix} 1 & 2 & -1 \\ 3 & -1 & 2 \\ 0 & 2 & 0 \end{pmatrix}$，$\boldsymbol{B} = \begin{pmatrix} 1 & -5 & 7 \\ -5 & 2 & 3 \\ 7 & 3 & -1 \end{pmatrix}$，试计算行列式 $|2(\boldsymbol{A}-\boldsymbol{B})^{\mathrm{T}}+\boldsymbol{B}|$ 的值.

11. 求矩阵的逆矩阵：

（1）$\boldsymbol{A} = \begin{pmatrix} 1 & 2 & -3 \\ 0 & 1 & 2 \\ 0 & 0 & 1 \end{pmatrix}$；　　（2）$\boldsymbol{A} = \begin{pmatrix} 0 & 0 & 1 \\ 0 & -2 & 0 \\ \frac{1}{3} & 0 & 0 \end{pmatrix}$.

12. 解下列矩阵方程：

（1）$\begin{pmatrix} 2 & 5 \\ 1 & 3 \end{pmatrix} \boldsymbol{X} = \begin{pmatrix} 4 & -6 \\ 2 & 1 \end{pmatrix}$；（2）$\begin{pmatrix} 1 & 1 & -1 \\ 0 & 2 & 2 \\ 1 & -1 & 0 \end{pmatrix} \boldsymbol{X} = \begin{pmatrix} 1 & -1 & 1 \\ 1 & 1 & 0 \\ 2 & 1 & 4 \end{pmatrix}$；

（3）$\begin{pmatrix} 0 & 1 & 0 \\ 1 & 0 & 0 \\ 0 & 0 & 1 \end{pmatrix} \boldsymbol{X} \begin{pmatrix} 1 & 0 & 0 \\ 0 & 0 & 1 \\ 0 & 1 & 0 \end{pmatrix} = \begin{pmatrix} 1 & -4 & 3 \\ 2 & 0 & -1 \\ 1 & -2 & 0 \end{pmatrix}$.

13. 求下列矩阵的秩：

（1）$\begin{pmatrix} 1 & 1 & 2 & 2 & 1 \\ 0 & 2 & 1 & 5 & -1 \\ 2 & 0 & 3 & -1 & 3 \\ 1 & 1 & 0 & 4 & -1 \end{pmatrix}$；（2）$\begin{pmatrix} 1 & 0 & 1 & 0 & 0 \\ 1 & 1 & 0 & 0 & 0 \\ 0 & 1 & 1 & 0 & 0 \\ 0 & 0 & 1 & 1 & 0 \\ 0 & 1 & 0 & 1 & 1 \end{pmatrix}$.

14. 问能否适当选取矩阵 $\boldsymbol{A} = \begin{pmatrix} 1 & -2 & -1 & 3 \\ 3 & -6 & -3 & 9 \\ -2 & 4 & 2 & k \end{pmatrix}$ 中的 k 的值，使：

（1）$r(\boldsymbol{A})=1$；（2）$r(\boldsymbol{A})=2$；（3）$r(\boldsymbol{A})=3$

15. 设 $\boldsymbol{A} = \begin{pmatrix} 1 & 2 \\ 3 & x \\ 4 & y \end{pmatrix}$，$\boldsymbol{B} = \begin{pmatrix} u & 1 \\ v & 3 \\ 2 & 5 \end{pmatrix}$，$\boldsymbol{C} = \begin{pmatrix} 2 & w \\ 1 & 3 \\ t & 2 \end{pmatrix}$，且 $\boldsymbol{A}+\boldsymbol{B}=\boldsymbol{C}$，求 x、y、u、v、w、t.

16. 求逆矩阵：

（1）$\begin{pmatrix} 3 & 2 & 1 \\ 3 & 1 & 5 \\ 3 & 2 & 3 \end{pmatrix}$；（2）$\begin{pmatrix} 3 & -2 & 0 & -1 \\ 0 & 2 & 2 & 1 \\ 1 & -2 & -3 & -2 \\ 0 & 1 & 2 & 1 \end{pmatrix}$.

17. 已知矩阵 $\boldsymbol{A} = \begin{pmatrix} 4 & 2 & 3 \\ 1 & 1 & 0 \\ -1 & 2 & 3 \end{pmatrix}$.

（1）设 $\boldsymbol{AX} - 2\boldsymbol{A} + 5\boldsymbol{E} = 0$，求 $\boldsymbol{X}$.（2）设 $\boldsymbol{AX} = \boldsymbol{A} + 2\boldsymbol{X}$，求 $\boldsymbol{X}$.

18. 判断下列方程组是否有解，若有解，求出其解.

（1）$\begin{cases} 2x_1 + 3x_2 + x_3 = 4 \\ x_1 - 2x_2 + 4x_3 = -5 \\ 3x_1 + 8x_2 - 2x_3 = 13 \\ 4x_1 - x_2 + 9x_3 = -6 \end{cases}$；（2）$\begin{cases} 2x_1 + x_2 - x_3 + x_4 = 1 \\ 3x_1 - 2x_2 + x_3 - 3x_4 = 4 \\ x_1 + 2x_2 - 3x_3 + 3x_4 = -2 \end{cases}$.

19. 求齐次线性方程组 $\begin{cases} 3x_1 - 5x_2 + x_3 - 2x_4 = 0 \\ 2x_1 + 3x_2 - 5x_3 + x_4 = 0 \\ -x_1 + 7x_2 - 4x_3 + 3x_4 = 0 \\ 4x_1 + 15x_2 - 7x_3 + 9x_4 = 0 \end{cases}$ 的通解.

20. 问 k 取何值时，线性方程组

$$\begin{cases} kx_1 + x_2 + x_3 = 1 \\ x_1 + kx_2 + x_3 = k \\ x_1 + x_2 + kx_3 = k^2 \end{cases}$$

无解？有唯一解？有无穷多个解？有解时请求出它的解.

21. 当 k 取何值时，线性方程组

$$\begin{cases} (k-2)x_1 - 3x_2 - 2x_3 = 0 \\ -x_1 + (k-8)x_2 - 2x_3 = 0 \\ 2x_1 + 14x_2 + (k+3)x_3 = 0 \end{cases}$$

有非零解？并求出它的一般解.

22. 求下列齐次线性方程组的一个基础解系和它的通解：

（1）$\begin{cases} 2x_1 - 4x_2 + 5x_3 + 3x_4 = 0 \\ 3x_1 - 6x_2 + 4x_3 + 2x_4 = 0 \\ 4x_1 - 8x_2 + 17x_3 + 11x_4 = 0 \end{cases}$；　　（2）$\begin{cases} 2x_1 - 5x_2 + x_3 - 3x_4 = 0 \\ -3x_1 + 4x_2 - 2x_3 + x_4 = 0 \\ x_1 + 2x_2 - x_3 + 3x_4 = 0 \\ -2x_1 + 15x_2 - 6x_3 + 13x_4 = 0 \end{cases}$

23. 求方程组 $\begin{cases} 2x_1 - 3x_2 + x_3 - 5x_4 = 1 \\ -5x_1 - 10x_2 - 2x_3 + x_4 = -21 \\ x_1 + 4x_2 + 3x_3 + 2x_4 = 1 \\ 2x_1 - 4x_2 + 9x_3 - 3x_4 = -16 \end{cases}$ 的通解.

24. 设向量组 $\boldsymbol{\alpha}_1 = (1,3,2,0)^{\mathrm{T}}, \boldsymbol{\alpha}_2 = (7,0,14,3)^{\mathrm{T}}, \boldsymbol{\alpha}_3 = (2,-1,0,1)^{\mathrm{T}}, \boldsymbol{\alpha}_4 = (5,1,6,2)^{\mathrm{T}}, \boldsymbol{\alpha}_5 = (2,-1,4,1)^{\mathrm{T}}$.

（1）求向量组的秩；

（2）求此向量组的一个极大线性无关组，并将其余的向量分别用该极大线性无关组表示.

25. 设 $\boldsymbol{\alpha}_1, \boldsymbol{\alpha}_2, \boldsymbol{\alpha}_3$ 线性无关，$\boldsymbol{\alpha}_2, \boldsymbol{\alpha}_3, \boldsymbol{\alpha}_4$ 线性相关，证明：$\boldsymbol{\alpha}_4$ 可由 $\boldsymbol{\alpha}_1, \boldsymbol{\alpha}_2, \boldsymbol{\alpha}_3$ 线性表示.

本章学习自测题

一、选择题（本大题共 10 小题，每小题 3 分，共 30 分）

1. 下列矩阵中是单位矩阵的为（　　）.

A. $\begin{pmatrix} 1 & 0 & 0 \\ 0 & 1 & 0 \\ -1 & 0 & 1 \end{pmatrix}$　　B. $\begin{pmatrix} 1 & 0 & 0 \\ 0 & 1 & 0 \\ 1 & 0 & 1 \end{pmatrix}$

C. $\begin{pmatrix} 1 & 0 & 0 \\ 0 & 1 & 0 \\ 0 & 0 & 1 \end{pmatrix}$　　D. $\begin{pmatrix} 1 & 0 & 0 \\ 1 & 1 & 0 \\ 1 & 0 & 2 \end{pmatrix}$

2. 已知 $\begin{vmatrix} a_{11} & a_{12} & a_{13} \\ a_{21} & a_{22} & a_{23} \\ a_{31} & a_{32} & a_{33} \end{vmatrix} = 3$，那么 $\begin{vmatrix} 2a_{11} & 2a_{12} & 2a_{13} \\ a_{21} & a_{22} & a_{23} \\ -2a_{31} & -2a_{32} & -2a_{33} \end{vmatrix} = $（　　）.

A. -24　　B. -12　　C. -6　　D. 12

3. 若 $\boldsymbol{A}=\begin{bmatrix}3&1&-2\\1&5&2\end{bmatrix}$，$\boldsymbol{B}=\begin{bmatrix}4&1\\-2&3\\2&1\end{bmatrix}$，$\boldsymbol{C}=\begin{bmatrix}0&2&-1\\3&-1&2\end{bmatrix}$，则下列矩阵运算的结果为 3×2 矩阵的是（　　）.

A. $\boldsymbol{ABC}$　　B. $\boldsymbol{AC}^{\mathrm{T}}\boldsymbol{B}^{\mathrm{T}}$　　C. $\boldsymbol{CBA}$　　D. $\boldsymbol{C}^{\mathrm{T}}\boldsymbol{B}^{\mathrm{T}}\boldsymbol{A}^{\mathrm{T}}$

4. 行列式 $\begin{vmatrix}0&1&-1&1\\-1&0&1&-1\\1&-1&0&1\\-1&1&-1&0\end{vmatrix}$ 第二行第一列元素的代数余子式 $A_{21}=$（　　）.

A. -2　　B. -1　　C. 1　　D. 2

5. 设 n 阶矩阵 $\boldsymbol{A}$、$\boldsymbol{B}$、$\boldsymbol{C}$ 满足 $\boldsymbol{ABC}=\boldsymbol{E}$，则 $\boldsymbol{C}^{-1}=$（　　）.

A. $\boldsymbol{AB}$　　B. $\boldsymbol{BA}$　　C. $\boldsymbol{A}^{-1}\boldsymbol{B}^{-1}$　　D. $\boldsymbol{B}^{-1}\boldsymbol{A}^{-1}$

6. 设 A 为 $m\times n$ 矩阵，则 n 元非齐次线性方程组 $\boldsymbol{Ax}=\boldsymbol{b}$ 有无穷多个解的充分必要条件是（　　）

A. $r(\boldsymbol{A}\ \boldsymbol{b})=n$　　B. $r(\boldsymbol{A})=m$

C. $r(\boldsymbol{A})=r(\boldsymbol{A}\ \boldsymbol{b})<n$　　D. $r(\boldsymbol{A})<m$

7. 设 $\boldsymbol{A}$ 为 2 阶矩阵，若 $|3\boldsymbol{A}|=3$，则 $|2\boldsymbol{A}|=$（　　）.

A. $\dfrac{1}{2}$　　B. 1　　C. $\dfrac{4}{3}$　　D. 2

8. 设 3 阶矩阵 $\boldsymbol{A}=\begin{pmatrix}0&1&0\\0&0&1\\0&0&0\end{pmatrix}$，则 $\boldsymbol{A}^2$ 的秩为（　　）.

A. 0　　B. 1　　C. 2　　D. 3

9. 设 $\boldsymbol{A}, \boldsymbol{B}, \boldsymbol{C}$ 为同阶方阵，下面矩阵的运算中不成立的是（　　）.

A. $(\boldsymbol{A}+\boldsymbol{B})^{\mathrm{T}}=\boldsymbol{A}^{\mathrm{T}}+\boldsymbol{B}^{\mathrm{T}}$　　B. $|\boldsymbol{AB}|=|\boldsymbol{A}||\boldsymbol{B}|$

C. $\boldsymbol{A}(\boldsymbol{B}+\boldsymbol{C})=\boldsymbol{BA}+\boldsymbol{CA}$　　D. $(\boldsymbol{AB})^{\mathrm{T}}=\boldsymbol{B}^{\mathrm{T}}\boldsymbol{A}^{\mathrm{T}}$

10. 设 A 为 $m\times n$ 矩阵，则 n 元齐次线性方程组 $Ax=0$ 有非零解的充分必要条件是（　　）.

A. $r(\boldsymbol{A})<m$　　B. $r(\boldsymbol{A})=n$　　C. $r(\boldsymbol{A})<n$　　D. $r(\boldsymbol{A})=m$

二、填空题（本大题共 5 小题，每小题 4 分，共 20 分）

1. 设 $\boldsymbol{A}=(1, 3, -1)$，$\boldsymbol{B}=(2, 1)$，则 $\boldsymbol{A}^{\mathrm{T}}\boldsymbol{B}=$____________________.

2. $\begin{vmatrix}2&1&0\\1&3&1\\k&2&1\end{vmatrix}=0$，则 $k=$______________.

3. 已知 3 元非齐次线性方程组的增广矩阵为 $\begin{pmatrix}1&-1&2&1\\0&a+1&0&1\\0&0&0&a-1\end{pmatrix}$，若该方程组有解，则 a 的取值为______.

4. 已知行列式$\begin{vmatrix} a_1+b_1 & a_1-b_1 \\ a_2+b_2 & a_2-b_2 \end{vmatrix}=-4$，则$\begin{vmatrix} a_1 & b_1 \\ a_2 & b_2 \end{vmatrix}=$______.

5. 设矩阵$\boldsymbol{A}=\begin{pmatrix} 1 & 0 & 0 \\ 0 & 2 & 0 \\ 0 & 0 & 3 \end{pmatrix}$，则$A^{-1}=$______.

三、计算题（本大题共 6 小题，1～5 小题每小题 8 分，第 6 小题 10 分，共 50 分）

1. 设矩阵$\boldsymbol{A}=\begin{pmatrix} 2 & 1 \\ -1 & 2 \end{pmatrix}$，$E$为 2 阶单位矩阵，矩阵$B$满足$BA=B+E$，求$|B|$.

2. 已知 3 阶行列式$|a_{ij}|=\begin{vmatrix} 1 & x & 3 \\ x & 2 & 0 \\ 5 & -1 & 4 \end{vmatrix}$中元素$a_{12}$的代数余子式$A_{12}$=8，求元素$a_{21}$的代数余子式$\boldsymbol{A}_{21}$的值.

3. 计算行列式$D=\begin{vmatrix} x+1 & -1 & 1 & -1 \\ 1 & x-1 & 1 & -1 \\ 1 & -1 & x+1 & -1 \\ 1 & -1 & 1 & x-1 \end{vmatrix}$的值.

4. 已知 $\boldsymbol{A}$= $\boldsymbol{A}=\begin{bmatrix} 2 & 3 \\ 1 & 0 \end{bmatrix}$,$\boldsymbol{B}=\begin{bmatrix} -3 & -1 \\ -2 & 1 \end{bmatrix}$,$\boldsymbol{C}=\begin{bmatrix} 0 & -1 & 1 \\ 1 & 2 & 0 \end{bmatrix}$,$\boldsymbol{D}=\begin{bmatrix} 1 & 2 & 0 \\ 1 & 0 & 1 \end{bmatrix}$，矩阵 $\boldsymbol{X}$ 满足方程 $\boldsymbol{AX}+\boldsymbol{BX}=\boldsymbol{D}-\boldsymbol{C}$，求 $\boldsymbol{X}$.

5. 已知矩阵$\begin{pmatrix} 1 & 2 & -1 & 2 & 2 \\ 1 & -2 & 1 & 1 & 0 \\ -2 & 4 & 3 & 2 & 0 \end{pmatrix}$，求矩阵的秩.

6. 设 3 元齐次线性方程组

$$\begin{cases} ax_1+x_2+x_3=0 \\ x_1+ax_2+x_3=0 \\ x_1+x_2+ax_3=0 \end{cases},$$

确定当a为何值时，方程组有非零解.

15　概率论初步

概率论是研究随机现象统计规律性的数学分支，在现实生活、科学研究等各个领域都有着广泛的运用，为人类提供大量解决学习、生活、工作问题的方法与工具. 它也是大学各专业的基础课，是高等数学的重要组成部分. 概率论初步包括随机事件及其概率、条件概率与独立性、随机变量及其概率分布、随机变量的数字特征等内容.

【学习能力目标】

（1）理解随机事件的概念，掌握事件之间的关系和运算.

（2）了解概率的统计定义，掌握概率的基本性质和概率的加法公式.

（3）掌握古典概率的计算公式，会求一些事件发生的概率.

（4）理解事件独立性的概念，能用事件的独立性计算概率.

（5）理解随机变量的概念，会求一些简单随机变量的分布.

（6）理解随机变量的数学期望及方差的概念，掌握数学期望和方差的基本性质，会求一些简单随机变量的数学期望和方差.

15.1　随机事件

15.1.1　随机事件与样本空间

1. 随机现象

在科学研究和实际生活中，我们会经常会遇到各种各样的现象，例如：

（1）抛掷一枚质地均匀的硬币，可能出现正面，也可能出现反面.

（2）某人射击一次，可能会命中 0 环，1 环，…，10 环.

（3）重物在空中失去支撑的情况下必然会垂直落到地面.

这三种现象中，（1）和（2）有多种可能的结果，事前不能确定哪种结果会发生，（3）却只有确定的一种结果，故称（1）和（2）为随机现象，（3）为必然现象. 故有以下定义：

（1）**随机现象**：在一定条件下结果不止一个，而且事先不能断言哪种结果发生的现象称为随机现象.

（2）**必然现象**：在一定条件下事先可以断言必然会发生某一结果的现象. 我们称为确定性现象或必然现象.

例如：① 在标准大气压下，水加热到 100 °C 必然沸腾；

② 物体下落；

③ 同性电荷相斥.

这些都是确定性现象，也就是必然现象.

2. 随机试验

要研究随机现象的统计规律性，就得通过试验来观察随机现象. 我们这里所说的试验，是一个含义广泛的术语，它包括各种各样的科学实验，甚至对某一事物的某一特征或某一现象的观察都认为是一种试验.

定义 15.1.1 对随机现象进行一次观察或一次试验称为**随机试验**，简称为试验. 随机试验的基本特征是：

（1）可重复性：在相同条件下，试验可以重复进行；

（2）明确性：每次试验的结果具有多种可能性，且在试验前能明确所有可能结果；

（3）随机性：每次试验前无法准确地预言该次试验将发生哪一种结果.

随机试验一般用大写字母 E 表示.

例 15.1.1 下面几种试验都是随机试验：

E_1：抛一枚硬币，观察正面 H、反面 T 出现的情况；

E_2：将一枚硬币抛掷三次，观察正面 H、反面 T 出现的情况；

E_3：将一枚硬币抛掷二次，观察正面 H 出现的次数；

E_4：投掷一颗骰子，观察它出现的点数；

E_5：记录某超市一天内进入的顾客人数；

E_6：在一批灯泡里，任取一只，测试它的寿命.

3. 样本空间与样本点

对于一个试验 E，虽然在一次试验之前不能肯定会出现哪种结果，但试验的一切可能结果是已知的，故我们定义如下：

定义 15.1.2 将随机试验 E 的所有可能的结果组成的集合称为试验 E 的**样本空间**，记为 Ω. 样本空间中的元素（即试验 E 的每个可能结果）称为样本点，记作 ω. 一般地，样本空间表示为

$$\Omega=\{\omega_1,\ \omega_2,\ \omega_3,\cdots\}$$

上面试验对应的样本空间：

$\Omega_1=\{H,T\}$；

$\Omega_2=\{HHH,HHT,HTH,HTT,THH,THT,TTH,TTT\}$；

$\Omega_3=\{0,1,2\}$；

$\Omega_4=\{1,2,3,4,5,6\}$；

$\Omega_5=\{0,1,2,3,4,\cdots\}$；

$\Omega_6=\{t|t\geqslant 0\}$.

注意，试验的目的决定试验所对应的样本空间.

例 15.1.2 下面随机试验的样本空间：

（1）抛掷一枚均匀硬币抛 2 次的样本空间为 $\Omega_1=\{(\text{正},\text{正}),(\text{正},\text{反}),(\text{反},\text{正}),(\text{反},\text{反})\}$，其中正表示正面朝上，反表示反面朝上；

（2）抛掷一枚均匀骰子的样本空间为 $\Omega_2=\{1,2,\cdots,6\}$；

（3）某店接到的订单量的样本空间为 $\Omega_3=\{0,1,2,\cdots,n,\cdots\}$；

（4）在一批灯泡中，任意抽取一只，测试它的寿命．样本空间为 $\Omega_4=\{t:t\geqslant 0\}$；

（5）一支正常交易的 A 股股票每天涨跌幅的样本空间为 $\Omega_5=\{x:-10\%\leqslant x\%\leqslant 10\%\}$；

（6）将 a，b 两封信，分别投入编号为Ⅰ、Ⅱ、Ⅲ的三个信箱中，观察两封信所有可能投入的结果，共有 $3\times3=9$ 种，分别记为 $\omega_1,\omega_2,\cdots,\omega_9$ 于是样本空间 $\Omega_6=\{\omega_1,\omega_2,\cdots,\omega_9\}$．

通过上面的例子，可以看出，样本空间中的元素可以是数，也可以不是数．从样本空间中含有样本点的个数来看，可以是有限个也可以是无限个；可以是可列个也可以是不可列个．例如，Ω_1、Ω_2 和 Ω_6 中样本点的个数是有限个，Ω_3、Ω_4 和 Ω_5 中样本点的个数是无限个；Ω_1、Ω_2、Ω_3、Ω_6 中样本点的个数是可列个，而 Ω_4 和 Ω_5 中样本点的个数是不可列个．

4. 随机事件、必然事件、不可能事件

当我们通过试验来研究随机现象时，常常关心的不是某一个样本点在试验后是否出现，而是关心满足某些条件的样本点在试验后是否出现．例如，我们要通过对该车站售票处一天售出的票数来决定是否需要扩建车站．假定超过 n 张票便认为需要扩建，这时，我们关心的便是试验结果是否大于 n；抛掷一枚均匀的骰子，关心掷出的点数是否是奇数；航班起飞关心延误时间是否超过 2 个小时……满足这些条件的样本点就组成了样本空间的一个子集．

定义 15.1.3　试验 E 的样本空间 Ω 的子集称为试验 E 的**随机事件**，简称事件，用大写拉丁字母 A，B，C，…表示．在每次试验中，当且仅当这一子集中的一个样本点出现时，就称这一事件发生．

例如：$A=$“抽到合格品”；$B=$“灯泡的寿命低于 1000 h”都是随机事件．

特别地，由一个样本点组成的单点集，称为**基本事件**．

例如，在例 15.1.2（1）中有 4 个基本事件，（2）中有 6 个基本事件，（6）中有 9 个基本事件．

由若干个基本事件组成的事件称为**复合事件**．在每次随机试验中必然会发生的事件，称为**必然事件**．显然，必然事件是由事件的全体可能结果所组成，故 Ω 是必然事件．在每次随机试验中一定不发生的事件称为**不可能事件**，不可能事件是不包含任何试验结果的事件，用空集的符号 $\varnothing$ 来表示．

例 15.1.3　一个袋中装有大小相同的 3 个白球和 2 个黑球，现从中任意取出一球，试写出样本空间及下列事件是由哪些基本事件组成的．

（1）事件 A：“摸出的是白球”；

（2）事件 B：“摸出的是黑球”．

（3）事件 C：“摸出的是红球”．

（4）事件 D：“摸出的不是白球就是黑球”．

解：先对球编号，令 1、2、3 号球为白球，4、5 号球为黑球，并设 $\omega_i=$“取得第 i 号球”其中（$1\leqslant i\leqslant 5$）．则样本空间 $\Omega=\{\omega_1,\omega_2,\omega_3,\omega_4,\omega_5\}$，且

（1）随机事件 $A=\{\omega_1,\omega_2,\omega_3\}$，是复合事件．

（2）随机事件 $B=\{\omega_4,\omega_5\}$，是复合事件．

（3）随机事件 $C=\varnothing$，是不可能事件．

（4）随机事件 $D=\{\omega_1,\cdots\omega_5\}$，是必然事件.

15.1.2 事件之间的关系和运算——四个关系三种运算

从上面的讨论，我们知道，对于试验 E，不可能事件是 $\varnothing$，必然事件是样本空间 Ω 本身，事件 A 是样本空间的子集，于是事件的关系和运算就可以用集合论的知识来解释. 下面，在讨论两个事件之间的关系和对若干个事件进行运算时，均假定它们是同一个随机试验下的随机事件.

设随机试验 E 的样本空间为 Ω，而 A，B，C，……是 E 的事件.

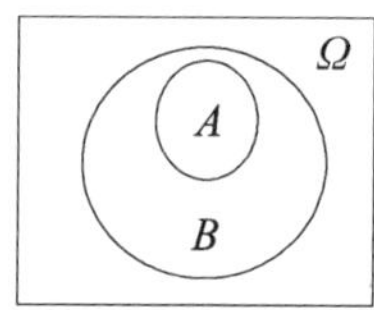

$A\subset B$

图 15.1.1

1. 事件的包含与相等

在试验中，若事件 A 发生必然导致事件 B 发生，即事件 A 的所有样本点都包含在事件 B 中 ，则称事件 B **包含**事件 A 或称事件 A **包含于**事件 B（见图 15.1.1），记为 $B\supset A$ 或 $A\subset B$. 此时，事件 A 中的基本事件必属于事件 B，即 A 是 B 的一个子集.

例如，E_4 中，若记 $A=\{1,3,5\}$ 表示“出现奇数点”，$B=\{1,2,3,4,5\}$ 表示“出现点数不超过 5”，显然 $A\subset B$，即事件 B 包含事件 A.

事件的包含关系有以下性质：

（1）$A\subset A$；

（2）若 $A\subset B$，$B\subset C$，则 $A\subset C$；

（3）$\varnothing\subset A\subset\zeta$.

若事件 A 发生必有事件 B 发生，而且事件 B 发生必有事件 A 发生，即 $A\supset B$，且 $B\supset A$，则称事件 A 和事件 B **相等**，记为 $A=B$.此时，A 与 B 拥有完全相同的基本事件.

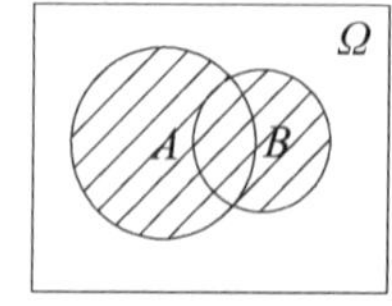

$A\cup B$

图 15.1.2

2. 事件的并（和运算）

在试验中，事件 A 与事件 B 至少有一个发生的事件，称为事件 A 与事件 B 的**并**（或**和事件**）（见图 15.1.2），记为 $A\cup B$. 此时，$A\cup B$ 就是由属于事件 A 或属于事件 B 的全部基本事件组成的集合.

例如，E_4 中，若记 $A=\{1,3,5\}$ 表示 “出现奇数点”，$B=\{1,2,3,4\}$ 表示“出现点数不超过 4”，则 $A\cup B=\{1,2,3,4,5\}$ 表示“出现点数不超过 5”.

易知，若 $A\subset B$，则 $A\cup B=B$.

类似地，称“n 个事件 $A_1,A_2,\cdots,A_n$ 中至少有一个发生”的事件为 n 个事件 A_1，A_2，$\cdots$，A_n 的并，记为

$$A_1\cup A_2\cup\cdots\cup A_n=\bigcup_{i=1}^{n}A_i .$$

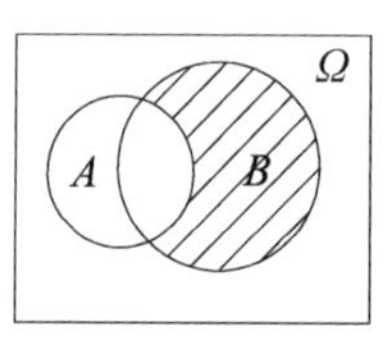

AB

图 15.1.3

3. 事件的交（积运算）

在试验中，事件 A 与事件 B 同时发生的事件，称为**事件 A 与事件 B 的交**（或**积事件**）（见图 15.1.3），记为 $A\cap B$（或 AB）. 此时，$A\cap B$ 就是由既属于事件 A 又属于事件 B 的全部基本事件组成的集合.

例如，E_4中，若记$A=\{1,3,5\}$表示“出现奇数点”，$B=\{1,2\}$表示“出现点数不超过 2”，则$AB=\{1\}$表示“出现点数为 1”.

易知，若$A\subset B$，则$AB=A$.

类似地，称“n个事件$A_1,A_2,\cdots,A_n$同时发生”的事件为n个事件A_1，A_2，…，A_n的交，记作

$$A_1\cap A_2\cap\cdots\cap A_n=\bigcap_{i=1}^{n}A_i \quad 或 \quad A_1A_2\cdots A_n=\prod_{i=1}^{n}A_i$$

4. 事件的差（差运算）

在试验中，事件A发生而事件B不发生的事件称为事件A与事件B的**差**（或**差事件**）（见图 15.1.4），记为$A-B$. 此时，$A-B$就是由属于事件 A 而不属于事件B的全部基本事件组成的集合.

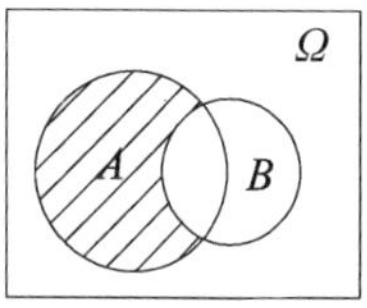

如，E_4中，若记$A=\{1,3,5\}$表示 “出现奇数点”，$B=\{1,2,3,4\}$表示“出现点数不超过 4”，则$A-B=\{5\}$表示“出现点数为 5”.

$A-B$

图 15.1.4

5. 互不相容事件

在试验中，若事件A与事件B不能同时发生，则称事件A与事件B是**互不相容**的（或**互斥**的）（见图 15.1.5），记为$A\cap B=\varnothing$（或$AB=\varnothing$），此时，事件A与事件B不相交，或它们的交是空集，即事件A与事件B没有公共的基本事件.

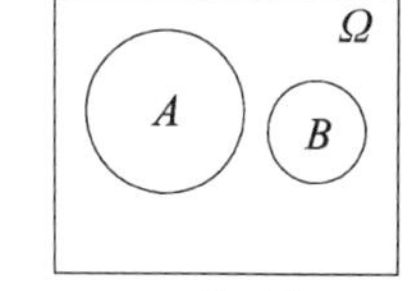

$AB=\varnothing$

图 15.1.5

例如，E_2中，若记$A=\{1,3,5\}$表示 “出现奇数点”，$B=\{2,4\}$表示“出现小于 5 的偶数点”，则$A\cap B=\varnothing$，即A,B是互不相容事件，不可能同时“出现奇数点”和“出现偶数点”.

在一次试验中，任意两个基本事件都不能同时发生，所以基本事件是互不相容的.

对于n个事件$A_1,A_2,\cdots,A_n$，如果其中任取两个$A_i,A_j(i\neq j)$，均有$A_iA_j=\varnothing$，则称此n个事件$A_1,A_2,\cdots,A_n$是**两两互不相容**的.

6. 对立事件（逆事件）

在试验中，若事件A与事件B必有一个发生且仅有一个发生，即事件A和事件B满足条件：

$$A\cup B=\Omega \quad 且 \quad AB=\varnothing$$

则称事件A和事件B是**对立事件**（或**互逆事件**）（见图 15.1.6），记为$B=\overline{A}$，$A=\overline{B}$.因此，事件A的逆事件$\overline{A}$就是由属于Ω而不属于A的全部基本事件组成的集合，即$\overline{A}$是A的补集.

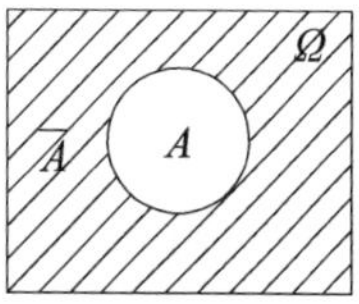

例如，E_4中，若记$A=\{1,3,5\}$表示“出现奇数点”，则$\overline{A}=\{2,4,6\}$表示“出现偶数点”.

$\overline{A}$

图 15.1.6

易知有以下性质：

（1）$\overline{\overline{A}}=A$

（2）$\overline{A}=\Omega-A$

（3）$A-B=A\overline{B}$

7. 事件及其运算与集合及其运算之间的关系

概率论中事件之间的关系及其运算与集合论中集合之间的关系与运算是一致的，两者之间的对应关系如表 15.1.1 所示：

表 15.1.1　概率论和集合论的关系

符号	概率论	集合论
Ω	样本空间	全集
$\varnothing$	不可能事件	空集
ω	基本事件	集合的元素
A	事件	子集
$\overline{A}$	A 的对立事件	A 的补集
$A\subset B$	事件 A 发生导致事件 B 发生	A 是 B 的子集
$A=B$	A 与 B 两事件相等	集合 A 与 B 相等
$A\cup B$	事件 A 与事件 B 至少有一个发生	A 与 B 的并集
$A\cap B$	事件 A 与事件 B 同时发生	A 与 B 的交集
$A-B$	事件 A 发生而事件 B 不发生	A 与 B 的差集
$A\cap B=\varnothing$	事件 A 与事件 B 互不相容	A 与 B 没有相同元素

8. 完备事件组

n 个事件 $A_1,A_2,\cdots,A_n$，如果满足下列条件：

（1）$A_1\cup A_2\cup\cdots\cdots\cup A_n=\Omega$；

（2）$A_i\cap A_j=\varnothing,(i\neq j,i,j=1,2\cdots\cdots,n)$，

则称其为完备事件组.

显然，任何一个事件 A 与其对立事件 $\overline{A}$ 构成完备事件组.

9. 事件的运算规则

（1）交换律：$A\cup B=B\cup A,A\cap B=B\cap A$.

（2）结合律：$(A\cup B)\cup C=A\cup(B\cup C)$，

$(AB)C=A(BC)$.

（3）分配律：$(A\cup B)\cap C=AC\cup BC$，

$(A\cap B)\cup C=(A\cup C)\cap(B\cup C)$.

（4）对偶律：$\overline{A\cup B}=\overline{A}\cap\overline{B},\overline{A\cap B}=\overline{A}\cup\overline{B}$.

事件运算的对偶律是非常有用的公式，且以上的定律都可以推广到任意多个事件.

例 15.1.4　设 A,B,C 为三个事件，用 A,B,C 的运算关系表示下列各事件：

（1）A 发生，B 与 C 不发生.　　（2）A 与 B 都发生，而 C 不发生.

（3）A,B,C 中至少有一个发生.　　（4）A,B,C 都发生.

（5）A,B,C 都不发生.　　（6）A,B,C 中不多于一个发生.

（7）A,B,C 中不多于两个发生.　　（8）A,B,C 中至少有两个发生.

解：以下分别用 $D_i(i=1,2,\cdots,8)$ 表示 (1),(2),…,(8) 中所给出的事件. 注意到一个事件不发生即为它的对立事件发生，例如事件 A 不发生即为 $\overline{A}$ 发生.

（1）A 发生，B 与 C 不发生，表示 $A,\overline{B},\overline{C}$ 同时发生，故 $D_1=A\overline{B}\overline{C}$ 或写成

$$D_1=A-B-C.$$

（2）A 与 B 都发生而 C 不发生，表示 $A,B,\overline{C}$ 同时发生，故 $D_2=AB\overline{C}$ 或写成

$$D_2=AB-C.$$

（3）由和事件的含义知，事件 $A\cup B\cup C$ 即表示 A,B,C 中至少有一个发生，故

$$D_3=A\cup B\cup C.$$

也可以这样考虑：事件“A,B,C 至少有一个发生”是事件“A,B,C 都不发生”的对立事件，因此，$D_3=\overline{\overline{A}\overline{B}\overline{C}}$.

也可以这样考虑：事件“A,B,C 中至少有一个发生”表示三个事件中恰有一个发生或恰有两个发生或三个事件都发生，因此，D_3 又可写成

$$D_3=A\overline{B}\overline{C}\cup\overline{A}B\overline{C}\cup\overline{A}\overline{B}C\cup AB\overline{C}\cup A\overline{B}C\cup\overline{A}BC\cup ABC.$$

（4）$D_4=ABC$.

（5）$D_5=\overline{A}\overline{B}\overline{C}$.

（6）“A,B,C 中不多于一个发生”表示都不发生或 $\{A,B,C\}$ 中恰有一个发生，因此，$D_6=\overline{A}\overline{B}\overline{C}\cup A\overline{B}\overline{C}\cup\overline{A}B\overline{C}\cup\overline{A}\overline{B}C$.

又“A,B,C 中不多于一个发生”表示“A,B,C 中至少有两个不发生”，亦即 $\overline{A}\overline{B},\overline{B}\overline{C},\overline{A}\overline{C}$ 中至少有一个发生，因此又有 $D_6=\overline{A}\overline{B}\cup\overline{B}\overline{C}\cup\overline{C}\overline{A}$.

又“A,B,C 中不多于一个发生”是事件 $G=A,B,C$ 中至少有两个发生”的对立事件. 而事件 G 可写成 $G=AB\cup BC\cup CA$，因此又可将 D_6 写成

$$D_6=\overline{AB\cup BC\cup CA}=\overline{AB}\cap\overline{BC}\cap\overline{CA}.$$

（7）“A,B,C 中不多于两个发生”表示 A,B,C 都不发生或 A,B,C 中恰有一个发生或 A,B,C 中恰有两个发生. 因此，

$$D_7=\overline{A}\overline{B}\overline{C}\cup A\overline{B}\overline{C}\cup\overline{A}B\overline{C}\cup\overline{A}\overline{B}C\cup AB\overline{C}\cup A\overline{B}C\cup\overline{A}BC.$$

又“A,B,C 中不多于两个发生”表示 A,B,C 中至少有一个不发生，亦即 $\overline{A},\overline{B},\overline{C}$ 中至少有一个发生，即有 $D_7=\overline{A}\cup\overline{B}\cup\overline{C}$.

又“A,B,C 中不多于两个发生”是事件“A,B,C 三个都发生”的对立事件，因此又有 $D_7=\overline{ABC}$.

（8）$D_8=AB\cup BC\cup CA$，也可写成 $D_8=ABC\cup\overline{A}BC\cup A\overline{B}C\cup AB\overline{C}$.

注意：i. 两事件的差可用对立事件来表示，例如 $A-B=A\overline{B}, A-BC=A\overline{BC}$.

（ii）易犯的错误是，误将 $\overline{AB}$ 与 $\overline{A}\overline{B}$ 等同起来，事实上，$\overline{AB}=\overline{A}\cup\overline{B}\neq\overline{A}\overline{B}$，又如 $\overline{ABC}=\overline{A}\cup\overline{B}\cup\overline{C}\neq\overline{A}\overline{B}\overline{C}$.

（iii）误以为 $S=A\cup B\cup C$，事实上，$S-A\cup B\cup C$ 可能不等于 $\varnothing$，一般 $S\supset A\cup B\cup C$.

例 15.1.5　请指出互不相容事件与对立事件的区别与联系？说出下列各对事件之间的关系：

（1）$|x-1|<3$ 与 $x-1\geqslant 5$；　（2）$x>1$ 与 $x\leqslant 1$；

（3）$x=$｛正方形｝与 $x=$｛平行四边形｝；　（4）$x<3$ 与 $2x<6$；

（5）$x<3$ 与 $2x>4$.

解：对立事件一定是互不相容事件，而互不相容事件不一定是对立事件，只有互不相容的事件之和等于必然事件时，才是对立事件.

（1）$|x-1|<3$ 与 $x-1\geqslant 5$ 为互不相容事件；

（2）$x>1$ 与 $x\leqslant 1$ 为对立事件；

（3）$x=$｛正方形｝是 $x=$｛平行四边形｝子事件，两者呈包含关系，前者包含于后者.

（4）$x<3$ 与 $2x<6$ 为相等事件；

（5）$x<3$ 与 $2x>4$ 为相容事件.

习题 15.1

基础练习

1. 选择题.

（1）下列事件不是随机事件（　　）.

① 一批产品有正品，从中任意抽出一件是“正品”；

② “明天降雨”；

③“十字路口汽车的流量”；

④“在北京地区，将水加热到 100 °C，变成水蒸气”；

⑤ 掷一枚均匀的骰子“出现 1 点”.

A. ②④　B. ②③④　C. ④　D. ②③

（2）设甲乙两人进行象棋比赛，考虑事件 A=｛甲胜乙负｝，则 $\overline{A}$ 为（　　）.

A. ｛甲负乙胜｝　B.｛甲乙平局｝　C.｛甲负｝　D.｛甲负或平局｝

（3）如果（　）成立，则事件 A 与 B 为对立事件

A. $AB=\varnothing$　B. $A+B=\omega$

C. $AB=\varnothing$ 且 $A+B=\omega$　D. A 与 $\overline{B}$ 互为对立事件

（4）对于事件 A，B，命题（　　）是正确的.

A. 如果 A，B 互不相容，则 $\overline{A}$，$\overline{B}$ 也互不相容

B. 如果 $A\subset B$，则 $\overline{A}\subset\overline{B}$

C. 如果 A，B 相容，则 $\overline{A}$，$\overline{B}$ 也相容

D. 如果 A，B 对立，$\overline{A}$，$\overline{B}$ 对立

（5）设事件 A，B，则下列等式成立的是（　　）.

A. $\overline{A+B}=\overline{A}+\overline{B}$　B. $\overline{AB}=\overline{A}\cdot\overline{B}$

C. $A+B=A\overline{B}+B$　D. $A+B=\overline{A}B+B$

2. 设 A，B，C 为 3 个事件，则用 A，B，C 表示下列事件有：

（1）A，B，C 都出现______________________________；

（2）A，B，C 都不出现________________________；

（3）A，B，C 不都出现____________________________；

（4）A，B，C 恰好一个出现______________________________.

（5）A，B，C 至多有 2 个出现______________________________.

3. 写出下列随机试验的样本空间 Ω：

（1）记录一个班一次数学考试的平均分数(设以百分制记分).

（2）生产产品直到有 10 件正品为止，记录生产产品的总件数.

（3）对某工厂出厂的产品进行检查，合格的记上“正品”，不合格的记上“次品”，如连续查出了 2 件次品就停止检查，或检查了 4 件产品就停止检查，记录检查的结果.

（4）在单位圆内任意取一点，记录它的坐标.

4. 掷一枚骰子，观察其出现的点数，A 表示“出现奇数点”，B 表示“出现的点数小于 5”，C 表示“出现的点数是小于 5 的偶数”，用集合列举法表示下列事件：$\Omega, A, B, C, A+B, A-B, B-A, AB, AC, \overline{A}+B$.

提高练习

5. A={甲产品畅销，乙产品畅销}，求 A 的逆事件.

6. 从某系学生任选一名，$A=$ {所选者会英语}，$B=$ {所选者会日语}，$C=$ {所选者是男生}，试描述事件 AC 和 $A=B$.

7. 从一批产品中每次取出一件产品进行检验（每次取出的产品不放回），事件 A_i 表示第 i 次取到的合格品（$i=1,2,3$）. 试用事件的运算符号表示下列事件：

A：三次都取到了合格品；

B：三次中至少有一次取到合格品；

C:三次中恰有两次取到合格品；

D:三次中最多有一次取到合格品.

8.说出下列各对事件之间的关系：

（1）“20 件产品全是合格品”与“20 件产品中恰有一件是废品”；

（2）“20 件产品全是合格品”与“20 件产品中至少有一件是废品”；

（3）“20 件产品全是合格品”与“20 件产品中至多有一件是废品”.

（4）“三门课程的考核成绩都为优秀”与“三门课程的考核成绩至少一门不优秀”.

拓展练习

9. 证明下列等式：

（1）$B=AB\cup\overline{A}B$；（2）$A\cup B=A\cup\overline{A}B$；（3）若 $AB=\varnothing$ 且 $C\subset A$，则 $BC=\varnothing$.

10. 下列等式成立吗？为什么？

（1）$A-(B-C)=(A-B)\cup C$；

（2）$(A\cup B)-B=A$；

（3）$(A-B)\cup B=A$；

（4）若事件 $ABC=\varnothing$，是否一定有 $AB=\varnothing$.

15.2　随机事件的概率

对于一个随机事件（除必然事件和不可能事件外）来说，它在一次试验中可能发生，也可能不发生. 人们经常希望知道某些事件在一次试验中发生的可能性究竟有多大. 例如，购买彩票后可能中奖，可能不中奖；抽取一件产品可能为合格品，也可能为不合格品；新生婴儿可能为男孩，也可能为女孩. 这些中奖率、不合格品率、男婴出生率等都是概率的原型.

数学家们希望找到一个合适的数来表征事件在一次试验中发生的可能性大小. 在概率论发展的历史上，曾有过概率的古典定义、概率的几何定义、概率的频率定义和概率的主观定义. 这些定义各适合一类随机现象. 那么如何给出适合一切随机现象的概率的最一般的定义呢?

1900 年数学家希尔伯特（Hilbert，1862—1943）提出要建立概率的公理化定义以解决这个问题，即以最少的几条本质特性出发去刻画概率的概念. 1933 年苏联数学家柯尔莫戈洛夫（Kolmogorov，1903—1987）首次提出了概率的公理化定义：这个定义既概括了历史上几种概率定义中的共同特性，提出了三条公理，迅速得到其他数学家的认同，是概率论发展史上的一个里程碑.

15.2.1　频率与概率

定义 15.2.1　在相同条件下，进行了 n 次试验，在这 n 次试验中，事件 A 发生了 n_A 次，则事件 A 发生的次数 n_A 叫事件 A 发生的**频数**. 比值 $\frac{n_A}{n}$ 称为事件 A 发生的**频率**，记作 $f_n(A)$，即 $f_n(A)=\frac{n_A}{n}$.

随机事件在一次试验中是否发生是不确定的，但在大量重复试验或观察中，其发生却具有规律性.

例如，历史上，多人做过抛掷硬币的试验，其结果如表 15.2.1 所示：

表 15.2.1　抛掷硬币的试验结果

试验者	试验次数 N	正面向上次数 n	正面向上频率 f
蒲丰	4 040	2 028	0.506 9
费勒	10 000	4 979	0.497 9
皮尔逊	12 000	6 019	0.501 6
维尼	30 000	14 994	0.499 8

从表 15.2.1 中可以看出，当抛掷次数足够多时，正面向上的频率在 0.5 附近摆动，这种现象称为随机事件的**频率稳定性**，这是概率这一概念的经验基础.

定义 15.2.2　在相同条件下做大量重复随机试验，事件 A 出现的频率总在某一常数 p 附近摆动，且试验次数越多，摆动幅度越小，则称常数 p 为事件 A 的**概率**，记作 $P(A)=p$.

该定义通常称为**概率的统计定义**. 概率的统计定义虽无法确定概率的准确值，但可取当试验次数 n 充分大时，事件 A 出现的频率作为它的近似值，这一点在实践中有着重要意义.

概率 $P(A)$ 表示随机事件 A 发生的可能性大小，它是事件 A 本身客观存在的一种固有属性. 由频率的稳定性和频率的性质得到启发，给出**概率的公理化定义**.

定义 15.2.2′ 设 E 是随机试验，Ω 是它的样本空间，对于 E 的每一个事件 A 赋予一个实数，记为 $P(A)$，如果集合函数 $P(\bullet)$ 满足下列条件，则称 $P(A)$ 为事件 A 的**概率**：

（1）**非负性**：对每一个事件 A，有 $P(A)\geqslant 0$；

（2）**规范性**：对必然事件 Ω，有 $P(\Omega)=1$；

（3）**可列可加性**：设事件 $A_1,A_2,\cdots$ 是两两互不相容的事件，则有

$$P(A_1\cup A_2\cup\cdots)=P(A_1)+P(A_2)+\cdots \quad 或 \quad P\left(\bigcup_{i=1}^{\infty}A_i\right)=\sum_{i=1}^{\infty}P(A_i)$$

15.2.2 概率的性质

性质 15.2.1 $P(\varnothing)=0$.

性质 15.2.2（有限可加性） 若事件 $A_1,A_2,\cdots,A_n$ 两两互不相容，则有

$$P(A_1\cup A_2\cup\cdots\cup A_n)=P(A_1)+P(A_2)+\cdots+P(A_n)$$

性质 15.2.3 若事件 A,B 满足 $A\subset B$，则有

$$P(B-A)=P(B)-P(A)，\quad P(B)\geqslant P(A)$$

性质 15.2.4 对任一事件 A，$P(A)\leqslant 1$.

性质 15.2.5（逆事件概率） 对任一事件 A，有

$$P(\overline{A})=1-P(A)$$

性质 15.2.6 （加法公式）对任意两个事件 A,B，有

$$P(A\cup B)=P(A)+P(B)-P(AB)$$

推广到对任意三个事件 A,B,C，则有

$$P(A\cup B\cup C)=P(A)+P(B)+P(C)-P(AB)-P(AC)-P((BC)+P(ABC)$$

例 15.2.1 随机调查某班的一次考试成绩，数学及格的学生占 72%，语文及格的学生占 69%，两门都及格的学生占 50%，问至少一门及格的学生的概率?

解：设 A 表示“数学及格的学生”，B 表示“语文及格的学生”，则“两门都及格的学生”可用 AB 表示，“至少有一门及格的学生”可用 $A\cup B$ 表示.

已知 $P(A)=72\%$，$P(B)=69\%$，$P(AB)=50\%$，于是由加法公式得

$$P(A\cup B)=P(A)+P(B)-P(AB)=91\%$$

例 15.2.2 已知事件 A 和 B 满足 $P(AB)=P(\overline{A}\ \overline{B})$，且 $P(A)=t$，求 $P(B)$.

解：因为 $\overline{A}\ \overline{B}=\overline{A+B}$，于是有

$$P(AB)=P(\overline{\overline{AB}})=P(\overline{A\cup B})=1-P(A\cup B)=1-[P(A)+P(B)-P(AB)]$$

化简得 $$P(A)+P(B)=1$$

所以 $$P(B)=1-P(A)=1-t.$$

例 15.2.3（减法公式） 对任意两个事件 A,B，有

$$P(A-B)=P(A)-P(AB)$$

证：因为 $A-B=A-AB$，且 $AB\subset A$，所以有

$$P(A-B)=P(A-AB)=P(A)-P(AB)$$

例 15.2.4 设事件 A,B,C，当 $P(A\cup B)=0.6, P(B)=0.3$ 时，求 $P(A\overline{B})$.

解：
$$\begin{aligned}P(A\overline{B})&=P(A-B)=P(A)-P(AB)=[P(A)+P(B)-P(AB)]-P(B)\\&=P(A\cup B)-P(B)=0.6-0.3=0.3\end{aligned}$$

15.2.3 等可能概型（古典概型）

引例 1 在抛掷硬币试验中，试验只有 2 个结果："出现正面"和"出现反面". 由于硬币是均质的，这两个结果发生的可能性相同，即它们的概率都是 1/2.

引例 2 在投掷骰子试验中，试验的结果有 6 个："出现的点数为 i"（$i=1,2,3,4,5,6$）.由于骰子是均质的，每一个结果发生的可能性相同，即它们的概率都是 1/6.

以上两个例子具有如下共同点：

（1）有限性 试验可能发生的结果是有限的，即样本空间中只含有限个基本事件；

（2）等可能性 试验中每个基本事件发生的可能性是相同的.

具有上述特点的随机试验称为**等可能概型（古典概型）**.

定义 15.2.3 在古典概型中，设样本空间 Ω 的样本点总数为 n，A 为随机事件，其中所含的样本点数为 r，则事件 A 的概率为

$$P(A)=\frac{r(A\text{中包含的样本点数})}{n(\Omega\text{中包含的样本点数})}\text{或}P(A)=\frac{r(A\text{中包含的基本事件})}{n(\text{基本事件总数})}.$$

该定义通常称为**概率的古典定义**.

例 15.2.5 掷三次硬币，设 A 表示恰有一次出现正面，B 表示三次都出现正面，C 表示至少出现一次正面，求：（1）$P(A)$；（2）$P(B)$；（3）$P(C)$.

解：样本空间 Ω={正正正，正正反，正反正，正反反，反正正，反正反，反反正，反反反}；

（1）$n=8, r=3$，所以 $P(A)=\dfrac{3}{8}$；

（2）$n=8, r=3$，所以 $P(B)=\dfrac{1}{8}$；

（3）$n=8, r=3$，所以 $P(C)=\dfrac{7}{8}$.

由于在古典概型中，事件 A 的概率 $P(A)$的计算公式只需知道样本空间中的样本点的总数 n 和事件 A 包含的样本点的个数 r 就足够，而不必一一列举样本空间的样本点，因此，当样本空间的样本点总数比较多或难于一一列举的时候，也可以用分析的方法求出 n 与 r 的数值即可.

例 15.2.6 从 0，1，2，3，4，5，6，7，8，9 这 10 个数码中，取出 3 个不同的数码，

求所取 3 个数码不含 0 和 5 的事件 A 的概率.

解：从 10 个不同数码中，任取 3 个的结果与顺序无关，所以基本事件总数

$$n=\mathrm{C}_{10}^{3}=\frac{10\times9\times8}{1\times2\times3}=10\times3\times4$$

A 事件中不能有 0 和 5，所以只能从其余 8 个数码中任取 3 个，所以 A 中的基本事件

$$r=\mathrm{C}_{8}^{3}=\frac{8\times7\times6}{1\times2\times3}=8\times7$$

所以
$$P(A)=\frac{r}{n}=\frac{8\times7}{10\times3\times4}=\frac{7}{15}$$

例 15.2.7 袋中有 5 个白球，3 个红球，从中任取 2 个球，

求（1）所取 2 个球的颜色不同的事件 A 的概率；

（2）所取 2 个球都是白球的事件 B 的概率；

（3）所取 2 个球都是红球的事件 C 的概率；

（4）所取 2 个球是颜色相同的事件的概率.

解：袋中共的 8 个球，从中任取 2 个球结果与顺序无关，所以取法共有 C_8^2 种，每一种取法的结果是一个基本事件，所以基本事件总数为

$$n=\mathrm{C}_{8}^{2}=\frac{8\times7}{1\times2}=4\times7$$

（1）分两步取. 第一步，在 5 个白球中任取一个，方法数为 5；第二步在 3 个红球中取一个，方法数为 3，根据乘法原则，共有 5×3 种方法，即有 5×3 种结果. 所以

$$r_1=5\times3$$

所以
$$P(A)=\frac{r_1}{n}=\frac{5\times3}{4\times7}=\frac{15}{28}$$

（2）从 5 个白球中任取 2 个，结果与顺序无关，所以取法共有

$$\mathrm{C}_{5}^{2}=\frac{5\times4}{1\times2}=10\text{（种）}$$

即 B 包含的基本事件共有 r_2=10，所以

$$P(B)=\frac{r_1}{n}=\frac{10}{28}=\frac{5}{14}.$$

（3）从 3 个红球中任取 2 个的方法为

$$\mathrm{C}_{3}^{2}=\frac{3\times2}{1\times2}=3\text{（种）}$$

即 C 包含的基本事件数 r_3=3，所以

$$P(C)=\frac{r_3}{n}=\frac{3}{28}.$$

（4）所取 2 个球颜色相同的有两类：

第一类：2 个球都是白球的方法有 $C_3^2=10$（种）；

第二类：2 个球都是红球的方法有 $C_3^2=3$（种）.

根据加法原则，所取 2 个球是颜色相同的方法共有 $10+3=13$ 种. 所以 2 个球颜色相同的事件 D 包含 $r_4=13$ 种基本事件，所以

$$P(D)=\frac{r_4}{n}=\frac{13}{28}.$$

例 15.2.8 袋中有 10 件产品，其中有 7 件正品，3 件次品，从中每次取一件，共取两次，求：

（1）不放回抽样，第一次取后不放回，第二次再取一件，而且第一次取到正品，第二次取到次品的事件 A 的概率.

（2）放回抽样，第一次取一件产品，放回后第二次再取一件，求第一次取到正品，第二次取到次品的事件 B 的概率

解：（1）第一次取一件产品的方法有 10 种. 因为不放回，所以第二次取一件产品的方法有 9 种. 由乘法原则知，取两次的方法共有 10×9 种.

也可以用排列数计算，因为结果与顺序有关，所以取法有

$$P_{10}^2=10\times 9\text{（种）}$$

所以基本事件总数 $n=10\times 9$.

第一次取到正品，第二次取到次品的方法有 7×3 种，所以事件 A 包含的基本事件有：

$$r_1=7\times 3\text{（种）}$$

所以
$$P(A)=\frac{r_1}{n}=\frac{7\times 3}{10\times 9}=\frac{7}{30}$$

（2）放回抽样. 由于有放回，所以第一次、第二次取一件产品的方法都是 10 种，由乘法原则知抽取方法共有 $10\times 10=100$ 种，所以基本事件总数

$$n=10\times 10=100$$

第一次取正品方法有 7 种，第二次取次品的方法有 3 种，由乘法原则，事件 B 包含的基本事件共有

$$r_1=7\times 3\text{（个）}$$

所以
$$P(B)=\frac{r_2}{n}=\frac{7\times 3}{10\times 10}=\frac{21}{100}$$

例 15.2.9 将一套有 1,2,3,4,5 分册的 5 本书随机放在书架的一排上，求 1，2 分册放在一起的事件 A 的概率.

解：（1）基本事件总数

$$n=5\times 4\times 3\times 2\times 1\text{（种）}$$

或者为 P_5^5

（2）A 包含的基本事件有

$$r = \mathrm{P}_4^4 \times \mathrm{P}_2^1 = 1\times2\times3\times4\times2 \text{（种）}$$

所以
$$P(A) = \frac{r}{n} = \frac{1\times2\times3\times4\times2}{1\times2\times3\times4\times5} = \frac{2}{5}.$$

例 15.2.10 从 1，2，3，4，5，6，7 这七个数码中任取 3 个，排成三位数，求：

（1）所排成的三位数是偶数的事件 A 的概率；

（2）所排成的三位数是奇数的事件 B 的概率.

解： 基本事件总数

$$n = \mathrm{P}_7^3 = 7\times6\times5 \text{（个）}.$$

（1）所排成的三位数是偶数的取法需分两步：

第一步，取一个偶数放在个位码位置，取法有 3 种；

第二步，将其余 6 个数中任取两个排成一排，分别处于十位数和百位数码位置，共有 $\mathrm{P}_6^2 = 6\times5$ 种方法.

根据乘法原则，事件 A 包含的基本事件数

$$r_1 = 3\times6\times5$$

所以
$$P(A) = \frac{r_1}{n} = \frac{3\times6\times5}{7\times6\times5} = \frac{3}{7}.$$

（2）所排成的三位数的取法也需分两步进行：

第一步，取一个奇数放在个位码位置，有 4 种方法.

第二步，将其余 6 个数中任取两个放在十位码和百位码，方法有 $\mathrm{P}_6^2 = 6\times5$ 种.

根据乘法原则，事件 B 包含的基本事件数

$$r_2 = 4\times6\times5$$

所以
$$P(B) = \frac{r_2}{n} = \frac{4\times6\times5}{7\times6\times5} = \frac{4}{7}.$$

例 15.2.11 袋中有 9 个球，分别标有号码 1，2，3，4，5，6，7，8，9 从中任取 3 个球，求：

（1）所取 3 个球的最小号码为 4 的事件 A 的概率；

（2）所取 3 个球的最大号码为 4 的事件 B 的概率；

解： 基本事件总数 $n = \mathrm{C}_9^3 = \dfrac{9\times8\times7}{1\times2\times3} = 3\times4\times7$（个）.

（1）最小号码为 4 的取法分两步进行：

第一步，取出 4 号球，方法只有 1 种；

第二步，在 5，6，7，8，9 这 5 个球中任取 2 个，方法数为 $\mathrm{C}_5^2 = \dfrac{5\times4}{1\times2} = 10$.

所以 A 包含的基本事件

$$r_1 = 1\times 10 = 10$$

所以
$$P(A) = \frac{r_1}{n} = \frac{10}{3\times 4\times 7} = \frac{5}{42}.$$

（2）最大码为 4 的取法为：

第一步，取出 4 号球方法只有 1 种；

第二步，在 1，2，3 号球中任取 2 个，方法数为 $C_3^2 = \frac{3\times 2}{1\times 2} = 3$.

所以 B 包含的基本事件

$$r_2 = 1\times 3 = 3$$

所以
$$P(B) = \frac{r_2}{n} = \frac{3}{3\times 4\times 7} = \frac{1}{28}.$$

15.2.4　几何概型

接下来，我们来讨论几何概型. 属于古典概型的推广，每个样本点是否发生，也是等可能的，但去掉了 Ω 中包含有限个样本点的限制，即允许试验可能结果有无穷不可列个.

解决这种几何概型的基本步骤：

（1）随机试验的样本空间 Ω 是某个区域（可以是一维区间、二维平面区域或三维空间区域）；

（2）每个样本点发生的可能性相等；

（3）事件 A 的概率为 $P(A) = \frac{m(A)}{m(\Omega)}$.

其中，m 在一维情形下表示长度，在二维情形下表示面积，在三维情形下表示体积. 求几何概型的关键在于用图形正确地描述样本空间 Ω 和所求事件 A，然后计算出相关图形的度量.

例 15.2.12　在 $[0,3]$ 区间内任取一个数，求：

（1）这个数落在区间 $(0,2.1)$ 内的概率；

（2）这个数落在区间 $(0,3)$ 内的概率；

（3）这个数落在 1 的概率.

解： 以 x 表示取到的这个数，因为这个数都是在 $[0,3]$ 区间内等可能取到，所以

样本空间 $\Omega = \{x : 0 \leqslant x \leqslant 3\}, m(\Omega) = 3$.

（1）设事件 A 表示"这个数落在区间 $(0,2.1)$ 内"，即 $A = \{x : 0 < x < 2.1\}, m(A) = 2.1$. 由几何概率的计算公式，有

$$P(A) = \frac{m(A)}{m(\Omega)} = \frac{2.1}{3} = 0.7.$$

（2）设事件 A 表示"这个数落在区间 $(0,3)$ 内"，即 $A = \{x : 0 < x < 3\}, m(A) = 3$，于是

$$P(A) = \frac{m(A)}{m(\Omega)} = \frac{3}{3} = 1.$$

（3）设事件 A 表示"这个数落在 1"，即 $A = \{x : x = 1\}, m(A) = 0$，于是

$$P(A)=\frac{m(A)}{m(\Omega)}=\frac{0}{3}=0.$$

由于样本空间 Ω 和事件 A 采用区间线段的长度来表示，这是一维的情形. 这个例子的(2)和(3)告诉可知，概率为零的事件未必就是不可能事件，同理，概率为 1 的事件未必就是必然事件.

例 15.2.13（蒲丰投针问题） 非常著名的蒲丰投针试验，是第一个利用几何来表达概率的实例. 设平面上画满间距为 d 的平行直线，向该平面随机投掷一枚长度为 $l(l<d)$ 的针，求针与任一平行线相交的概率.

解： 设 M 为针的中点，x 为 M 与最近平行线的距离，φ 为针与平行线的交角，可得样本空间为

$$\Omega=\left\{(x,\varphi):0\leqslant x\leqslant\frac{d}{2},0\leqslant\varphi\leqslant\pi\right\},m(\Omega)=\frac{\pi d}{2}.$$

设事件 A 表示“针与平行线相交”，其发生的充要条件是 $x\leqslant\frac{l}{2}\sin\varphi$（见图 15.2.1），故 $A=\left\{(x,\varphi):x\leqslant\frac{l}{2}\sin\varphi\right\},m(A)=\int_0^{\pi}\frac{l}{2}\sin\varphi\mathrm{d}\varphi=l$（见图 15.2.2）.

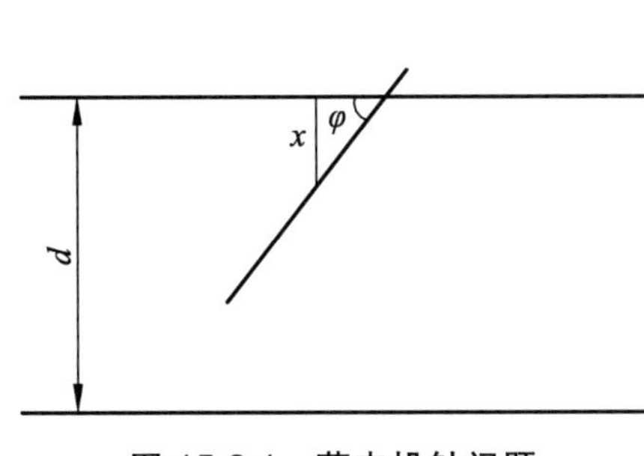

图 15.2.1 蒲丰投针问题

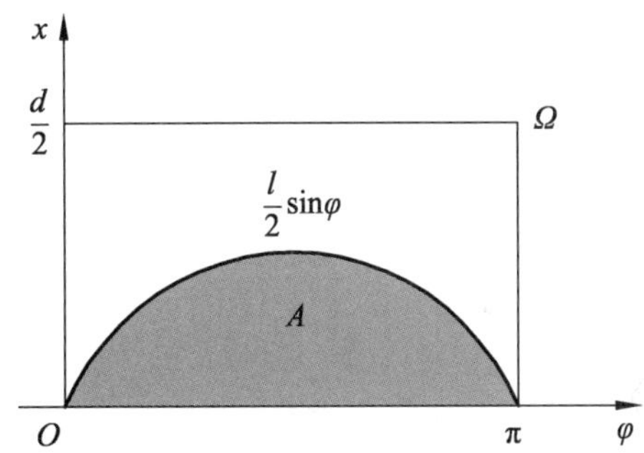

图 15.2.2 蒲丰投针问题中的 Ω 和 A

由于针是向平面任意投掷的，所以由等可能性知这是一个几何概率问题，于是有

$$P(A)=\frac{m(A)}{m(\Omega)}=\frac{2l}{\pi d}.$$

如果 $l,d,P(A)$ 的值为已知，则也可以利用上式去求π，而关于 $P(A)$ 的值，可用从试验中获得的频率去. 我们用 n 表示投针总次数，n_A 表示针与平行线相交的次数，可以用 $\frac{n_A}{n}$ 作为 $P(A)$ 的估计值，即

$$\frac{n_A}{n}\approx P(A)=\frac{2l}{\pi d},$$

于是有

$$\pi\approx\frac{2nl}{dn_A}.$$

于是，我们得到了一个概率方法：只要设计一个随机试验，使一个事件的概率与某个未知数有关，然后通过重复试验，以频率估计概率，即可求得未知数的近似解. 19—20 世纪，一些学者曾亲自做过这个试验，利用概率的方法来计算圆周率的近似值. 留下的一些实验数据（见表 15.2.2）：

表 15.2.2　利用概率方法计算圆周率近似值的实验数据

试验者	时间	投掷次数	相交次数	圆周率 w 的估计值
Wolf	1850 年	5000	2532	3.1596
Smith	1855 年	3204	1218.5	3.1554
Lazerini	1901 年	3408	1808	3.1415929
Reina	1925 年	2520	859	3.1795

我们知道，试验次数越多，所求近似解就越精确. 随着计算机技术的发展，人们便可利用计算机来模拟大量重复的随机试验. 称这种方法为随机模拟法，也称为蒙特卡罗（MonteCarlo）法.

习题 15.2

基础练习

1. 填空题.

（1）设 A，B，C 为三个事件，用 A、B、C 的运算关系表示① A 和 B 都发生，而 C 不发生为__________，② A、B、C 至少有两个发生的事件为________.

（2）设 A，B 为两个互不相容的事件，$P(A)=0.2$，$P(B)=0.4$，$P(A+B)=$____________.

（3）设 A，B 是两个事件，已知 $P(A)=0.5, P(B)=0.7, P(A\cup B)=0.8$，则 $P(AB)=$_____；$P(A-B)=$_____；$P(B-A)$_____.

（4）把一枚硬币抛四次，则无反面的概率为_________，有反面的概率为_____.

（5）若事件 A,B 有包含关系，$P(A)=0.2, P(B)=0.3$，则

$P(\bar{A})=$____；$P(\bar{B})=$____，$P(A\bigcup B)=$____；$P(AB)=$______；$P(\bar{B}A)=$____；$P(\bar{A}\bigcap\bar{B})=$_____.

（6）电话号码由 0，1，…，9 中的 8 数字排列而成，则电话号码后四位数字全都不相同的概率表示为________________.

（7）若 $P(A)=0.5,\ P(B)=0.4$，当 A，B 互不相容时，$P(A-B)=$_____；当 A，B 有包含关系情况时，$P(A-B)=$_____.

（8）设公寓中的每一个房间都有 4 名学生，任意挑选一个房间，则这 4 人生日无重复的概率表示为_______________（一年以 365 天计算）.

2. 选择题.

（1）设 A 与 B 是两随机事件，则 $\overline{AB}$ 表示（　　）.

A. A 与 B 都不发生　　　　B. A 与 B 同时发生

C. A 与 B 中至少有一个发生　　D. A 与 B 中至少有一个不发生

（2）设 A 与 B 是两随机事件，则 $(A+B)(\overline{A}+\overline{B})$ 表示（　　）.

A. 必然事件　　B. 不可能事件

C. A 与 B 恰好有一个发生　　D. A 与 B 不同时发生

（3）设 $P(A)=a, P(B)=b, P(A+B)=c$，则 $P(A\overline{B})$ 为

A. $a-b$　　B. $c-b$

C. $a(1-b)$　　D. $a(1-c)$

（4）若 A，B 是两个互不相容的事件，$P(A)>0$，$P(B)>0$，则一定有（　　）.

A. $P(A)=1-P(B)$　　B. $P(AB)=0$

C. $P(A+\overline{B})=1$　　D. $P(\overline{A}+B)=0$

3. 已知 $P(A)=P(B)=P(C)=0.25, P(AB)=0, P(AC)=P(BC)=\dfrac{1}{16}$. 求：

（1）$P(A\cup B)$；（2）$P(A\cup B\cup C)$；（3）$P(\overline{B}\cap\overline{C})$.

4. 设 A，B，C 构成一个随机试验的样本空间的一个划分，且 $P(A)=0.5, P(\overline{B})=0.7$，求 $P(C)$，$P(AB)$.

5. 设随机事件 A,B,C 的概率都是 $\dfrac{1}{2}$，且 $P(ABC)=P(\overline{A}\cap\overline{B}\cap\overline{C}), P(AB)=P(AC)=P(BC)=\dfrac{1}{3}$，求 $P(ABC)$.

6. 从去掉大小王的 52 张扑克牌中任取 3 张，求下列事件的概率：

（1）二张红色，一张黑色；（2）全是黑色；（3）二张梅花；（4）没有二张同一花色；（5）同花；（6）同花顺；（7）三条（四张牌形相同，如 4 张 A 等）.

提高练习

7. 掷两颗质地均匀的骰子，求出现的两个点数之和等于 5 的概率.

8. 若 10 个产品中有 7 个正品，3 个次品，

（1）不放回地每次从中任取一个，共取 3 次，求取到 3 个次品的概率.

（2）每次从中任取一个，有放回地取 3 次，求取到 3 个次品的概率.

9. 有 5 张票，其中 2 张是电影票，3 人依次抽签得票，求每个人抽到电影票的概率分别为多少？

10. 有 5 张票，其中 3 张是电影票，5 个人依次抽签得票，如果第 1 人抽的结果尚未公开，由第 2 人抽得的结果去猜第 1 人是否抽的电影票. 问：若第 2 人抽到了电影票，则第 1 人抽到电影票的概率为多少？

11. 8 个老师 3 个学生排成一列，求任意 2 个学生都不相邻的概率.

12. 电路由电池 A 与 2 个并联电池的电池 B 及 C 串联而成，设电池 A、B、C 损坏的概率分别是 0.3，0.2，0.2，求电路发生间断的概率？

13. 车间有甲、乙、丙 3 台机床生产同一种产品，且知它们的次品率依次是 0.2，0.3，0.1，而生产的产品数量比为：甲：乙：丙 = 2：3：5，现从产品中任取一个，（1）求它是次品的概率？（2）若发现取出的产品是次品，求次品是来自机床乙的概率？

14. 3 个箱子中，第 1 箱装有 4 个黑球 1 个白球，第 2 箱装有 3 个黑球 3 个白球，第 3

箱装有 3 个黑球 5 个白球．现先任取 1 箱，再从该箱中任取 1 球．问（1）取出球是白球的概率？（2）若取出的球为白球，则该球属于第 2 箱的概率？

15. 将 3 个完全相同的小球随机地放入 5 个不同的盒子，求：

（1）3 个球都在同一个盒子里的概率；

（2）3 个球都在不同的盒子里的概率；

（3）某指定的盒子中恰好有 2 个球的概率．

16. 从 0,1,2,3,4,5,6,7,8,9 中任取三个数．求 3 个数中最小数是 4 的概率和 3 个数中最大数是 4 的概率各为多少?

拓展练习

17. 10 张签中分别有 4 张画圈、6 张画叉．10 个人依次抽签，抽到带圈的签为中签，求每个人的中签率．

18. 甲、乙两人投篮命中率分别为 0.7 和 0.8，每人投 3 次．求（1）两人进球数相等的概率？（2）甲比乙进球数多的概率？

19. 甲乙两人约定在下午 6 时到 7 时之间在某处会面，并约先到者应等候另一个人 20 min，过时即可离去．求两人能会面的概率．

20. 在区间 [0,1] 上任取两个数，求：

（1）两数之和不小于 1 的概率；

（2）两数之差的绝对值不超过 0.1 的概率；

（3）两数之差的绝对值小于 0.1 的概率．

15.3　条件概率与独立性

现实生活中，要计算概率，情况往往比较复杂，有很多附加条件．例如，在购买汽车保险时，不同人的保费是不同的，因为不同投保人在未来一年内出车祸的概率是不一样的，出事概率越大，赔付可能性就高，所以保费就高．一般来讲，条件概率就是在附加一定的条件之下所计算的概率．

从广义来说，任何概率都是条件概率，因为都是在一定的试验之下去考虑概率的，而试验即有条件．在概率论中，规定试验的那些基础条件被看作是已定不变的．如果不再加入其他条件或假定，则算出的概率就叫做“无条件概率”，就是通常所说的概率．当说到“条件概率”时，总是指另外附加的条件，归为“已知某事件已经发生了”．

例如，抽奖，连续抽两次，只有中奖和不中奖之分，其样本空间为 $\Omega=\{zz,zb,bz,bb\}$，其中 z 代表中奖，b 代表没中奖．讨论下面一些事件的概率．

（1）事件 $A=$“至少有 1 次不中奖”发生的概率为

$$P(A)=\frac{3}{4}.$$

（2）若已知事件 $B=$“至少有一次中奖”发生，再求事件 A 发生的概率为

$$P(A\mid B)=\frac{2}{3}.$$

这是因为事件 B 的发生，排除了两次都不中奖的可能性，这时样本空间 Ω 也随之改为 $\Omega_B=\{zz,zb,bz\}$，而在 Ω_B 中事件 A 只含 2 个样本点，故 $P(A|B)=2/3$.这就是条件概率，它与(无条件)概率 $P(A)$ 是不同的两个概念.

（3）若对上述条件概率的分子分母各除以 4，则可得

$$P(A|B)=\frac{2/4}{3/4}=\frac{P(AB)}{P(B)},$$

其中交事件 $AB=$ “一次中奖、一次不中奖”.

把这个关系推广到一般情形，得到条件概率就是两个无条件概率之商.

15.3.1 条件概率

定义 15.3.1 在事件 A 发生的条件下，事件 B 发生的概率称为**条件概率**，记作 $P(B|A)$.

例 15.3.1 一个家庭有 2 个小孩，已知其中至少一个是女孩，问另一个也是女孩的概率是多少（假定生男生女是等可能的）？

定义 15.3.1′ 设 A,B 是两个事件，且 $P(A)>0$，则称

$$P(B|A)=\frac{P(AB)}{P(A)}$$

为在事件 A 发生的条件下，事件 B 发生的**条件概率**.

可以验证，条件概率满足概率定义中的三个条件，所以条件概率也是概率，具有概率的一切性质.

例如，对于任意事件 B_1,B_2 有

$$P(B_1\cup B_2|A)=P(B_1|A)+P(B_2|A)-P(B_1B_2|A).$$

例 15.3.2 已知灯泡使用到 1000 小时的概率为 0.75，使用到 1500 小时的概率为 0.25. 一只灯泡已经使用了 1000 小时，求这只灯泡使用到 1500 小时的概率.

解： 设 A 表示事件“灯泡使用到 1000 小时”，B 表示事件“灯泡使用到 1500 小时”. 显然，$B\subset A$，所以 $AB=B$. 所求的概率为 $P(B|A)$，由条件概率的定义

$$P(B|A)=P(AB)/P(A)=P(B)/P(A)=0.25/0.75=\frac{1}{3}.$$

例 15.3.3 设盒中有 10 个木质球，6 个玻璃球，木质球有 3 个为红色，7 个为蓝色，玻璃球有 2 个为红色，4 个为蓝色. 现从盒中任取一球，用 A 表示“取到蓝色球”，B 表示“取到玻璃球”，求 $P(B|A)$.

解： 列表分析已知条件（见表 15.3.1）：

表 15.3.1 列表分析

	木球	玻璃球	总计
红色球	3	2	5
蓝色球	7	4	11
总计	10	6	16

由表 15.3.1 可得

$$P(A)=\frac{11}{16},\quad P(AB)=\frac{4}{16}$$

所以

$$P(B\mid A)=\frac{P(AB)}{P(A)}=\frac{\frac{4}{16}}{\frac{11}{16}}=\frac{4}{11}.$$

15.3.2 乘法公式

由条件概率的公式，立即可得

定理 15.3.1（乘法公式） 对任意事件 A、B，有

$$P(AB)=P(A)P(B\mid A)\qquad (P(A)>0)\tag{15.3.1}$$

$$=P(B)P(A\mid B)\qquad (P(B)>0)\tag{15.3.2}$$

如果 A 先发生，则使用（15.3.1）式；如果 B 先发生，则使用（15.3.2）式.
可以推广到有限多个事件的情形：n 个事件的乘法公式为

$$P(A_1A_2\cdots A_n)=P(A_1)P(A_2\mid A_1)P(A_3\mid A_1A_2)\cdots P(A_n\mid A_1A_2\cdots A_{n-1})$$

特别地，当 $n=3$ 时，有

$$P(ABC)=P(A)P(B\mid A)P(C\mid AB)\quad (P(A)>0,P(AB)>0)$$

例 15.3.4 设随机事件 A、B，已知 $P(A)=\frac{1}{2}$，$P(B)=\frac{1}{3}$，且 $P(B\mid A)=\frac{1}{2}$，求 $P(A+B)$.

解：

$$P(AB)=P(A)P(B\mid A)=\frac{1}{2}\cdot\frac{1}{2}=\frac{1}{4}$$

$$P(A+B)=P(A)+P(B)-P(AB)=\frac{1}{2}+\frac{1}{3}-\frac{1}{4}=\frac{7}{12}$$

例 15.3.5 袋中共有 100 个球，已知有 10 个黑球，90 个红球，现从中依次取出 2 个球，求：
（1）不放回取出时，第 2 次才取到红球的概率；
（2）取出第一个球放回后，再取出第二个球，第 2 次才取到红球的概率.

解： 设 A_i 表示事件“第 i 次取到红球”（$i=1,2$），则 $\overline{A_i}$ 表示事件“第 i 次取到黑球”.

（1）所求的概率为 $P(\overline{A_1}A_2)$，由乘法公式得

$$P(\overline{A_1}A_2)=P(\overline{A_1})P(A_2\mid\overline{A_1})=\frac{10}{100}\cdot\frac{90}{99}=0.091.$$

（2）此时所求的概率仍记为 $P(\overline{A_1}A_2)$，由乘法公式得

$$P(\overline{A_1}A_2)=P(\overline{A_1})P(A_2\mid\overline{A_1})=\frac{10}{100}\cdot\frac{90}{100}=0.090.$$

15.3.3 事件的相互独立性

一般地说，$P(A|B)\neq P(A)$，即说明事件 B 的发生影响了事件 A 发生的概率. 若 $P(A|B)=P(A)$，则说明事件 B 的发生在概率意义下对事件 A 的发生无关，这时称事件 A，B 相互独立.

定义 15.3.2 若事件 A 的发生不影响事件 B 的概率，即

$$P(B\mid A)=P(B)$$

则称事件 B 对 A 是**独立的**，否则称为不独立的.

根据乘法公式，$P(AB)=P(A)P(B\mid A)=P(B)P(A\mid B)$，如果事件 B 对 A 是独立的，则 $P(B)=P(B\mid A)$，代入乘法公式得 $P(A)=P(A\mid B)$，即事件 A 对 B 也是独立的. 所以，事件 A、B 之间的独立性是对称的，即是**相互独立的**.

定理 15.3.2 事件 A 与事件 B 相互独立的充要条件是

$$P(AB)=P(A)P(B)$$

推广到有限个事件的情形：如果 n 个事件 $A_1,A_2,\cdots,A_n$ 相互独立，则

$$P(A_1A_2\cdots A_n)=P(A_1)P(A_2)\cdots P(A_n).$$

理论上定理 15.3.1 可用于事件独立性的判断. 但在具体应用中，往往先根据事件的实际意义判断 A、B 的独立性，然后利用定理 15.3.1 求出 $P(AB)$.

定理 15.3.3 如果事件 A 与 B 相互独立，则事件 A 与 $\overline{B}$、$\overline{A}$ 与 B、$\overline{A}$ 与 $\overline{B}$ 也相互独立. 即

$$\begin{aligned}&P(AB)=P(A)P(B)\\ \Leftrightarrow\ &P(\overline{A}B)=P(\overline{A})P(B)\\ \Leftrightarrow\ &P(A\overline{B})=P(A)P(\overline{B})\\ \Leftrightarrow\ &P(\overline{A}\overline{B})=P(\overline{A})P(\overline{B}).\end{aligned}$$

证： 事件 A 与事件 B 相互独立，即 $P(AB)=P(A)P(B)$，所以

$$P(A\overline{B})=P(A)-P(AB)=P(A)-P(A)P(B)=P(A)(1-P(B))=P(A)P(\overline{B}),$$

因此，A 与 $\overline{B}$ 相互独立. 由此即可推出 $\overline{A}$ 与 $\overline{B}$ 相互独立，再由 $\overline{\overline{B}}=B$，又可推出 $\overline{A}$ 与 B 相互独立.

由这个定理可知：事件 A 与 B 相互独立，则 A 的发生不会影响 B 发生的概率，那么 A 的发生也不会影响 B 不发生的概率，A 的不发生也不会影响 B 发生的概率，A 的不发生也不会影响 B 不发生的概率.

定理 15.3.4 如果事件 A 与 B 相互独立，则

$$P(A\cup B)=1-P(\overline{A})P(\overline{B})$$

推广到有限个事件的情形：如果 n 个事件 $A_1,A_2,\cdots,A_n$ 相互独立，则

$$P(A_1\cup A_2\cup\cdots\cup A_n)=1-P(\overline{A_1})P(\overline{A_2})\cdots P(\overline{A_n}).$$

例 15.3.6 从甲、乙两个箱子中随机抽取奖券，中奖率分别为 0.6 和 0.5，现在两个箱子中各随机抽取一张，求两张都中奖的概率.

解： 设 A 表示“甲箱中抽出一张中奖”，B 表示“乙箱中抽出一张中奖”，则

$$P(A)=0.6\,,\quad P(B)=0.5\,.$$

显然 A 与 B 是相互独立的，因而

$$P(AB)=P(A)P(B)=0.3\,.$$

例 15.3.7 甲、乙两人各自考上大学的概率分别为 70%，80%，求甲、乙两人至少有一人考上大学的概率.

解： 设 A 表示“甲考上大学”，B 表示“乙考上大学”，则 $P(A)=0.7,P(B)=0.8$．显然，A 与 B 是相互独立的，所以

$$P(A+B)=P(A)+P(B)-P(AB)=P(A)+P(B)-P(A)P(B)=0.7+0.8-0.7\times0.8=0.94.$$

例 15.3.8 设事件 A，B 相互独立，已知 $P(A)=0.6$，$P(B)=0.8$，求 A 与 B 恰有一个发生的概率.

解：

$$\begin{aligned}P(A\overline{B}+\overline{A}B)&=P(A\overline{B})+P(\overline{A}B)\\&=P(A)P(\overline{B})+P(\overline{A})P(B)\\&=0.6\times(1-0.8)+(1-0.6)\times0.8\\&0.44.\end{aligned}$$

例 15.3.9 一条线路中有 3 个电阻，每个电阻断电的概率都是 $r(0<r<1)$，分别计算

（1）3 个电阻并联时，整条线路断电的概率；

（2）3 个电阻串联时，整条线路断电的概率.

解： 设 $A_i(i=1,2,3)$ 表示“第 i 个电阻断电”，A 表示“并联时整条线路断电”，B 表示“串联时整条线路断电”.

（1）并联时，只有 3 个电阻全断电线路才会断电，即 $A=A_1A_2A_3$.因而有

$$P(A)=P(A_1A_2A_3)=P(A_1)P(A_2)P(A_3)=r^3\,.$$

（2）串联时，只要有一个电阻断电整条线路就会断电，即 $B=A_1\cup A_2\cup A_3$.因而有

$$P(B)=P(A_1\cup A_2\cup A_3)=1-P(\overline{A_1})P(\overline{A_2})P(\overline{A_3})=1-(1-r)^3\,.$$

注意： 事件 A,B 相互独立与事件 A,B 互不相容是不同范畴中的两个概念，一般来说它们是没有关系的. 但当 A,B 相互独立，且 $P(A)>0,P(B)>0$ 时，A,B 必相容.

15.3.4 全概率公式和贝叶斯公式

全概率公式是概率论中运用广泛的一个重要公式. 当遇到一些较为复杂的随机事件的概率计算问题时，可以将它分解成一些较容易计算的情况分别进行考虑，可以化繁为简. 下面先介绍样本空间的划分.

定义 15.3.3 设 S 为试验 E 的样本空间，$B_1,B_2,\cdots,B_n$ 为 E 的一组事件. 若

（i）$B_iB_j=\varnothing,i\neq j,i,j=1,2,\cdots,n$；

（ii）$B_1\cup B_2\cup\cdots\cup B_n=S$，

则称 $B_1,B_2,\cdots,B_n$ 为样本空间 S 的一个**划分**，也称为一个完备事件组.

若 $B_1,B_2,\cdots,B_n$ 是样本空间的一个划分，那么，对每次试验，事件 $B_1,B_2,\cdots,B_n$ 中必有一个且仅有一个发生.

例如，设样本空间为 $S=\{1,2,3,4,6,8\}$，E 的一组事件 $B_1=\{1,2,\}$，$B_2=\{4,8\}$，$B_3=\{3,6\}$，是 S 的一个划分. 而事件组 $C_1=\{1,2,3\},C_2=\{3,4\},C_3=\{6\}$ 不是 S 的划分.

定理 15.3.5（全概率公式） 设 $A_1,A_2,\cdots,A_n$ 为样本空间 Ω 的一个事件组划分，且 $P(A_i)>0(i=1,2,\cdots,n)$，B 为任一事件，则全概率公式

$$P(B)=\sum_{i=1}^{n}P(A_i)P(B\mid A_i).$$

证： 因为 $B=\Omega\cap B=(A_1\cup A_2\cup\cdots\cup A_n)\cap B=A_1B\cup A_2B\cup\cdots\cup A_nB$，且 $A_1B,A_2B,\cdots,A_nB$ 互不相容，所以由有限可加性及概率的乘法公式得

$$\begin{aligned}P(B)&=P(A_1B)+P(A_2B)+\cdots P(A_nB)\\&=P(A_1)P(B\mid A_1)+P(A_2)P(B\mid A_2)+\cdots+P(A_n)P(B\mid A_n)\\&=\sum_{i=1}^{n}P(A_i)P(B\mid A_i).\end{aligned}$$

定理 15.3.6（贝叶斯公式） 设 $A_1,A_2,\cdots,A_n$ 为样本空间 Ω 的一个事件组划分，$P(A_i)>0(i=1,2,\cdots,n)$，B 为满足条件 $P(B)>0$ 的任一事件，则

$$P(A_i\mid B)=\frac{P(A_i)P(B\mid A_i)}{\sum_{i=1}^{n}P(A_i)P(B\mid A_i)}.$$

证： 由条件概率的定义可知

$$P(A_i\mid B)=\frac{P(A_iB)}{P(B)}.$$

对上式的分子用乘法公式、分母用全概率公式得

$$P(A_iB)=P(A_i)P(B\mid A_i),P(B)=\sum_{i=1}^{n}P(A_i)P(B\mid A_i).$$

即得

$$P(A_i\mid B)=\frac{P(A_i)P(B\mid A_i)}{\sum_{i=1}^{n}P(A_i)P(B\mid A_i)}.$$

例 15.3.10 保险公司认为某险种的投保人可以分成两类：一类为易出事故者，另一类为安全者. 统计表明：一个易出事故者在一年内发生事故的概率为 0.4，而安全者这个概率则减少为 0.1. 若假定易出事故者占此险种投保人的比例为 20%.现有一个新的投保人来投保此险种，问：（1）该投保人在购买保单后一年内将出事故的概率有多大?（2）假设一个新投保人在购买保单后一年内出了事故，那么他是易出事故者的概率是多大?

解：（1）记 $A=$ “投保人在一年内出事故”，$B=$ “投保人为易出事故者”，则 $\overline{B}=$ “投保人为安全者”，且 $P(\overline{B})=0.8$.由全概率公式得

$$P(A)=P(B)P(A\mid B)+P(\overline{B})P(A\mid \overline{B})=0.2\times 0.4+0.8\times 0.1=0.16.$$

（2 所求概率为 $P(B\mid A)$，可由贝叶斯公式计算得到：

$$P(B\mid A)=\frac{P(BA)}{P(A)}=\frac{P(B)P(A\mid B)}{P(A)}=\frac{0.2\times 0.4}{0.16}=\frac{1}{2}.$$

例 15.3.11 某种疾病的患病率为 0.1%，某项血液医学检查的误诊率为 1%，即非患者中有 1% 的人验血结果为阳性，患者中有 1% 的人验血结果为阴性. 现知某人验血结果是阳性，求他确实患有该种疾病的概率.

解：以 A 表示该人患此疾病，B 表示验血结果为阳性，则由已知条件知

$$P(A)=0.001,P(\overline{A})=0.999,P(B\mid A)=0.99,P(B\mid \overline{A})=0.01.$$

先由全概率公式得

$$P(B)=P(A)P(B\mid A)+P(\overline{A})P(B\mid \overline{A})=0.001\cdot 0.99+0.999\cdot 0.01=0.01098.$$

再由贝叶斯公式得

$$P(A\mid B)=\frac{P(A)P(B\mid A)}{P(B)}=\frac{0.001\cdot 0.99}{0.01098}\approx 0.09.$$

我们可以看到这个概率值非常的小. 生活中，当我们看到阳性报告时，经常认为就是确诊，但事实上并非如此，也有可能没有患病，而且没有患病的概率还不小. 这归根结底在于该病的患病率很低，仅为 0.1%，误诊率虽然不高，为 1%，但总阳性人群中被误诊为阳性的几乎是真阳性患者的 10 倍多. 所以化验单结果是阳性时，切莫慌张，要多次检查修正，才能大概率确定是否患病.

如果我们把检查为阳性看成是“结果”，而导致该结果发生的“原因”有两个：一是患者且检查正确，二是非患者检查错误. 所以，全概率公式，就是通过已知每种“原因”发生的概率，即 $P(A)$ 和 $P(\overline{A})$ 已知，求“结果” B 发生的概率 $P(B)$.这里的 $P(A)$ 和 $P(\overline{A})$ 又称为“先验概率”. 而贝叶斯公式，则是从已知“结果” B 发生的条件下，求各个可能“原因”引起的条件概率 $P(A\mid B)$ 和 $P(\overline{A}\mid B)$，所以也有人把贝叶斯公式看成是用来解决“已知结果，分析原因”的问题. 这里的 $P(A\mid B)$ 和 $P(\overline{A}\mid B)$ 又称为“后验概率”. 后来根据这一原理，发展了一整套统计推断方法，叫作贝叶斯统计，感兴趣的，可以自学.

习题 15.3

基础练习

1. 选择题.

（1）设 A、B 为两个事件，$P(A)\neq P(B)>0$，且 $A\supset B$，则下列必成立是（　　）.

A. $P(A\mid B)=1$　　B. $P(B\mid A)=1$　　C. $P(B\mid \overline{A})=1$　　D. $P(A\mid \overline{B})=0$

（2）设盒中有 10 个木质球，6 个玻璃球，木质球有 3 个红球，7 个蓝色；玻璃球有 2 个红色，4 个蓝色．现在从盒中任取一球，用 A 表示“取到蓝色球”，B 表示“取到玻璃球”，则 $P(B|A)=$（　　）.

A. $\frac{6}{10}$　　B. $\frac{6}{16}$　　C. $\frac{4}{7}$　　D. $\frac{4}{11}$

（3）设 A、B 为两事件，且 $P(A),P(B)$ 均大于 0，则下列公式错误的是（　　）.

A. $P(A\cup B)=P(A)+P(B)-P(AB)$　　B. $P(AB)=P(A)P(B)$

C. $P(AB)=P(A)P(B\mid A)$　　D. $P(\bar{A})=1-P(A)$

（4）设 10 件产品中有 4 件不合格品，从中任取 2 件，已知所取的 2 件产品中有一件是不合格品，则另一件也是不合格品的概率为（　　）.

A. $\frac{2}{5}$　　B. $\frac{1}{5}$　　C. $\frac{1}{2}$　　D. $\frac{3}{5}$

（5）设 A、B 为两个随机事件，且 $0<P(A)<1, P(B)>0, P(B\mid A)=P(B\mid \bar{A})$，则必有（　　）.

A. $P(A\mid B)=P(\bar{A}\mid B)$　　B. $P(A\mid B)\neq P(\bar{A}\mid B)$

C. $P(AB)=P(A)P(B)$　　D. $P(AB)\neq P(A)P(B)$

（6）每次试验失败的概率为 $p(0<p<1)$，则在 3 次重复试验中至少成功一次的概率为（　　）.

A. $3(1-p)$　　B. $(1-p)^3$　　C. $1-p^3$　　D. $C_3^1\ (1-p)p^3$

2. 填空题.

（1）设 A 和 B 是两事件，则 $P(A)=P(A\bar{B})+$ __________.

（2）设 A、B、C 两两互不相容，$P(A)=0.2$，$P(B)=0.3, P(C)=0.4$，则 $P[(A\cup B)-C]=$ ______.

（3）若 $P(A)=0.5, P(B)=0.4, P(A-B)=0.3$，则 $P(\bar{A}\cup\bar{B})=$ ____________.

（4）设两两独立的事件 A，B，C 满足条件 $ABC=\varnothing$，$P(A)=P(B)=P(C)<\frac{1}{2}$，且已知 $P(A\cup B\cup C)=\frac{9}{16}$，则 $P(A)=$ __________.

（5）设 $P(A)=P(B)=P(C)=\frac{1}{4}$，$P(AB)=0$，$P(AC)=P(BC)=\frac{1}{8}$，则 A、B、C 全不发生的概率为 __________.

（6）设 A 和 B 是两事件，$B\subset A$，$P(A)=0.9, P(B)=0.36$，则 $P(A\bar{B})=$ _________.

（7）设 $P(A)=0.6$，$P(A\cup B)=0.84$，$P(\bar{B}\mid A)=0.4$，则 $P(B)=$ _____________.

（8）设 A，B 为两个相互独立的事件，$P(A)$=0.4，$P(A+B)$=0.7，则 $P(B)$=______________.

（9）3 个人独立地猜一谜语，他们能够猜出的概率都是 $\frac{1}{3}$，则此谜语被猜出的概率为____.

（10）设 A，B 为两个事件，$P(A)$=0.4，，$P(B)$=0.8,$P(\bar{A}B)$=0.5，则 $P(B|A)$=_______.

（11）设 A，B，C 为三个相互独立的事件，已知 $P(A)=a$，$P(B)=b$，$P(C)=c$，则 A，B，C 至少有一个发生的概率为 ____________________.

提高练习

3. 已知 $P(A)=\frac{1}{3}, P(B\mid A)=\frac{1}{4}$．$P(A\mid B)=\frac{1}{6}$，求 $P(A\cup B)$.

4. 某种灯泡能用到 3000 小时的概率为 0.8，能用到 3500 小时的概率为 0.7.求一只已用到了 3000 小时还未坏的灯泡还可以再用 500 小时的概率.

5. 设 A，B 是两个事件，已知 $P(A)=0.5$，$P(B)=0.6$，$P(B|\overline{A})=0.4$，求：（1）$P(\overline{A}B)$；（2）$P(AB)$；（3）$P(A+B)$.

6. 加工某一零件共需经过四道工序，设第一、二、三、四道工序出次品的概率分别是 0.02，0.03，0.05，0.04，各道工序互不影响，求加工出的零件的次品率？

7. 两个箱子中装有同类型的零件，第一箱装有 60 只，其中 15 只一等品；第二箱装有 40 只，其中 15 只一等品. 求在以下两种取法下恰好取到一只一等品的概率：（1）将两个箱子都打开，取出所有的零件混放在一堆，从中任取一只零件；（2）从两个箱子中任意挑出一个箱子，然后从该箱中随机地取出一只零件.

8. 某市男性的色盲发病率为 7%，女性的色盲发病率为 0.5%. 今有一人到医院求治色盲，求此人为女性的概率. (设该市性别结构为男：女 = 0.502：0.498)

9. 袋中有 a 只黑球，b 只白球，甲、乙、丙三人依次从袋中取出一只球（取后不放回），分别求出他们各自取到白球的概率.

10. 一射手对同一目标进行四次独立的射击，若至少射中一次的概率为 $\frac{80}{81}$，求此射手每次射击的命中率.

11. 甲、乙、丙三人同时各用一发子弹对目标进行射击，三人各自击中目标的概率分别是 0.4、0.5、0.7.目标被击中一发而冒烟的概率为 0.2，被击中两发而冒烟的概率为 0.6，被击中三发则必定冒烟，求目标冒烟的概率.

12. 甲、乙、丙三人抢答一道智力竞赛题，他们抢到答题权的概率分别为 0.2、0.3、0.5；而他们能将题答对的概率则分别为 0.9、0.4、0.4.现在这道题已经答对，问甲、乙、丙三人谁答对的可能性最大.

13. 某学校五年级有两个班，一班 50 名学生，其中 10 名女生；二班 30 名学生，其中 18 名女生. 在两班中任选一个班，然后从中先后挑选两名学生，求（1）先选出的是女生的概率；（2）在已知先选出的是女生的条件下，后选出的也是女生的概率.

14. 设三次独立试验中，若 A 出现的概率均相等且至少出现 1 次的概率为 $\frac{19}{27}$，求在一次试验中，事件 A 出现的概率？

拓展练习

15. 某公司所用的原料是由三家供货商供货. 根据以往的使用情况，有以下的数据：

供货商	次品率	原料占比
第一家	0.03	0.30
第二家	0.02	0.10
第三家	0.01	0.60

设这三家的产品在仓库中是均匀混合的，且无标识.

（1）在仓库中随机地取一只产品，求它是次品的概率.

（2）在仓库中随机地取一只产品，若已知取到的是次品，为分析此次品出自何家供货商，需求出此次品由三家供货商生产的概率分别是多少．试求这些概率．

16. 阅读理解：敏感性问题调查．

对于一些涉及个人隐私或利害关系，不受被调查对象欢迎或感到尴尬的敏感问题，比如，考试作弊、赌博、偷税漏税、酒驾等，即使做无记名的直接调查，也很难消除被调查者的顾虑，他们极有可能拒绝应答或故意做出错误的回答，很难保证数据的真实性，使得调查的结果存在很大的误差．

所以，对敏感性问题的调查方案，关键要使被调查者愿意作出真实回答又能保守个人秘密．经过多年研究和实践，一些心理学家和统计学家设计了基于贝叶斯思想的一种调查方案，来解决这个问题．

在这个方案中被调查者只需回答以下两个问题中的一个问题，而且只需回答“是”或“否”．

问题 1：你在考试中作过弊吗?

问题 2：你生日的月份是奇数吗?（假设一年有 365 天）

两个问题中，随机地选答其中一个，同时调查者并不知道被调查者回答的是哪一个问题，从而保护被调查者的隐私，消除被调查者的顾虑，能够对自己所选的问题真实地回答．

这个调查方案看似简单，但为了消除被调查者的顾虑，使被调查者确信他(她)参加这次调查不会泄露个人秘密，在操作上有以下关键点：

（1）被调查者在没有旁人的情况下，独自一人在一个房间内操作和回答问题．

（2）调查者准备一套 13 张同一花色的扑克牌，约定：如果学生抽取一张扑克牌是不超过 10 的数则回答问题 1；反之，则回答问题 2．

现假定调查结果是收回 400 张有效答卷，其中有 80 个学生回答“是”，320 个学生回答“否”，求被调查的学生考试作弊的概率．

15.4 随机变量及其分布

15.4.1 随机变量

引例 1： 掷骰子，可能结果为 $\Omega=\{1,2,3,4,5,6\}$．为了方便讨论，我们可以引入变量 X，使 $X=1$，表示点数为 1；$X=2$ 表示点数为 2；…；$X=6$，表示点数为 6．并把其所有概率的情况列表 15.4.1 如下：

表 15.4.1

样本点 ω	1	2	3	4	5	6
变量 X	1	2	3	4	5	6
概率 P	$\frac{1}{6}$	$\frac{1}{6}$	$\frac{1}{6}$	$\frac{1}{6}$	$\frac{1}{6}$	$\frac{1}{6}$

引例 2： 掷硬币，可能结果为 $\Omega=\{正，反\}$．我们可以引入变量 X，使 $X=1$，表示正面，

X=0 表示反面．并把其所有概率的情况列表 15.4.2 如下：

表 15.4.2

样本点 ω	正面	反面
变量 X	1	0
概率 P	$\frac{1}{2}$	$\frac{1}{2}$

引例 3：在灯泡使用寿命的试验中，我们引入变量 X，使 $a<X<b$，表示灯泡使用寿命在 a（小时）与 b（小时）之间．例如，$1000\leqslant X\leqslant 2000$ 表示灯泡寿命在 1000 小时与 2000 小时之间．$0<X<4000$ 表示灯泡寿命在 4000 小时以内的事件．并把其所有概率的情况列表 15.4.3 如下：

表 15.4.3

样本点 ω	寿命 1000 小时以下	寿命 1000 小时与 2000 小时之间	寿命 2000 小时以上
变量 X	$X\leqslant 1000$	$1000\leqslant X\leqslant 2000$	$2000<X$
概率 P	0.02	0.95	0.03

定义 15.4.1　设随机试验中样本空间为 Ω，如果对每一个可能结果 $\omega\in\Omega$，变量 X 都有一个确定的实数值 $X(\omega)$ 与之对应，那么就把这个定义域为 Ω 的单值实值函数 $X=X(\omega)$ 称为（一维）**随机变量**，常用大写字母 X,Y,Z 等表示随机变量，其取值用小写字母 x,y,z 等表示．

通过上面这个定义，我们可以看到：随机变量 X 是样本点 ω 的一个函数，其自变量是样本点定义域是样本空间．样本点可以是数，也可以不是数．而因变量必须是实数．可以是不同样本点对应不同的实数（一对一），也允许多个样本点对应同一个实数（多对一）．

概率论真正成熟起来，就是随机变量的引入．在讨论随机变量时，我们就可以使用数学中的微积分工具．与微积分中的变量不同，概率论中的随机变量 X 是一种“随机取值的变量且伴随一个分布”．以离散随机变量为例，我们不仅要知道 X 可能取哪些值，而且还要知道它取这些值的概率各是多少，这就需要分布的概念．因为如果知道随机变量的分布，随机试验下任一随机事件的概率就可以得到，彻底解决其概率问题．于是，有没有分布，是区分一般变量与随机变量的主要标志．

例如，引例 1、2、3 中的 X 都是随机变量．

15.4.2　离散型随机变量及其分布律

定义 15.4.2　若随机变量 X 只取有限多个值或可列的无限多个（分散的）值，就称 X 是**离散型随机变量**．假如一个随机变量的可能取值充满数轴上的一个区间 (a,b)，则称其为**连续随机变量**，其中 a 可以是 $-\infty$，b 可以是 $+\infty$．连续型随机变量就是非离散型随机变量中最常见的一类随机变量．

例如，本节中的引例 1、引例 2 的 X 是离散型随机变量，引例 3 是连续随机变量．

定义 15.4.3　设 X 为离散型随机变量，它的所有可能取值为 $x_1,\ x_2,x_3,\cdots$，而 X 取 x_k 的概率为 p_k，即 $p\{X=x_k\}=p_k(k=1,2,\cdots)$，则称为 X 的概率分布（或概率函数或分布列）．

离散型随机变量 X 的概率分布也可以用下列列表形式来表示：

X	x_1	x_2	$\cdots$	x_i	$\cdots$
P	p_1	p_2	$\cdots$	p_i	$\cdots$

其中，第一行表示 X 的取值，第二行表示 X 取相应值的概率.

离散型随机变量 X 的分布列满足下列性质：

（1）非负性：$p_i \geqslant 0$；

（2）规范性：$\sum_{i=1}^{+\infty} p_i = 1$.

例 15.4.1 设离散型随机变量 X 的分布律为

X	0	1	2
P	0.2	C	0.5

求常数 C.

解： 由分布律的性质知 $1=0.2+C+0.5$，解得 $C=0.3$.

例 15.4.2 掷一枚质地均匀的骰子，记 X 为出现的点数，求 X 的分布律.

解： X 的全部可能取值为 1,2,3,4,5,6，且

$$P_K = P\{X = k\} = \frac{1}{6}, k = 1, 2, \cdots,$$

则 X 的分布律为

X	1	2	3	4	5	6
P	$\frac{1}{6}$	$\frac{1}{6}$	$\frac{1}{6}$	$\frac{1}{6}$	$\frac{1}{6}$	$\frac{1}{6}$

15.4.3 几个重要的离散型随机变量

1. 0-1 分布

定义 15.4.4 设随机变量 X 只可能取 0 与 1 两个值，它的分布律是

$$P\{X = k\} = P^k (1-P)^{1-k}, k = 0, 1$$

则称 X 服从两点分布（也称 0-1 分布）其分布律也可以列表表示：

X	0	1
P	P	$1-P$

如果一个随机试验，如果它的样本空间只包含两个元素，即 $\Omega = \{\omega_1, \omega_2\}$，总可以在 Ω 上定义一个服从 (0-1) 分布的随机变量

$$X = X(\omega) = \begin{cases} 0, & \omega = \omega_1 \\ 1, & \omega = \omega_2 \end{cases}$$

来描述这个随机试验的结果.

例如，对检查产品的质量是否合格，学生成绩是否及格，性别登记，“抛硬币”试验等，都可以用(0-1)分布的随机变量来描述.

例 15.4.3 一批产品有 1000 件，其中有 50 件次品，从中任取 1 件，用$\{X=0\}$表示取到次品，$\{X=1\}$表示取到正品，请写出 X 的分布律.

解： 因为 $P\{X=0\}=\dfrac{50}{1000}=0.05$，$P\{X=1\}=\dfrac{950}{1000}=0.95$

所以 X 的分布律为

X	0	1
P	0.05	0.95

2. 二项分布

设对一随机试验 E，若试验只有两种可能的结果：A 和 $\overline{A}$，则称这样的随机试验叫**伯努利（Bernoulli）试验**. 设事件 A 在一次试验中发生的概率 $P(A)=p(0<p<1)$，则 $P(\overline{A})=1-p$. 将该随机试验独立重复地进行 n 次，独立是指各次试验的结果互不影响，重复是指在每次试验中 $P(A)=p$ 保持不变，则称这 n 次独立重复试验叫 **n 重伯努利试验**.

我们知道，对于贝努利试验，事件 A 在 n 次试验中出现 k 次的概率为

$P\{A\text{发生}k\text{次}\}=\mathrm{C}_n^k p^k(1-p)^{n-k}, k=0,1,2,3,\cdots,n$. 且满足

（1）$p_n(k)\geqslant 0,\ k=0,1,\cdots,n$；

（2）$\sum\limits_{k=0}^{n}p_n(k)=\sum\limits_{k=0}^{n}\mathrm{C}_n^k p^k(1-p)^{n-k}=1$.

定义 15.4.5 设随机变量 X 的分布律是

$$P\{X=k\}=\mathrm{C}_n^k p^k(1-p)^{n-k}, k=0,1,\cdots,n$$

其中 0<P<1，则称 X 服从参数 n,p 的二项分布，X □ $B(n,p)$.

特别的，当 $n=1$，二项分布化为

$$P\{X=k\}=p^k(1-p)^{1-k}, k=0,1,\cdots,n$$

这就是两点分布.

事实上，二项分布可以作为描绘射手射击 n 次，其中有 k 次击今目标($k=0,1,\cdots,n$)的概率分布情况的一个数学模型. 也可以作为随机地抛掷硬币 n 次，落地时山现 k 次“正面”的概率分布情况的数学模型. 当然还可以作为从一批足够多的产品中任意抽取 n 件，其中有 k 件次品的概率分布的模型. 总之，二项分布是由贝努利试验产生的.

例 15.4.4 某特效药的临床有效率为 0.95，今有 10 人服用，问至少有 8 人治愈的概率是多少?

解： 设 X 为 10 人中被治愈的人数，则 $X\sim B(10, 0.95)$，而所求概率为

$$\begin{aligned}P\{X\geqslant 8\}&=P\{X=8\}+P\{X=9\}+P\{X=10\}\\&=\mathrm{C}_{10}^8(0.95)^8(0.05)^2+\mathrm{C}_{10}^9(0.95)^9(0.05)^1+\mathrm{C}_{10}^{10}(0.95)^{10}(0.05)^0=0.9885\end{aligned}$$

例 15.4.5 设随机变量 $X\sim B(2,p),Y\sim B(3,p)$，若 $P(X\geqslant 1)=\dfrac{7}{16}$，求 $P(Y\geqslant 1)$.

解：因 $X\sim B(2,p),P(X\geqslant 1)=\dfrac{7}{16}\Rightarrow P(X=0)=(1-p)^2=\dfrac{9}{16}\Rightarrow p=\dfrac{1}{4}$，

故
$$P(Y\geqslant 1)=1-P(Y=0)=1-\left(\frac{3}{4}\right)^3=\frac{37}{64}.$$

3. 泊松分布

泊松分布是 1837 年由法国数学家泊松（Poisson,1781—1840 年）首次提出的. 设随机变量 X 的取值为 $0,1,2,\cdots,n,\cdots$，相应的分布律为

$$P(X=k)=\frac{\lambda^k}{k!}\mathrm{e}^{-\lambda},\lambda>0,k=0,1,2,\cdots,n,\cdots$$

称随机变量 X 服从参数为 λ 的**泊松分布**，记为 $X\sim P(\lambda)$.

具有泊松分布的随机变量在实际应用中是很多的. 通常与计数有关，比如，一本书一页中的印刷错误数，电脑在某天被病毒入侵的次数，某一超市在一天内的顾客的人数，某一地区一个时间间隔内发生交通事故的次数等都服从泊松分布. 泊松分布也是概率论中的一种重要分布.

例 15.4.6 设随机变量 X 有分布律 $P(X=k)=\dfrac{c\cdot 2^k}{k!}(k=0,1,2,\cdots)$，求 c 的值，并求解 $P(X\leqslant 1)$.

解：根据分布律，有

$$\sum_{k=0}^{\infty}\frac{c\cdot 2^k}{k!}=1\Rightarrow c=\mathrm{e}^{-2}.$$

所以
$$X\sim P(2),c=\mathrm{e}^{-2}.$$

$$P(X\leqslant 1)=P(X=0)+P(X=1)=\frac{\mathrm{e}^{-2}\cdot 2^0}{0!}+\frac{\mathrm{e}^{-2}\cdot 2^1}{1!}=3\mathrm{e}^{-2}.$$

我们还可以用泊松分布来逼近二项分布的定理.

定理 15.4.1（泊松定理） 设 $\lambda>0$ 是一个常数，n 是任意正整数，在 n 重伯努利试验中，记 A 事件在一次试验中发生的概率为 p_n，如果当 $n\to+\infty$ 时，有 $np_n\to\lambda(>0)$，则

$$\lim_{n\to\infty}\mathrm{C}_n^k p_n^k(1-p_n)^{n-k}=\frac{\lambda^k\mathrm{e}^{-\lambda}}{k!}.$$

在二项分布计算中，当 n 较大时，计算结果非常不理想，如果 p 较小而 $np=\lambda$ 适中时，我们常用泊松分布的概率值近似取代二项分布的概率值.

例 15.4.7 计算机芯片公司要生产某种微型芯片，次品率达 0.1%，各芯片成为次品相互独立. 求在 1000 只产品中至少有 2 只次品的概率. 以 X 记产品中的次品数，$X\sim B(1000,0.001)$.

解：

$$\begin{aligned}P\{X\geqslant 2\}&=1-P\{X=0\}-P\{X=1\}=1-0.999^{1000}-\mathrm{C}_{1000}^1 0.999^{999}\times 0.001\\&\approx 1-0.3676954-0.3680635=0.2642411.\end{aligned}$$

利用泊松分布来计算得

$$\lambda = 1000 \times 0.001 = 1,$$

$$P\{X \geqslant 2\} = 1 - P\{X = 0\} - P\{X = 1\} \approx 1 - \mathrm{e}^{-1} - \mathrm{e}^{-1} \approx 0.2642411.$$

显然很方便.

一般地，当 $n \geqslant 20, p \leqslant 0.05$ 时，用 $\dfrac{\lambda^k \mathrm{e}^{-\lambda}}{k!}(\lambda = np$ 作为 $\mathrm{C}_n^k p^k (1-p)^{n-k}$ 的近似值效果颇佳.

4. 几何分布

在伯努利试验序列中，记每次试验中事件 A 发生的概率为 p，如果 X 为事件 A 首次出现时的试验次数，则 X 的可能取值为 $1,2,\cdots$，称 X 服从几何分布，记为 $X \sim Ge(p)$，其分布列为

$$P(X = k) = (1-p)^{k-1} p, k = 1,2,\cdots.$$

实际问题中有不少随机变量服从几何分布，譬如：

（1）血液样本抽检中，首次出现阳性的抽检人数 $X \sim Ge(0.005)$；

（2）某奥运选手射击的命中率为 0.95，则首次击中目标的射击次数 $X \sim Ge(0.95)$；

（3）概率课教授每次上课随机抽取 15%的学生点名，某同学首次被老师点到名的已经开课次数 $X \sim Ge(0.05)$.

5. 超几何分布

超几何分布描述由有限个物品 N 中，抽出个 n 个，成功抽出指定某种物品的次数（不放回），例如，N 个产品中有 $M(M \leqslant N)$ 件次品，若从中不放回地抽取 $n(n \leqslant N)$ 件，设其中含有的不合格品的件数为 X，则 X 的分布律为

$$P(X = k) = \frac{\mathrm{C}_M^k \mathrm{C}_{N-M}^{n-k}}{\mathrm{C}_N^n}, k = \max(0, n+M-N), \cdots, \min(n, M).$$

称 X 服从参数为 N、M 和 n 的**超几何分布**，记为 $X \sim H(N, M, n)$，其中 N、M 和 n 均为正整数.

若将不放回抽样改成有放回抽样，那么，这个模型就是 n 重伯努利试验，即 n 件被抽查的产品中含有的不合格品的件数 $X \sim B(n, p)$，其中 $p = \dfrac{M}{N}$，可以证明：当 $M = Np$ 时，有

$$\lim_{N \to \infty} \frac{\mathrm{C}_M^k \mathrm{C}_{N-M}^{n-k}}{\mathrm{C}_N^n} = \mathrm{C}_n^k p^k (1-p)^{n-k}.$$

即在实际应用中，当 n □ N 时，即抽取个数 n 远小于产品总数 N 时，每次抽取后，总体中的不合格品率 $p = \dfrac{M}{N}$ 改变很微小，所以不放回抽样可以近似地看成有放回抽样，这时超几何分布可用二项分布近似.

例 15.4.8 假设有一批农作物的种子，经测算，发芽率为 90%，现从中任取 10 粒，求播种后：

（1）恰有 8 粒发芽的概率；（2）不少 8 粒发芽的概率.（结果保留 4 位小数）

解：由题可知，因 10 粒种子是从一批量种子中抽取的，这是一个 N 很大，n 相对于 N 是

很小的超几何分布，由于 10 粒与一大批量相比，即 $n\ll N$，就可用二项分布来近似计算．其中 $n=10, p=90\%, k=8$.用 X 表示种子的发芽数，则

（1）$P(X=8)=C_{10}^{8}0.9^{8}\times 0.1^{2}\approx 0.1937$；

（2）$P(X\geqslant 8)=P(X=8)+P(X=9)+P(X=10)=C_{10}^{8}0.9^{8}\times 0.1^{2}+C_{10}^{9}0.9^{9}\times 0.1+C_{10}^{10}0.9^{10}$

$$\approx 0.1937+0.3874+0.3487=0.9298.$$

15.4.4　随机变量的分布函数

1. 分布函数的概念

对于离散型随机变量 X，它的分布律能够完全刻画其统计特性，也可用分布律得到我们关心的事件，如 $\{X>a\}$，$\{X\leqslant b\}$，$\{a\leqslant X\leqslant b\}$ 等事件的概率．而对于非离散型的随机变量，就无法用分布率来描述它了．首先，我们不能将其可能的取值一一地列举出来，如连续型随机变量的取值可充满数轴上的一个区间(a,b)，甚至是几个区间，也可以是无穷区间．其次，对于连续型随机变量 X，取任一指定的实数值 x 的概率都等于 0，即 $P\{X=x\}=0$．于是，如何刻画一般的随机变量的统计规律成了我们的首要问题．对于任意实数 x，我们只关心 $\{X\leqslant x\}$ 的概率，于是就用 $F(x)$ 表示这个概率值，形成一个分布函数．显然这个 $F(x)$ 概率值与 x 有关，不同的 x，此概率值也不一样．

定义 15.4.6　设 X 为随机变量，称函数

$$F(x)=P\{X\leqslant x\}, x\in(-\infty,+\infty)$$

为 X 的**分布函数**．

对于任意实数 $x_1,x_2\,(x_1<x_2)$，有

$$P\{x_1<X\leqslant x_2\}=P\{X\leqslant x_2\}-P\{X\leqslant x_1\}=F(x_2)-F(x_1),$$

因此，若已知 X 的分布函数，我们就知道 X 落在任一区间 $(x_1,x_2]$ 上的概率．分布函数就完整地描述了随机变量的统计规律性．

根据定义，我们可以得到：

（1）分布函数是定义在 $(-\infty,+\infty)$ 上，取值在 $[0,1]$ 上的一个函数；

（2）任一随机变量 X 都有且仅有一个分布函数，有了分布函数，就可计算与随机变量 X 相关事件的概率问题．

随机变量的分布函数的定义适应于任意的随机变量，其中也包含了离散型随机变量，即离散型随机变量既有分布律也有分布函数，二者都能完全描述它的统计规律性．

要求离散型随机变量 X 的分布函数时，需注意，其分布律为

$$P\{X=x_k\}=p_k, k=1,2,\cdots.$$

可由概率的可列可加性得 X 的分布函数为

$$F(x)=P\{X\leqslant x\}=\sum_{x_k\leqslant x}P\{X=x_k\},$$

即

$$F(x)=\sum_{x_k\leqslant x}p_k,$$

这里和式是对于所有满足 $x_k \leqslant x$ 的 k 求和的. 分布函数 $F(x)$ 在 $x = x_k (k=1, 2, \cdots)$ 处有跳跃，其跳跃值为 $p_k = P\{X = x_k\}$.

例 15.4.9　若 X 的分布律为

X	0	1	2	3	4
P	0.2	0.1	0.3	0.3	0.1

求：（1）$F(1)$；（2）$F(2.1)$；（3）$F(3)$；（4）$F(3.2)$.

解：由分布函数定义知 $F(x)=P(X\leqslant x)$

所以（1）$F(1)=P(X\leqslant 1)=P(X=0)+ P(X=1)=0.3$；

（2）$F(2.1)= P(X\leqslant 2.1)=P(X=0)+ P(X=1) + P(X=2)=0.6$；

（3）$F(3) = P(X\leqslant 3)=P(X=0)+ P(X=1) + P(X=2) + P(X=3)=0.2+0.1+0.3+0.3=0.9$；

（4）$F(3.2)= P(X\leqslant 3.2)=1 - P(X>3.2)=1 - P(X=4) =1 - 0.1=0.9$.

2. 分布函数的性质

分布函数有以下基本性质：

（1）$0\leqslant F(x) \leqslant 1$；

（2）$F(x)$ 是不减函数，即对于任意的 $x_1 < x_2$ 有 $F(x_1) \leqslant F(x_2)$；

（3）$F(-\infty)=0$，$F(+\infty)=1$，即 $\lim\limits_{x\to-\infty} F(x)=0$，$\lim\limits_{x\to+\infty} F(x)=1$；

（4）$F(x)$在任一点 x_0 处至少右连续，即 $\lim\limits_{x\to x_0^+} F(x) = F(x_0)$.

例 15.4.10　设随机变量 X 的分布律为

X	−2	−1	0	1
p_k	0.1	0.3	0.1	0.5

求 X 的分布函数，并求 $P\left\{X \leqslant \frac{1}{2}\right\}, P\{-1 \leqslant X \leqslant 1\}$.

解：X 仅在 $x=-2,-1,0,1$ 四点处其概率 $\neq 0$，而 $F(x)$ 的值是 $X \leqslant x$ 的累积概率值，由概率的有限可加性，知它即为小于或等于 x 的那些 x_k 处的概率 p_k 之和，有

$$F(x)=\begin{cases} 0, \quad x<-2, \\ P\{X=-2\}, \ -2\leqslant x<-1 \\ P\{X=-2\}+P\{X=-1\}, \ -1\leqslant x<0 \\ P\{X=-2\}+P\{X=-1\}+P\{X=0\}, 0\leqslant x<1 \\ 1, \ x\geqslant 1 \end{cases}$$

即

$$F(x)=\begin{cases} 0, & x<-2 \\ 0.1, & -2\leqslant x<-1 \\ 0.4, & -1\leqslant x<0 \\ 0.5, & 0\leqslant x<1 \\ 1, & x\geqslant 1 \end{cases}.$$

$P\left\{X \leqslant \frac{1}{2}\right\} = F(\frac{1}{2}) = 0.5$,关 $P\{-1 \leqslant X \leqslant 1\} = F(1) - F(-1) + P\{X = -1\} = 0.9$.

通过这个例子可以看到，若已知一个离散型随机变量的分布列，就可以求得其分布函数；反过来，若已知一个离散型随机变量的分布函数，也可以通过如下过程求得其分布列：

$$\begin{aligned}
&P(X=-2)=P(X \leqslant -2)=F(-2)=0.1,\\
&P(X=-1)=P(-2<X \leqslant -1)=F(-1)-F(-2)=0.4-0.1=0.3,\\
&P(X=0)=P(-1<X \leqslant 0)=F(0)-F(-1)=0.5-0.4=0.1\\
&P(X=1)=P(0<X \leqslant 1)=F(1)-F(0)=1-0.5=0.5.
\end{aligned}$$

随机变量 X 的分布列如下：

X	-2	-1	0	1
p_k	0.1	0.3	0.1	0.5

3. 连续型随机变量的概率密度

我们知道，连续随机变量的一切可能取值充满某个区间 (a,b) ，而在这个区间内有无穷不可列个实数，这类随机变量的概率分布，显然不能再用分布列形式表示，而要改用概率密度函数表示.

定义 15.4.7　若随机变量 X 的分布函数为 $F(x)$ ，若存在非负函数 $f(x)$ ，使得对于任意实数 x ，有

$$F(x)=P\{X \leqslant x\}=\int_{-\infty}^{x} f(t)\mathrm{d}t$$

成立，则称 X（一维）为连续型随机变量，其中函数 $f(x)$ 称为 X 的**概率密度函数**，简称概率密度.

概率密度函数 $f(x)$ 与分布函数 $F(x)$ 之间的关系如图 15.4.1 所示，$F(x)=P(X \leqslant x)$ 恰好是 $f(x)$ 在区间 $(-\infty,x]$ 上的积分，根据定积分的几何意义，即是图中阴影部分的面积.

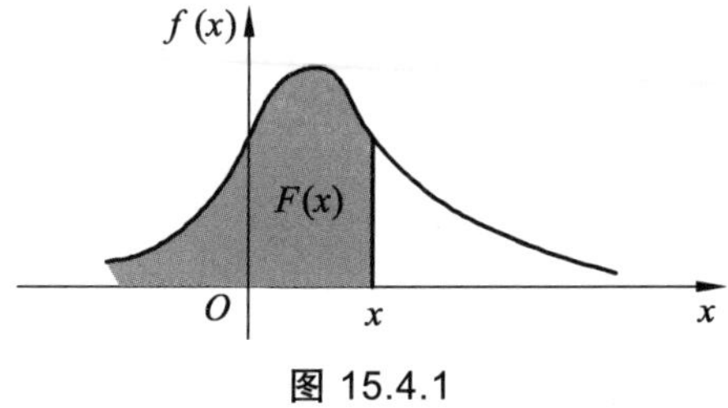

图 15.4.1

由连续型随机变量及概率密度函数的定义可知，有如下性质：

（1）非负性：$f(x) \geqslant 0, -\infty < x < +\infty$ ；

（2）规范性：$\int_{-\infty}^{+\infty} f(x)\mathrm{d}x = 1$ ；

（3）对于任意实数 $a,b\left(a \leqslant b\right)$,

$$P\{a<X \leqslant b\}=F(b)-F(a)=\int_{a}^{b} f(x)\mathrm{d}x.$$

（4）分布函数 $F(x)$ 是连续函数，在 $f(x)$ 的连续点处，$F'(x)=f(x)$；

（5）对任意一个常数 $c,-\infty<c<+\infty,P(X=c)=0$，所以，在事件 $\{a\leqslant X\leqslant b\}$ 中剔除 $X=a$ 或剔除 $X=b$，都不影响概率的大小，即

$$P(a\leqslant X\leqslant b)=P(a<X\leqslant b)=P(a\leqslant X<b)=P(a<X<b).$$

我们接下来讨论，假如一个函数 $f(x)$ 具备性质（1）（2）的非负性和规范性，我们就可以引入

$$F(x)=\int_{-\infty}^{x}f(t)\mathrm{d}t,$$

则 $F(x)$ 是某一随机变量 X 的分布函数，$f(x)$ 是 X 的概率密度.

由性质（2）知道，根据定积分的几何意义，介于曲线 $y=f(x)$ 与 x 轴之间的面积等于 1（见图 15.4.2）.

由性质（3）知道，根据定积分的几何意义，X 落在区间 $(x_1,x_2]$ 的概率 $P\{x_1<X\leqslant x_2\}$ 等于区间 $(x_1,x_2]$ 上曲线 $y=f(x)$ 之下的曲边梯形的面积（见图 15.4.3）.

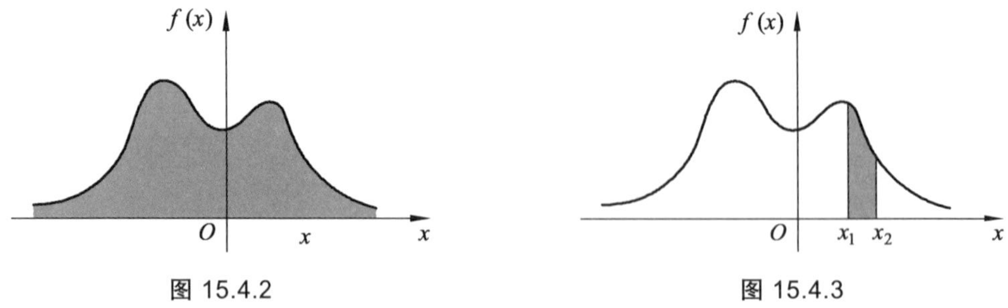

图 15.4.2　　　　图 15.4.3

由性质（4）知道在 $f(x)$ 的连续点 x 处有

$$f(x)=\lim_{\Delta x\to 0^+}\frac{F(x+\Delta x)-F(x)}{\Delta x}=\lim_{\Delta r\to 0^+}\frac{P\{x<X\leqslant x+\Delta x\}}{\Delta x}.$$

由此可知，概率密度函数的定义与物理学中的线密度的定义相类似，就称 $f(x)$ 为概率密度.

性质（5）对离散型随机变量是不成立的，离散型随机变量计算是“点对点概率”. 由此，如果一个非离散型随机变量不存在离散的点，且概率不为 0，则该随机变量为连续型随机变量.

例 15.4.11　设连续函数变量 X 的分布函数为 $x\sim F(x)=\begin{cases}0, & x\leqslant 0\\ x^2, & 0<x<1\\ 1, & x\geqslant 1\end{cases}$，求：

（1）X 的概率密度 $f(x)$；

（2）X 落在区间（0.3，0.7）的概率.

解：（1）$f(x)=F'(x)=\begin{cases}0', & x\leqslant 0\\ (x^2)', & 0<x<1\\ 1', & x\geqslant 1\end{cases}=\begin{cases}2x, & 0<x<1\\ 0, & 其他\end{cases}$

（2）有两种解法：

$$P\{0.3<X<0.7\}=F(0.7)-F(0.3)=0.7^2-0.3^2=0.4$$

或者

$$P\{0.3<X<0.7\}=\int_{0.3}^{0.7}f(x)\mathrm{d}x=\int_{0.3}^{0.7}2x\mathrm{d}x=x^2\big|_{0.3}^{0.7}=0.4$$

例 15.4.12 设随机变量 X 的概率密度为 $f(x)=\begin{cases}2\left(1-\dfrac{1}{x^2}\right) & 1\leqslant x\leqslant 2\\ 0, & 其他\end{cases}$，求 X 的分布函数 $F(x)$.

解： 根据分布函数的定义有

$$F(x)=P(\xi\leqslant x)=\int_{-\infty}^{x}f(t)\mathrm{d}t$$

可得当 $x<1$ 时，

$$F(x)=\int_{-\infty}^{x}f(x)\mathrm{d}x=\int_{-\infty}^{x}0\mathrm{d}x=0,$$

当 $1\leqslant x\leqslant 2$ 时，

$$F(x)=\int_{-\infty}^{x}f(x)\mathrm{d}x=\int_{-\infty}^{1}0\mathrm{d}x+\int_{1}^{x}2\left(1-\frac{1}{x^2}\right)\mathrm{d}x=2\left(x+\frac{1}{x}\right)\Bigg|_{1}^{x}=2\left(x+\frac{1}{x}-2\right).$$

当 $x>2$ 时，

$$\begin{aligned}F(x)&=\int_{-\infty}^{x}f(x)\mathrm{d}x=\int_{-\infty}^{1}f(x)\mathrm{d}x+\int_{1}^{2}f(x)\mathrm{d}x+\int_{2}^{x}f(x)\mathrm{d}x\\&=\int_{-\infty}^{1}0\mathrm{d}x+\int_{1}^{2}2\left(1-\frac{1}{x^2}\right)\mathrm{d}x+\int_{2}^{x}0\mathrm{d}x=1.\end{aligned}$$

所以　所求分布函数是

$$F(x)=\begin{cases}0, & x<1\\ 2\left(x+\dfrac{1}{x}-2\right), & 1\leqslant x<2\\ 1, & x\geqslant 2\end{cases}$$

例 15.4.13 随机变量 X 的分布函数是 $F(x)=a+b\arctan x$.
求：（1）常数 A,B；（2）$P(-1<X<1)$；（3）X 的概率密度.
解：（1）因为 $F(x)$ 是分布函数，所以 $F(x)$ 满足：

$$\lim_{x\to-\infty}F(x)=0,\ \lim_{x\to+\infty}F(x)=1,$$

即

$$\lim_{x\to-\infty}(\mathrm{a}+b\mathrm{arctan}x)=a-\frac{\pi}{2}b=0,\ \lim_{x\to+\infty}(a+b\arctan x)=a+\frac{\pi}{2}b=1,$$

解出

$$a=\frac{1}{2},b=\frac{1}{\pi}.$$

（2）由（1）可知

$$F(x)=\frac{1}{2}+\frac{1}{\pi}\arctan x\ ,$$

所以

$$P(-1<\xi<1)=F(1)-F(-1)=\left(\frac{1}{2}+\frac{1}{\pi}\arctan 1\right)-\left(\frac{1}{2}-\frac{1}{\pi}\arctan 1\right)=\frac{2}{\pi}\arctan 1=\frac{1}{2}\ ;$$

（3）$F(x)$是连续函数，对任$-x\in(-\infty,+\infty)$，可得X的概率密度为

$$f(x)=F'(x)=\left(\frac{1}{2}+\frac{1}{\pi}\arctan x\right)'=\frac{1}{\pi(1+x^2)}.$$

4. 重要的连续型随机变量

（1）均匀分布.

定义 15.4.8　若随机变量 X 的概率密度为 $f(x)=\begin{cases}\dfrac{1}{b-a}, & a\leqslant x\leqslant b\\ 0, & 其他\end{cases}$，则称 X 服从区间$[a,b]$上的**均匀分布**，简记为 $X\sim U(a,b)$.

显然，$f(x)\geqslant 0$，且$\int_{-\infty}^{+\infty}f(x)\mathrm{d}x=1$.

容易求得其分布函数为

$$F(x)=\begin{cases}0, & x\leqslant a\\ \dfrac{x-a}{b-a}, & a<x<b\\ 1, & x\geqslant b\end{cases}.$$

若 $X\sim U(a,b),a<c<c+d<b$，则 $P(c<X\leqslant c+d)=\int_c^{c+d}\frac{1}{b-a}\mathrm{d}x=\frac{d}{b-a}$.由此可以看出，均匀分布的随机变量$X$，在其取值范围$(a,b)$中的任何子区间取值的概率仅与该区间长度$d$有关而与区间的位置$c$无关.

均匀分布的概率密度$f(x)$和分布函数$F(x)$的图像分别见图 15.4.4 和图例 15.4.5.

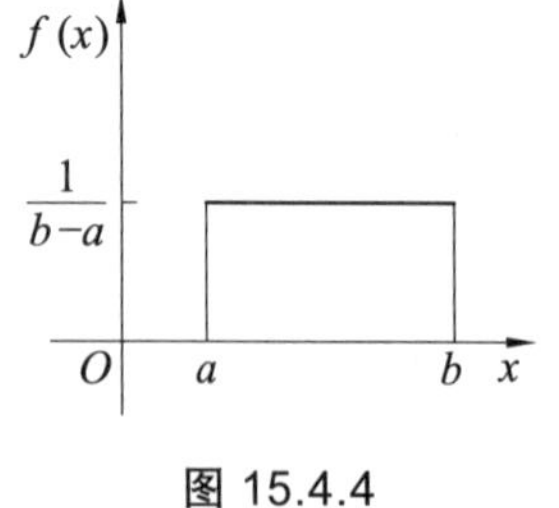

图 15.4.4

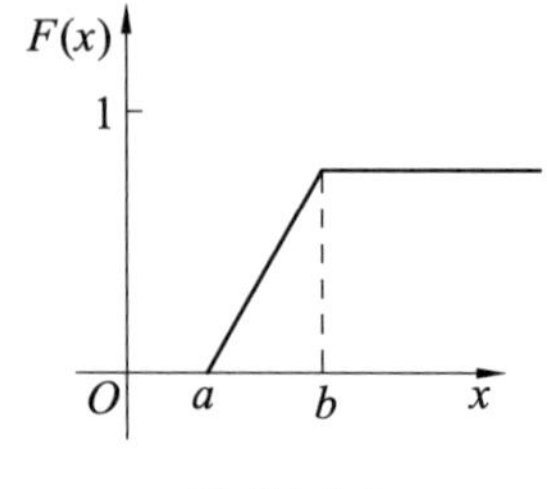

图 15.4.5

例 15.4.14　设随机变量 $X\sim U(0,3)$，求（1）事件$\{|X|<1\}$的概率；（2）Y表示对X作 4 次相互独立重复事件$\{|X|<1\}$出现的次数，求$P(Y=3)$.

解：（1）根据题意，X 的概率密度函数为

$$f(x)=\begin{cases}\dfrac{1}{3}, & 0<x<3\\ 0, & \text{其他}\end{cases}$$

于是可得

$$P(|X|<1)=P(0<X<1)=\int_0^1 \frac{1}{3}\mathrm{d}x=\frac{1}{3}.$$

（2）Y 表示对 X 作 4 次相互独立重复观测中事件 $\{|X|<1\}$ 出现的次数，故 $Y\sim B\left(4,\dfrac{1}{3}\right)$，所以

$$P(Y=3)=C_4^3\left(\frac{1}{3}\right)^3\frac{2}{3}=\frac{8}{81}.$$

例 15.4.15 公共汽车站每隔 5 分钟有一辆汽车通过，乘客在 5 分钟内任一时刻到达汽车站是等可能的，求乘客候车时间在 1 到 3 分钟内的概率.

解：设 X 表示乘客的候车时间，则 $X\sim U(0,5)$，其概率密度为

$$f(x)=\begin{cases}\dfrac{1}{5} & 0\leqslant x\leqslant 5\\ 0 & \text{其他}\end{cases}$$

所求概率为

$$P\{1\leqslant x\leqslant 3\}=\frac{3-1}{5-0}=\frac{2}{5}.$$

（2）指数分布.

定义 15.4.9 若随机变量 X 的概率密度为

$$f(x)=\begin{cases}\lambda^{e-\lambda x}, & x>0\\ 0, & x\leqslant 0\end{cases},$$

其中 $\lambda>0$ 为常数，则称 X 服从参数为 λ 的指数分布，简记为 $X\sim E(\lambda)$. 其分布函数为

$$F(x)=\begin{cases}1-\mathrm{e}^{-\lambda x}, & x>0\\ 0, & x\leqslant 0\end{cases}.$$

$f(x)$ 和 $F(x)$ 的图形分别见图 15.4.6 和图 15.4.7.

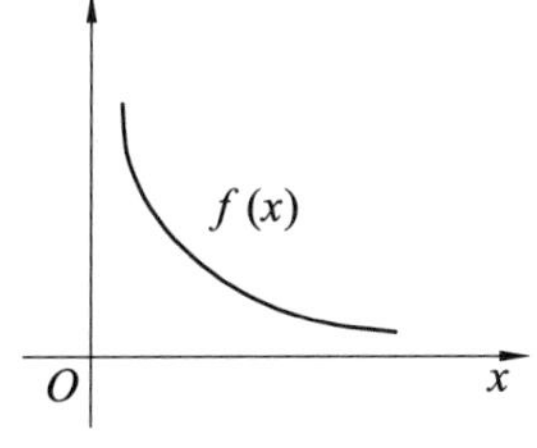

图 15.4.6

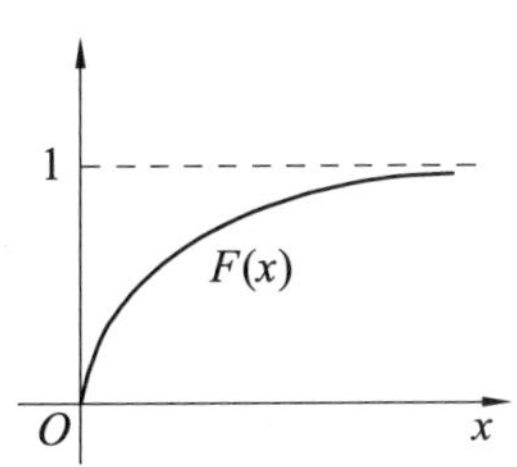

图 15.4.7

若 $X \sim E(\lambda), 0<a<b$，可得

$$P(a<X \leqslant b)=F(b)-F(a)=\mathrm{e}^{-\lambda a}-\mathrm{e}^{-\lambda b}.$$

服从指数分布的随机变量 X 还具有以下的性质：

对于任意 $s,t>0$，有

$$P\{X>s+t \mid X>s\}=P\{X>t\}.$$

因为

$$\begin{aligned} P\{X>s+t \mid X>s\} &= \frac{P\{(X>s+t) \cap (X>s)\}}{P\{X>s\}}=\frac{P\{X>s+t\}}{P\{X>s\}} \\ &= \frac{1-F(s+t)}{1-F(s)}=\frac{\mathrm{e}^{-(s+t)x}}{\mathrm{e}^{-sx}}=\mathrm{e}^{-tx}=P\{X>t\}. \end{aligned}$$

此性质称为无记忆性.

如果 X 是某一配件的寿命，已知配件已使用了 s 小时，它总共能使用至少 $(s+t)$ 小时的条件概率，与从开始使用时算起它至少能使用 t 小时的概率相等. 这就是说，配件对它已使用过 s 小时没有记忆.

指数分布常被用作各种“寿命”的分布，如电子元件的使用寿命、动物的寿命、电话的通话时间、顾客在某一服和系统接受服务的时间等都可以假定服从指数分布，因而指数分布在可靠性理论与排队论有着广泛的应用.

例 15.4.16　若某设备的使用寿命 X（小时）$\sim E$（0.001）求该设备使用寿命超过 1000 小时的概率.

解：因为 $\lambda=0.001$，所以

$$x \sim F(x)=\begin{cases} 1-\mathrm{e}^{-0.001x}, & x>0 \\ 0, & x \leqslant 0 \end{cases}$$

所以

$$P(1000<X)=P(1000<X<+\infty)=F(+\infty)-F(1000)=1-\{1-\mathrm{e}^{-1}\}=\mathrm{e}^{-1}=\frac{1}{\mathrm{e}}.$$

（3）正态分布.

设 X 为随机变量，概率密度函数为

$$f(x)=\frac{1}{\sqrt{2\pi}\sigma}\mathrm{e}^{-\frac{(x-\mu)^2}{2\sigma^2}}, -\infty<x<+\infty$$

则称随机变量 X 服从参数为 $\mu(-\infty<\mu<+\infty)$ 和 $\sigma^2(\sigma>0)$ 的正态分布，记为

$$X \sim N(\mu,\sigma^2).$$

若 $X \sim N(\mu,\sigma^2)$，则相应的分布函数为

$$F(x)=\int_{-\infty}^{x}\frac{1}{\sqrt{2\pi}\sigma}\mathrm{e}^{-\frac{(t-\mu)^2}{2\sigma^2}}\mathrm{d}t.$$

它是一条光滑上升的S形曲线.

正态分布密度函数（见图 15.4.8）和分布函数（见图 15.4.9）如下：

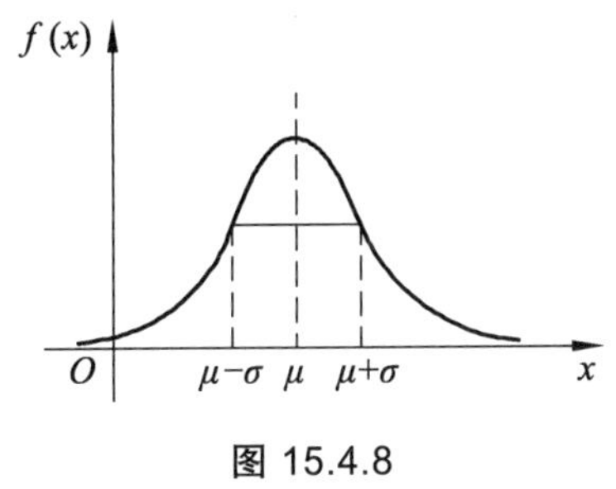

图 15.4.8

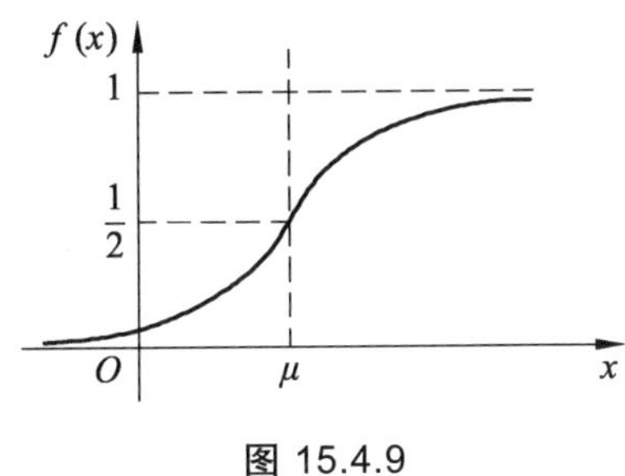

图 15.4.9

根据正态分布密度函数的图像，我们还可以得到如下性质：

（1）正态分布密度函数曲线是关于直线 $x=\mu$ 对称对称的钟形曲线，中间高，两边低；

（2）当 $x=\mu$ 时，$f(x)$ 取最大值 $\dfrac{1}{\sqrt{2\pi}\sigma}$，而这个值随 σ 增大而减小；

（3）固定 σ，改变 μ 的值，则曲线沿 x 轴平移，但不改变其形状，所以参数 μ 又称为位置参数. 如图 15.4.10 所示；

（4）固定 μ，改变 σ 的值，则曲线的位置不变，但随着 σ 的值越小，曲线越陡峭，所以参数 σ 又称为尺度参数，如图 15.4.11 所示.

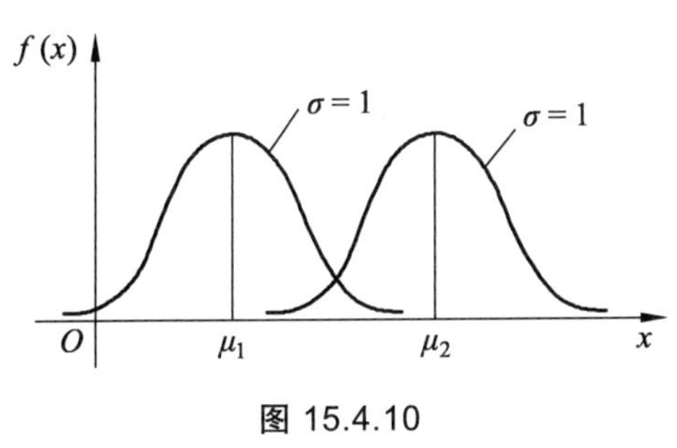

图 15.4.10

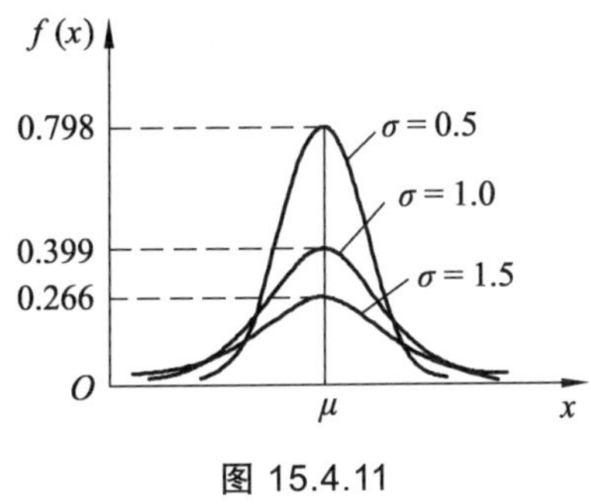

图 15.4.11

特别地，当 $\mu=0,\sigma=1$ 时，相应的正态分布称为标准正态分布，记为 $X\sim N(0,1)$.其概率密度函数和分布函数分别为

$$f(x)=\frac{1}{\sqrt{2\pi}}\mathrm{e}^{-\frac{x^2}{2}}\triangleq\varphi(x),-\infty<x<+\infty,$$

$$F(x)=\int_{-\infty}^{x}\frac{1}{\sqrt{2\pi}}\mathrm{e}^{-\frac{t^2}{2}}\mathrm{d}t\triangleq\Phi(x),-\infty<x<+\infty.$$

其函数图像如图 15.4.12，显然，标准正态分布密度函数关于 y 轴对称.

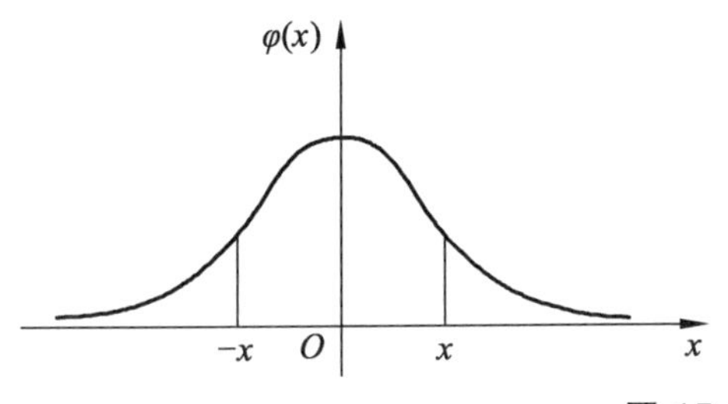

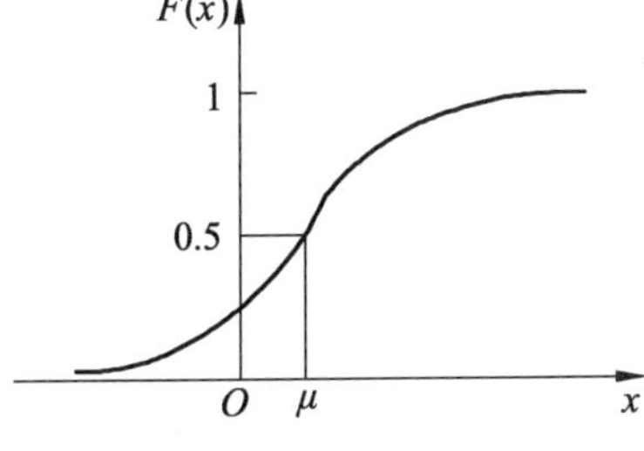

图 15.4.12

若随机变量 $X \sim N(\mu,\sigma^2)$，我们只要通过一个线性变换就能将它化成标准正态分布.

定理 15.4.2 若随机变量 $X \sim N(\mu,\sigma^2)$，则 $Z=\dfrac{X-\mu}{\sigma} \sim N(0,1)$.

证： $Z=\dfrac{X-\mu}{\sigma}$ 的分布函数为

$$P\{Z \leqslant x\}=P\left\{\frac{X-\mu}{\sigma} \leqslant x\right\}=P\{X \leqslant \mu+\sigma x\}$$

$$=\frac{1}{\sqrt{2\pi}\sigma}\int_{-\infty}^{\mu+\sigma x} \mathrm{e}^{-\frac{(t-\mu)^2}{2\sigma^2}}\mathrm{d}t, \frac{t-\mu}{\sigma}=u,$$

$$P\{Z \leqslant x\}=\frac{1}{\sqrt{2\pi}}\int_{-\infty}^{x} \mathrm{e}^{-\frac{u^2}{2}}\mathrm{d}u=\varPhi(x),$$

由此知

$$Z=\frac{X-\mu}{\sigma} \sim N(0,1).$$

于是，若随机变量 $X \sim N(\mu,\sigma^2)$，则它的分布函数 $F(x)$ 可写成

$$F(x)=P\{X \leqslant x\}=P\left\{\frac{X-\mu}{\sigma} \leqslant \frac{x-\mu}{\sigma}\right\}=\Phi\left(\frac{x-\mu}{\sigma}\right).$$

对于任意区间 $(x_1,x_2]$，有

$$P\{x_1<X \leqslant x_2\}=P\left\{\frac{x_1-\mu}{\sigma}<\frac{X-\mu}{\sigma} \leqslant \frac{x_2-\mu}{\sigma}\right\}=\varPhi\left(\frac{x_2-\mu}{\sigma}\right)-\varPhi\left(\frac{x_1-\mu}{\sigma}\right).$$

通过这个定理，正态分布的计算转化成查询标准正态分布 $\varPhi(x)$ 数值表（见表 15.4.1）.

表 15.4.1 标准正态分布 $\varPhi(x)$数值表

x	0	0.01	0.02	0.03	0.04	0.05	0.06	0.07	0.08	0.09
0.0	0.5	0.504	0.508	0.512	0.516	0.5199	0.5239	0.5279	0.5319	0.5359
0.1	0.5398	0.5438	0.5478	0.5517	0.5557	0.5596	0.5636	0.5675	0.5714	0.5753
0.2	0.5793	0.5832	0.5871	0.591	0.5948	0.5987	0.6026	0.6064	0.6103	0.6141
0.3	0.6179	0.6217	0.6255	0.6293	0.6331	0.6368	0.6406	0.6443	0.6480	0.6517
0.4	0.6554	0.6591	0.6628	0.6664	0.6700	0.6736	0.6772	0.6808	0.6844	0.6879
0.5	0.6915	0.695	0.6985	0.7019	0.7054	0.7088	0.7123	0.7157	0.7190	0.7224
0.6	0.7257	0.7291	0.7324	0.7357	0.7389	0.7422	0.7454	0.7486	0.7517	0.7549
0.7	0.7580	0.7611	0.7642	0.7673	0.7704	0.7734	0.7764	0.7794	0.7823	0.7852
0.8	0.7881	0.7910	0.7939	0.7967	0.7995	0.8023	0.8051	0.8078	0.8106	0.8133
0.9	0.8159	0.8186	0.8212	0.8238	0.8264	0.8289	0.8315	0.834	0.8365	0.8389
1.0	0.8413	0.8438	0.8461	0.8485	0.8508	0.8531	0.8554	0.8577	0.8599	0.8621

续表

x	0	0.01	0.02	0.03	0.04	0.05	0.06	0.07	0.08	0.09
1.1	0.8643	0.8665	0.8686	0.8708	0.8729	0.8749	0.8770	0.8790	0.8810	0.8830
1.2	0.8849	0.8869	0.8888	0.8907	0.8925	0.8944	0.8962	0.8980	0.8997	0.9015
1.3	0.9032	0.9049	0.9066	0.9082	0.9099	0.9115	0.9131	0.9147	0.9162	0.9177
1.4	0.9192	0.9207	0.9222	0.9236	0.9251	0.9265	0.9279	0.9292	0.9306	0.9319
1.5	0.9332	0.9345	0.9357	0.937	0.9382	0.9394	0.9406	0.9418	0.9429	0.9441
1.6	0.9452	0.9463	0.9474	0.9484	0.9495	0.9505	0.9515	0.9525	0.9535	0.9545
1.7	0.9554	0.9564	0.9573	0.9582	0.9591	0.9599	0.9608	0.9616	0.9625	0.9633
1.8	0.9641	0.9649	0.9656	0.9664	0.9671	0.9678	0.9686	0.9693	0.9699	0.9706
1.9	0.9713	0.9719	0.9726	0.9732	0.9738	0.9744	0.9750	0.9756	0.9761	0.9767
2.0	0.9772	0.9778	0.9783	0.9788	0.9793	0.9798	0.9803	0.9808	0.9812	0.9817
2.1	0.9821	0.9826	0.983	0.9834	0.9838	0.9842	0.9846	0.9850	0.9854	0.9857
2.2	0.9861	0.9864	0.9868	0.9871	0.9875	0.9878	0.9881	0.9884	0.9887	0.9890
2.3	0.9893	0.9896	0.9898	0.9901	0.9904	0.9906	0.9909	0.9911	0.9913	0.9916
2.4	0.9918	0.9920	0.9922	0.9925	0.9927	0.9929	0.9931	0.9932	0.9934	0.9936
2.5	0.9938	0.9940	0.9941	0.9943	0.9945	0.9946	0.9948	0.9949	0.9951	0.9952
2.6	0.9953	0.9955	0.9956	0.9957	0.9959	0.9960	0.9961	0.9962	0.9963	0.9964
2.7	0.9965	0.9966	0.9967	0.9968	0.9969	0.9970	0.9971	0.9972	0.9973	0.9974
2.8	0.9974	0.9975	0.9976	0.9977	0.9977	0.9978	0.9979	0.9979	0.9980	0.9981
2.9	0.9981	0.9982	0.9982	0.9983	0.9984	0.9984	0.9985	0.9985	0.9986	0.9986
3.0	0.9987	0.9987	0.9987	0.9988	0.9988	0.9989	0.9989	0.9989	0.9990	0.9990
3.1	0.9990	0.9991	0.9991	0.9991	0.9992	0.9992	0.9992	0.9992	0.9993	0.9993
3.2	0.9993	0.9993	0.9994	0.9994	0.9994	0.9994	0.9994	0.9995	0.9995	0.9995
3.3	0.9995	0.9995	0.9995	0.9996	0.9996	0.9996	0.9996	0.9996	0.9996	0.9997
3.4	0.9997	0.9997	0.9997	0.9997	0.9997	0.9997	0.9997	0.9997	0.9997	0.9998

当 $x \geqslant 0$ 时，利用标准正态分布的概率密度函数 $\varphi(x)$ 是偶函数的性质可知，当 $x<0$ 时，有 $\Phi(x)=1-\Phi(-x)$，因此对任意的两个实数 $a,b(a<b)$，有 $P(a<X\leqslant b)=\Phi(b)-\Phi(a)$，$P(X>b)=1-\Phi(a)$，$P(|X|\leqslant b)=2\Phi(b)-1$.

例 15.4.17 如果 $X\sim N(3,9)$，求：

（1）$P\{2<X<5\}$；（2）$P\{X>0\}$；（3）$P\{|X-3|>6\}$；（4）求 c，使得 $P\{X>c\}=P\{X\leqslant c\}$.

解：（1）由于 $X\sim N(3,9)$，所以 μ=3, σ=3，于是有

$$P\{2<X<5\}=P\left\{\frac{2-3}{3}<\frac{X-3}{3}<\frac{5-3}{3}\right\}=P\left\{-\frac{1}{3}<Z<\frac{2}{3}\right\}$$
$$=\Phi\left(\frac{2}{3}\right)-\Phi\left(-\frac{1}{3}\right)=\Phi\left(\frac{2}{3}\right)-\left[1-\Phi\left(\frac{1}{3}\right)\right]\approx 0.3779.$$

（2）$P\{X>0\}=P\left\{\frac{X-3}{3}>\frac{0-3}{3}\right\}=P\{Z>-1\}=1-\Phi(-1)=\Phi(1)\approx 0.8413$.

（3）$P\{|X-3|>6\}=P\{X>9\}+P\{X<-3\}=P\left\{\frac{X-3}{3}>\frac{9-3}{3}\right\}+P\left\{\frac{X-3}{3}<\frac{-3-3}{3}\right\}$
$$=P\{Z>2\}+P\{Z<-2\}=1-\Phi(2)+\Phi(-2)=2[1-\Phi(2)]\approx 0.0456.$$

（4）由 $P\{X>c\}=P\{X\leqslant c\}$，得

$$1-P\{X\leqslant c\}=P\{X\leqslant c\}\Rightarrow P\{X\leqslant c\}=\frac{1}{2}$$

即有

$$\Phi\left(\frac{c-3}{3}\right)=\frac{1}{2}=\Phi(0),$$

于是

$$\frac{c-3}{3}=0, c=3.$$

例 15.4.18 某大学期末考试中，考生的成绩 X 服从正态分布 $N(\mu,\sigma^2)$，经计算可知 $\mu=76,\sigma^2=121$，学校规定按如下方法划分考生成绩的等级：实际考分在前 10%的为优秀，考分在前10%以后但在前 50%的为良好等，考分在前 50%以后但在前 90%的为中等，考分在后10%的为不及格等. 求这次期末考试等级划分的具体分数线(结果四舍五入，取整数).

解： 由题 $X\sim N(76,121)$，可得 $\mu=76,\sigma=11$，则有

$$P(X\geqslant a)=1-P(X<a)=1-\Phi\left(\frac{a-76}{11}\right)=0.1.$$

所以 $\frac{a-76}{11}=u_{0.9}=1.28$，即 $a\approx 90$.

又

$$P(b\leqslant X<a)=\Phi\left(\frac{a-76}{11}\right)-\Phi\left(\frac{b-76}{11}\right)=0.4,$$

所以 $\frac{b-76}{11}=u_{0.5}=0$，即 $b\approx 76$.

又

$$P(X\leqslant c)=\Phi\left(\frac{c-76}{11}\right)=0.1,$$

所以 $\frac{c-76}{11}=u_{0.1}=-u_{0.9}=-1.28$，即 $c\approx 62$.

所以，在此次考试中，分数在 90 以上的为等级优秀；分数在 76 ~ 89 的为等级良好；分数在 62 ~ 75 的为等级中等；分数在 62 以下的，为不及格.

习题 15.4

基础练习

1. 选择题.

（1）检查下面数列，是概率分布（　　）.

A. $p(x)=x/15, x=0,-1,2,3,4,5$　　B. $p(x)=(5-x^2)/6, x=0,1,2,3$

C. $p(x)=1/4, x=3,4,5,6$　　D. $p(x)=(x+1)/25, x=1,2,3,4,5$

（2）设随机变量 X 的分布律 $P(X=k)=\dfrac{k}{15}, k=1,2,3,4,5$，则 $P\left\{\dfrac{k}{15}<X<\dfrac{5}{2}\right\}$ 的值是（　　）.

A. $\dfrac{3}{5}$　　B. $\dfrac{1}{5}$　　C. $\dfrac{2}{5}$　　D. $\dfrac{4}{5}$

（3）任何一个连续型随机变量的概率密度 $f(x)$ 一定满足（　　）.

A. $0\leqslant f(x)\leqslant 1$　　B. 在定义域内单调不减

C. $\int_{-\infty}^{+\infty} f(x)\mathrm{d}x=1$　　D. $\lim\limits_{x\to\infty} f(x)=1$

（4）某公共汽车站从上午 6 时起，每 15 分钟有一班车通过，若某乘客到达此站的时间 8:00 到 9:00 之间服从均匀分布的随机变量，则他候车时间少 5 分钟的概率是（　　）.

A. $\dfrac{1}{3}$　　B. $\dfrac{2}{3}$　　C. $\dfrac{1}{4}$　　D. $\dfrac{1}{2}$

（5）已知标准正态分布函数为 $\Phi(x)$，则下列等式不成立的是（　　）.

A. $P(a<X\leqslant b)=\Phi(b)-\Phi(a)$　　B. $\Phi(-x)=-\Phi(x)$

C. $P(X>b)=1-\Phi(a)$　　D. $P(|X|\leqslant b)=2\Phi(b)-1$

（6）随机变量 X 的分布函数有以下基本性质，其中错误是（　　）.

A. $F(x)\geqslant 0$

B. $F(x)$ 是不减函数，即对于任意的 $x_1<x_2$ 有 $F(x_1)\leqslant F(x_2)$

C. $F(-\infty)=0$, $F(+\infty)=1$, 即 $\lim\limits_{x\to-\infty}F(x)=0$, $\lim\limits_{x\to+\infty}F(x)=1$

D. $F(x)$ 在任一点 x_0 处至少右连续，即 $\lim\limits_{x\to x_0^+}F(x)=F(x_0)$

（7）若离散型随机变量 X 的分布律为

X	0	1	2	3	4
P	0.2	0.1	a	a	0.1

则 $a=$（　　）.

A. 0.2　　B. 0.3　　C. 0.4　　D. 1

（8）若连续随机变量 $X\sim U(0,4)$，则 $P(|X|<1)=$（　　）.

A. $\dfrac{1}{3}$　　B. $\dfrac{1}{5}$　　C. $\dfrac{1}{4}$　　D. $\dfrac{1}{2}$

（9）若连续随机变量 $X \sim E(2)$, 则 $P(2 < X \leqslant 3) =$（　　）.

A. $e^{-3}-e^{-6}$　　B. $e^{-4}-e^{-5}$　　C. $e^{-4}-e^{-2}$　　D. $e^{-4}-e^{-6}$

（10）如果连续随机变量 $X \sim N(3,9)$，则 $P\{X > 5\} =$（　　）.

A. 0.2546　　B. 0.7454　　C. 0.3454　　D. 0.9454

2. 填空题.

（1）设 100 件产品中有 10 件次品，每次随机抽取 1 件，检验后放回去，连续抽 3 次，则最多取到 1 件次品的概率为____________.

（2）要使数列 $p(x)=\dfrac{C}{2^x}, x=0,1,2,3,4$ 成为一个概率分布，则 $C=$________.

（3）某射手每次射击击中目标的概率为 P，连续向同一目标射击，直到某一次击中为止，则射击次数 X 的概率为____________.

（4）一袋中装有（5）只球，编号为 $1,2,3,4,5$. 在袋中同时取 3 只，以 X 表示取出的 3 只球中的最大号码，写出随机变量 X 的分布律____________.

（5）设随机变量 $X \sim N(2,\delta^2)$，且 $P\{2 < X < 4\} = 0.3$，则 $P\{X < 0\} =$____________.

（6）随机变量 X 的分布函数是 $F(x)=3+4\arctan x$，则 X 的概率密度为____________.

（7）随机变量 $X \sim H(5,4,3)$，则 $P\{X=2\}=$____________.

（8）随机变量 $X \sim Ge(0.2)$，则 $P\{X=3\}=$____________.

（9）随机变量 $X \sim P(4)$，则 $P\{X=2\}=$____________.

（10）随机变量 $X \sim B(5,0.3)$，则 $P\{X \geqslant 2\}=$____________.

（11）一批产品有 10 件，其中有 1 件次品，从中任取 1 件，用 $\{X=0\}$ 表示取到次品，$\{X=1\}$ 表示取到正品，X 的分布律为____________.

提高练习

3. 掷一枚均匀的骰子，试写出点数 X 的概率分布律，并求 $P\{X>1\}, P\{2<X<5\}$.

4. 盒中装有某种产品 15 件，其中有 2 件次品，现在从中任取 3 件，试写出取出次品数 X 的分布律；并求至少有一件不合格的概率.

5. 设随机变量 X 的分布函数为

$$F(x)=\begin{cases}0, & x<0\\ \dfrac{1}{4}, & 0\leqslant x<1\\ \dfrac{1}{3}, & 1\leqslant x<3\\ \dfrac{1}{2}, & 3\leqslant x<6\\ 1, & x\geqslant 6\end{cases}$$

试求 X 的概率分布列及 $P(X<1), P(1<X\leqslant 3), P(X>1), P(X\geqslant 1)$.

6. 设 $X \sim N(1,0.6^2)$，求 $P\{X>1\}, P\{0.2<X<1.8\}$.

7. 某人射击，设每次射击的命中率为 0.01，独立射击 500 次，求可能命中 5 次的概率.

8. 设随机变量 X 的分布函数为

$$F(x)=\begin{cases}0,x<1\\ \ln x,1\leqslant x<\mathrm{e}\\ 1,x\geqslant \mathrm{e}\end{cases}$$

试求其概率密度函数，并求 $P(X>2),P(0<X\leqslant 3),P(2<X<2.5)$.

9. 设随机变量 X 具有概率密度

$$f(x)=\begin{cases}kx, & 0\leqslant x<3\\ 2-\dfrac{x}{2}, & 3\leqslant x\leqslant 4\\ 0, & \text{其他}\end{cases}$$

（1）确定常数 k.（2）求 X 的分布函数 $F(x)$.（3）求 $P\left\{1<X\leqslant\dfrac{7}{2}\right\}$.

10. 从 $1,2,3,4,5$ 五个数中任取三个，按大小排列记为 $x_1<x_2<x_3$，令 $X=x_2$，试求（1）X 的分布函数；（2）$P(X<2)$ 及 $P(X>4)$.

11. 掷 5 枚均匀的硬币，假定掷各枚硬币所得的结果是相互独立的，求掷出的 5 枚硬币中正面朝上的硬币数的分布列.

12. 某试验室：记录 1 克放射性物质在 1 秒内放出的 α 粒子数. 如果从过去的经验得知，这个数目的平均值为 3.2，近似地服从参数为 $\lambda=3.2$ 的泊松分布. 求放出的 α 粒子数至少为 2 的概率的近似值.

13. 设随机变量 X 的密度函数为

$$p(x)=\begin{cases}1-|x|,-1\leqslant x\leqslant 1\\ 0, \quad \text{其他}\end{cases}$$

试求 X 的分布函数.

14. 某公司销售部有 10 名员工，其中有 6 名男员工，现从中任意抽出 3 名去公关部协助工作，设被选到的男员工数为一个随机变量 X，求 X 的分布列及 $P(X<2)$.

拓展练习

15. 设连续随机变量 X 的密度函数 $p(x)$ 是一个偶函数，$F(x)$ 为 X 的分布函数，证明：对任意实数 $a>0$，有

（1）$F(-a)=1-F(a)=0.5-\int_0^a p(x)\mathrm{d}x$；

（2）$P(|X|<a)=2F(a)-1$；

（3）$P(|X|>a)=2[1-F(a)]$.

16. 设连续型随机变量 X 服从区间 $(1,3)$ 上的均匀分布，求随机变量 $Y=X^2$ 的分布.

15.5　随机变量的数字特征

随机变量 X 的分布能够完整地描述随机变量的统计规律. 但要确定一个随机变量的分布有时是比较困难的，而且往往也是不必要的，实际问题中，有时只需要知道随机变量取值的

平均数以及描述随机变量取值分散程度等一些特征数即可. 这些特征数在一定程度上刻画出随机变量的基本形态，而且也可用数理统计的方法估计它们. 因此，研究随机变量的数字特征无论在理论上还是实际中都有着重要的意义.

15.5.1 数学期望及其性质

1. 离散型随机变量的数学期望

先通过下面的实例说明数学期望的直观含义.

例 15.5.1 某车间共有 4 台机床，这些机床由于各种原因时而工作时而停机，因而在任意时刻工作着的机床数 X 是一随机变量. 为评估该车间机床的使用效率，需要知道车间中同时工作着的机床的平均数.

作了 20 次观察，结果如表 15.5.1.

表 15.5.1 观察结果

工作机床数 X	0	1	2	3	4
频数	0	1	3	9	7
频率	0/10	1/20	3/20	9/20	7/20

从表 15.5.1 中可看出，在 20 次观察中，有 1 次“1 台工作”，有 3 次“2 台工作”，有 9 次“3 台工作”，有 7 次“4 台工作”，“机床都不工作”的情况未出现. 在 20 次观察中，工作机床总数为：

$$0\times0+1\times1+2\times3+3\times9+4\times7=62 .$$

所以，车间中同时工作机床的平均数为

$$\begin{aligned}62/20&=(0\times0+1\times1+2\times3+3\times9+4\times7)/20\\&=0\times(0/20)+1\times(1/20)+2\times(3/20)+3\times(9/20)+4\times(7/20)\\&=3.1\end{aligned}$$

式中，0/20、1/20、3/20、9/20、7/20 是 X 的 5 种可能取值的频率，或概率的近似值. 可以看出，X 的平均数并不是 X 的 5 种可能取值的简单算术平均数 $(0+1+2+3+4)/5=2$. 这种简单的算术平均数不能真实反映出随机变量 X 的平均情况，因为 X 取各个值的可能性即概率是不相等的. 这个“平均数”应是随机变量所有可能取的值与相应概率的乘积之和，即以概率为权数的**加权平均值**. 为此，我们引入数学期望这一概念.

定义 15.5.1 设离散型随机变量 X 的分布律为

$$P\{X=x_i\}=p_i \quad (i=1,2,\cdots) ,$$

若级数 $\sum_{i=1}^{\infty}x_i p_i$ 绝对收敛，则称级数 $\sum_{i=1}^{\infty}x_i p_i$ 的和为随机变量 X 的**数学期望**，简称**期望**或**均值**，记作 $E(X)$，即

$$E(X)=\sum_{i=1}^{\infty}x_i p_i=x_1p_1+x_2p_2+\cdots+x_np_n+\cdots .$$

定义中要求级数 $\sum_{i=1}^{\infty} x_i p_i$ 绝对收敛，是为了保证数学期望的唯一性．若级数 $\sum_{i=1}^{\infty} x_i p_i$ 条件收敛，级数 $\sum_{i=1}^{\infty} x_i p_i$ 改变项的次序后，其和不唯一．只有当级数 $\sum_{i=1}^{\infty} x_i p_i$ 绝对收敛时，改变项的顺序才不影响和的唯一性，即绝对收敛级数具有可交换性．

例 15.5.2　某公司的 120 名员工分别乘坐 3 辆大客车去团建．第一辆车有 40 名员工，第二辆有 20 名，第三辆有 60 名．到达拓展训练场后，从 120 名员工中随机抽取一名．令 X 表示被随机选中的员工所乘坐的车上的员工数，求数学期望 $E(X)$．

解： 120 名员工随机抽取，意味着被抽中的可能性是一样的，因此

$$P\{X=40\}=\frac{40}{120},P\{X=20\}=\frac{20}{120},P\{X=60\}=\frac{60}{120},$$

于是，

$$E[X]=40\times\frac{1}{3}+20\times\frac{1}{6}+60\times\frac{1}{2}=\frac{280}{6}\approx 46.6667.$$

可以看出，一辆客车上的员工数的平均值为 $120/3=40$．计算表明，随机抽取一名员工，他乘坐的车上员工数的期望值要大于车上员工数的平均值．这是很正常的，因为一辆车上员工越多，该车上的员工越容易被抽中，即员工数多的车所占权重要大于员工数少的车所占权重．

例 15.5.3　设有离散型随机变量 X，在下列三种情形下分别计算随机变量 X 的数学期望 $E(X)$．

（1）$X\sim B(1,p)$；（2）$X\sim B(n,p)$；（3）$X\sim P(\lambda)$．

解：（1）由于 $X\sim B(1,p)$，可设 X 的分布律为

X	0	1
P	$1-p$	p

则它的数学期望

$$E(X)=0\times(1-p)+1\times p=p.$$

（2）因为 $X\sim B(n,p)$，所以 X 的分布律为

$$P(X=k)=C_n^k p^k q^{n-k},k=0,1,\cdots,n$$

由期望的定义得

$$\begin{aligned}E(X)&=\sum_{k=0}^{n}k\frac{n!}{k!(n-k)!}p^k q^{n-k}=\sum_{k=1}^{n}\frac{n!}{(k-1)!(n-k)!}p^k q^{n-k}\\&=np\sum_{k=1}^{n}\frac{(n-1)!}{(k-1)!(n-k)!}p^{k-1}q^{n-1-(k-1)}\overset{令l=k-1}{=}np\sum_{l=0}^{n-1}C_{n-1}^{l}p^l q^{n-1-l}=np.\end{aligned}$$

（3）因为 $X\sim P(\lambda)$，所以 X 的分布律为

$$P(X=k)=\frac{\lambda^k}{k!}\mathrm{e}^{-\lambda}, k=0,1,2,\cdots$$

由期望的定义得

$$E(X)=\sum_{k=0}^{\infty}k\frac{\lambda^k}{k!}\mathrm{e}^{-\lambda}=\lambda\mathrm{e}^{-\lambda}\sum_{k=1}^{\infty}\frac{\lambda^{k-1}}{(k-1)!}\overset{令l=k-1}{=}\lambda\mathrm{e}^{-\lambda}\sum_{l=0}^{\infty}\frac{\lambda^l}{l!}=\lambda\mathrm{e}^{-\lambda}\mathrm{e}^{\lambda}=\lambda.$$

例 15.5.4　设随机变量 X 的分布律分别为

（1）$P\left(X=(-1)^n\frac{3^n}{\sqrt{n}}\right)=\frac{1}{3^n}, n=1,2,\cdots$；

（2）$P\left(X=\frac{3^n}{\sqrt{n}}\right)=\frac{1}{3^n}, n=1,2,\cdots$；

（3）$P\left(X=(-1)^n\frac{3^n}{n^3}\right)=\frac{1}{3^n}, n=1,2,\cdots$.

说明 $E(X)$ 是否存在.

解： 在（1）中，级数

$$\sum_{n=1}^{\infty}x_n p_n=\sum_{n=1}^{\infty}\frac{(-1)^n 3^n}{\sqrt{n}}\cdot\frac{1}{3^n}=\sum_{n=1}^{\infty}\frac{(-1)^n}{\sqrt{n}}$$

收敛，但

$$\sum_{n=1}^{\infty}|x_n p_n|=\sum_{n=1}^{\infty}\frac{3^n}{\sqrt{n}}\cdot\frac{1}{3^n}=\sum_{n=1}^{\infty}\frac{1}{\sqrt{n}}$$

发散，所以由数学期望的定义知 $E(X)$ 不存在.

（2）因为级数

$$\sum_{n=1}^{\infty}|x_n p_n|=\sum_{n=1}^{\infty}\frac{3^n}{\sqrt{n}}\cdot\frac{1}{3^n}=\sum_{n=1}^{\infty}\frac{1}{\sqrt{n}}$$

发散，所以 $E(X)$ 不存在；

（3）因为级数

$$\sum_{n=1}^{\infty}|x_n p_n|=\sum_{n=1}^{\infty}\frac{3^n}{n^3}\cdot\frac{1}{3^n}=\sum_{n=1}^{\infty}\frac{1}{n^3}$$

是收敛的，$E(X)$ 存在.

2. 连续型随机变量的数学期望

离散型随机变量数学期望的定义，可以推广到连续型随机变量的情形.

定义 15.5.2 设连续型随机变量 X 的概率密度为 $f(x)$，若反常积分 $\int_{-\infty}^{+\infty}xf(x)\mathrm{d}x$ 绝对收敛，则称反常积分 $\int_{-\infty}^{+\infty}xf(x)\mathrm{d}x$ 的值为随机变量 X 的**数学期望**，记作 $E(X)$，即

$$E(X)=\int_{-\infty}^{+\infty}xf(x)\mathrm{d}x.$$

例 15.5.5 设随机变量 X 的密度函数为

$$f(x)=\begin{cases}\dfrac{1}{2}x, & 0\leqslant x\leqslant 2\\ 0, & 其他\end{cases}$$

求 $E(X)$.

解：

$$E(X)=\int_{-\infty}^{+\infty}xf(x)\mathrm{d}x=\int_0^2\frac{1}{2}x^2\mathrm{d}x=\frac{4}{3}.$$

例 15.5.6 设连续型随机变量 X 在区间 $[a,b]$ 上服从均匀分布，即 $X\sim U(a,b)$，求 $E(X)$.

解： 均匀分布的概率密度 $f(x)$ 为 $f(x)=\begin{cases}\dfrac{1}{b-a}, & a\leqslant x\leqslant b\\ 0, & 其他\end{cases}$，由定义 15.5.2 有

$$E(X)=\int_{-\infty}^{+\infty}xf(x)\mathrm{d}x=\int_a^b x\frac{1}{b-a}\mathrm{d}x=\frac{a+b}{2}.$$

即期望位于区间的中点.

例 15.5.7 某电脑发生故障后的维修时间 T 是一个随机变量（单位：小时），其密度函数为

$$p(t)=\begin{cases}0.02\mathrm{e}^{-0.02t}, & t>0\\ 0, & t\leqslant 0\end{cases}$$

试求平均维修时间.

解： 求平均维修时间，就是求随机变量 T 的数学期望，所以有

$$E(T)=\int_0^{+\infty}0.02t\mathrm{e}^{-0.02t}\mathrm{d}t=-t\mathrm{e}^{-0.02t}\Big|_0^{+\infty}+\int_0^{+\infty}\mathrm{e}^{-0.02t}\mathrm{d}t=-\frac{1}{0.02}\mathrm{e}^{-0.02t}\Big|_0^{+\infty}=50.$$

故其平均维修时间为 50 小时.

3. 随机变量函数的数学期望

设 X 是一个随机变量且已知其概率分布，则作为 X 的函数 $Y=g(X)$ 也是一个随机变量. 要计算 Y 的数学期望，可以先由 X 的概率分布求出 Y 的概率分布，再按期望定义求 $E(Y)$. 但更方便的是利用 X 的分布及 Y 与 X 的函数关系直接计算 Y 的数学期望.

定理 15.5.1 设离散型随机变量 X 的分布律为

$$P\{X=x_i\}=p_i\quad(i=1,2,\cdots),$$

$g(x)$ 是实值连续函数，且级数 $\sum\limits_{i=1}^{\infty}g(x_i)p_i$ 绝对收敛，则随机变量函数 $Y=g(X)$ 的数学期望为

$$E[g(X)]=\sum_{i=1}^{\infty}g(x_i)p_i.$$

定理 15.5.2 设连续型随机变量 X 的概率密度为 $f(x)$，$g(x)$ 是实值连续函数，且反常积

分 $\int_{-\infty}^{+\infty} g(x)f(x)\mathrm{d}x$ 绝对收敛，则随机变量函数 $Y=g(X)$ 的数学期望为

$$E[g(X)]=\int_{-\infty}^{+\infty} g(x)f(x)\mathrm{d}x .$$

例 15.5.8 设随机变量 X 的分布律为

X	−1	0	1	2
P	0.3	0.2	0.4	0.1

令 Y=2X+1，求 $E(Y)$.

解：$E(Y)$=（2×（－1）+1）×0.3+（2×0+1）×0.2+（2×1+1）×0.4+（2×2+1）×0.1=（－1）×0.3+1×0.2+3×0.4+5×0.1=1.6.

例 15.5.9 设随机变量 X 的分布律为

X	−1	0	0.5	1	2
P	0.3	0.2	0.1	0.1	0.3

求随机变量函数 $Y=X^2$ 的数学期望.

解：Y 的可能取值为 4，1，0，1,4,9.由于

$$\begin{aligned}E(Y)&=\sum_{k=1}^{\infty}g(x_k)p_k=x_1^2p_1+x_2^2p_2+x_3^2p_3+x_4^2p_4+x_5^2p_5\\&=(-1)^2\times0.3+0^2\times0.2+0.5^2\times0.1+1^2\times0.1+2^2\times0.3\\&=0.3+0.025+0.1+1.2=1.625.\end{aligned}$$

例 15.5.10 设随机变量 X 的密度函数为

$$p(x)=\begin{cases}\dfrac{3}{8}x^2, 0<x<2\\0, \quad 其他\end{cases}$$

试求 $\dfrac{1}{X^2}$ 的数学期望.

解：

$$E\left(\frac{1}{X^2}\right)=\int_0^2\frac{1}{x^2}\frac{3}{8}x^2\mathrm{d}x=\frac{3}{4}.$$

4. 数学期望的性质

期望计算中，有可能遇到复杂的随机变量函数，这时就可以利用期望的性质来化简计算. 下面给出数学期望的几个性质，并假设所提到的数学期望均存在.

性质 15.5.1 $E(c)=c$ （c 为常数）.

性质 15.5.2 $E(cX)=cE(X)$ （c 为常数）.

性质 15.5.3 设 X,Y 是任意两个随机变量，则有

$$E(X+Y)=E(X)+E(Y).$$

这一性质可推广到有限个随机变量的情形，即

$$E(X_1+X_2+\cdots+X_n)=E(X_1)+E(X_2)+\cdots+E(X_n).$$

性质 15.5.4 设 X,Y 是两个相互独立的随机变量，则有

$$E(XY)=E(X)E(Y).$$

这一性质也可推广到有限个相互独立的随机变量的情形，即有

$$E(X_1X_2\cdots X_n)=E(X_1)E(X_2)\cdots E(X_n).$$

运用数学期望的这些性质，可以简化一些随机变量数学期望的计算.

例 15.5.11 某人射击目标的命中率 $p=\dfrac{1}{2}$，他向目标射击 3 枪，击中 0 枪得 0 分，击中一枪得 20 分，击中二枪得 60 分，击中三枪得 100 分. 随机变量 Y 表示他的得分，求 $E(Y),E(2Y+10)$.

解： 用 X 表示该人击中枪数，Y 表示得分数. 因为

（1）$p(x=0)=\mathrm{C}_3^0\left(\dfrac{1}{2}\right)^0\left(1-\dfrac{1}{2}\right)^3=\dfrac{1}{8}$

（2）$p(x=1)=\mathrm{C}_3^1\left(\dfrac{1}{2}\right)\left(1-\dfrac{1}{2}\right)^2=\dfrac{3}{8}$

（3）$p(x=2)=\mathrm{C}_3^2\left(\dfrac{1}{2}\right)^2\left(1-\dfrac{1}{2}\right)=\dfrac{3}{8}$

（4）$p(x=3)=\mathrm{C}_3^3\left(\dfrac{1}{2}\right)^3\left(1-\dfrac{1}{2}\right)^0=\dfrac{1}{8}$

所以

X	0	1	2	3
P	$\frac{1}{8}$	$\frac{3}{8}$	$\frac{3}{8}$	$\frac{1}{8}$

X	0	20	60	100
P	$\frac{1}{8}$	$\frac{3}{8}$	$\frac{3}{8}$	$\frac{1}{8}$

所以

$$EY=0\times\frac{1}{8}+20\times\frac{3}{8}+60\times\frac{3}{8}+100\times\frac{1}{8}=30+12.5=42.5$$

$$E(2Y+10)=2E(Y)+10=95.$$

例 15.5.12 设两个相互独立的随机变量 R 与 T，其概率密度分别为

$$F(r)=\begin{cases}2r,0\leqslant r\leqslant 1\\0,\text{ 其他}\end{cases},\quad G(t)=\begin{cases}\dfrac{t^3}{64},0\leqslant t\leqslant 4\\0,\text{ 其他}\end{cases}$$

试求 $H=RT$ 的均值.

解：

$$E(H)=E(RT)=E(R)E(T)=\left[\int_{-\infty}^{+\infty}rg(r)\mathrm{d}r\right]\left[\int_{-\infty}^{+\infty}tg(t)\mathrm{d}t\right]$$
$$=\left(\int_0^1 2r^2\mathrm{d}r\right)\left(\int_0^4\frac{t^4}{64}\mathrm{d}t\right)=\frac{32}{15}.$$

15.5.2 方 差

1. 方差的定义

随机变量的数学期望反映了随机变量取值的平均水平，它是随机变量的一个重要数字特征. 为了能对随机变量的变化情况作出更加全面、准确的描述，除了知道随机变量的数学期望外，还需要知道随机变量取值与其均值的偏离程度.

例 15.5.13 在相同的条件下，甲、乙两人对长度为 a 的某零件进行测量，测量结果分别用 X,Y 表示，已知 X,Y 的概率分布如表 15.5.2：

表 15.5.2 X，Y 概率分布

X,Y	$a-0.02$	$a-0.01$	a	$a+0.01$	$a+0.02$
P_X	0	0.1	0.8	0.1	0
P_Y	0.1	0.2	0.4	0.2	0.1

容易算出，$E(X)=E(Y)=a$，即甲、乙两人测量的平均值是相同的，这时仅用数学期望比较不出甲、乙两人测量技术的好坏. 但从以上列表分布大致可以看到，X 取值比 Y 取值更集中于数学期望 a 附近，说明甲的测量技术比乙好. 为了定量表示这种集中程度，需要用一个数值来刻划随机变量取值与其数学期望偏差的大小. 为此，我们引入方差这一概念.

定义 15.5.3 设 X 是一个随机变量，若 $E[X-E(X)]^2$ 存在，则称 $E[X-E(X)]^2$ 为 X 的**方差**，记为 $D(X)$ 或 $\mathrm{Var}(X)$，即

$$D(X)=\mathrm{Var}(X)=E[X-E(X)]^2,$$

还引入与 X 具有相同量纲的量 $\sqrt{D(X)}$，记为 $\sigma(X)$，称为**标准差**或**均方差**. 显然方差的大小反映了随机变量 X 取值的分散程度：方差越大，则 X 取值越分散；方差越小，则 X 取值越集中.

对离散型随机变量 X

$$D(X)=\sum_{i=1}^{\infty}[x_i-E(X)]^2p_i.$$

对连续型随机变量 X

$$D(X)=\int_{-\infty}^{+\infty}[x-E(X)]^2f(x)\mathrm{d}x.$$

对于方差，常用以下公式计算：

$$D(X)=E(X^2)-[E(X)]^2.$$

例 15.5.14 设随机变量 X 表示掷一颗骰子出现的点数，求 X 的期望和方差.

解： X 的分布律为

$$P(X=k)=1/6\text{，}(k=1,2,\cdots,6).$$

由期望的定义有

$$E(X)=(1+2+3+4+5+6)\times 1/6=7/2.$$

对于方差的计算：

（方法 1）直接由方差的定义式.

$$\begin{aligned}D(X)&=E[X-E(X)]^2=(1/6)\sum_{k=1}^{6}(k-7/2)^2\\&=(1/6)[(-5/2)^2+(-3/2)^2+(-1/2)^2+(1/2)^2+(3/2)^2+(5/2)^2]=35/12.\end{aligned}$$

（方法 2）应用方差的常用公式.

因为

$$E(X^2)=(1/6)(1^2+2^2+3^2+4^2+5^2+6^2)=91/6$$

所以

$$D(X)=E(X^2)-[E(X)]^2=91/6-(7/2)^2=35/12.$$

2. 方差的性质

性质 15.5.5 $D(c)=0$ （c 为常数).

性质 15.5.6 $D(cX)=c^2D(X)$ （c 为常数)，

更一般有，$D(aX+b)=a^2D(X)$ （a,b 为常数).

性质 15.5.7 若 X,Y 相互独立，则 $D(X+Y)=D(X)+D(Y)$.

一般地，设 X,Y 是任意两个随机变量，则有

$$D(X+Y)=D(X)+D(Y)+2E\{(X-E(X))(Y-E(Y))\}.$$

性质 15.5.8 $D(X)=0$ 的充要条件是 X 以概率 1 取常数 $E(X)$，即

$$P\{X=E(X)\}=1.$$

例 15.5.15 随机变量 X 的分布函数为

$$F(x)=\begin{cases}1-\dfrac{a^3}{x^3}, & x\geqslant a\\ 0, & x<a\end{cases}$$

求 $E(X)$，$D(X)$.

解： $f(x)=F'(x)=\begin{cases}3a^3x^{-4}, & x\geqslant a\\ 0, & x<a\end{cases}$；

$$E(X)=\int_{-\infty}^{+\infty}xf(x)\mathrm{d}x=\int_{a}^{+\infty}3a^3x^{-3}\mathrm{d}x=3a^3\left.\frac{-x^{-2}}{2}\right|_a^{+\infty}=\frac{3}{2}a\text{；}$$

$$E(X^2)=\int_{-\infty}^{+\infty}x^2f(x)\mathrm{d}x=\int_{a}^{+\infty}3a^3x^{-2}\mathrm{d}x=3a^3\left.\left(-\frac{1}{x}\right)\right|_a^{+\infty}=3a^2\text{；}$$

$$D(X)=3a^2-\left(\frac{3}{2}a\right)^2=\frac{3}{4}a^2.$$

15.5.3 常用分布及数字特征

一些常见的离散型及连续型随机变量的数字特征经常会用到，现总结如表 15.5.3 所示.

表 15.5.3 常用分布及数字特征

分布名称	分布律或密度函数	数学期望	方差
0－1 分布 $B(1,p)$	$P(X=k)=p^k(1-p)^{1-k},0<p<1,k=0,1$	p	pq
二项分布 $B(n,p)$	$P(X=k)\binom{n}{k}p^k(1-p)^{n-k}$，$0<p<1,k=0,1,\cdots,n$	np	npq
超几何分布 $H(N,M,n)$	$P(K=k)\dfrac{\binom{M}{k}\binom{N-M}{n-k}}{\binom{N}{n}}$，$k=\max(0,n+M-N),\cdots,\min(n,M)$	$n\dfrac{M}{N}$	$\dfrac{nM(N-M)(N-n)}{N^2(N-1)}$
泊松分布 $P(\lambda)$	$P(K=k)\dfrac{\lambda^k}{k!}\mathrm{e}^{-\lambda}$，$\lambda>0,k=0,1,2,\cdots,n,\cdots$	λ	λ
几何分布 $Ge(p)$	$P(X=k)=p(1-p)^{k-1}$ $0<p<1,k=1,2,\cdots,n,\cdots$，	$\dfrac{1}{p}$	$\dfrac{1-p}{p^2}$
均匀分布 $U(a,b)$	$f(x)=\begin{cases}\dfrac{1}{b-a}, & a<x<b,\\ 0\end{cases}$	$\dfrac{a+b}{2}$	$\dfrac{(b-a)^2}{12}$
指数分布 $E(\lambda)$	$f(x)=\begin{cases}\lambda\mathrm{e}^{-\lambda x}, & x\geqslant 0,\\ 0, & \text{其他},\end{cases}$ $\lambda>0$	$\dfrac{1}{\lambda}$	$\dfrac{1}{\lambda^2}$
正态分布 $N(\mu,\sigma^2)$	$f(x)=\dfrac{1}{\sqrt{2\pi}\sigma}\mathrm{e}^{-\frac{(x-\mu)^2}{2\sigma^2}}$，$-\infty<x<+\infty$ $\mu\in R$，$\sigma>0$	μ	σ^2

习题 15.5

基础练习

1. 选择题.

（1）设 $X\sim B(n,p)$ 且 $E(X)=4.8,D(X)=1.92$，则（　　）.

A. $n=6,p=0.8$　　　　B. $n=0.8,p=6$

C. $n=12, p=0.4$　　D. $n=16, p=0.3$

（2）设 $X \sim N(2,3^2)$，且 $Y=2X-3$ 则 $Y\sim$（　　）.

A. $N(1,1.5^2)$　B. $N(1,1.6^2)$　C. $N(1,1)$　D. $N(1,3^2)$

（3）盒中有 6 个红球 4 个白球，任意摸出一球，记住颜色后再放入盒中，一共进行 4 次，设 X 为红球出现的次数，则 $E(x)=$（　　）.

A. $\dfrac{16}{10}$　B. $\dfrac{4}{10}$　C. $\dfrac{24}{10}$　D. $\dfrac{4^2\times 6}{10}$

（4）设随机变量 $X \sim N(\mu,\delta^2)$，$P\{|X-\mu|\leqslant 2\delta)=$（　　）.

A. 0.68　B. 0.90　C. 0.95　D. 0.99

（5）若连续型随机变量 X 的分布函数为 $F(x)=\begin{cases}0, & x<0\\ x^3, & 0\leqslant x\leqslant 1\\ 1, & x>1\end{cases}$，则 $E(x)=$（　　）.

A. $\int_0^{\infty} x^4 dx$　B. $\int_0^1 3x^3 dx$

C. $\int_0^1 x^4 dx+\int_0^{\infty} x dx$　D. $\int_0^{\infty} 3x^3 dx$

2. 填空题.

（1）某批产品的正品率为 $\dfrac{3}{4}$，现对其进行测试，以 X 表示首先测到正品时已进行的测试次数，则 X 的数学期望为____________.

（2）当 X 的数学期望 $E(X)$ 和 $E(X^2)$ 都存在时，X 的方差计算公式为 $D(x)=$________.

（3）设 $X\sim B(n,p)$，则 $P\{X=k\}=$____________.

（4）设随机变量 X 服从区间 $[1,5]$ 上的均匀分布，当 $x_1<1<x_2<5$ 时，$P\{x_1\leqslant X\leqslant x_2\}=$__________.

（5）一射手对同一目标独立进行 4 次射击，每次射击的命中率相同，如果至少命中一次的概率为 $\dfrac{80}{81}$，用 X 表示该射手命中的次数，则数学期望 $E(X^2)$________.

（6）设随机变量 X_1, X_2, X_3 均服从区间 $[0,2]$ 上的均匀分布，则 $E(3X_1-X_2=2X_3)=$________.

提高练习

3. 已知甲、乙两箱中装同种产品，其中甲箱中装有 3 件合格品和 3 件次品，乙箱中仅装有 3 件合格品. 从甲箱任取 3 件产品放入乙箱后，求：乙箱中次品件数的数学期望.

4. 一部机器在一天内发生故障的概率为 0.2，发生故障则当天停止工作，若一周 5 个工作日无故障，可获利 10 万元，发生 1 次故障仍可获利 5 万元，发生 2 次故障获利 0 元，发生 3 次或 3 次以上故障要亏损 2 万元，求一周内期望利润是多少？

5. 某种产品周需求量 X 在 $(10,30)$ 上服从均匀分布，而商店进行货量 a 是区间 $(10,30)$ 上的某一整数，商店每销售 1 单位商品，获利 500 元，若供大于求，则削价处理，这时亏损 100 元，若供不应求，可从外部调剂供应，此时每单位获利 300 元，为使商店获利期望值不少于 9280 元，试确定该最少进货量 a.

6. 设随机变量 X 与 y 相互独立，且 $X \sim N(1,\sqrt{2}^2), Y \sim (0,1)$，试求 $Z = 2X - Y + 3$ 的概率密度.

7. 某短视频平台在节目中插播广告有三种方案(10 秒，20 秒和 40 秒)供商家选择，据一段时间内的统计，这三种方案被选择的可能性分别是 $10\%, 30\%$ 和 60%.

（1）设 X 为业主随机选择的广告时间长度，求 $E(X)$，$D(X)$，并说明 $E(X)$ 的含义.

（2）假如该短视频平台在节目中插播 10 秒广告售价是 4000 元，20 秒广告售价是 6500 元，40 秒广告售价是 8000 元. 若设 Y 为广告价格，请写出 Y 的概率分布，计算 $E(Y)$，并说明 $E(Y)$ 的含义.

8. 设随机变量 X 的分布为 $P(X = \pm 1) = \dfrac{1}{3}, P(X = 0) = \dfrac{1}{3}$，求 $Y = |X|$ 的分布及 $E(Y)$.

9. 在超几何分布 $h(n, M, N)$ 中，设 $N = 8, M = 4, n = 3$，写出其分布列，然后求其期望与方差.

10. 设随机变量 X 的密度函数为

$$p(x) = \begin{cases} ax + bx^2, & 0 < x < 1 \\ 0, & \text{其他} \end{cases}$$

如果已知 $E(X) = 0.5$，试计算 $D(X), D(2X + 5)$.

拓展练习

11. 某人参加“答题秀”，需要回答两个问题，即问题 1 和问题 2.他可以自行决定回答问题的顺序. 如果他先回答问题 $i(i = 1,2)$，那么只有回答正确，他才被允许回答问题 $j(i \neq j)$. 如果第一个问题回答不正确，就不允许回答另一问题. 如果他正确回答了问题 $i(i = 1,2)$，他将获得 V_i 美元奖励. 例如，如果两道问题都回答正确，他将获得 $V_1 + V_2$ 美元奖励. 如果他能正确回答问题 i 的概率为 $P_i(i = 1,2)$，那么他先回答哪个问题才能使得获得奖励的期望值最大化?假定 $E_i(i = 1,2)$ 表示事件“他能正确回答问题 i”，且 E_1 和 E_2 相互独立.

12. 设 $X \sim b(n, p), Y \sim b(n, 1-p)$，证明：$P(X = x) = P(Y = n - x)$.

13. 假设随机变量 X 的方差均存在，试证明：

（1）常数的方差为 0，即 $D(c) = 0$，其中 c 是常数;（2）若 a, b 是常数，则 $D(aX + b) = a^2 D(X)$.

本章小结

一、知识框图

请读者自己画出本章知识结构图，从整体结构上去理解本章内容.

二、复习要点

1. 随机现象：________________

2. 样本空间：________________

3. 随机事件：________________

4. 随机变量：________________

5. 事件的表示：________________

6. 事件的关系：________________

7. 事件的运算：________________

8. 事件运算的性质：________________

____

____

9. 概率的公理化定义：________________

10. 确定频率的方法：________________

____

____

11. 古典概型：________________

____

12. 几何概型：________________

13. 概率的性质：________________

____

14. 条件概率________________

15. 乘法公式________________

16. 全概率公式________________

17. 贝叶斯公式________________

18. 乘法公式________________

19. 事件的独立性________________

20. n 重重复独立实验________________

21. 随机变量________________

22. 分布函数________________

23. 离散型随机变量的分布列________________

24. 连续随机变量的概率密度函数________________

25. 数学期望及性质________________

____

26. 方差及性质________________

____

27. 常用离散分布及其期望与方差________________

____

____

28. 常用连续分布及其期望与方差____

____

____

____

三、思维运用

通过本章概率论一些基本知识的学习，了解到，面对问题（事物），可以通过相关数据统计，收集信息，然后利用数学工具分析信息及数据，进而计算概率，对问题的走向、趋势进行概率预测，为决策提供科学依据，在解决方案选择时，尽量选择大概率事件. 这种数学建模的思维方法，你有什么体会？请举例说明你在生活、工作、学习中是怎么运用这一方法的.

本章复习题

一、单项选择题

1. 下面各组事件中，互为对立事件的有（　　）.

A. $A_1=\{$抽到的三个产品全是合格品$\}$，$A_2=\{$抽到的三个产品全是废品$\}$

B. $B_1=\{$抽到的三个产品全是合格品$\}$，$B_2=\{$抽到的三个产品中至少有一个废品$\}$

C. $C_1=\{$抽到的三个产品中合格品不少于 2 个$\}$，$C_2=\{$抽到的三个产品中废品不多于 2 个$\}$

D. $D_1=\{$抽到的三个产品中有 2 个合格品$\}$，$D_2=\{$抽到的三个产品中有 2 个废品$\}$

2. 下列事件与事件 $A-B$ 不等价的是（　　）.

A. $A-AB$　　B. $(A\cup B)-B$　　C. $\overline{A}B$　　D. $A\overline{B}$

3. 甲、乙两人进行射击，A、B 分别表示甲、乙射中目标，则 $\overline{A}\cup\overline{B}$ 表示（　　）.

A. 二人都没射中　　B. 二人都射中

C. 二人没有都射着　　D. 至少一个射中

4. 在事件 A，B，C 中，A 和 B 至少有一个发生而 C 不发生的事件可表示为（　　）.

A. $A\overline{C}\cup B\overline{C}$　　B. $AB\overline{C}$

C. $AB\overline{C}\cup A\overline{B}C\cup\overline{A}BC$　　D. $A\cup B\cup\overline{C}$

5. 设随机事件 A,B 满足 $P(AB)=0$，则（　　）.

A. A,B 互为对立事件　　B. A,B 互不相容

C. AB 一定为不可能事件　　D. AB 不一定为不可能事件

6. 设离散型随机变量 X 的分布律为

X	0	1	2	3
P	0.1	0.3	0.4	0.2

$F(x)$ 为其分布函数，则 $F(3)=$（　　）.

A. 0.2　　B. 0.4　　C. 0.8　　D. 1

7. 设 $X\sim B\left(10,\dfrac{1}{3}\right)$，则 $E(X)=$（　　）.

A. $\frac{1}{3}$　　B. 1　　C. $\frac{10}{3}$　　D. 10

8. 已知随机变量 X 服从参数为 n, p 的二项分布 $\mathrm{B}(n, p)$，且 $\mathrm{E}(X)=2.4, \mathrm{D}(X)=1.44$，则参数 n, p 的值是（　　）.

A. $n=4, p=0.6$　　B. $n=6, p=0.4$

C. $n=8, p=0.3$　　D. $n=24, p=0.1$

二、多项选择题

1. 以下命题正确的是（　　）.

A. $(AB)\cup(A\overline{B})=A$　　B. 若$A\subset B$,则 $AB=A$

C. 若$A\subset B$,则$\overline{B}\subset\overline{A}$　　D. 若$A\subset B$,则 $A\cup B=B$

2. 某学生做了三道题，以 A_i 表示"第 i 题做对了的事件"$(i=1,2,3)$，则该生至少做对了两道题的事件可表示为（　　）.

A. $\overline{A_1}A_2A_3\cup A_1\overline{A_2}A_3\cup A_1A_2\overline{A_3}$　　B. $A_1A_2\cup A_2A_3\cup A_3A_1$

C. $\overline{A_1A_2\cup A_2A_3\cup A_3A_1}$　　D. $A_1A_2\overline{A_3}\cup A_1\overline{A_2}A_3\cup\overline{A_1}A_2A_3\cup A_1A_2A_3$

3. 下列命题中，正确的是（　　）.

A. $A\cup B=A\overline{B}\cup B$　　B. $\overline{A}B=A\cup B$

C. $\overline{A\cup B}C=\overline{A}\,\overline{B}\,\overline{C}$　　D. $(AB)(A\overline{B})=\varnothing$

4. 若事件 A 与 B 相容，则有（　　）.

A. $P(A\cup B)=P(A)+P(B)$　　B. $P(A\cup B)=P(A)+P(B)-P(AB)$

C. $P(A\cup B)=1-P(\overline{A})-P(\overline{B})$　　D. $P(A\cup B)=1-P(\overline{A})P(\overline{B})$

5. 事件 A 与 B 互相对立的充要条件是（　　）.

A. $P(AB)=P(A)P(B)$　　B. $P(AB)=0$且$P(A\cup B)=1$

C. $AB=\varnothing$且$A\cup B=\Omega$　　D. $AB=\varnothing$

6. 已知 $P(B)>0$ 且 $A_1A_2=\varnothing$，则（　　）成立.

A. $P(A_1\mid B)\ge 0$　　B. $P((A_1\cup A_2)\mid B)=P(A_1\mid B)+(A_2\mid B)$

C. $P(A_1A_2\mid B)=0$　　D. $P(\overline{A_1}\cap\overline{A_2}\mid B)=1$.

7. 若 $P(A)>0, P(B)>0$ 且 $P(A\mid B)=P(A)$，则（　　）成立.

A. $P(B\mid A)=P(B)$　　B. $P(\overline{A}\mid\overline{B})=P(\overline{A})$

C. A,B 相容　　D. A,B 不相容

8. 对于事件 A 与 B，以下命题正确的是（　　）.

A. 若 A、B 互不相容，则 $\overline{A}$、$\overline{B}$ 也互不相容　　B. 若 A、B 相容，则 $\overline{A}$、$\overline{B}$ 也相容

C. 若 A、B 独立，则 $\overline{A}$、$\overline{B}$ 也独立　　D. 若 A、B 对立，则 $\overline{A}$、$\overline{B}$ 也对立

9. 若事件 A 与 B 独立，且 $P(A)>0, P(B)>0$，则（　　）成立.

A. $P(B\mid A)=P(B)$　　B. $P(\overline{A}\mid\overline{B})=P(\overline{A})$　　C. A、B 相容　　D. A、B 不相容

三、填空题

1. 若事件 A，B 满足 $AB=\varnothing$，则称 A 与 B ________________.

2. "A，B，C 三个事件中至少发生 2 个"此事件可以表示为 ________________.

3. 设 $\overline{A}$ 与 B 是相互独立的两事件，且 $P(\overline{A})=0.7$，$P(B)=0.4$，则 $P(AB)=$______________.

4. 设事件 A，B 独立．且 $P(A)=0.4$，$P(B)=0.7$，则 A，B 至少一个发生的概率为________.

5. 设有供水龙头 5 个，每一个龙头被打开的可能为 0.1，则有 3 个同时被打开的概率为__________________.

6. 某批产品中有 20%的次品，进行重复抽样调查，共取 5 件样品，则 5 件中恰有 2 件次品的概率为 __________________ ，5 件中至多有 2 件次品的概率 ____________________.

7. 当 $c=$________时 $P(X=k)=c/N,(k=1,\cdots,N)$ 是随机变量 X 的概率分布，当 $c=$_______时 $P(Y=k)=(1-c)/N,(k=1,\cdots,N)$ 是随机变量 Y 的概率分布；当 $a=$______________________时 $P(Y=k)=a\dfrac{\lambda^k}{k!}(k=0,1,\cdots,\lambda>0)$ 是随机变量 Y 的概率分布.

8. 进行重复的独立试验，并设每次试验成功的概率都是 0.6. 以 X 表示直到试验获得成功时所需要的试验次数，则 X 的分布律为____.

9. 某射手对某一目标进行射击，每次射击的命中率都是 p，射中了就停止射击且至多只射击10次．以 X 表示射击的次数，则 X 的分布律为______________________________________.

10. 将一枚质量均匀的硬币独立地抛掷 n 次，以 X 表示此 n 次抛掷中落地后正面向上的

____.

次数，则 X 的分布律为____.

四、简答题

1. 写出下列随机试验的样本空间：

（1）一盒内放有四个球，它们分别标上 1，2，3，4 号．现从盒中任取一球后，不放回盒中，再从盒中任取一球，记录两次取球的号码.

（2）将（1）的取球方式改为第一次取球后放回盒中再作第二次取球，记录两次取球的号码.

（3）一次从盒中任取 2 个球，记录取球的结果.

2. 设 A、B、C 为三个事件，用 A、B、C 的运算关系表示下列事件：

（1）A、B、C 中只有 A 发生；（2）A 不发生，B 与 C 发生；

（3）A、B、C 中恰有一个发生；（4）A、B、C 中恰有二个发生；

（5）A、B、C 中没有一个发生；（6）A、B、C 中所有三个都发生；

（7）A、B、C 中至少有一个发生；（8）A、B、C 中不多于两个发生.

五、计算题

1. A、B、C 为三个事件，说明下述运算关系的含义：

（1）A；（2）$\overline{B}\,\overline{C}$；（3）$A\overline{B}\,\overline{C}$；（4）$\overline{A}\ \ \overline{B}\ \ \overline{C}$；（5）$A\cup B\cup C$；（6）$\overline{ABC}$.

2. 一个工人生产了三个零件，以 A_i 与 $\overline{A}_i$ $(i=1,2,3)$ 分别表示他生产的第 i 个零件为正品、次品的事件．试用 A_i 与 $\overline{A}_i$ $(i=1,2,3)$ 表示以下事件：

（1）全是正品；（2）至少有一个零件是次品；（3）恰有一个零件是次品；（4）至少有两个零件是次品.

3. 袋中有 12 只球，其中红球 5 只，白球 4 只，黑球 3 只．从中任取 9 只，求其中恰好有 4 只红球，3 只白球，2 只黑球的概率.

4. 求寝室里的六个同学中至少有两个同学的生日恰好同在一个月的概率.

5. 10 把钥匙中有三把能打开门，今任取两把，求能打开门的概率.

6. 将三封信随机地放入标号为 1、2、3、4 的四个空邮筒中，求以下概率：

（1）恰有三个邮筒各有一封信；（2）第二个邮筒恰有两封信；（3）恰好有一个邮筒有三封信.

7. 将 20 个足球球队随机地分成两组，每组 10 个队，进行比赛. 求上一届分别为第一、二名的两个队被分在同一小组的概率.

8. 设在15只同类型的零件中有2只是次品，从中取3次，每次任取1只，以 X 表示取出的3只中次品的只数. 分别求出在（1）每次取出后记录是否为次品，再放回去；（2）取后不放回，两种情形下 X 的分布律.

9. 一只袋子中装有大小、质量相同的6只球，其中3只球上各标有1个点，2只球上各标有2个点，1只球上标有3个点. 从袋子中任取3只球，以 X 表示取出的3只球上点数的和.

（1）求 X 的分布律；（2）求概率 $P(4<X\leqslant 6), P(4\leqslant X<6), P(4<X<6), P(4\leqslant X\leqslant 6)$.

10. 设随机变量 X 的概率分布律如下，求 X 的分布函数及 $P(X\leqslant 2), P(0<X<3)$, $P(2\leqslant X\leqslant 3)$.

X	0	1	2	3
P	$\frac{1}{16}$	$\frac{3}{16}$	$\frac{1}{2}$	$\frac{1}{4}$

11. 设一只袋中装有依次标有数字 -1、2、2、2、3、3 的六只球，从此袋中任取一只球，并以 X 表示取得的球上所标有的数字. 求 X 的分布律与分布函数.

12. 一批零件中有 9 件合格品与 3 件次品，往机器上安装时任取一件，若取到次品就弃置一边. 求在取到合格品之前已取到的次品数的期望、方差与均方差.

13. 设随机变量 X 的概率密度为 $f(x)=\begin{cases}2(1-x), & 0\leqslant x\leqslant 1\\ 0, & \text{其他}\end{cases}$，求 $E(X)$ 与 $D(X)$.

14. 设随机变量 X 的分布律为

X	-1	0	3
p	0.2	0.3	0.5

（1）求 X 的分布函数；

（2）求 $Y=2X^2+1$ 及 $Z=3X+1$ 的分布律；

（3）$Y=2X^2+1$ 及 $Z=3X+1$ 期望.

本章学习自测题

一、选择题（每小题 3 分，共 30 分）

1. 对掷一粒骰子的试验，在概率论中将“出现奇数点”称为（　　）.

A. 不可能事件　　B. 必然事件　　C. 随机事件　　D. 样本事件

2. 以 A 表示事件“甲种产品畅销，乙种产品滞销”，则其对应事件 $\overline{A}$ 为（　　）.

A. “甲种产品滞销，乙种产品畅销”　　B. “甲、乙两种产品均畅销”

C. “甲种产品滞销”　　D. “甲种产品滞销或乙种产品畅销

3. 设 $\Omega=\{x\,|\,-\infty<x<+\infty\}$，$A=\{x\,|\,0\leqslant x<2\}$，$B=\{x\,|\,1\leqslant x<3\}$，则 $A\overline{B}$ 表示（　　）.

A. $\{x\,|\,0\leqslant x<1\}$　　B. $\{x\,|\,0<x<1\}$

C. $\{x\,|\,1\leqslant x<2\}$　　D. $\{x\,|\,-\infty<x<0\}\cup\{x\,|\,1\leqslant x<+\infty\}$

4. 掷两颗均匀的骰子，事件“点数之和为 3”的概率是（　　）.

A. $\dfrac{1}{36}$　　B. $\dfrac{1}{18}$　　C. $\dfrac{1}{12}$　　D. $\dfrac{1}{11}$

5. 袋中放有 3 个红球，2 个白球，第一次取出一球，不放回，第二次再取一球，则两次都是红球的概率是（　　）.

A. $\dfrac{9}{25}$　　B. $\dfrac{3}{10}$　　C. $\dfrac{6}{25}$　　D. $\dfrac{3}{20}$

6. 设盒中有 10 个木质球，6 个玻璃球，木质球有 3 个红球，7 个蓝色；玻璃球有 2 个红色，4 个蓝色. 现在从盒中任取一球，用 A 表示“取到蓝色球”，B 表示“取到玻璃球”，则 $P(B|A)=$（　　）.

A. $\dfrac{6}{10}$　　B. $\dfrac{6}{16}$　　C. $\dfrac{4}{7}$　　D. $\dfrac{4}{11}$

7. 某人打靶的命中率为 0.8，现独立的射击 5 次，那么 5 次中有 2 次命中的概率是（　　）.

A. $0.8^2\times0.2^3$　　B. 0.8^2　　C. $\dfrac{2}{5}\times0.8^2$　　D. $C_5^2 0.8^2\times0.2^3$

8. 设 A，B 是两个相互独立的事件，已知 $P(A)=\dfrac{1}{2}$，$P(B)=\dfrac{1}{3}$，则 $P(A\cup B)=$（　　）.

A. $\dfrac{1}{2}$　　B. $\dfrac{5}{6}$　　C. $\dfrac{2}{3}$　　D. $\dfrac{3}{4}$

9. 设离散型随机变量 X 的分布律为

X	0	1	2	3
p	0.1	0.3	0.4	0.2

$F(x)$ 为其分布函数，则 $F(3)=$（　　）.

A. 0.2　　B. 0.4　　C. 0.8　　D. 1

10. 设 $X\sim B\left(10,\dfrac{1}{3}\right)$，则 $E(X)=$（　　）.

A. $\dfrac{1}{3}$　　B. 1　　C. $\dfrac{10}{3}$　　D. 10

二、填空题（每空 2 分，共 10 分）

1. 设 A、B 为两事件，$P(A\cup B)=0.8$，$P(A)=0.6$，$P(B)=0.3$，则 $P(B\,|\,A)=$____________.

2. 某产品的次品率为 2%，且合格品中，一等品率为 75%. 如果任取一件产品，取到的是一等品的概率为______________.

3. 已知 $P(A)=\frac{1}{2},P(B|A)=\frac{1}{3}$，则 $P(A-B)=$________________.

4. 设随机变量 X 与 Y 相互独立，$E(X)=2,D(X)=1,E(Y)=4,D(Y)=0.5$，则 $E(X-Y+1)=$________，$D(2X+Y-3)=$______________.

三、计算题（每小题 10 分，共 50 分）

1. 罐中有 12 颗围棋子，其中 8 颗白子，4 颗黑子，若从中任取 3 颗，求：

（1）取到的都是白子的概率；

（2）取到的两颗白子，一颗黑子的概率；

（3）取到的 3 颗中至少有一颗黑子的概率；

（4）取到的 3 颗棋子颜色相同的概率.

2. 设 A,B 为随机事件，已知 $P(A)=0.7,P(A-B)=0.3$，求 $P(\overline{AB})$.

3. 一个系统共有 60 个元件组成，每个元件发生故障与否是相互独立的，且每个元件发生故障的概率都是 $\frac{1}{4}$，试求这个系统发生故障的元件数 Y 的数学期望.

4.设随机变量 X 的概率密度函数为

$$p(x)=\begin{cases} ax, & 0<x<2 \\ -\frac{1}{4}x+b, & 2\leqslant x<4 \\ 0, & \text{其他} \end{cases}$$

已知 $\mathrm{E}(X)=2$，求 a,b 的值.

5. 装有 10 件某产品（其中一等品 5 件，二等品 3 件，三等品 2 件）的箱子中丢失一件产品，但不知是几等品，今从箱中任取 2 件产品，结果都是一等品，求丢失的也是一等品的概率.

四、综合题（10 分）

设随机变量 X 的分布律为

X	1	2	3
p	$\frac{1}{4}$	$\frac{1}{2}$	$\frac{1}{4}$

求（1）X 的分布函数；（2）$P\left(X\leqslant\frac{1}{2}\right)$，$P\left(\frac{1}{2}<X\leqslant\frac{3}{2}\right)$，$P(2\leqslant X\leqslant 3)$；

（3）$Y=2X+1$ 及 $Y=3X^2$ 的分布率；（4）$E(X),E(X^2),D(X)$.

参考文献

[1] 同济大学数学系. 高等数学[M]. 北京：人民邮电出版社，2016.
[2] 屈婉玲，耿素云，张立昂，离散数学[M]. 2 版. 北京：清华大学出版社，2008.
[3] 陈华峰. 离散数学基础[M]. 北京：中国水利水电出版社，2012.
[4] 顾静相. 经济数学基础[M]. 北京：高等教育出版社，2008.
[5] 陈兆斗，高瑞. 高等数学[M]. 北京：北京大学出版社，2006.
[6] 刘吉佑，徐诚浩. 线性代数（经管类）[M]. 武汉：武汉大学，2006.
[7] 刘家英，徐光霞. 高等数学[M]. 2 版. 上海：华东师范大学出版社，2014.
[8] AcJ1·ian Banner. 普林斯顿微积分读本[M]. 北京：人民邮电出版社，2016.
[9] 谢绪恺. 高数笔谈[M]. 沈阳：东北大学出版社，2016.
[10] C · 亚当斯，J · 哈斯，A · 汤普森. 微积分之屠龙宝刀[M]. 长沙：湖南科学技术出版社，2004.
[11] 任广千，谢聪，胡翠芳. 线性代数的几何意义[M]. 西安：西安电子科技大学出版社，2015.
[12] 同济大学数学系. 概率论与数理统计[M]. 北京：人民邮电出版社，2017.
[13] 史宁中. 数学思想概论[M]. 长春：东北师范大学出版社，2009.
[14] 徐广顺. 高等数学习题集[M]. 重庆：重庆大学出版社，2019.
[15] 同济大学数学系. 概率论与数理统计[M]. 北京：人民邮电出版社，2017.
[16] Sheldon M Ross. 概率论基础教程[M]. 童行伟，译. 北京：人民邮电出版社，2014.
[17] 盛骤. 概率论与数理统计[M]. 北京：高等教育出版社，2021.